高等院校心理学融媒体精品教材
普通高等教育"十一五"国家级规划教材
"十二五"江苏省高等学校重点教材

江苏高校品牌专业〔应用心理学〕建设工程基金资助

傅　宏　主编
陶琳瑾　副主编

儿童心理咨询与治疗

（第三版）

PSYCHOLOGICAL COUNSELING AND THERAPY FOR CHILDREN

南京师范大学出版社

图书在版编目(CIP)数据

儿童心理咨询与治疗／傅宏主编. —3版. —南京：南京师范大学出版社，2020.9（2021.7重印）
（高等院校心理学融媒体精品教材）
ISBN 978-7-5651-4258-1

Ⅰ. ①儿… Ⅱ. ①傅… Ⅲ. ①儿童心理学—咨询心理学—高等学校—教材 ②儿童—精神疗法—高等学校—教材 Ⅳ. ①B844.1 ②R749.940.5

中国版本图书馆CIP数据核字（2019）第129449号

丛 书 名	高等院校心理学融媒体精品教材
书　　名	儿童心理咨询与治疗（第三版）
主　　编	傅　宏
副 主 编	陶琳瑾
丛书策划	徐　蕾　张　春
责任编辑	于丽丽
出版发行	南京师范大学出版社
地　　址	江苏省南京市玄武区后宰门西村9号（邮编：210016）
电　　话	（025）83598919（总编办）　83598412（营销部）　83373872（邮购部）
网　　址	http：//press.njnu.edu.cn
电子信箱	nspzbb@njnu.edu.cn
照　　排	南京凯建文化发展有限公司
印　　刷	盐城市华光印刷厂
开　　本	787毫米×1092毫米　1/16
印　　张	26.5
字　　数	567千
版　　次	2020年9月第3版　2021年7月第2次印刷
书　　号	ISBN 978-7-5651-4258-1
定　　价	68.00元
出 版 人	张志刚

南京师大版图书若有印装问题请与销售商调换
版权所有　　侵犯必究

总 序

改革开放以来,中国社会发生了深刻而巨大的变化。就中国心理学而言,从1977年8月16日—24日召开的"全国心理学学科规划座谈会"算起,其走过了重生并迅速成长的42年。这次座谈会,来自全国各地的23位代表起草了心理学发展规划,围绕八个领域制订了3年计划、8年规划、23年设想,故被称为"3-8-23方案",涉及心理学基本理论、感觉与知觉、思维与记忆、心理发展、生理心理、教育心理、工程心理、医学心理研究。可见当时的中国心理学以基础研究为主。这个规划是中国心理学发展史上的一个重要转折点,扭转了心理学在"文革"期间被迫停顿的境地。今天,打开中国心理学会的网站,就会看到它的分支机构包括12个工作委员会、31个专业委员会,覆盖的领域迅速扩展到国际心理学前沿基础研究和中国社会生活的众多热点人群。相应地,心理学的专业人才培养,从只有几所高校招收心理学专业的本科生发展到现在400多所高校设立心理学类本科专业或心理学类本科培养方向,呈现非线性的快速增长模式。

42年来,我国高校人才培养中,心理学教学大致走过四个阶段。第一个阶段是20世纪七八十年代,几乎所有师范类院校均开设了心理学课程,有的设有专门的教研室或教研组,延续了中国心理学早期的存在范式,更大程度上是教育学性质的心理学,因为从1920年南京高等师范学校设立中国高等教育史上第一个心理系开始,中国的心理学主要是作为教师培养的必修课程,除介绍基本概念与理论外,重点是为学校的教与学提供心理学基础。教材的建设也主要围绕师范类教育而编写《心理学》或《教育心理学》等。虽然当时一些设有教育系科的师范大学和北京大学等,聚集了相对比较多的心理学专任教师,开设了基础心理学、人格心理学、实验心理学、变态心理学等非师范性的心理学课程,但是这样的学科点并不多。

第二个阶段是20世纪90年代,在高校教育类专业中逐渐分化出心理学专业,而且加强了硕士、博士研究生的培养工作,为心理学的快速增长准备了人才,同时心理学的广泛应用趋势也越来越明显。改革开放的成功,带来了经济的快速增长,促进了两个重要分支领域的发展:咨询心理学、经济心理学。学校心理咨询受到前所未有的重视,有条件的大学纷纷开设"大学生心理学",建立大学生心理咨询中心,而且这一工作也逐渐向中小学延伸,培育了心理健康教育工作岗位。经济领域的人员选拔和绩效激励引入心理学,人力资源管理也逐渐扎根于心理学类专业;营销工作越来越需要广告心理学、消费心理学等。这一时期,高校中的心理学本科专业开始多起来,而且大部分都叫"应用心理学",基本上都包括两个培养方向:心理健康教育、人力资源管理。各高校互相参照,形成了较一致的课程模式:专业基础理论课+方法学课+实务实践训练课。较系统的教材建设出现规模,书店里和图书馆里出现了心理学书籍专柜。当然,教材中的素材更多来自西方心理学,国内独创成果相对较少。

第三个阶段是21世纪的前10年,高校心理学专业数量出现大规模增长,这与两个因素关系很大,一是心理学专业人才的社会需求迅速增长,二是大学教育的就业导向被强化。有条件的高校建立心理学类专业,不少条件不充分的高校也在其他专业内设立心理学方向。这个阶段的心理学专业,课程建设和实验平台建设成为重点。课程建设中,强调出版精品教材和建设在线精品课程。师资条件好的学校,逐渐加大了课程的专业分化和难度提升,强调学科前沿动态的把握和方法课程的容量,学校之间的差异化显现。课程建设的另一个特点是数据分析软件(如社会科学统计分析软件包,简称SPSS)的引入,大大提升了学生进行大样本调查研究和数据的多元统计分析能力。与此同时,实验平台建设投入增加,出现计算机化的实验操作系统替代传统仪器的趋势,少数经费充足的学科点不断升级其实验室,甚至将功能磁共振设备购进了心理学实验室。这一阶段是中国心理学人才培养的规模和质量都迅速提升的阶段。

第四个阶段是近10年来,除培养单位数量继续快速增长外,培养规格要求越来越严格,同时强调人才培养要服务于社会重大需求,专业方向出现分化,各高校的专业特色逐渐显现。2008年汶川地震发生后,心理学家带领专业团队和大批心理学志愿者参与了灾后援助,让公众更多地了解了心理学及其价值。与此同时,学校教育、企业员工服务、社区服务、特殊人群关爱、环境与工程设计等对心理学人才的需求越来越迫切。在这样的背景下,应用心理学新的学科分支快速出现。教育部心理学教学指导委员会也越来越担负起推进心理学专业健康快速发展的责任,指导着中国心理学的专业建设,发布了心理学本科专业配置的基本标准。毫无疑问,今天的中国心理学已走向了世界,走向了科学前沿,也走进了广泛的社会实践和家庭生活。我们需要从整个人类社会生活和心理学整体来理解这个学科,规划心理学的工作。我国人口多,精神和心理疾患者基数比较大。随着物质生活水平的提高,人们更加关注精神需求。而随着信息技术的高速发展,人们将更多地生活在虚拟与现实的冲突中,由此产生的心理和精神问题也是未来社会必须面对的巨大挑战。心理学近20年的发展为此做好了充分的资源积累和社会动员。1999年,科技部将心理学确定为18个优先发展学科之一;2000年,国务院学位委员会将心理学确定为国家一级学科;2010年,心理健康教育被列入国家中长期教育改革和发展规划战略主题,心理疏导技术被列入国家"十二五"发展规划。2015年公布的《中共中央关于制定国民经济和社会发展第十三个五年规划的建议》中,两次强调了心理健康服务问题:在谈到加强和创新社会治理,加强社会治理基础制度建设时,要求"健全社会心理服务体系和疏导机制、危机干预机制";在谈到推进健康中国建设,倡导健康生活方式时,要求"加强心理健康服务"。当前社会生活节奏加快、竞争加剧,人们的心理负荷日益加重。由心理疾患和行为问题所产生的医疗与社会成本,更对当前我国经济社会和谐发展造成了消极影响。党和国家领导人高度重视公民心理健康。2016年,习近平总书记在出席全国卫生与健康大会时强调,"没有全民健康,就没有全面小康","要加大心理健康问题基础性研究,做好心理健康知识和心理疾病科普工作,规范发展心理治疗、心理咨询等心理健康服务"。心理健康问题直接关涉健康中国建设的重大任务。党的十九大报告中明确提出,"加强社会心理服务体系建设,培育自尊自信、理性平和、积极向上的社会心态",其重要基础是社会心理和行为协调。2018年11月16日,国家卫生健康委员会、中央政法委员会等十部委联合发布了《关于印发全国社会心理服务体系建设试点工作方案的通知》,正式启动了社会心理服务体系建设的试点工作。

社会心理服务体系建设是一项宏大工程。要完成这一使命,心理学科既需要加强基础研究,也需要加强应用研究,更需要培养大批具有创新能力和社会责任担当的心理服务实践者。设立心理学专业的各相关高校,理应顺势而为,响应社会变革对心理学的新要求,根据各自资源优势和办学特色,进行科学研究与人才培养方向的重新思考、选择与凝练。毋庸置疑,社会心理服务体系建设工程的推进,必将带来高校心理学人才培养目标、内容、方式的重大改变,培育出一批新的重大研究方向和人才培养专业。可以预见,未来一个时期,与教育、健康、社会治理及人工智能发展等有关的心理学研究及人才培养均会得到越来越多的重视。而学科教育与人才培养的基本保障之一,就是建立科学合理的专业课程体系。根据对现代大学教育的思考,结合学科发展的最新趋势,我们认为,心理学类本科专业课程必须充分凸显以下特点。

(1) 重视基础,强调应用。本科教学具有人才奠基意义,它既要为高层次人才培养输送优质生源,又要为社会心理服务培育专业基础扎实的实践者;必须重视心理学基本概念与理论基础、心理学研究方法学基础的教学,以促进学生可持续成长能力的提高;同时,也要重视心理实务技术以及与特定实践领域或特定人群相关的应用性方法的教学,以训练学生分析问题、解决问题的能力。就目前来看,基础理论课程与方法学课程有20门左右,这构成了核心的专业基础课系列;测评、诊断、咨询等通用心理技术以及特殊心理实务类课程,也有20门左右,可以形成不同的训练模块,由学生根据不同方向的发展需要进行选修。

(2) 尊重经典,勇于创新。科学心理学从其诞生至今,已有140年的历史,已经建立起较为完备的概念、理论、方法学体系,特别是经典心理学理论在提高人类对自身心理的本质、机制及活动规律方面,取得了很大成功。心理学的教学应充分尊重经典,保持教学内容体系的相对稳定。但也应看到,当代心理学正处于"快速发展期":一是学科自身发展,二是社会需求发展。心理学类本科专业的课程体系要保持开放,不断创新,密切注视学科发展和社会需求变化,及时对社会关切做出回应。除不断吸纳最新学科发展成果、引入新技术新方法外,还要及时增加与社会心理服务新焦点相关联的应用性课程。

(3) 更新教法,善用融媒。融媒体技术改变了人类的信息表达与传递方式,也改变了人们的思维与学习方式。大学教育需要不断更新教法,包括改变教材的编撰形式。这里需要强调三点:首先,学生专业智能的发展是一个不断解构和重构的过程。大量信息进入大脑,需要脑的思维做功,以神经网络计算模型的调整表征新的信息结构及语义关系,形成新智能结构。这里,激活学生高频率的思维是关键。其次,信息表达与传递方式要适应信息剧增时代的特点,充分利用现代技术实现巨量信息的保存、传递、检索,给予学生自主探索、自主选择与整合信息的机会,培养学生的自主学习能力。这里,善用融媒体技术是关键。最后,培养具有创新实践能力的专业人才,需要问题导向的教学。大学生在专业学习中,必须将课堂教学与现实问题的探索解决有效结合,建立基本理论与现实问题的有效联结。这里,将学生带入社会心理服务的实践是关键。应充分利用现代信息技术,更新教学方式,促进学生高质量的专业发展。总之,不断地探索和创新心理学本科人才培养的课程体系、教学方式,建设崭新的教学资源平台是一项重要任务,需要高校心理学的教学团队不懈努力。

　　南京师范大学是中国现代心理学的发祥地之一,曾设立国内最早的心理学系。心理学大师潘菽、陆志韦、陈鹤琴、高觉敷等都曾在此著书立说、教书育人。他们尚诚尚朴,求真求实。在他们的培养下,学术梯队薪火相传,历久不衰。今天,我们在继续推进学科发展和人才培养方面更是责无旁贷。中国心理学走向繁荣和发展,不仅要在科学研究、人才培养方面与国际心理学深度融合,更要在服务教育、经济、文化建设方面做出重要贡献。有鉴于此,南京师范大学心理学科将本科教育定位于培养学术型、实践型的卓越人才,不仅继续保持了心理学历史与理论研究的传统优势方向,而且依托优势学科、品牌专业,加强了实验平台和应用心理学学术团队建设,从而在多轮学科评估中位列全国同类学科的前列,并以国内一流实验平台、教师团队,开展脑功能基础、青少年心理发展、国民心理健康系列课题研究,承接了一系列具有重要意义的社会心理服务工作,拓展了与相应社会心理服务工作衔接的心理学实践技能实务训练课程,在江苏省乃至全国产生了示范引领作用。

　　为适应新时代心理学专业人才培养的要求,进一步有效落实社会心理服务体系建设任务,我们与南京师范大学出版社共同打造了这套"高等院校心理学融媒体精品教材"系列。本套丛书立足于最新培养方案,以融媒体教材体现学科最新理论与实践发展,体现传统教材与数字化资源的有机结合,目标是将教材、课堂、在线资源有机融合,打造一个课程应用与教学服务相结合的优质全媒体心理学教学资源体系。融媒体课程与教材体系建设是一项艰苦的工作。我们会充分吸收心理学科的知识积累、先进方法,团结国内外专家同行,努力为我国心理学本科人才培养贡献精品资源。

邓　铸
2019 年 8 月于随园

第三版前言

《儿童心理咨询与治疗》第二版自2015年出版以来,时隔五年,国内外儿童心理学研究又有了许多新的成果问世,同时在该教材使用过程中,诸多使用者提供了有益的反馈意见和建议,这些都促使我们认真研究既有成果,对全书进行系统的修订,以更新知识、完善教材体系,满足心理学专业教学、实践与学生学习的多重需要。

具体而言,本次修订工作主要体现为以下几个方面。

第一,对教材体例进行了更新与调整。全书分四大部分,共十二章,每章按照内容概述、治疗原理、应用方法等进行了提炼升华。同时,根据教学要求,在每章末的更新凸显了"拓展资源""思考与实践"板块,修改和丰富完善了部分参考读物、延伸阅读等资源,帮助读者更好地理解专业内容。

第二,内容着重突出前沿性、适切性。我们搜集汇总了近几年的相关专业文献,尽可能系统地呈现本学科方向的发展变化趋势和最新学术前沿动态;在更新知识的同时,我们对书中一些学术观点和参考资源也做了相应更新和修订,去粗取精,使之更适合实践操作,以力求保持并体现教材的学术前沿性与实用性。

第三,增加新形态配套资源。为适应现代数字化、信息化社会发展,本次修订适当增加了一些可供读者进一步拓展学习的数字资源链接,扫描相应的二维码即可实现拓展阅读,极大方便了个人的自学使用。后期我们会根据实际使用效果和读者反馈情况,再做相应修订补充。如果读者需要,也可以登录与本教材相配套的"儿童心理咨询与治疗"国家精品课程和精品资源共享课程网络平台。相信这些资源对于学习者的学习会有比较好的参考价值。

此外,我还想在这里就本书编写的初衷再做个简单回顾(虽然这个问题在前面两版的前言中也有提及),以便读者在开始阅读前能较好地把握本书的定位。总体而言,编写本书是希望基于积极建设性理念,服务儿童成长,而非单纯治疗障碍。虽然从书名上看,这是一本探讨儿童心理咨询和治疗的书,但是,我们对于儿童咨询治疗的基本理解并不仅仅是定位于症状或问题上,也不仅是以评估技术和治疗技术为主要手段,侧重"治病"和"解决问题"本身,而是强调基于儿童立场的积极建设性治疗策略。换言之,站在儿童的角度看,他们并不一定乐意我们去用那些看起来很"严肃刻板"和貌似科学的手段去帮助他们(这就如同在成人眼里看起来那些不值得一玩的建构玩具,在儿童看来却是最好的,他们可以沉浸其中,乐此不疲)。为此,本书在体系结构上并没有围绕障碍和传统治疗技术来讨论(除了行为治疗还保留了一些内容外)，而是使用了一些原本就来自儿童的治疗活动，包括游戏、艺术、阅读等等，这与现代儿童心理治疗的大趋势也是相吻合的。

为了对这本书的思想与结构获得比较统整的认识，我建议读者可以把这本书分成四个部分来把握。第一部分(从绪论到第四章)，主要是帮助学习者在实际开始儿童心理咨询与治疗专门课题研究之前，能够明确一些基本问题，包括如何理解儿童作为一个发展变化的个体，他们与成人之间的关联与差异；针对儿童的心理咨询与治疗有哪些特殊问题需要注意；如何正确看待正常与异常儿童；如何综合全面地评估儿童以及如何建设性地进行儿童个体与团体咨询治疗；等等。了解这些问题，是开始儿童心理咨询与治疗学习的必备前提。第二部分(从第五章到第八章)，涉及游戏、艺术、阅读、行为治疗等一些专门技术。我们希望通过探讨这些原本属于儿童的、为他们所喜闻乐见的活动，是如何通过专业的加工转变为可用来帮助儿童成长的专门技术的，借此来表达一种积极的儿童心理治疗观，并尽可能弱化成人"设计""安排""创造"的成分。当然，因为这些技术还处在探索阶段，虽然已经开始有不少相关讨论，但从满足精准治疗的角度看很多方面还不够成熟，如何突破，也还有待探讨。但它们确实是儿童喜欢的，是适合儿童的，是值得提倡的未来发展方向，其长期坚持的意义是毋庸置疑的。关于这一点，从早期卢梭、蒙台梭利等人的思想到现代皮亚杰"以儿童为中心"的理念都可以找到印证。第三部分(第九章、第十章)，则是关于父母咨询和家长小组咨询。这部分的意图也是显而易见的，即希望专业人士在帮助儿童的同时应该兼顾对家长的帮助，这是儿童治疗的一个重要环节，其中一些内容参考了阿德勒有关儿童意图和目的的理论。这与当下社会提倡推动家长学校建设的目的是一致的。第四部分(第十一章、第十二章)，讨论了儿童治疗中不能忽视的两个基本问题。一是针对儿童治疗的伦理问题，尤其是其中的一些独特之处。因为儿童的特殊性，在普通心理咨询和治疗教科书中涉及的伦理问题未必适用于此，需要专门加以讨论。二是关于儿童心理预防保健的问题。之所以在本书最后专门讨论这个问题，目的在于突出强调预防理念，这也再次表达了本书的一个重要观点：对儿童的帮助，应该优先体现预防，治疗是其次。

因为这次修订的时间比较紧，未及联系所有作者，参加本次修订的人员中有些并未参加第一版和第二版编写工作，不过因为他们都是这方面的专业工作者，而且有比较扎实的文字功底，所以亦在一定程度上帮助本书从不同的角度得到了更好的完善。具体参加第三版修订工作的人员包括：第一章，傅宏(文本)、曹菲(资源和参考资料)；第二章，林其羿；第三章，刘春梅；第四章，王诚俊；第五章，王晓萍；第六章，陶琳瑾；第七章，季秀珍；第八章，朱婷婷；第九章，李湘晖；第十章，张田；第十一章，孙卉；第十二章，程天一。最后由傅宏和陶琳瑾统稿。这次的修订工作时间比较紧张，在此，我要特别感谢团队每一位同仁的配合，正是因为他们放下了手头其他工作，认真高效地完成这项修订任务，才使得本书能够及时面世。

2020年注定是一个不平凡的年份。这次的新冠肺炎疫情也实实在在地让全世界感受到了一种看不见的威胁。尽管如此,事情常常都会展现出两面性:一方面,病毒灾害让全社会在诸多方面都经历了不小的打击;另一方面,人们也因此而从中学习了很多东西,其中一个重要内容就是看到了积极和健康的心态在应对威胁时的重要性。除了直接的医疗援助之外,对于普通民众,包括儿童的心理健康服务比以往任何时候都受到了更多的重视。这也从一定程度上让我们看到了心理学的重要性。因此,我们希望第三版的面世能够为有志从事心理健康服务事业,特别是有关儿童青少年心理健康服务的学习者们提供一些有用参考。

  儿童成长是一个说不完、道不尽的话题。只要保持热情,持续探索,就可以不断获得惊喜。衷心祝福这些未来的花朵健康快乐地成长。因为有了他们,我们的事业方才充满希望!

傅 宏
2020年五一劳动节于广陵汐岸花园

再版前言

2007年，我们出版了《儿童心理咨询与治疗》一书，这本书被评为国家"十一五"规划教材，依托此教材的同名课程于2010年被评为"国家精品课程"。八年过去了，书中的一些知识亟待更新，为了完善教材，使其同步于国际心理咨询与治疗领域的进展和探索性、创新性、互动性的教学理念，满足心理学专业学生理论和实践的双重需要以及学生对教学内容可接受性的期待，我们精心策划修订了这本教材。

在最初编写的教材中，儿童心理咨询与治疗通常是按照各类障碍及其治疗来分章结构的，这固然有助于学习者较好地理解对有关障碍的诊断和治疗，但在教学中，我们发现，这种分类使得治疗技术分散在对各种障碍治疗的讨论中，反而不利于学习者对治疗方法的整体把握。当学习者习惯于对照障碍分类标准进行诊断时，往往会落入"贴标签"的窠臼，更期待能够得到"对症下药"的"妙方"，进而有意无意忽略了治疗本身，但真正对来访者起作用的恰恰是治疗本身，或者说真正对学习者有用的是实践"治疗"这一过程。因此，本书编写时我们做了大胆的尝试，变传统的问题序列展开的篇章结构为按照治疗方法序列展开的篇章结构。多年的教学实践更坚定了我们的初衷，尤其是针对儿童这一工作对象，这样的革新打开了我们工作的视野和思路，"治疗"的目的不仅是可以用来在临床上帮助"治病"，更重要的是可以帮助儿童更好地"发展"，不管是什么样的儿童，如果能用适合他们的方法，帮助他们做出一些有利于身心发展的改变，这便达到了"治疗"的最终目的。因此，本书重点介绍了一些适合儿童的心理治疗方法，如游戏治疗、艺术治疗、阅读治疗及针对父母的咨询治疗等，这些年里我们也积累了不少案例，此次修订使这部分内容更加充实，更加贴近中国的实际。

德国著名教育家第斯多惠(Friedrich Adolf Wilhelm Disterweg)曾说过，正确的教学方法是从科目的性质中产生出来的，是科目的本质。儿童心理咨询与治疗是为未来从事儿童工作的学习者准备的，认识儿童、理解儿童、觉察自己内心的儿童角色、以儿童的视角体验治疗过程是学习者必要的功课，因此我们重视体验式的案例教学方法，除了在课堂中体现外，也在课后练习中加以体现，以促进学生批判性的自我反思和开放性学习。

第斯多惠在回答"教学中应该注意些什么"这一问题时，认为教师"要尽可能少教些"，这应当理解为教学要促进学生的主动学习，这与当代"探索性学习""研究性学习"殊途同归。初版教材在这一点上有所欠缺，这也是囿于当时的条件，此次修订，对此做了一定改善，力求让学生在学习的过程中充分发挥自己的主动性，能够唤起学生内在的学习和阅读动力。在修订过程中，我们通过对在读学生、毕业学生、授课教师等多方调研，搜集到各类阅读感受和修改建议，除了更新教材的知识外，还在呈现方式上进行了以下改进：

（1）章节组织结构的编排上更具直观性、便利性。"本章导读"突显内容之间的逻辑性；在相关页面将一些关键概念集中再现；对咨询实践中重要的操作性知识用"小贴士"的形式加以强调和突出；用更多案例同理论阐释相呼应；对文中因篇幅所限难以展开的内容，章后有针对性地根据相应的内容指明进一步可以参考的书籍或网络资源，这些做法为的是让学习者更直观地阅读，更方便地学习。

（2）专栏与拓展资源的加入使阅读更具趣味性、可读性，使教材更立体、更丰富。每个章节中，加入知识拓展的专栏板块，尤其是增加具有趣味性的人物故事或背后故事等，增强了教材的可读性；在章后添加延伸阅读和推荐书籍两种拓展资源，以扩展和延伸书本与课堂内容，全方位满足学习者的阅读需要。

（3）每章配上思考与实践，供学习者思考和消化本章内容。这些思考题不是简单的回顾式的复习，而是将书本内容和实践体验有机结合，帮助学生更加深入思考所学知识，将学和用融会贯通。

这些做法相辅相成，使教材更直观、更便利、更有趣、更丰富。

更值得关注的是，依托国家级精品课程"儿童心理咨询与治疗"，我们专门创建了精品课程网页，提供丰富的配套信息、思考练习、案例分析和互动板块，使教材的"边界"得以延伸。本教材在初版之前已被试验性地应用于教学实践中，成书过程中，我们吸收了教学实践的一些有益反馈，本次修订过程中，再次提炼、规范这些年的学术研究、反馈建议和实战经验，并将师生互动中的共性问题反映到教材中，使教材的革新和课程的建设相辅相成、良好互动。

本次修订中，参与编写的每一位作者都积累了丰富的实践经验，我们在原有内容基础上，广泛搜集国内外资料，在修订内容和写作风格上进行头脑风暴式的多次研讨，确定修订意见，并在实际写作过程中不断磨合。参加本次修订的作者（依所编写的章节顺序排列）分别为：傅宏（第一章、第十二章）、朱丹（第二章）、熊春燕（第三章）、薛艳（第四章）、王晓萍（第五章）、陶琳瑾（第六章）、季秀珍（第七章）、朱婷婷（第八章）、李湘晖（第九章）、张田（第十章）、孙若颖（第十一章），这些作者是在初版作者编写的基础上进行的修改，因此与初版作者共同拥有版权。孙若颖、张田、占丽娟、熊春燕、朱丹、程珑对修订稿的文字、格式等做了很多工作。在修订稿初稿基础上，傅宏、陶琳瑾对全书各章节的内容、体例结构和语言文字做了最终的统筹修改和调整。

由于时间仓促，加上作者水平所限，尽管是修订，但难免挂一漏万，望学界同行和读者继续给予反馈和批评，以便本书的进一步完善。

傅　宏

2015 年 6 月于南京随园

初版前言

随着我国社会福利事业的发展,儿童心理健康关怀和心理治疗工作日益受到重视。为了适应时代发展的需要,我们专门编写了这本针对儿童心理咨询和治疗的书,供相关专业人员和学生学习使用。

编写本书是一件酝酿已久的事情。虽然在这之前我也出版过几部涉及相关问题的书,但回过头看看,那些书都存有一些缺憾。早在1994年的时候,我曾经编写了一本《儿童行为评估与矫正》的册子。该书除了介绍一些重要的儿童心理评估方法之外,还针对各种儿童行为问题提供了一些简单的治疗建议和对策。但是,作为一部学术著作,总体上看,观点不够鲜明,论述不够深入,缺乏系统的学术思考和个人见解。经过一段时间的酝酿,2000年我终于另写了一部当时感觉还比较像样的《儿童青少年心理治疗》。该书在框架上更加符合儿童心理治疗学的结构,除了对中国文化背景下儿童心理治疗特点做了较深入的讨论之外,还重点探讨了几个涉及儿童青少年的突出的心理问题,包括儿童恐惧障碍、注意力缺陷与多动障碍、儿童孤独症谱系障碍,等等;同时,在写作过程中力图渗透这样一种观点,即在重视治疗的同时,应该把心理预防保健作为早期儿童心理治疗的核心和重点,只有这样,儿童才能得到真正有效的积极保护。然而,在教学过程中,我又逐渐发现,作为一部关于治疗学的书,把治疗技术的介绍分散渗透在各种障碍的治疗讨论当中,虽然有助于对治疗相关障碍的理解,但不利于学习者完整地把握这些治疗方法。因此,鉴于目前国内还缺少可资借鉴的相关论著或教材,我在结合自己多年教学研究经验和参考国外相关资料的基础上,决定重拟提纲,编写一部突出治疗本身的教科书。

在上述基础上我对本教材的框架体例做了根本性的变动,将原来按照问题序列展开的篇章结构,改变为按照治疗方法序列展开;尤其突出介绍了一些适合儿童的心理治疗方法,如游戏治疗、阅读治疗、艺术治疗以及针对父母的咨询治疗等。迄今,这些方法在国内几乎未被系统地讨论过。正因如此,其中许多内容,包括一些案例,参考和借鉴了西方的已有成果。

这是一部比较系统全面地论述儿童心理咨询与治疗的专业书。如果要说一说这本书的特色的话,大致可归为以下几方面:

第一,从总体上来看,与国内同类书籍相比,本书专门针对儿童发展特点,提供相关心理治疗的理论和实践知识,可以填补相关专业方向目前还缺少专门教材的空白。本书不仅在理论上注意涉及相关学术前沿知识,提供了大量极具代表性的系统研究资料;而且尤其注意在临床应用和实践上对技术和方法技巧的探讨,注重把一些经典的咨询治疗方法和实际临床中的操作训练相结合,力求让读者在理论把握和实践应用上都有所受益。同时,本书结合方法的讨论,提供了一些经典案例,作为读者学习参照的范本。

第二,从内容上看,本书不仅仅是一部能够反映一般学术思想的专著,由于在出版前初稿已经被试验性地应用于教学实践中,并且在成书过程中,我们吸收了教学实践中的一些有益的建议,在学术研究的基础上进行提炼、规范,因而这又是一本贴近现实、符合学习者需要的教科书。

第三,本书对专业系统性做了很好的梳理,知识体系较具代表性。既注意吸收国外的最新研究成果,又结合中国国情和文化特点,对诸如独生子女家庭和三代家庭等特殊文化现象对儿童心理健康的影响做了必要的探讨;书中所引用的文献资料大多数都是国内外近20年内的研究成果。

第四,本书具有比较广泛的适应性,可作为专业本科生、研究生学习使用的教材,亦可供广大专业爱好者、普通读者阅读自学之用。

为了确保每一个治疗专题的合理性和针对性,参与编写的每一位作者都尽可能广泛地收集国内外相关方面的问题,多次研讨,最后才确定了本书的撰写提纲。参加本书撰写的作者(依所编写的章节顺序排列),依次为傅宏(第一章、第十二章)、季伟华(第二章)、朱晓红(第三章)、蒋波(第四章)、嵇明霞(第五章)、陶琳瑾(第六章)、王皓(第七章)、陈图农(第八章)、李湘晖(第九章)、贾利军(第十章)、王芳和陶琳瑾(第十一章)。陶琳瑾、王皓、邓文君和崔映飞为本书的格式和文字处理做了大量的工作。在初稿基础上,傅宏对全书各个章节的内容、体例结构和语言文字做了最终的统筹修改和调整。

由于时间仓促,加上作者水平所限,难免存在很多疏漏和问题,望学界同行及时反馈、批评指正,以便我们不断修订完善。

傅 宏

2007年7月于南京随园

第一章 绪 论

第一节　儿童与心理治疗　　　　　　　　　> 　5
第二节　儿童心理咨询与治疗的历史　　　　> 　15
第三节　儿童心理成长的影响因素分析　　　> 　18
本章小结　　　　　　　　　　　　　　　　> 　24
参考文献　　　　　　　　　　　　　　　　> 　26

第二章 儿童期心理发展及相关发展问题

第一节　儿童发展观概述　　　　　　　　　> 　31
第二节　儿童期心理发展　　　　　　　　　> 　34
第三节　儿童期心理发展障碍及鉴别　　　　> 　48
本章小结　　　　　　　　　　　　　　　　> 　57
参考文献　　　　　　　　　　　　　　　　> 　59

第三章 儿童心理评估与治疗计划

第一节　儿童心理评估概述　　　　　　　　> 　65
第二节　儿童心理评估的实施　　　　　　　> 　73
第三节　治疗计划与方案的设计　　　　　　> 　90
本章小结　　　　　　　　　　　　　　　　> 　95
参考文献　　　　　　　　　　　　　　　　> 　97

第四章　儿童个体治疗与团体治疗

第一节　发展性儿童治疗概述　　>　101
第二节　儿童个体治疗　　>　108
第三节　儿童团体治疗　　>　115
第四节　发展性儿童团体治疗　　>　119
第五节　儿童个体与团体治疗中的常见问题　　>　129
本章小结　　>　132
参考文献　　>　134

第五章　儿童游戏治疗

第一节　儿童游戏治疗概述　　>　140
第二节　游戏治疗的技术与步骤　　>　151
第三节　游戏治疗的应用　　>　166
本章小结　　>　174
参考文献　　>　176

第六章　儿童艺术治疗

第一节　儿童艺术治疗概述　　>　181
第二节　对艺术作品和创作过程的解释　　>　191
第三节　艺术治疗的应用　　>　205
本章小结　　>　223
参考文献　　>　226

第七章　儿童阅读治疗

第一节　儿童阅读治疗概述　　　　> 231
第二节　阅读治疗的步骤　　　　　> 235
第三节　阅读治疗的应用　　　　　> 245
本章小结　　　　　　　　　　　　> 259
参考文献　　　　　　　　　　　　> 260

第八章　儿童行为治疗

第一节　儿童行为治疗概述　　　　> 267
第二节　行为治疗的要素　　　　　> 270
第三节　行为分析方法　　　　　　> 275
第四节　缺失行为的治疗策略　　　> 277
第五节　行为治疗方法的应用　　　> 288
本章小结　　　　　　　　　　　　> 291
参考文献　　　　　　　　　　　　> 292

第九章　父母咨询

第一节　父母咨询概述　　　　　　> 297
第二节　父母咨询的理论基础　　　> 299
第三节　父母咨询的过程　　　　　> 312
第四节　父母咨询的应用　　　　　> 318
本章小结　　　　　　　　　　　　> 328
参考文献　　　　　　　　　　　　> 330

第十章　以子女为中心的家长小组

第一节　以子女为中心的家长小组概述　> 335
第二节　以子女为中心的家长支持小组的运作　> 340
第三节　家长—子女小组　> 353
本章小结　> 359
参考文献　> 360

第十一章　心理治疗中的儿童权利保护

第一节　儿童权利保护概述　> 366
第二节　心理治疗中儿童权利的内容　> 368
第三节　可能侵害儿童权利的潜在因素　> 374
第四节　儿童权利保护中需要注意的问题　> 377
本章小结　> 380
参考文献　> 381

第十二章　早期预防干预

第一节　预防干预研究概述　> 385
第二节　儿童心理预防保健理论模型　> 389
第三节　三级预防保健网建设　> 395
第四节　儿童心理危机干预　> 399
本章小结　> 403
参考文献　> 404

第一章

绪 论

【本章导读】

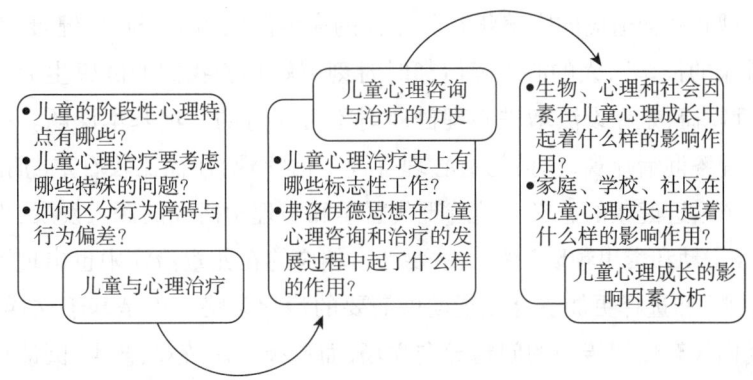

为了更好地理解本书出版意图,有两个基本问题需要加以澄清。

首先,如何看待心理咨询与治疗在儿童中的应用。作为一项帮助人们解除心理困扰和增进心理健康的专业活动,心理咨询与治疗①在我国已经越来越受到人们的重视。尤其是近年来,从一些突发公共事件触发的援助活动可以看出,心理助人开始逐渐成为常态,这也从一个侧面反映了国家和社会的进步。但是,与一些心理学研究比较成熟和发达的国家相比较,我们在一些更加专门化和更为具体的领域的研究和应用还不够完善,存在不少缺失或空白。其中专门针对儿童的心理咨询与治疗的缺失就是一个比较明显的例子,不仅相关的研究文献比较缺乏,一些为数不多的社会实践活动也还处于摸索阶段,难成系统。这也是我们编写此书的初衷,希望能够围绕儿童心理咨询和治疗的相关专门问题展开讨论,为弥补这一缺失做出一点贡献。

从毕生发展的角度来看,儿童期是一个非常特别的年龄阶段,儿童正在成长中,在为成为成人的目标做准备。在他们的生活中,除了获取知识之外,获得身心健康是最为重要的任务。这时,社会在关注他们的学习活动的同时,很有必要注意到他们身心方面的发展和变化,为他们提供相应的支持和援助手段。

 儿童,是指从生命诞生之始到成年期之前的人群。对于儿童时期年龄段的理解各有不同。而较多国家对儿童的定义与联合国的《儿童权利公约》相同,即认同儿童为18岁以下的任何人。广义上这个概念在中国包括大部分习惯上所谓的"青少年"或"未成年人"。

---

① 虽然严格的心理学研究强调心理咨询与心理治疗是存在差异的,但是也有不少学者并不认为这种区分有意义,尤其在临床实践中没有必要对其区分。本书倾向于后一种理解,即不考虑区分两者。因此,为方便表述,下文中对于"咨询与治疗"均省略为"治疗"。

其次,如何看待增进心理健康与消除心理障碍的关系。作为人类健康的一个重要组成部分,增进心理健康与增进健康密切相关。依照世界卫生组织(WHO)宪章,"健康是指生理、心理和社会适应的完美状态",个体的完美健康离不开心理健康。与此同时,作为"心理健康的彼岸",人的心理障碍却时时刻刻威胁着我们的健康生活。研究如何解除人的心理障碍,是在设法增进心理健康时不可回避的一项基本课题。在这个问题上,传统的心理咨询治疗观,包括儿童心理咨询与治疗观,往往比较看重"消除障碍"的一面,而忽略了增进健康的意义。随着现代医学和心理学研究的深入发展,人们开始意识到更加积极主动和突出预防治疗的重要性。相应的在儿童治疗中也出现了更多强调"以儿童为中心"和选择更加适合儿童发展需要的治疗策略。正是基于这样的考虑,在这本书中,我们放弃使用传统的问题导向立场,而选择探讨游戏、艺术、阅读这些原本属于儿童的治疗手段。这也构成了本书的基本立场,即"以儿童为中心"[①]。

【小测试】

WHO-5中文版量表来自WHO官方网站,该网站申明此问卷为公共利用资源,目的就是"让所有感兴趣者能够得到各种语言版本的WHO-5"。被测试者根据自己最近2周的情况填写问卷,共5题,选项从0(没有)到5(一直),最后相加得到总分,总分越高表明身心越健康。

Psychiatric Research Unit
Clinimetrics Centre in Mental Health

The following is a Chinese (September, 2007) version of the WHO (Five) in characters used in PR China.

WHO 世界卫生组织五项身心健康指标
(1998年版)

请在下面5个句子的每个句子(表述)中标出在过去两星期里你最接近的感觉状态。请注意数字越大表明你的身心越健康。

---

① 书中出现的"以儿童为中心"可以解读为是一种"站在儿童立场"的、"从读懂儿童开始"的科学儿童发展观。这种表述可以看作针对早期那种单纯强调基于成人立场去对待儿童的"小大人观",从卢梭、康德、蒙台梭利的思想,到皮亚杰理论,都直接或间接表达出了这种"以儿童为中心"的观点。读者切勿简单套用日常话语中成人"围着孩子转"或"缺乏主导思想的"的那种"以儿童为中心"的意思去理解它。

过去两个星期里	所有时间	大部分时间	超过一半的时间	少于一半的时间	有时候	从未有过
1 我感觉快乐、心情舒畅	5	4	3	2	1	0
2 我感觉宁静和放松	5	4	3	2	1	0
3 我感觉充满活力、精力充沛	5	4	3	2	1	0
4 我睡醒时感到清醒、得到了足够休息	5	4	3	2	1	0
5 我每天的生活中充满了有趣的事情	5	4	3	2	1	0

评分：

初始积分为5项答案数值之总和，范围为0-25，0代表可能最差的生活质量，25代表可能最好的生活质量。

若求百分制积分，范围为0-100，则初始积分应乘以4。0代表可能最差的生活质量，100代表可能最好的生活质量。

诠释：

对初始积分低于13或者对5项中的任何一项的答分为0或1的患者，建议进行重型抑郁症问卷调查。积分数低于13表明身心健康状况差，宜做国际疾病分类第10版(ICD-10)抑郁症问卷调查。

动态监测：

为能监测身心健康可能的变化，采用百分制积分。差异10%表明变化显著(ref. John Ware, 1995)。

第一节 儿童与心理治疗

一、基本概念与核心问题

如前所述，与已经被普遍认同的针对普通成人的心理治疗不同，针对儿童的心理治疗目前还不甚了然。正因为如此，有必要在开始的时候对一些基本概念与核心问题加以明确。

(一)儿童

其实,在日常生活中,很多人不太清楚儿童指的是多大年龄的人。很多人认为儿童的年龄大致在12岁或者14岁以前,因为此类人群年龄比较幼小,一些儿童活动都是针对这个年龄段的人群安排的,譬如按照中国人社部规定,14岁以下的孩子可以享受一天儿童节假期。《现代汉语词典》(第七版)中把儿童定义为,较幼小的未成年人(年纪比"少年"小)。其中"少年"指人十岁左右到十五六岁的阶段的人。但是,事实上,从科学的角度看,儿童的年龄范围比我们一般日常理解的更加宽泛一些,是指从生命诞生之始到成年期之前的人群。根据联合国《儿童权利公约》规定,儿童包含了18岁以下的任何人。这项规定经全国人大批准,于1992年4月起在中国正式生效。因此,本书使用的儿童概念与《儿童权利公约》中的儿童概念一致。

(二)儿童心理治疗

儿童心理治疗主要服务那些在心理或行为上存在困扰,并希望得到帮助的儿童;它还为遭受创伤、正处于功能失调或不良家庭环境中的孩子提供帮助。心理治疗师在充分考虑儿童身心发展阶段的基础上,采用心理咨询与治疗的原理和方法,对儿童本人及其家庭成员实施心理咨询与治疗,进而减少儿童的偏差行为或问题行为,使其身心得到正常发展。其实,这些儿童所遭遇的许多问题常常与成年人在日常生活中面临的问题相似,如焦虑、恐惧、悲伤等。但是,因为儿童的特殊性,为他们提供帮助的目标和手段经常需要变换为更适合儿童且能够被儿童接受的内容,以便更好地被儿童理解和接受。

与儿童观相适应,传统的儿童治疗观大多基于成人立场,是比较问题导向的(傅宏,2000);从20世纪80年代开始,受皮亚杰"以儿童为中心"思想影响,现代儿童心理治疗理念开始逐步转变为寻求通过更加适合儿童的技术,如游戏、阅读等,来达成帮助儿童的目的。

(三)儿童心理治疗者

从专业的角度讲,儿童心理治疗者是心理健康专家,可以为孩子的学习、社交和情感等心理发展中遭遇的问题提供咨询意见和适时帮助。同时,他们还可以为那些与孩子们朝夕相处的家长或老师们提供帮助,因为这些教师和家长们与孩子靠得太近,可能在很多时候反而看不清楚孩子的问题。这也正是需要专业人员为他们提供帮助的地方。

为此,儿童心理咨询和治疗的从业人员一般应该具有识别、评估、诊断和治疗各种心理健康问题、适应问题(如父母离异、家庭迁移流动、儿童遭受欺凌、悲伤等)和更加严重心理障碍的知识和专长。更具体地说,儿童心理治疗者应该是在接受了非常系统和专业的心理学(尤其是儿童心理学)知识培训,并且经过专业人员的指导后,已具备了比较好的临床实践能力的情况下,才可以很好地从事这项需要理解和帮助儿童的职业。

当然,另一方面,从我们国家现有的情况看,目前,符合较高标准的专业从业者还不多。但是通过实践磨炼,并已经具备比较强专业能力的探索和实践者不在少数。除了一些在专业精神卫生机构工作的心理治疗师之外,这些年在中小学校中很多如雨后春笋般成长起来的心理健康教师,以及社区的心理和社会工作者就是其中的典型,他们当中的很多人虽然理论基础有限,但是在多年助人探索实践中不断成长,通过"做中学",也已经开始具备了比较好的专业从业经验,这些具有中国特色的儿童心理治疗者力量,应该得到认可。

(四)儿童心理治疗者的职能

儿童心理治疗者为那些有需要的儿童提供服务。最重要的是,这些心理健康专业人员拥有比较全面的知识,可以帮助孩子们解决他们面临的问题,使他们恢复健康。其实,在实际生活中,许多有精神问题或心理困扰的儿童可能并不愿意与父母探讨这些问题,虽然这并不表示这些孩子不爱父母,但是因为他们担心会受到谴责或者让父母失望,所以他们通常更愿意选择沉默。在这种情况下,儿童心理治疗者的介入,可以帮助儿童更好地把他们正在经历的问题和创伤表达出来。如果孩子的社交和情感问题以及心理困扰得不到及时帮助,很可能会对他们的学业和个人未来发展产生许多负面影响。更重要的是,因为这种延误,很可能会使得问题一直持续到成年且难以被化解。

从现有的研究资料和临床实践看,心理治疗可以通过帮助孩子们调整情绪和改变行为习惯,使他们逐步恢复并过上正常健康的生活,而不再受到恐惧、困惑、焦虑或创伤的影响。对于大多数的孩子来说,因为他们的可塑性强,只要能够坚持持久的治疗,是有可能达成上述理想目标的。

(五)儿童心理治疗的时机与介入方式

一般来说,如果发现儿童的行为突然发生了比较大的变化,或者当孩子在心理上感觉有明显"不适"的时候,就可以考虑让儿童心理治疗者介入,并对其进行评估。专业的评估可以比较合理地判断孩子是否存在问题,以及是何种问题,以便有针对性地安排适合的治疗方案。

当孩子出现了心理创伤、社会适应不良、情感困扰的时候,往往靠他们自身是很难应对的,尤其当父母觉得自己也无能为力的时候,寻求专业帮助非常有必要。事实上,许多孩子所遇到的情绪或心理问题远比我们想象的要复杂,其背后存在很多深层次的个人、家庭或其他原因需要挖掘。正因为如此,儿童心理治疗的目标实际上就是借助受过专业训练的儿童心理治疗者的知识和专长去平息孩子和其抚养人内心的焦虑,并帮助儿童获得他们恢复正常生活所需要的能力。儿童心理治疗者一方面可以为儿童提供积极有效的策略去平复其内心困扰;同时,更重要的是,治疗者还可以帮助儿童学习如何应对那些令其不舒适,甚至焦虑或恐惧的事件,从而减少其压力和混乱。

同时,因为儿童与父母的特殊依附关系,儿童心理治疗者在帮助孩子的同时,千万不要忽视为父母提供帮助的重要性。虽然父母看似每天都在陪伴自己的孩子,似乎也很了解自己的孩子，但是因为他们缺乏专业训练，对于孩子的很多深层次心理需求并不完全理解。在帮助孩子修复心理困扰的同时，为父母提供帮助是非常必要的。这也是本书会用两章的内容专门探讨有关父母咨询问题的原因。只有当父母和孩子共同成长的时候，这些孩子才有可能获得比较理想的愈后。

（六）儿童心理治疗的范畴

实际上，儿童心理治疗者可以处理各种儿童心理发展中出现的问题。例如，他们可以帮助那些因为遭受新冠肺炎疫情、地震等重大突发事件而产生心理阴影的儿童；帮助因为父母离异、家庭变故等失去亲人照料而情绪低落的儿童；同时，也可以帮助那些因为失去宠物，或是与父母或兄弟姐妹争吵、入学、搬迁或生活习惯不良等问题造成情绪不适的儿童。此外，心理治疗者还为那些目睹或经历过虐待、暴力和性侵犯的儿童提供帮助。

基本上，儿童心理治疗者会处理任何引起儿童社交或情感困扰，并影响儿童心理健康的问题。其目标就是帮助儿童更好地适应环境和健康成长。

（七）儿童心理治疗的目标

儿童心理治疗的目标因儿童具体问题而异。但是，因为它通常关注并解决儿童生活中严重影响其成长、发育、心理健康和个人幸福的问题，所以，其目的也就自然是要帮助孩子通过学习必要的方法，来为应对现在或将来所面临的任何可能的困难做好准备。

二、儿童的阶段性心理特点及其心理治疗学含义

儿童正经历着决定其一生发展的关键时期，无论在生理还是心理方面都在迅速成长和变化，而这种变化，对于心理治疗具有特殊的含义。接下来，我们需要讨论儿童发展与心理治疗的关系。

（一）心理行为症状的年龄意义

在儿童阶段，很多心理行为症状的变化是与这一阶段的年龄相对应的。比如，7～8岁的儿童通常较多惧怕黑暗和孤独；而到了9～12岁，儿童则对学校的考试、身体的外部形象等感到不安。造成这种年龄对应特性的原因主要有两个。首先是与儿童神经系统的发育有关。随着年龄增长，不同儿童的神经系统在发育上显现出先后快慢的差异。而实际上，不少儿童神经发育障碍是因成熟延迟所致，如功能性遗尿，5岁儿童的患病率中，男孩占7%，女孩占3%；10岁男孩占3%，女孩占2%；而到18岁，男性仅占1%，女性则为0。随着儿童的年龄增长，这些神经发育障碍会逐渐减轻，以至消失。不少神经发育障碍在18岁以后就少见了，说明这时神经发育已经成熟（张继志，1994）。另外，某些障碍受病程演变的影响，也会表现出年龄特征。最典型的如注意缺陷与多动障碍（ADHD），有的学龄前儿童表现出活动过度的症状，却常常被他们在发育中的正常活动

所掩盖；到了入学后，因为他们的活动频率加剧，并且无法和学校活动相协调，因此有超过90%的这类孩子被其父母或教师确定为问题儿童；到了青春期以后，虽然活动过度的症状减少了，可是由于注意缺陷而带来的学习问题却依然存在。

（二）青春期阶段的和谐与冲突

人的成长，不仅仅是身体的发育完善，同时还意味着其社会心理的日趋成熟。在个人的成长过程中，这种生理和心理的成熟往往并不是和谐一致的，从而产生一些问题。尤其是在青春期阶段，身体发育突飞猛进，而在心理上却常常稍稍滞后于身体成长，表现出与年龄不相称的幼稚和冲动。在通常情况下，很多学者都相信青春期是一个危机四伏的年龄阶段。霍林沃思（L. S. Hollingworth）把青春期形象地比喻成"心理断乳期"（psychological weaning），正如生理上的断乳对儿童来说是一个危机，青春期心理上的断乳也是一个危机，它使儿童经历情绪上的激动与混乱。不过另外一些学者对于这种危机现象提出了质疑，让我们了解了造成青春期混乱的其他一些可能原因。美国学者玛格丽特·米德（Margaret Mead）远赴南太平洋岛从事的田野调查研究，以及她对文化与人格的形成之间的关系所做的探索，揭示出那些远离文明地带的人们在度过青春期时存在着与文明社会中所谓的"文明人"截然不同的现象，即没有出现那种明显的情绪上的激动与混乱。虽然我们依然还不能够确定青春期危机的根源何在，不过这一研究至少可以为我们从不同的侧面来认识青春期提供了很好的启示：青春期的生理成熟及其与社会心理之间的矛盾冲突是青春期心理危机的重要来源。青春期的性与社会自我概念成熟的冲动令儿童急需在现实社会生活中加以释放，而其简单鲁莽的表达方式又使得他们在这个文明社会中受到诸多限制。理解和善待这种自我同一性混乱的特点，是解决青春期心理问题的关键。

田野调查

三、针对儿童心理咨询和治疗的特殊问题

心理咨询和治疗的基本原理在应用于人的毕生发展时，是具有一些共同的规律和原则的。但是，在应用于儿童期这个特殊年龄段时，则需要考虑一些独特的问题，而且这些问题往往在很大程度上决定着心理咨询和治疗的效果。因此，我们有必要对此做一些专门的讨论（详细讨论参见本书第四章相关内容）。

（一）必须重视家庭在心理咨询和治疗中的作用

与针对成人的心理咨询和治疗最明显的区别之一是，对于儿童的心理咨询和治疗通常必须考虑让家庭成员参与其中。大部分儿童的行为问题与其家庭结构、父母教养方式、父母行为习惯以及情绪表达方式直接相关（参见本章第三节中的"家庭—学校—社区模型"）。在通常情况下，让家庭介入治疗的具体做法可以包括：第一，让家庭成员

统一思想,愿意积极配合治疗;第二,让父母(最好是双方一起)始终参与儿童的治疗过程(某些需要独立进行的治疗程序除外);第三,在儿童治疗的同时,与父母讨论问题,并在必要时同时进行针对父母的家庭治疗或夫妻治疗(如组建以子女为中心的家长小组等,参见本书第九章);第四,必要时还要考虑让学校和社区介入治疗(如针对某些具有暴力或其他行为问题的儿童的治疗)。事实上,由于儿童心理障碍的产生是基于应付某种压力的表达方式,因此,要想根本解决儿童的问题,就必须让家庭介入,否则极易复发或转换成其他障碍。不过,在考虑家庭介入时,有两个要点需要注意:第一,当家庭回避面对问题或拒绝配合治疗时,应根据实际情况决定是否应暂时中止对该儿童的治疗;第二,在说服家庭参与治疗时,注意不要给父母制造压力(如过多谴责父母),让父母产生严重内疚感或罪恶感,这种情况往往会削弱治疗动机。

(二) 用儿童可理解的方式进行咨询治疗

与儿童进行沟通,不仅需要考虑一些技巧问题,同时还需要理解这些儿童,真正深入到他们的内心世界中去。做到这一点,实际上是很不容易的。经常有些刚刚开始做心理治疗或咨询辅导的治疗师,他们自以为是地去经验当事人,而不能与当事人取得真正的同感(empathy);他们用自己的成人经验去经验对方,令儿童感到厌烦(林孟平,1996)。

设身处地和将心比心是取得同感的最好方法。著名人本主义心理治疗大师卡尔·罗杰斯(Carl Rogers)曾经说过,同感意味着去经验当事人的内心世界,仿佛身临其境一般。而只有经常站在对方的立场上想问题,才能真正获得身临其境的体验。罗杰斯举例说,当一个小孩子在努力尝试着把一串珠子穿起来却一再失败的时候,他愤怒地将这些珠子摔掉;他的父亲见此情景,立刻挥手打了儿子一个耳光。当你以一个咨询者或治疗者的身份经验这件事的时候,如果你的头脑中首先闪现出的念头是"孩子不该把珠子摔了"或是"父亲不该打孩子",说明你在经验对象的时候,还没有能够真正取得同感,事实上,一种怀有同感的经验应该是:孩子摔掉珠子,固然行为冲动了一些,但其动机是好的,因为在孩子的内心是很想做好这件事情的,而囿于孩子的理解力,他并不明白这种失败是因为自己技能发展不够所致;同样的道理,父亲打孩子,也反映了这位父亲希望自己孩子的行为能表现得更好的心态。如果我们忽视了这对父子存在的良好动机的一面,而一味地谴责他们,我们就会令当事人感到委屈且难以辩解。

由于中国心理咨询与治疗还处在初期发展阶段,大部分人对于儿童治疗缺乏经验,在这里有必要简单讨论一下如何经验儿童的问题。经验儿童的最好办法是观察并参与儿童的行为。虽然我们都曾经是儿童,但是,长大成人后的经验使我们失去了童年的感觉。因此,花一些时间,经常和孩子们在一起讨论问题是十分有用的。只有这样,才能开始进行真正有意义的心理治疗和咨询。在与儿童会谈之初,不必急于进入主题,可以通过一些闲聊谋求认同。如果在这个过程中,你发现彼此默契很少,必要时可以考虑将其转介给其他治疗者。

(三) 注意疾病和躯体症状的变化

儿童的行为问题与他们的躯体反应联系紧密。尤其对于年龄较小的儿童来说，躯体反应往往是心理障碍的提示信号。治疗者在治疗儿童行为问题的同时，对于他们的一些躯体反应也应该加以注意，并对父母的身体症状也要适当注意。具体的注意事项包括：第一，了解儿童的个人病史，对于某些在童年阶段曾经因为患肺炎、支气管炎等疾病而长期休息过的儿童，要注意他们现在的症状是否与受到父母的过度照料有关；第二，注意观察儿童现在的躯体症状，如疼痛、发烧、腹泻等，这往往反映了他们的某种潜在需求(参见第二章)；第三，注意儿童的父母(尤其是母亲)是否患有某些慢性病，如神经衰弱、哮喘、头疼等，这些可能提示父母遗传与儿童行为障碍有关系。

四、儿童行为障碍与行为偏差

虽然儿童确实存在不少行为障碍，在相关精神疾病诊断分类标准中也已列出各种诊断指标，但是，现实中有相当一部分行为表现并不属于行为障碍，而仅仅属于行为偏差，如遗尿、害怕某些事物、青春期的害羞、爱发脾气、孤僻等，它们大多数属于正常心理发展过程中的一些情绪或行为偏差，是暂时性的，通常会随年龄增长而自行消失。大量的研究都已经证明这一结论是合理的(Robins, 1966)。那么，如何分清儿童的行为问题究竟属于行为障碍还是仅仅属于行为上的偏差呢？下面作简要讨论。

(一) 行为障碍和行为偏差的区分

儿童的行为问题与其生理、心理以及社会等多方面的因素有关。生理因素、教养方式、社会环境以及心理创伤等，都可能干扰和阻碍儿童的正常发展，导致他们产生情绪或行为偏差。但是大多数儿童的问题都只是在他们发展的一定阶段出现，并随着年龄的增长逐渐恢复正常。譬如，青春期前后出现的对自己身体变化敏感及社交恐惧障碍，学龄儿童常见的孤僻、爱发脾气、害羞等问题，婴幼儿阶段出现的吮吸手指一类习惯障碍、夜惊等睡眠障碍，这些问题在没有造成过分突出影响的情况下，都应该判断为正常现象，而不是障碍。因此，在这里有三种情况需要加以区分：第一是正常心理行为现象，第二是行为偏差，第三是行为障碍。所谓行为偏差是指儿童正常心理发展过程中所出现的一些发展性问题。而行为障碍指的是那些问题发展到已经足够临床精神障碍诊断标准中所指出的障碍(傅宏，2000)。

从统计学意义上讲，这三者实际上是分布在一个连续的线段上的。如果我们假定线段的一端为心理健康而另一端为心理障碍的话，那么，这三种情况分别处在从健康到障碍的不同位置(图1-1)。

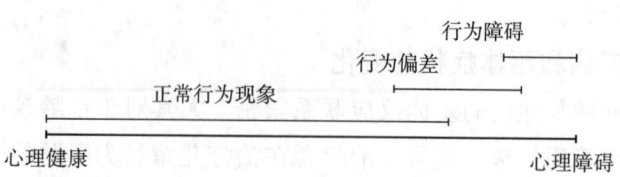

图1-1　从心理健康到心理障碍的连续分布示意图

应该说大部分儿童都是属于健康范畴的，只有当行为问题严重突出，并妨碍了个人的正常学习或生活，或者在不该出现的年龄阶段出现了一些有关的行为障碍时，我们才应该去考虑这种问题是否应被列为行为偏差或行为障碍中。

儿童一般的行为偏差的临床特点主要包括：第一，问题突出发生在某一个年龄阶段，在这之前或之后表现都不明显，如遗尿；第二，无论是情绪或是行为问题，通常表现形式比较单一，如仅仅有害羞的症状，不存在明显的综合征，也就是说，个体的其他行为基本良好；第三，没有类似的人格缺陷或家族继承性，通常与父母的管教方式或生活环境有关，如来自山村的孩子，初次接触大城市，会表现出明显的恐惧障碍。具有一般行为偏差的儿童的检出率在国外资料中的统计差异比较大。根据在我国江苏、浙江和上海等地区所取得的不完全统计资料，具有行为偏差的儿童的检出率在20%左右（陈家麟，骆伯巍，1986；朱家雄，1986）。2018年，国家卫健委在新闻发布会上公布一组数据，全世界青少年心理疾病发病率在20%左右，我们国家发病率低一点，但也在逐年增加。根据中国青少年研究中心和共青团中央国际联络部曾发布的《中国青年发展报告》，我国17岁以下儿童中，约3 000万人受到各种情绪障碍和行为问题困扰。其中，有30%的儿童青少年出现过抑郁症状，有4.76%~10.9%的儿童青少年出现过不同的焦虑障碍。目前的调查研究还是以区域型调查为主，全国性的调查研究寥寥无几。具体而言，1992年的一项全国调查以24 013名来自中国22个省市的4~16岁儿童为调查对象，发现有12.97%的儿童有情绪和行为问题（忻仁娥，张志雄，1992）。2020年的一项全国性调查以71 929名6~16岁的中国城市儿童为调查对象，发现有17.6%的儿童有情绪和行为问题（Cui et al., 2020）。

与行为偏差比较起来，行为障碍则要严重得多[①]。具有行为障碍的儿童，对他们临床症状的判断可以依据以下几点：第一，有比较严重和广泛的生活和社会功能损伤，并且其损伤的原因主要是精神性的，如孤独症儿童有比较严重的语言障碍；第二，持续时间长久，通常不会随年龄的增长而自行消失；第三，许多问题与家族遗传有关，通常在一些直系亲属中可以找到相关或类似问题，或者其父母当中至少有一方具有人格缺陷。

---

① 根据世界卫生组织公布的数据，10%~20%的儿童和青少年经历着心理障碍的困扰，数据来源：https://www.who.int/mental_health/maternal-child/child_adolescent/en/。

关键概念

行为偏差 指儿童正常心理发展过程中所发现的一些发展性问题。

行为障碍 指那些已经够得上临床诊断为精神障碍的问题行为。

（二）儿童行为偏差的表现

根据美国心理学家麦克法兰（Macfarlane）等人（1954）对126名21个月到14岁的儿童所做的追踪研究报告，一般偏差行为包括生理机能方面的问题，如大小便控制障碍；社会行为方面的问题，如攻击行为；与性格相关的问题，如过于害羞；行为习惯问题，如咬指甲等（表1-1）。这些问题的出现，大多与年龄相关，随着年龄的变化，这些问题呈逐渐减少的趋势，并且大部分会逐渐消失或被其他问题所取代。

表1-1 21个月~14岁男女儿童的行为问题分布

行为问题	年龄	21个月	3岁	3岁半	4岁	5岁	6岁	7岁	8岁	9岁	10岁	11岁	12岁	13岁	14岁
遗尿	男	+													
	女	+													
多梦	男						+				+				
	女										+	+			
睡眠不安	男	+													
	女														
食欲不佳	男														
	女						+								
饮食过分讲究	男		+												
	女		+	+			+								
咬指甲	男										+		+		
	女														
吮吸手指	男														
	女	+	+												
活动过多	男		+	+	+	+									
	女			+	+	+		+	+	+					
说谎	男				+	+	+		+						
	女				+	+	+								
过分敏感	男					+	+	+	+	+	+	+	+	+	+
	女					+	+	+	+	+	+	+	+	+	+
对身体的羞涩感	男				+		+								
	女														
特殊性害怕	男		+	+	+	+		+		+	+				
	女	+	+	+	+	+	+	+	+	+	+				

续表

行为问题	年龄	21个月	3岁	3岁半	4岁	5岁	6岁	7岁	8岁	9岁	10岁	11岁	12岁	13岁	14岁
情绪波动大	男							−	−	−	+	+		+	
	女											+			
阴郁	男					+									
	女						+								
违拗	男			+											
	女				+										
发脾气	男	+	+	+	+	+					+	+		+	
	女	+	+	+	+	+					+	+		+	
嫉妒	男					+						+			
	女			+					+			+		+	
过分含蓄	男	−	−	−			+					+	+		
	女					+	+	+	+	+	+	+	+		+

* ＋表示该年龄组 1/3 以上儿童有上述症状；− 表示资料不全。

资料来源：李雪荣，1987。

对于儿童行为偏差的分类，大多数学者认同儿童行为偏差可分为外向性行为问题和内向性行为问题（Achenbach, & Edelbrock, 1979）。外向性行为问题包括多动、违拗、攻击性行为、违纪行为等，内向性行为问题包括焦虑、退缩、抑郁、恐惧、强迫症等。

许多研究表明，儿童的行为偏差存在显著的年龄差异和性别差异。年龄差异体现在：外向性行为一般在儿童两岁时出现并增长，在学步期到正式上学的过渡期，外向性行为的频率骤然减少。在此过渡期中，外向性行为没有减少的儿童则可能被视为有问题的。相反，内向性行为问题，如广泛焦虑，一般在学步期到学龄期的过渡阶段增长（Heberle, Krill, Briggs-Gowan, & Carter, 2015）。性别差异体现在：一般而言，女孩更有可能表现出内向性行为问题，而男孩更有可能表现出外向性行为问题（Chaplin, & Aldao, 2013；Fanti, & Henrich, 2010）。

儿童行为调查表

一部分具有一般行为偏差的儿童，其问题会很严重，具有多种症状，并且持续时间比较长，可以被判断为持续行为偏差。根据上海地区提供的判别标准，在下列 28 个一般行为偏差症状中，如果一个儿童同时表现出其中 7~8 项，就可以被诊断为持续行为偏差：① 拔头发或吮吸手指；② 咬指甲或磨牙；③ 挖鼻孔；④ 口吃；⑤ 遗尿；⑥ 动作笨拙；⑦ 抽动症；⑧ 情绪易变；⑨ 过分哭闹；⑩ 不能与父母分离；⑪ 不愿意去上学；⑫ 怕陌生人；⑬ 多种恐惧；⑭ 暴怒；⑮ 任性；⑯ 在家待不住；⑰ 大声喊叫；⑱ 爱吵架；⑲ 打人；⑳ 攻击行为；㉑ 破坏性行为；㉒ 说谎；㉓ 过分依赖；㉔ 懒散；㉕ 不爱与同伴玩耍；㉖ 畏缩和屈从；㉗ 做白日梦；㉘ 屏气发作（指不能满足要求时就放声哭闹，屏住呼吸，面色发紫，直至抽搐）（朱家雄，1994）。

第二节 儿童心理咨询与治疗的历史

在很长的时间里,人们一直对儿童心理障碍的治疗怀着浓厚的兴趣,并且做了大量的工作,但是,实际的有确切文献记载的儿童心理治疗的历史,却只是从20世纪初期才开始(Achenbach,1974;Kanner,1948)。与此相比较而言,针对成人进行心理治疗的历史则要漫长得多。以临床心理学(clinical psychology)为例,作为一门主要针对成人各种心理障碍的病理机制进行研究和试图探索出相应的治疗方法的科学,虽然它的正式确立主要与20世纪初威特(L. Witter)开设的心理诊所及出版的名为《心理学临床》的专业期刊有关(陈仲庚,1992),但是,对于异常心理的探讨最早可追溯到古希腊时代。当时的希波克拉底等人对于心理异常现象已经做过很多精辟的论述。可是,在儿童心理治疗的历史中,大多只能见到百年以内的文献记载,唯独针对智障儿童的治疗一项例外,它的历史比一般儿童心理治疗的历史要长一些。

在西方国家,最早有系统和有计划地针对智障儿童的治疗活动可以追溯到1799年伊塔尔(Itard)针对那些"野孩子"(wild boy of aveyron)进行教化的工作(参见第三章第一节中的"丛林之子")。到了19世纪中期,爱德华·塞金(Edward Seguin)在伊塔尔(Itard)的工作基础之上,进一步研究有关智障的成因、本质,以及相应的治疗方法(Achenbach,1974)。这项工作的结果是一批针对智障儿童的寄宿学校开始出现,最早的有1848年建于美国马萨诸塞州和1851年建于纽约州的智障学校。这种学校最早建立时是作为教育研究实验基地,它并不像教养院那样仅仅用来监护那些孩子,而更像是一所普通的寄宿学校。他们设想这种学校可以通过提供必要的训练,从而帮助这些儿童在将来能够得到更好的社会适应技能并得以重返家庭和社会。然而,这种设想在实践中却没有得到足够的支持,因为只有少数的孩子在接受教育后能够重返家庭和社会。到了19世纪末,这些由地方建立的训练学校虽然仍被叫作专门用于教育智障儿童的"州立学校",但实际上已经逐步变为一种监护性的治疗机构。

一直到20世纪初期,儿童心理治疗才首先在美国得到大力发展,并逐渐扩散开来。对于儿童心理治疗发展有贡献的工作主要包括以下几项:① 心理卫生运动;② 儿童行为指导机构的建立;③ 心理动力学的发展;④ 行为主义的发展;⑤ 心理测量运动。

一、心理卫生运动

事实上,心理卫生的思想精髓在很早以前就已经被人们提到过:古希腊的希波克拉底曾经提出过医学和谐与神圣的信条;在中国的医学典籍《黄帝内经·素问》中亦曾指出:"夫上古圣人之教下也,皆谓之虚邪贼风,避之有时,恬淡虚无,真气从之,精神内守,病安从来?"

但是,到 20 世纪初才有人明确提出心理卫生的概念。当时,一名叫作克利福德·比尔斯(Clifford Beers)的耶鲁大学法学专业的学生对美国在心理障碍治疗中的错误导向提出了尖锐批评。克利福德·比尔斯曾经因为抑郁和有自杀倾向而入院治疗过,出院后他出版了一本名叫《一颗找回自我的心》(A Mind That Found Itself, 1908)的书,在书中比尔斯描写了他和他的病友们在精神病医院里所受到的种种不公正待遇。这本书受到了公众的普遍关注,使得许多人对地方医院对精神病人的不适当对待感到不满。在一些知名专家的帮助下,比尔斯在美国建立了国家心理卫生协会(National Committee for Mental Hygiene),并以此来呼吁社会对住院精神病患者的生活境遇予以关注,进而发展更加完善的且可以确保患者个人利益的有效治疗方法。

不久,在比尔斯等人的大力推动下,终于在 1930 年召开了第一届国际心理卫生大会,包括中国在内的 53 个国家参加了这次大会。大会确立的宗旨是:完全从事慈善的、科学的、文艺的和教育的活动,尤其关注世界各国人民心理健康的保持和增进,心理疾病、心理缺陷的研究、治理和预防,以及增进全体人类的幸福。这些工作推动了学校心理卫生计划的建立和儿童指导运动的开始(Kauffman, 1981)。

二、儿童行为指导机构的建立

事实上,美国儿童指导运动的历史早在 1896 年便已经开始了,这个时间比比尔斯出版他的著作要早得多。当时,宾夕法尼亚大学的莱特·魏特默(Lightner Witmer)建立了一个心理临床诊所。但是这项运动真正得到促进还是在比尔斯的著作出版,以及 1909 年威廉·希利(William Healy)在芝加哥主持建立的少年心理病理研究所(现在称作少年研究所)之后。这个研究所的工作人员专门研究少年违法者,并研究如何对他们实行强化法规的工作。一批精神病学家、心理学家以及社会工作者联合在一起共同对实际的个案进行研究,他们尤其重视那些影响儿童行为变异的复合因素的作用。

在比尔斯的国家心理卫生协会的支持下,美国的许多地方都建立了儿童指导诊所,用来帮助大量的有各种行为障碍的儿童。据坎纳(Kanner, 1948)的报告,早在 1930 年,美国已经有大约 500 个类似的临床诊所。

三、心理动力学的发展

20 世纪初期,心理动力学开始从欧洲发展起来,并随即在美国兴盛和扩展开来。这个学派的主要代表人物西格蒙德·弗洛伊德(Sigmund Freud)认为,成人的人格变态直接地复写着童年的经验,而且这种经验主要来源于性本能。由于弗洛伊德强调成人的精神病症状是儿童时期经验的结果,所以他的思想对于人们重视有关儿童的心理治疗工作起了积极的推动作用。事实上,弗洛伊德不仅影响人们使用应用精神分析的原理来治疗精神障碍,而且还"巧妙地、间接地和无意识地随时影响着儿童教养试验。……即便是当前的研究,诸如动机斗争、亲子关系、下意识影响效果及我们对问题儿童的理解等都受弗洛伊德思想的影响"(朱智贤,1982)。

有趣的是,"虽然弗洛伊德非常清楚童年经验对于情绪发展的影响",但是,他的许多理论并非出自于他的临床经验,"他的有关童年期性经验的理论早在他实际治疗第一个儿童三年之前(1905年)就已经发表了"(Kanner,1948)。1909年,弗洛伊德发表"小汉斯"(Little Hans)的个案,标志着心理动力学对于儿童期问题开始正式重视起来。

同样有趣的是,虽然弗洛伊德根据小汉斯的症状和经历正式建立了关于恐惧症的病因学理论,但是他也并未直接为小汉斯治过病,而是由小汉斯的父亲在弗洛伊德的指导下为汉斯进行了治疗。

虽然小汉斯的问题得以成功解决,但是这种心理动力学的儿童治疗方法非常烦琐因而难以被推广应用。直到15~20年之后,由弗洛伊德的学生米兰·克莱因(Melanie Klein)和他的女儿安娜·弗洛伊德(Anna Freud)对儿童心理治疗进行了改进,这种治疗方法才被广泛接受。他们的改进使得儿童心理治疗变得更加适合于儿童,并且使得更多的人愿意接受这一技术。这项技术改进的主要内容就是以角色扮演活动来代替传统的自由联想和对梦的解释,并由此了解儿童的心理问题。这种改变以及对于角色扮演活动的强调,在一定程度上也影响了后来许多儿童心理治疗方法的发展。

四、行为主义的发展

无独有偶,正当弗洛伊德在借助小汉斯的个案来发展他的心理动力学思想时,在美国,著名行为主义代表人物约翰·华生(John B. Watson)也在对儿童的情绪反应进行研究。他用实验的方法证明了儿童是如何学会情绪反应的。他以七个月的小阿尔伯特(Albert)为实验对象,在他身上成功地复制了恐惧反应。由于华生的研究具有很好的实验性,很容易被操作并应用于实际,因此也得到了非常广泛的响应。

五、心理测量运动

20世纪初出现的心理测量运动,对于客观地研究儿童心理也起到了积极的推动作用。1904年,阿尔弗雷德·比耐(Alfred Binet)受法国教育部委托,编制了一份用来筛选智力障碍儿童的测量工具,这就是日后被广泛使用的比耐儿童智力测验。这项工作的成功,使得人们开始采用客观方法测量正常儿童和特殊儿童在认知方面的差异,进而使得社会增加了对智力、能力、兴趣和人格类型方面的个别差异的研究。

总结20世纪以来儿童心理研究历史,不难看出,儿童心理治疗能发展到今天的水平,绝不仅仅是一两个人的贡献,而是很多人共同努力的结果。

至于中国的情况,虽然早在1936年我国就在南京成立了最早的"中国心理卫生协会",但是,由于受战争和中华人民共和国成立后极左思想的影响,直到1982年才在南京建立了第一个中国儿童心理卫生研究中心。此后逐步在北京、上海等国内大中城市推广开来。目前,我国已经成立了国家心理卫生协会,并且在中国心理学会组织中设立了临床与咨询心理学专业委员会。不过,专门针对儿童的心理卫生专业研究和协调机构相对还比较少,专兼职工作者数量也比较有限。目前已经陆续建立起一些国家级、地方级的儿童心理卫生机构,还有一些医院和高校也设立了有关儿童心理卫生的机构。在国家层面上,中国心理卫生协会于1987年设立了儿童心理卫生专业委员会、青少年心理委员会。在省级层面上,浙江省心理卫生协会设立了儿童心理卫生专业委员会。在临床机构层面上,北京大学第六医院和南京脑科医院等单位都建设了儿童心理卫生中心,并肩负儿童少年精神卫生临床服务、健康教育、康复培训、科学研究、临床教学、社会服务、交流合作等多项任务。在高校科研单位中,深圳大学建设了儿童发展与健康国际合作联合实验室等。当然,总体上看这些机构还不成规模,处于初期研究和逐步上升的阶段,在人员、研究水平和研究条件方面与发达国家相比还存在很大差距。2019年底,国家卫健委发布了《健康中国行动——儿童青少年心理健康行动方案(2019—2022年)》,该方案指出,到2022年底,各级各类学校建立心理服务平台或依托校医等人员开展学生心理健康服务,学前教育、特殊教育机构要配备专兼职心理健康教育教师。50%的家长学校或家庭教育指导服务站点开展心理健康教育。60%的二级以上精神专科医院设立儿童青少年心理门诊,30%的儿童专科医院、妇幼保健院、二级以上综合医院开设精神(心理)门诊。从某种意义上讲,这种现实社会需求有助于推动相关专业加快发展。

第三节 儿童心理成长的影响因素分析

影响儿童心理成长的因素十分复杂,其在心理治疗中的讨论也由来已久。不过,目前已达成比较明确共识的是,个人与生俱来的生物因素、一些既有的心理行为因素以及外部世界中的社会文化因素共同作用和影响着个体的心理成长。因此,在这里首先对这三方面的因素做一些探讨。同时,在这三者当中,由于社会文化因素属于后天可改变因素,其操作性最强。探讨后天改变问题,对于合理地认识和运用心理治疗方法极有价值,所以,本节还将专门对家庭、社会及文化这三项后天因素做具体讨论。

一、生物—心理—社会模型

个体从胚胎的孕育开始到成长为一个成熟的社会成员,经历了一个从近乎纯粹的生物体逐渐转变为具有丰富心理内容的社会实体的过程。这种转变反映了人类行为的复杂和多样性,作为一个成熟的个体,在本质上,他的心理和行为既受其生物性因素影响,同时又受到其心理和社会性因素影响。生物、心理、社会三方面的因素彼此有层次、有系统地交织在一起,发挥作用。从这个意义上讲,我们必须从多个角度去分析儿童各种从正常到异常的行为现象,只有这样才可能更加客观,从而避免简单化、片面化。

生物、心理和社会这三方面的因素是如何既彼此独立,又交织在一起,对个体发挥影响的呢?以下模型有助于我们理解这个问题(图1-2)。从图1-2可以看出,生物、心理、社会这三方面因素对于个人的影响是错综复杂混合在一起的,有其密切的内在联系。其中,生物因素是基础,它决定了个人基本形态构造上的差异,同时又影响着个人行为习惯及人格等心理因素的获得。通常意义上讲,虽然生物因素是由遗传决定的,但是,个人的生活方式和所经验的社会压力,也会给这些生物因素造成影响,并使之发生顺应变化。与此同时,后天社会环境中的文化习俗、父母抚养方式、家庭结构及学校环境等因素,提供给个人在心理发展上一个基本导向,使得个人按照一定社会文化的要求去相应地发展自己的心理和行为。它和生物因素共同决定了个人的心理行为走向。因此,当个人自身素质和社会影响这两个方面的因素在个人身上形成压力且具有不和谐成分时,个人就会出现应激反应或产生心理障碍。譬如,一个神经类型为过敏或弱型的学生在面临比较严重的外部学习压力的时候,很容易出现各种不适应症状和心理障碍。

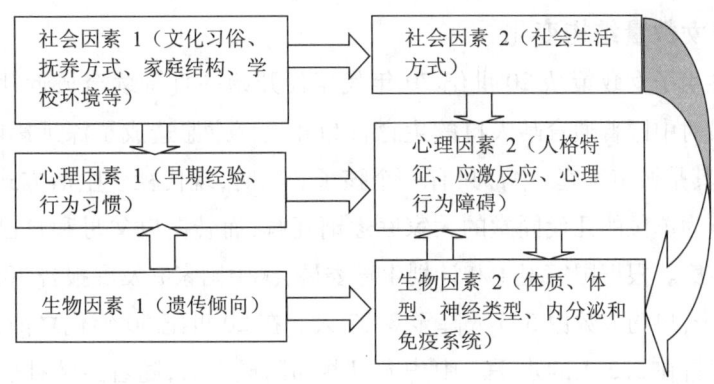

图1-2 生物—心理—社会模型示意图

由于生物—心理—社会模型已经获得心理学、医学和其他行为科学等多个学科的广泛认同,因此利用这一模型去认识儿童心理障碍也就成了一个基本原则。我们不能忽视任何一个影响儿童行为的因素而去研究他们,这样就无法全面地认识并理解他们。

二、家庭—学校—社区模型

由于心理异常与否常常是人们在一定文化条件下依据对于环境的解释而确定的(譬如,在美国好朋友见面接吻一般被看作正常的,可是在中国这样的行为就可能被理解为是异常的),因此文化的因素对于研究人类的特异行为具有独特的意义。

一定的社会文化,决定了人们相应的生活方式,同时也就从外部影响了人们的心理行为。按照生态系统理论(Bronfenbrenner,& Morris,2007),"儿童发展存在于一组嵌套结构中,每一个嵌套在下一个(嵌套)中,就像俄罗斯的套娃一样"。这个嵌套系统把儿童、家庭、学校、社区乃至社会文化系统融合成为一个整体,构成了儿童成长的系统生态。社会文化在心理治疗中应该被看作一项很具体的可操作因素,它主要通过个人身边的家庭、学校和社区发生影响,所以,考虑社会文化的影响因素,首先必须从家庭、学校和社区入手。尤其对儿童来说,家庭和学校占据了对他们心理行为产生影响的绝大部分内容。在中国现阶段社会中,虽然近期开放了二胎政策,但是独生子女家庭仍是主流,所以要研究家庭,必须对这种新型的中国家庭结构形态以及与之相应的学校和社会进行一番认识。

如果说家庭是影响儿童行为发展的基础,那么,家庭中的亲子关系对儿童的影响则是最为根本的。现代社会生活方式使得家庭结构发生了不少变化,这是导致家庭和社会在子女教育训练方面面临困难的根源,也是儿童行为问题产生的起点。

以下对家庭结构变化的内容进行具体讨论。

(一)子女数量结构变化

中国的独生子女政策从20世纪70年代年代开始一直持续至最近几年才逐步改变。这一政策对中国普通育龄人口的生育行为和生育意愿造成了深远影响,使得大部分的家庭(尤其是城市家庭)中都只有一个孩子。同时,现代社会生活方式的发展促使传统的以家族为单位的几代同堂的大家庭逐渐瓦解,而转向以父母和自己的孩子生活在一起的小家庭。根据国家卫生和计划生育委员会《中国家庭发展报告2019》,从20世纪50年代至今,户均人数由5.3人降至3.02人。在20世纪50年代之前,家庭户平均人数基本上保持在5.3人的水平。中华人民共和国成立后,随着经济社会发展和人口变化,家庭户平均规模开始缩小。《中国家庭发展报告》显示,20世纪80年代以来,家庭户平均规模缩小的趋势更加显著,1990年缩减到3.96人,2010年缩减到3.10人。截至2019年,农村户均规模为2.79人,城镇则为2.63人。中国已是平均家庭规模较小的国家。

家庭户规模小型化是社会、经济、文化、人口等多方面因素共同作用的结果。从人口变化的角度看,结婚年龄的推迟,不婚率和离婚率的提高,低生育率,寿命的延长,人口流动等,都导致家庭户规模的不断缩小。

由于大部分父母已经逐步习惯了只生一个孩子,即便在放开二胎政策之后,独生子女家庭依然是现代家庭构成的主体。这种三位一体的家庭结构,与传统家庭结构的差异主要表现在以下方面:首先,父母在抚育孩子方面无法尝试和比较,没有更多的学习机会。很多父母因此而诚惶诚恐,不敢放开手脚。其次,这种家庭结构还减少了父母对子女进行公平教育的机会,也使得儿童在家庭中因缺少同伴而缺乏互助学习和自助的机会。不过,这种结构问题在孩子进一步长大之前还不明显,"对独生子女的打击通常来自以后(例如,在学校中),即当他不能在学习中成为关怀的中心时"(赫根汉,1986)。当然,优势也是存在的,因为这些孩子从小便和成人生活在一起,受到了较多的理性和认知的熏陶,通常在智慧和言语表达方面发育会更好一些。

(二)家庭角色结构演变

这是结构变化中最重要的部分。这种变化主要包括两方面:一是从"尊老"向"爱幼"的转变;二是从父母养育为主向更多老人参与养育孩子的转变。

首先,关于从"尊老"向"爱幼"的转变①。中国的家庭角色结构,已经从传统社会中以父亲或家族中的长者为核心的形态,逐步转向了以孩子为核心的小家庭形态。这种变化的特点是,处于中心位置的人易位了,它使得独生子女享有更多的权利,更容易形成自我中心的意识。并且,不同于过去,因为这个位置是很早就获得了的,所以,他们没有尊重他人和忍受压力的经验。不过,尽管如此,这种变化仍然是表面的,因为以特定个人为核心的传统倾向没有变化,只是这个核心由父辈尊长开始转向了孩童。

回顾中国传统文化,过去那种"夫为妻纲,父为子纲"的核心倾向家庭有两方面的影响。一方面是可以增加家庭内部的凝聚力,维持传统农业经济社会的劳作和生计。杨国枢先生指出,由于家庭是农业经济生活的核心,家庭的保护、延续、和谐及团结自是备极重要,因而形成了中国人凡事以家为重的家族主义(familism)想法与做法(杨国枢,1988)。另一方面,造成家庭中人际关系的等级现象,使得个别人处于特权位置,受到特殊的保护;而另一些人则处于这个结构的边缘,受到歧视和慢待,譬如在中国封建社会家庭中的女性往往充当了这类边缘角色。

这种扭曲了的"以孩子为中心"的结构形式为什么不合理?理由很简单,因为它使儿童获得了不合理的自我认同。"他通常处于全家人溺爱的地位。"正如阿德勒所说:"娇宠的孩子永远不能自立,他缺乏通过自己努力获得成功的勇气。"他们一方面表现出有雄心和抱负,但是另一方面,他们又很懒惰,不愿意为之付诸努力。"懒惰表明这种雄

---

① 这里只是作者借此表达一种由于独生子女普遍而造成的更多关注儿童的家庭倾向,并无否定家庭不尊老或涉及其他引申的意思。

心掺和着悲观。他的雄心如此之高,以致自认根本没有实现的希望。"(Adler,1931)因此,这些孩子在性格上是脆弱的。

其次,关于从父母养育为主向更多老人参与养育孩子的转变。更多老人参与养育孩子的活动,即所谓隔代抚养。隔代抚养是近年来出现的一种比较普遍的社会现象,是指由于父母工作忙碌或者其他原因无法稳定地照料孩子,转而由祖父母或外祖父母来协助抚养。一方面,城市忙碌和快节奏的生活,使得很多父母疲于应对工作而无力照料孩子,同时,另一方面,伴随着中国城市化快速进程,大量农村劳动力涌入城市工作,也同样产生了许多缺少父母照看的留守或流动儿童。据联合国儿童基金会《2015年中国儿童人口状况——事实与数据》报告,中国的流动儿童和留守儿童大约有1亿人(其中流动儿童3 426万人、农村留守儿童4 051万人、城镇留守儿童2 826万人)。虽然近几年情况有所好转,但是问题依然明显。与此同时,由于人口寿命的普遍延长,很多退休或闲居在家的老人,依然精力充沛,他们自然而然地承担起了帮助子女照料下一代的任务。从某种意义上讲,这是一件好事情,大部分家庭在保证快节奏生活的同时,下一代能够得到合理照料。但是,问题也随之而产生。据孙云晓的调查,在我国70%的隔代抚养都不成功,老人对于孩子的生理保育多于培养教育,使得许多孩子形成了性格缺陷,长此以往,这些孩子容易对父母产生叛逆,并与之产生疏远。①

从家庭结构的变化来看,最初,当两个各自独立的男女结合在一起宣布成立家庭时,他们便承担了夫妻的角色,并彼此尽职。接着,有了孩子之后,他们便又转变为另一组角色,即父母。可问题是,往往许多人在成为父母或继而成为祖父母之后,因为过于重视孩子,便逐渐淡忘了自己生活的角色意义,这是很危险的。如果一位抚养人只是努力地用行动去向孩子表示:"你是我生活中最重要的,在这个世界上,我所做的一切就是为了让你过得更好。"这时,孩子便很容易获得一种错误的信号,即"我是最重要的"。这种观念往往成为儿童日后同伴关系的基础。当他们把这种观点引入社会生活的时候,他们便开始犯类似的错误:一方面,依恋父母或其他抚养人,缺乏独立能力;另一方面,又蔑视同伴关系,强调一种不合理的自我中心,希望受到过分的重视。实际上,在这种情况下,抚养人已经透过自己的态度在无形中影响了儿童,并使孩子发生了潜移默化的改变。

(三)家庭经济结构变化

社会经济水平的变化对家庭和个体心理是有着直接影响的。其中主要的一点便是:人们开始从基本的生存需要和安全需要向较高层次的精神需要转变,这种需要转变的心理学含义实际上也就是一种定向转变,是个人从一种以生存为中心的目标定向向以自我满意为中心的角色定向的转变(威廉·格拉瑟,1995)。

当社会经济水平还相对落后时,个人因为物质缺乏而不得不更倾向于去追求那种

---

① 孙云晓:《隔代抚养的弊端要重视》,《长江日报》,2012-10-25.

实际上可能并非自己自觉选择的目标。因为在他的周围，无论是父母、爱人、子女或是亲友，都以他是否能争取到安稳的职业和适当的生活水平为标准来衡量他的价值。在这种环境下成长起来的人们，更容易受到鼓励去发展那些与追求目标相一致的心理品质。他们被训练得更多地具有那种为实现目标而忍耐和克制自己真实愿望的特点。举例来说，一位家庭女性刚开始参加工作，做一名民办教师，其目的可能只是获得适当稳定的收入来维持或改善生活（目标定向）。在这种情况下，她无法更多地去对工作提出要求，无论这份工作对她来说是否满意或喜欢，她都无法选择，否则她将失去生活来源。这时，她兢兢业业地工作、努力教书、尊敬领导并安守本分。因为她缺乏安全感，她需要这份工作，需要从优异的工作中获得赞赏。校长的肯定评价使她获得了一种安全感（傅宏，1998）。可是，随着社会经济水平的发展，在变得相对富裕起来的家庭中，人们的观念开始发生根本性的转变：具有目标定向的父母们努力在孩子身上投入关怀，并以此来弥补自己的缺憾。这时，逐渐成长起来的孩子们在定向上开始悄悄发生转变：逐渐从目标定向转向了角色定向。他们开始注重追求个人价值的实现，变得更加强调自我满意、注重享受生活和追求直接兴趣。这时他们选择参与工作与否的理由只有一条，那就是"我喜欢！"或者"我不喜欢！"。在这种情况下，角色定向的特点进一步强化了现代家庭中孩子们的自我中心意识。

不过这种角色定向比起目标定向来，也并非一无是处。因为这种定向是以自己的喜好为前提而决定的，所以具有角色定向的人通常在工作中显得更少束缚和更加投入。如果上面例子中的那位教师不再为经济问题所困扰，这时她的需要也随之发生了变化。虽然她继续去学校教书，可教书的理由已经开始不同于从前了。现在她教书是因为她喜欢孩子，是因为在教职员中有她的朋友，是因为她是一个快乐而成功的人（角色定向）。这时她已经不再是拘谨和小心翼翼的工作机器，而逐渐地把自己看作一个独立和自由的人。在这种情况下，她会发现自己在工作中表现得更加自然流畅、更满意自己。从社会的角度看，显然她这时会是一个更好的教师，因为她已经转变了角色认识。

由于家庭结构的复杂变化，因此，针对这种现象进行的教育训练也应该是综合的：一方面要考虑对父母进行理解和沟通训练，帮助他们学会做好榜样；同时，在对于儿童的教育训练上要注意针对独生子女的特点，加强团体训练，协助他们获得竞争、合作、互助等社会适应技能；对于大部分儿童来说，还应该进行那些能够协助他们学会承受生活压力的耐受力训练和生活计划性练习。

三、文化传承与利用

作为生活在特定文化处境中的个体，我们每时每刻都在接受着文化习俗的影响，譬如在一些文化中很习以为常的亲吻行为，在中国文化中则很难随便表达出来。从这次新冠肺炎疫情可以看到，虽然从科学上讲，戴上口罩对于预防病毒传播十分必要，但是很多西方人却视戴口罩为不能容忍的行为。不难看出，凡此林林总总的行为习惯差异背后，存在着一定的文化印迹。从这个意义上讲，在对于儿童心理的帮助中，亦应当考虑国情特色且看到传统文化痕迹的影响，并将其应用于临床实践中。

我们在专业思维中需要注意顺应和参考传统文化，从中发现有利资源，因势利导帮助儿童。尽管现代心理咨询的理论架构越来越走向国际化，但文化习惯的影响依然不能忽视。从精神病诊断标准的国别差异可以看出，文化对于精神和心理障碍的影响始终是存在的。因此，当心理治疗与中国传统文化不可避免地相遇时，我们也应当合理地利用传统文化资源，将其与现代儿童心理治疗技术有机融合起来。就譬如当把游戏或阅读治疗运用于儿童身上时，可以适当挖掘一些更符合中国文化的儿童游戏或阅读资源，以便为儿童提供更具有针对性的治疗帮助。虽然中国的传统文化中有许多有关儿童的思想观念需要扬弃，但从儿童心理咨询与治疗实践和应用角度看，仍然可以挖掘和利用其中的有价值之处。如果顺势而为，有选择地用于对父母或儿童观念的影响，在有些情况下，可以达成意想不到的治疗效果。所以，传统文化对于儿童心理咨询与治疗，两者之间并非是互为冲突的，善于挖掘并将其中的有用资源加以利用，不失为一种很好的选择。

本章小结

儿童的心理咨询和治疗是一项基于广泛背景之上的专业实践工作。它一方面要求我们具备比较系统的关于儿童病理和治疗方面的知识；另一方面，也需要我们能够对影响儿童成长的社会文化背景有比较深入的认识。只有这样，我们才有可能从真正意义上把握儿童心理咨询和治疗的实质。

为了帮助读者更好地了解儿童心理咨询和治疗的基本特点，本章首先对儿童成长中值得重视和容易引起混淆的一些问题做了讨论，包括：与儿童成长的阶段性特点相关联的心理和行为问题；针对儿童治疗与针对成人治疗两者之间的区别；具有行为障碍、行为偏差的儿童与正常儿童之间的区别和联系；等等。

其次，本章还简明扼要地介绍了儿童心理咨询和治疗的历史和发展趋势，让读者对儿童心理治疗的脉络有一个总体上的把握。

考虑到儿童心理咨询和治疗是一项建立在比较广泛社会文化背景上的工作，本章最后专门从生物—心理—社会和家庭—学校—社区等几个不同维度对影响儿童心理成长的因素做了系统分析。

作为全书的绪论，我们希望通过对这些基本问题的讨论，让读者能够在一个比较高的起点上理解儿童的心理治疗。

【延伸阅读】

想进一步了解青春期的和谐与冲突及其影响因素,建议阅读:

玛格丽特·米德.(2008).萨摩亚人的成年——为西方文明所作的原始人类的青年心理研究.周晓虹,等译.上海:商务印书馆.

想进一步了解儿童常见障碍(如恐惧症、多动症、孤独症、学业障碍等),请参见:

傅宏.(2000).儿童青少年心理治疗.合肥:安徽人民出版社.

想了解儿童的行为偏差及其预防方法,请参考:

平井信义.(2003).预防孩子行为偏差的30个方法.王怀宇,译.沈阳:辽宁科学技术出版社.

【推荐书籍】

克利福德·比尔斯.(2000).一颗找回自我的心.陈学诗,等译.北京:中国社会科学出版社.

Gerald, Corey. (2004). 心理咨询与治疗的理论及实践. 石林,等译. 北京:中国轻工业出版社.

Kearney, Christopher. A. (2004). 儿童行为障碍个案集. 孟宪璋,等译. 广州:暨南大学出版社.

艾里克·J·马施,大卫·A·沃尔夫.(2009).儿童异常心理学.孟宪璋,等译.广州:暨南大学出版社.

Montessori, M. (2010). 童年的秘密. 单中惠,译. 北京:中国长安出版社.

David R. Shaffer. (2005). 发展心理学:儿童与青少年. 邹泓,等译. 北京:中国轻工业出版社.

思考与实践

1. 本章第三节中在讨论儿童心理成长的影响因素之"家庭—学校—社区"模型时,着重阐述了家庭因素。请根据自己的成长经历,说一说学校、社区对你心理成长产生的影响。

2. 小海,男,11岁,五年级。功课经常不及格,老师反映,他上课不能集中精力听课,总是安静不下来,喜欢一会儿打扰一下同学,一会儿站起来,甚至离开座位,母亲说他在家做作业总是拖拉,每次都要做到很晚。因此他经常被母亲责骂。父亲长期在外工作,很少回家,母亲工作也很忙,很少有时间看管他,大多数时间是爷爷奶奶在照顾他。

如果让你去与小海及他的老师、父母进行晤谈,找出他学业问题的原因,你会从哪些方面去了解信息?哪些信息是必须了解的?小海的表现可能跟哪些因素有关?试具体说明。

参考文献

陈家麟,骆伯巍.(1986).5—7岁幼儿心理健康问题研究.心理科学,(4),26-31.

陈仲庚.(1992).实验临床心理学.北京:北京大学出版社.

傅宏.(1998).对现代中国人社会定向差异的测验.社会心理研究,(1).

傅宏.(2000).儿童青少年心理治疗.合肥:安徽人民出版社.

赫根汉.(1986).人格心理学导论(何瑾.冯增俊,译).海口:海南人民出版社.

李雪荣.(1987).儿童行为与情绪障碍.上海:上海科学技术出版社.

林孟平.(1996).辅导与心理治疗.北京:商务印书馆.

玛格丽特·米德.(2008).萨摩亚人的成年——为西方文明所作的原始人类的青年心理研究.周晓红,等译.北京:商务印书馆.

忻仁娥,唐慧琴,张志雄,等.(1992).全国22个省市26个单位24013名城市在校少年儿童行为问题调查——独生子女精神卫生问题的调查,防治和Achenbach's儿童行为量表中国标准化.上海精神医学,(1),47-55.

威廉·格拉瑟.(1995).认同社会.傅宏,译.台北:桂冠图书股份有限公司.

杨国枢.(1988).中国人的心理.台北:桂冠图书股份有限公司.

张继志.(1994).精神医学与心理卫生研究.北京:北京出版社.

朱家雄.(1986).上海地区儿童偏异行为的调查报告.学校卫生,(2),41-43.

朱家雄.(1994).学前儿童心理卫生.北京:人民教育出版社.

朱智贤.(1982).儿童心理学史论丛.北京:北京师范大学出版社.

Achenbach,T. M.(1974).Developmental Psychopathology. New York:Ronald Press.

Achenbach,T. M.,& Edelbrock,C. S.(1979).The Child Behavior Profile:II. Boys Aged 12-16 and Girls Aged 6-11 and 12-16. Journal of Consulting and Clinical Psychology,47(2),223.

Adler,A.(1931).What Life Should Mean to You. Boston,MA:Little,Brown.

Bronfenbrenner,U.,& Morris,P. A.(2007).The Bioecological Model of Human Development. Handbook of Child Psychology,1.

Chaplin,T. M.,& Aldao,A.(2013).Gender Differences in Emotion Expression in Children:A Meta-Analytic Review. Psychological Bulletin,139(4),735.

Cui, Y. , Li, F. , Leckman, J. F. , Guo, L. , Ke, X. , Liu, J. , & Li, Y. (2020). The Prevalence of Behavioral and Emotional Problems among Chinese School Children and Adolescents Aged 6 – 16: a National Survey. European Child & Adolescent Psychiatry.

Fanti, K. A. , & Henrich, C. C. (2010). Trajectories of Pure and Co-occurring Internalizing and Externalizing Problems from Age 2 to Age 12: Findings From the National Institute of Child Health and Human Development Study of Early Child Care. Developmental psychology, 46(5).

Heberle, A. E. , Krill, S. C. , Briggs-Gowan, M. J. , & Carter, A. S. (2015). Predicting Externalizing and Internalizing Behavior in Kindergarten: Examining the Buffering Role of Early Social Support. Journal of Clinical Child & Adolescent Psychology, 44(4).

Kanner, L. (1948). Child Psychiatry. Springfield, IL: Charles C Thomas.

Kauffman, J. M. (1981). Characteristics of Children's Behavior Disorders. Columbus, OH: Merrill.

Macfarlane, J. W. , Allen, L. , & Honzik, M. P. (1954). A Developmental Study of the Behavior Problems of Normal Children Between Twenty-one Months and Fourteen Years. Publications in Child Development University of California, 10.

Robins, L. N. (1966). Deviant Children Grown up: A Sociological and Psychiatric Study of Sociopathic Personality. Baltimore: Williams and Wilkins, 59(1).

第二章

儿童期心理发展及相关发展问题

【本章导读】

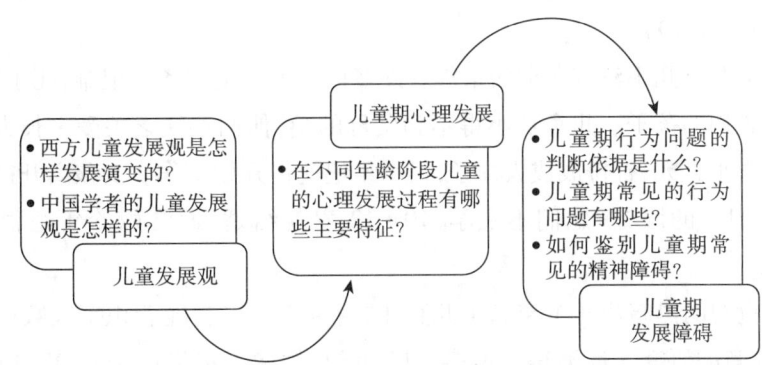

儿童在成长过程中往往并不是一帆风顺的,有时会出现一些行为偏差、问题甚至心理障碍,需要成人予以关注,并在专业人员的指导下及时加以矫正。针对儿童的心理治疗,正如本书第一章中所讨论的,必须建立在对儿童心理发展相关知识的深刻了解之上。普通的儿童发展心理学只涉及正常儿童的心理发展,作为儿童心理治疗的学习者,还应该对那些因为发展不顺利而可能出现的一些异常现象、精神障碍等方面的问题有所了解。这些都是儿童心理咨询和治疗的必要基础。

第一节 儿童发展观概述

儿童发展观是人们对于儿童发展的实质、影响因素及发展机制等根本问题的看法。一个文明的、人性化的社会需要有一种社会原则,那就是把儿童看作有独立价值的个体(弗朗索瓦兹·多尔多,2009),尽管在今天,这种观点对多数人来说是不言而喻的,但在过去很长一段时间内,儿童被当作附属品、小大人,甚至被认为生来就有罪。

一、西方儿童发展观

从不同历史时期对儿童的态度来看,古希腊、古罗马对儿童的态度与中世纪相比要开明得多(Watson, & Lindgren, 1979)。例如,中上层家庭认为儿童享有和承担相应具体的权利与义务;儿童自认为是家庭成员,是未来公民。从古希腊、古罗马城邦坟墓发掘出来的儿童尸体旁的一些充满爱意的随葬品,就可以看出儿童在欧洲古代文明时期的重要地位。

进入基督教统治的中世纪,有关儿童的错误观念很快占了上风。男人成了生活的中心,妇女与儿童丧失了地位。人被认为有原罪,因此儿童被认为生来就是堕落的。"原罪可以从儿童身上驱逐出去这一观点在数个世纪内的儿童教育中占了上风。"(Watson,& Lindgren,1979)

中世纪的儿童几乎没有所谓的童年。许多孩子因为生存条件艰难,死于婴儿期,母亲们也远离她们的孩子。儿童从小得不到父母的爱,他们在缺乏关爱中长大成人。儿童从小被当作小大人,打扮成成人样子,很小年纪就得开始工作。女孩离开襁褓后就直接穿上成人妇女的服饰,她们不上学,10~12岁就结婚,通常嫁给年纪很大的男人(Aries,1962)。

欧洲中世纪的黑暗让儿童窒息了几百年,直到17世纪,随着识字人数增加及文化发展,有关儿童的研究才逐渐得以增多。17世纪,约翰·洛克(1632—1704)对儿童自然会"长大成人"的说法提出了异议。他认为儿童需要特殊关照,应该让其表达情感,只有必要时才应该对他们予以限制。洛克认为,不应该让儿童做学徒或到别人家去放牧,他建议家长多花时间与儿童待在一起,并且努力做孩子的榜样。一个世纪后,让·雅克·卢梭(1712—1778)也驳斥了"原罪论"及儿童生来堕落的观点,坚信儿童的天性是善良的。但卢梭不同意洛克有关父母应该对儿童感兴趣及接近儿童的观念,他将他的五个孩子全放在了一个育婴医院里(Coontz,1992)。第一个认识到儿童行为重要性的是约翰·裴斯泰洛齐(1746—1827),他对其4岁儿子的观察形成了他对儿童的基本观念,他认为母亲是儿童第一任并且是最重要的老师(Watson,& Lindgren,1979)。

尽管洛克、卢梭及裴斯泰洛齐的儿童教养方式的影响很大,但在当时,大多数儿童,尤其是那些贫困家庭的孩子,处境仍然很困难。18世纪初,儿童抚养是很残酷和无情的,父母仍然秉持着"将魔鬼驱赶出儿童体内"的观念。在美洲殖民地,清教徒父母将体罚作为惩罚儿童的合法手段。他们认为激发儿童身上的恐惧感很重要,并且认为让儿童观看罪犯在公共场合被处置是不同阶层儿童道德教育的一个重要组成部分(Gibson,1978)。儿童发展过程中的重要内容是对父权毋庸置疑的服从。如果一个年满16岁并且有"想法"的孩子跟父母顶嘴,那么他所受到的惩罚就是去死(Bremner,1970)。

父母必须"打破"儿童的"意愿",以便将他们训练成社会能接受的人。这样的观念在19世纪初颇为盛行。下面摘录的是19世纪北美儿童教育的一个例子。

一个中产阶级美国母亲于1834年在一本妇女杂志中描述了其16个月大的女儿因为拒绝听命叫"亲爱的妈妈"而受到了她父亲的严厉处置。该婴儿被单独关在一个房间里,她在里面哭了十分钟,然后被带出并再次被要求叫"亲爱的妈妈"。那个孩子很固执,竟然仍拒绝这样叫她妈妈,她因此遭到大人的抽打,并且被继续要求这样说。这种惩罚共持续了四个小时,直到这个孩子最终妥协为止。(Watson,& Lindgren,1979)

18、19世纪,不同社会阶层儿童生活状况差异很大。富裕家庭儿童有舞蹈课、马术课,需要学习社交礼节,并学会对仆人发号施令。奴隶家庭的儿童在田间劳作,并学会侍候主人。贫困家庭儿童在作坊、矿山、工厂等拥挤恶劣的环境下劳动（Coontz,1992；Gibson,1978）。1809年，棉花作坊的4 000个工人中,3 500人是妇女和儿童。6~7岁儿童一周中有半周时间得干12小时倒班的活（Bremner,1970）。1900年,宾夕法尼亚有12万童工在矿山及工厂劳作,13~16岁女童工中有三分之一在缫丝作坊工作（Coontz,1992）。尽管童工受到童工法特别保护,但是儿童从事危险作业或长时间作业的状况一直持续到20世纪中叶才有所改观。

19世纪英国小说家查尔斯·狄更斯捕捉到了急剧工业化过程中贫困儿童的生存困境。当时，对儿童态度苛刻、对儿童所提出的要求"视而不见"、要求儿童绝对服从等理念盛行于工业革命时期的各个学校里,"儿童经常遭到学校老师或其他员工体罚"（Chase,1975）。但有部分开明父母与雇主开始逐渐认识到,不仅仅是特权阶层,其他阶层所有儿童都需要上学。越来越多的开明教师认识到了为儿童而不是为成人设置课程和编写教材的必要性,以及用体罚来让孩子屈服不一定都能让他们吸取教训。刚开始,学校教育是自愿的,只有中上阶层儿童有受教育机会,但到19世纪下半叶,美国多数州已通过相关法律,使儿童的学校教育义务化。

在美国,虽然关注儿童特殊需求及将儿童期视为一个具体、独立发展阶段的观念在19世纪发展很慢,但是,专门为儿童设计的书籍及根据他们的活动特点而设计的服饰逐渐开始出现,父母及家人能从相关部门得到有关儿童发展理念的儿童养育手册。种种迹象都表明,直到这个时候,儿童科学教育观才逐渐形成。

二、中国儿童发展观

在中国传统文化中,人们对于儿童成长缺乏明确统一的理解,很多观点和西方人类似,具有不尊重儿童的倾向。直到近代,陈鹤琴（1892—1982）、艾伟（1890—1955）、孙国华（1902—1958）、陆志伟（1894—1970）、黄翼（1903—1944）及朱智贤（1908—1992）等人陆续提出了一些对于儿童的科学认识。

陈鹤琴早年留学美国,并且在欧美许多国家访学,因此他的观念受欧美教育和心理学思想影响很大。早在1927年,他就提出了儿童教育、儿童发展心理研究"要适应国情"的观点,并始终坚持该观点。他反复观察中国儿童心理发展过程,汲取民间艺术中的精华为儿童研制玩具,编制和修订多种心理测验量表,在农村创办学校等,这些都体现了他"处处以适应本国国情为主体"的理念。陈鹤琴对儿童心理学研究的学术贡献及其对于儿童发展的理解,主要体现在其1923年所著的《儿童心理之研究》中。

尽管除了陈鹤琴和朱智贤之外还有不少有影响的儿童心理学家,但能够系统、全面地研究儿童心理发展,并且能形成自身理论体系的并不多见。朱智贤不仅有其自成一体的心理发展理论,而且还主张发展心理学研究的本土化。基于唯物辩证法,朱智贤提出了儿童心理发展的四个基本理论观点。

（1）先天与后天的关系。他认为，先天因素在心理发展中的作用，不论是遗传素质还是生理成熟，都是儿童心理发展的生物学前提，它为儿童心理发展提供了一种发展可能性。环境和教育将这种可能性最终变成现实，决定儿童心理发展的方向和具体内容。

（2）内因与外因的关系。朱智贤认为，在儿童主体和客体相互作用过程中，社会和教育向儿童提出要求，其所引起的新需要与其已有的心理水平之间的矛盾，是儿童心理发展的内部矛盾或内因，也是其心理发展的动力。内因是根本，外因是条件。

（3）教育与发展的关系。朱智贤认为，心理发展主要是由适合于它们心理内因的那些教育条件来决定的。从学习到心理发展，人类心理要经过一系列量变到质变的过程。

儿童心理发展拓展阅读

（4）年龄特征与个别特征的关系。朱智贤认为，儿童心理发展质的变化主要体现在年龄阶段上。心理发展的年龄特征，不仅有稳定性，而且还有可变性。同一年龄阶段中，既有本质、普遍、典型的特征，又有个体差异。

第二节　儿童期心理发展

为了更好地理解儿童心理咨询和治疗的原理，我们必须首先对儿童正常的发育及其发育过程中所出现的一些问题有所了解。下面对儿童从出生至12岁心理发展中正常发育的情况进行一些简单介绍。

一、婴幼儿期（0~2岁）

在这个阶段，婴儿直接感受到的是一些感觉和运动，即皮亚杰所谓的"感觉运动"阶段。婴儿根据自己所看到的、听到的、嗅到的和触到的来行动。在刚出生最初几个月里，婴儿能吮手指，感受到母亲怀抱的温暖，闻到爽身粉的气味，看到婴儿床上方跳动着的彩色球，聆听摇篮曲等。

在此阶段，婴儿开始去用小手抓东西，并摇动它，常猛地将所抓到的物品打在自己脸上。运动协调能力在出生后最初几个月里是发育不完善的。

运动发展　出生到近1周岁时，儿童能获得更多技能。他们能将一个瓶子塞进嘴里再拿出来，短时间拿住杯子，去拿喂饭的勺子。然后，婴儿学会用勺子敲击桌子弄出声音，寻找地毯下的木块，用勺子来挖东西。学会摸、抓、握之后，婴儿先学会坐，然后匍匐向前，爬起来。

婴儿学会行走之前，他们能爬楼梯（通常是能上，但不能下）。18个月时，他们的行走技能逐渐完善。2岁前，他们能在人行道上走，倒着走，单腿独立。一个蹒跚学步的幼儿一旦学会走路,他们的手就开始自由探索周围的世界,并获得一种对周围环境的控制感。

认知发展 婴儿在熟练掌握运动技能的同时,开始获得客体永久性的概念。6个月时,婴儿开始寻找藏起来的东西。如果养育者先将一个物品呈现给婴儿看,然后将其藏在他的背后,婴儿虽然会去找,但在找不到时很快就会放弃。

到了七八个月,婴儿开始对陌生面孔或陌生地方表现出恐惧,当养育者离开房间时婴儿会哭。快满1周岁时,婴儿会从毯子下寻找木块。只有当快2周岁时,儿童才知道虽然东西看不见了,但它们仍然存在于某个地方,并能有意识地寻找丢失了的东西,这就是客体永久性的概念。

加上言语的发展,儿童得以"从感知运动过渡到符号智力"(Lefrancois,1990)。董奇等(2002)采用标准化实验室测验法,考察了8~11个月大的婴儿问题解决过程中的行为表现与策略特点、注意力集中水平及其与问题解决成效的关系。结果发现,问题解决过程中婴儿的尝试行为及方法的有效性水平会随年龄增加呈逐步上升的趋势。在初次面临问题情境时,所有8个月组的婴儿都不能有效解决问题,但到11个月时,61.5%的婴儿已能正确解决问题。在问题解决过程中,8~11个月婴儿的注意力集中水平显著提高,而且婴儿注意力集中水平与其解决问题的成效显著相关。

语言发展 不到1周岁,婴儿就发现与他人沟通的重要性。有关研究发现,因为他们早期沟通的要求总不被理解,因此他们萌发了想学讲话的强烈愿望。1岁半至2岁期间,婴儿使用哭、牙牙学语、肢体语言、情绪表达作为沟通方式。12~18个月期间,婴儿使用单词句来表达所有的意思(Dale,1972)。例如,"牛奶"指的是宝宝想喝牛奶。到了2周岁时开始加入动词,如"抓娃娃"或"走再见"。

情绪发展 婴儿一生下来就有兴奋、痛苦及厌恶等情绪反应,但社会性微笑要等出生4~6周后才能出现。愤怒、惊奇、悲伤在3~4个月时出现,5~7个月时能表达恐惧。藐视和犯罪感在出生2周时就会出现,羞耻和害羞则到6~8个月时才出现(Santrock,1994)。

婴儿在学讲话前,使用情绪作为沟通方式,尤其是微笑和哭泣。婴儿微笑时将高兴传递给父母,这样做的目的是确保得到更多的爱和关注。另一方面,婴儿还用哭泣及愤怒等来表达痛苦。莱弗朗索瓦兹(Lefrancois,1990)曾经列举了某些文化背景下母婴间通过身体接触实现沟通的例子。在一些文化中,婴儿经常被母亲抱着,始终能体验到温暖,这时,哭泣会被当作生病的前兆而受到过度重视。但在西方文化中,许多父母对婴儿的哭泣反应通常不以为然。相比较而言,前一种文化中的父母对婴儿哭泣的快速反应客观上加强了儿童与养育者之间的过度依恋关系。

社会发展 根据艾里克森(Erikson,1950)理论,信任或不信任感在婴儿出生第一年即开始面对这个不确定的世界时就形成了。如果养育者对婴儿是慈爱的,并且能满足婴儿可预见性、安全感和爱的需求,那么婴儿就会发展出一种信任感。但是,如果婴儿生活在一个不可预测的世界中,加上一个冷漠的养育者,他们就会表现出焦虑,并且对别人不信任。

婴幼儿期，儿童就知道了自己是命运的主宰。艾里克森将这个阶段称为心理社会发展中的独立或羞耻、怀疑阶段。儿童不只是通过其感官简单对周围世界作出反应，他们同样可以主动控制环境中的一些东西，并努力从这种主动控制中发展一种独立感。这就是2~3岁儿童会被认为容易"到处乱窜"的原因。在这个关键阶段，父母一方面要鼓励儿童去探索，另一方面要多提供他们独立行动和作决定的机会。这一阶段如果过分受保护，儿童就会对自己掌控这个世界的能力表示怀疑。他们通过感官及肌肉运动来探索和理解这个世界。他们从抓、摸迅速变化到走和跑，学会用语言表达其愿望和需求。在这个阶段初期，儿童对物体是"眼见为实"，但在接近2周岁时，儿童掌握了一种常识，即知道物体即使不在眼前，但它们依然存在（客体永久性）。该能力的出现，加上对语言的掌握，让儿童逐渐掌握了使用心理表象、想象及符号思维的能力。更为可喜的是，婴儿在出生后最初几个月里就与其养育者之间建立了一种信任关系。这种关系是儿童最早形成的人际关系，在心理学上称为"依恋"（刘金花，邓赐平，2013）。心理学意义上的依恋主要是指婴儿寻求并企图保持与特定的人亲密的身体联系的一种倾向性（刘金花，邓赐平，2013）。婴儿早期形成的依恋关系对其人格发展有着复杂的影响（Bowlby，1973；1980；1982）。笔者认为，依恋在婴儿早期的社会性发展过程中扮演着十分重要的角色。此外，研究发现，当母亲的成人依恋类型为安全型且敏感性高（以孩子为中心时）时，孩子形成安全依恋的可能性更大（张茜，王争艳，程南华，王朝，梁熙，2015）。据此，笔者认为，我们在考虑婴儿依恋类型形成的影响因素时，除了要考虑遗传的影响外，还要考虑环境的影响，特别是来自母亲的影响。一周岁后，当他们学着控制自己的行为时，独立感逐渐产生了。通过控制其身体运动及探索周围世界，健康婴儿从最初不能自立，只有有限活动和沟通能力，逐渐发展成为机灵的、言语和社会适应能力都很强的个体，并且为下个阶段的发展做好了准备。

二、学龄前期（3~6岁）

从3岁到6岁，儿童将他们所掌握的越来越多的技能作用于外部世界，并且努力增加对这个世界的了解。他们开始思考自己是谁，看看自己能做什么，继而建立一种自我感。在这一阶段，他们所学到的技能将更熟练。首先他们得寻找一种独立感，努力控制自己和他人，然后使用他们所习得的语言、认知、运动和社会技能来理解和应对这个世界。通过这些学习，学龄前儿童开始发展他们新的推理、决策及解决问题的技能。

运动发展　运动技能的快速发展让学龄前儿童能独立做更多事情。6岁的儿童几乎已经能像成人一样熟练使用一些物品，如端杯子、倒水。当这些在2岁时还在为脱衬衫、拉拉链而犯愁的儿童长到五六岁时，他们已经能独自穿脱衬衫、系鞋带了。同样，有些技能，如稳健行走、跑、爬，对2岁的儿童来说还是不可思议的，但现在他们已能做到用脚尖走路、跳跃、骑三轮车、敏捷地爬等。

这个阶段几乎所有儿童都喜欢创造性画画、着色、捏东西，这些活动对发展儿童的精细运动技能很有用。熟练对所画内容进行着色等活动能帮助一个 5 岁儿童适应幼儿园中的学习要求。随着精细运动技能的发展，学龄前儿童还学会了剪纸和折纸，画一个正方形或三角形，临摹书写某个标志、字母和数字。2 岁时幼儿一圈又一圈地涂鸦，3 岁时画直线，5 岁时画几何图案、字母和数字，这些都为他们上学后的绘画和书写做好了准备。

语言发展 在学龄前儿童发展运动技能的同时，他们的语言沟通能力同样也得到了迅猛发展，语言能力从单个词发展到高度复杂的讲话和语法运用。随着儿童的成长和发育，他们语言的内容及其意义也在发生着变化，并与儿童的社交技能及他们对世界的理解水平相一致。

我们常常看到，学龄前儿童喜欢爬到父母亲的腿上背诵诗歌，而有些四五岁儿童将他们喜欢的故事背得滚瓜烂熟，然后"背诵"给大人听。若成人将该故事稍加改动，孩子就会立即敏锐地意识到，并迅速纠正大人的错误。

游戏发展 游戏将认知、想象和运动有机结合在一起。在象征性及非言语性的扮演游戏中，儿童通过象征来代表周围环境中的物体，模仿他们看到或听到的那些发生在周围的事情。因为当儿童 4 岁时，他们可以长时间地玩扮演游戏，因此这个年龄是理想的游戏治疗开始年龄。孩子们可以在游戏中做"美味可口"的菜肴，在一个假设的"炉子"上进行烹饪；或在一个假设的浴缸中给玩具"宝宝"洗澡，给它洗头，直到弄得到处是水为止。他们也会找出一个陈旧而布满灰尘的箱子，将其改造成一个医生用的药箱。千万不要小看这个药箱，因为它赋予了儿童像医生一样看病治疗的巨大能力。通过将绷带缠在玩具熊身上，儿童体验到了当医生的感觉。通过这些方式，儿童摆脱了自我中心的思维，开始学习和接受其他东西。

当然，儿童总喜欢一些能刺激感官的活动，如用手指作画，在水、沙及烂泥里玩耍。看到其他儿童在泥潭中玩耍，他也会毫不犹豫加入其中，双脚踩在烂泥中，看着泥浆从其脚趾间冒出来，或者干脆在小河边塑造出房屋、汽车的模样。他们通过这些活动来展现其丰富的想象力和创造力。通过这些活动，儿童体验了从探索、理解，到逐渐学会如何去征服这个世界的过程。

需要特别注意的是，游戏是幼儿期的主导活动（程利国，李雅林，李文虎，1997）。皮亚杰认为，2~7 岁儿童所经历的游戏发展阶段为象征性游戏阶段（程利国，李雅林，李文虎，1997）。换而言之，象征性游戏在该阶段儿童的全部游戏中占据主导，比较常见。象征性游戏，又称为假装游戏，主要是指一种有意识、但不含欺骗目的的游戏形式。行为者在准确地感知到实际情况的条件下，有意想象出非真实的情境，并根据这些想法有意做出非真实的行为（倪伟，熊哲宏，2007）。例如，儿童会假装自己是老师，并给自己的爸爸妈妈上课。已有的研究结果表明，假装游戏与儿童的心理表征、社会参照、想象、角色扮演、协商、问题解决等方面的发展存在联系，并有可能对非社会性认知、社会认知与社交技能等方面的发展产生直接或间接的积极影响(倪伟,2014)。前文所叙述的假想伙伴现象,也是假装游戏的重要表现形式之一(林其羿,傅宏,王港,姚进,周楠,2016)。自20世纪90年代起,研究者开始系统性地比较有无假想伙伴儿童间的发展差异,并在整体上形成了认知、人格和社会性发展三条主线(林其羿,傅宏,王港,姚进,周楠,2016)。

认知发展 学龄前儿童在认知水平上已过了感觉运动阶段,而进入前运算或前逻辑发展阶段(见表2-1)。这意味着学龄前儿童可以思考和描述那些不在眼前的物体、人物或动作。这一阶段的儿童通过模仿、象征性游戏、绘画、心理想象及语言来描述这个世界。尽管2岁儿童在游戏中仍然将玩具当真的,如认为这个玩具动物会咬他等,但3岁儿童已经能用想象表达其思维内容,并通过绘画等艺术形式来表现其想法。到四五岁时,他们已可以通过内化模仿(internalized imitation)来建构其心理意象,其目的是对过去经历过的事情做出反应或展望未来。例如,儿童会用假想的针给玩具熊"打一针",然后用言语和拥抱来安慰小熊,这种行为通常反映出他想去看医生。在此阶段,儿童已经能用言语来描述物体和事情,所以语言成了他们强有力的工具。

2~4岁的幼儿能将其经验纳入种类、时间、空间、数目及因果关系中,但是因为他们在4岁之前不会下定义,所以他们的思维尚属于"前概念"范畴。儿童直觉思维阶段(4~7岁)能较好地给事物分类,并且对事物进行较为复杂的描述。他们通常通过直觉、心理意象而不是逻辑来解决问题。例如,皮亚杰将三个球——蓝球、红球及黄球,放在一个朝上的试管中,儿童能准确分辨出哪种颜色的球在上面。但是,当将试管旋转半圈、一圈或两圈时,儿童则必须通过想象来确定这些球的位置,从而准确回答出。实验结果表明,他们的想象和逻辑思维能力还不足以强大到让他们能准确确定转圈后这些球的位置关系。

表2-1 皮亚杰儿童认知发展模型

阶 段		能 力	年龄阶段
感觉运动:婴儿期(0~2岁)	1. 反射活动	前语言 使用遗传条件反射 在视野中追踪物体	0~1个月
	2. 初级循环反应	儿童身体运动 重复令人愉快的活动 盯着消失的物体	1~4个月
	3. 次级循环反应	重复有趣的事 玩耍周围物体 寻找消失中的物体	4~8个月

续表

阶 段		能 力	年龄阶段
感觉运动： 婴儿期 （0~2岁）	4. 次级图示	开始根据一些迹象来预测事情 努力有意识地协调一些事情 认识熟悉的物体和人 寻找看不见的物体	8~12个月
	5. 三级循环反应	通过尝试和错误来探索新情境 寻找、发现看不见的物体 模仿他人行为	12~18个月
	6. 智力整合	模仿力增强 通过想象来解决问题 预测结果 知道物体消失后仍然存在（客体永久性）	18~24个月
前运算思维： 儿童早期 （2~7岁）	1. 前概念	出现不完整或缺乏逻辑性的概念 推理以感觉统合为主 无法同时考虑同一情境的不同方面 自我中心的社会交往	2~4岁
	2. 直觉	解决问题是直觉性而不是逻辑性的 无法考虑同一情境的不同方面	4~7岁
具体运算：儿童中期 （7~11岁）		使用逻辑来理解事物和关系 掌握守恒概念 开始掌握数的概念 具体而不是抽象思维 学会站在别人角度理解问题 注意力、记忆力提高	7~11岁
形式运算：青少年期 （11~15岁）		有抽象思维能力 有能力解决一些假设性问题 能概括一些思想，并推理及使用演绎推理 思维具有灵活性和创造性 能发展更高水平的共情和抽象思维	11~15岁

前运算阶段的儿童在归类或分类方面有困难，他们的思维缺乏逻辑、以自我中心、具有直觉性。但随着儿童获得更多经验，他们渐渐地能通过与别人交往来验证其思维和推论。儿童最早的概念就是在这种个人经验基础上形成的。例如，牛牛相信石头沉进水里是因为石头"有力"，但爷爷跟他讲过铅块比石头更"有力"，所以他通过试着举起铅块来验证爷爷的说法。

当儿童能进行一些简单分类，并且将他们的经验归入空间、时间、性质及因果关系中时，概念就开始形成了。幼儿通常将经历过的许多事物进行分类，而相似性便是首要原则。例如，3岁儿童将玩具娃娃和童床归入一类，而6岁儿童则将童床、椅子和桌子归入家具类。另外，相关研究表明，4岁以前的幼儿更喜欢根据颜色而不是形状对一些物品进行分类（如将红色卡车、红色球和红粉笔放在一起），而大一点的儿童则倾向于根据形状来分类。2岁儿童只能将所有毛茸茸的动物叫"小狗"，但5岁儿童则能区分狗和猫、鸡和鸭。

根据皮亚杰的观点，幼儿能根据内容而不是距离来判断某一时间的长短。因此很多家长都听孩子问过"我们已经到目的地了吗"，而家长会回答"还远着呢"。另外，2岁儿童对明天和昨天的概念很少了解，3岁儿童已经初步有了一点昨天的概念，但他又会把昨天理解成今天的任何一个时间，"昨天我马上想睡一觉"。4岁以上的儿童能掌握生活事件的发生顺序，并且能表达一些更为宽泛的概念，如月份、明年夏天、去年夏天等。此外，通常学龄前儿童还是很难搞清楚"两周以后去度假"中"两周"的时间概念。

幼儿无法正确区分时间和空间的概念，他们常常会将空间和自己的身体、活动及想法混为一谈。从自我中心的角度来看，身体是判断上下、左右、远近、这里和那里的参照点，所以4~5岁儿童虽然能理解一系列物体的序列，但是他们仍然搞不清大、高和长的概念。

通过亲身经验，儿童在与同伴、家人及老师的沟通中，逐渐建立了多和少的数量概念。数的概念，就像时间、空间概念一样，最先形成于亲身的经历。

与空间、时间和数的概念一样，儿童早期对事件因果关系的理解是极其个人化的，外部世界的生活事件与儿童的内在世界、需求紧密联系在一起。但到了学龄前和上学年龄，因果律变得越来越客观，个人化倾向越来越少。在思维发展过程中，儿童开始总是将事情发生的原因归因于自己或旁人，但后来逐渐将自然现象发生的原因理解为它们内在的力量所致。因为学龄前儿童一开始并不能同时考虑几个因素或从一个具体描述上升到一般性推论，所以对原因的理解也是从具体发展到抽象。

学龄前儿童在很多方面受他们所见、所闻或亲身经历的影响巨大。一种需要"眼见为实"的心理让他们误以为，魔术师真的从帽子里变出了兔子，或者只要挥动一下魔术棒就能将一只鸟变没了。正是因为在这个年龄阶段的儿童思维中直觉始终占优势，所以在看魔术表演时，学龄前儿童会被魔术师欺骗。

皮亚杰认为，因为学龄前儿童在思维上非常以自我为中心，所以他们同时只能就一个维度或一个方面思考问题。例如在解决守恒问题的过程中，儿童无法同时考虑杯子的高度和宽度两个维度。皮亚杰认为，儿童的自我中心思维同样可以用来解释他们的身体和情绪问题。但还有一些研究表明，学龄前儿童并非在所有情境中都以自我为中心。布鲁克（Borke，1975）做了一系列巧妙的实验，在幻灯机中显示一系列图案之后，让三四岁儿童从幻灯机上找出刚才所看到的图片之一——《芝麻街》中格罗佛开着自己的车在马路上跑的图案。这种游戏能帮助儿童理解他人的行为，从而站在别人的立场上体验他人的感受。

郭力平（2004）利用倒转图设计的实验考察了3~6岁儿童视觉认知的发展特点。研究结果表明，3岁儿童对倒转后的图形重新认知有难度，4岁及以后的儿童对倒转图重新认知的能力迅速发展。对倒转图的认知不仅涉及视知觉能力，同时也反映了儿童关于二维图画表征的观念。研究者从中推断，在 3 岁或更早儿童的观念中，二维图画与所指物之间的关系是严格一一对应的。

在学龄前儿童的认知发展中，社会认知发展是非常重要的一个方面。而有关儿童心理理论（theory of mind）的相关研究是当前社会认知发展的一个研究热点（李佳，苏彦捷，2004）。国内外不同的研究者均对心理理论进行了定义。例如，李佳和苏彦捷（2004）认为，心理理论是指个体具有将自身和他人行为归因于心理状态的能力。刘金花和邓赐平（2013）认为，所谓心理理论，描述的是一系列心理状态及这些心理状态与世界间的因果关系。阿斯汀（Astingto et al., 1988）认为，心理理论是指个体对他人和自己心理状态及其与他人行为关系的推理或认知。这些定义尽管在视角上有所不同，但是有两点是相近的。一是心理理论的发展涉及对自己和他人内在心理状态的认识和理解，二是这种对心理状态的理解和认识可能与他人的行为间存在着某种关联。一级错误信念和二级错误信念的掌握是评价该阶段儿童心理理论发展的重要里程碑。换而言之，研究者通常使用一级错误信念任务和二级错误信念任务来评价该阶段儿童心理理论的发展。一级错误信念是指个体是否知道他人拥有一个错误的信念。二级错误信念是指个体是否知道他人知道他人拥有一个错误的信念（罗奕高，高华，2012）。王益文和张文新（2002）使用两个一级错误信念任务（"意外转移"任务和"欺骗外表"任务）考察了 3～6 岁儿童的一级错误信念认知发展。结果显示，4 岁儿童理解了"欺骗外表"任务中自己和他人的错误信念。5 岁儿童理解了"意外转移"任务中的错误信念。因此，4～5 岁是儿童获得一级错误信念认知的关键年龄段。张文新等（2004）使用两个错误信念任务（"生日小狗"任务和"小画书"任务）考察了 3～6 岁儿童的二级错误信念认知发展。结果显示，6 岁左右是儿童二级错误信念发展的关键期。一项元分析研究的结果显示，中国儿童的错误信念认知发展要比北美儿童早两年及以上（Liu, Wellman, Tardif, & Sabbagh, 2008）。这表明中国儿童的错误信念发展呈现出一定的独特性。需要说明的一点是，当前研究者针对儿童心理理论的内部结构及其测量方式的探讨仍然在不断深入，在此笔者便不再赘述。

情绪发展 从情绪上看，学龄前儿童已经具备了爱的能力，他们能够表现出爱心、善良、乐于助人，同时也存在自私和攻击性。当学龄前儿童有一个充满爱心、乐于助人的榜样，他们会将爱看成这个世界上最重要的东西，并可以通过教育去学会关心别人。西得乐（Sidel, 1973）发现，对 3 周岁的儿童可以通过举例子、讲故事、看图片、看幻灯片、唱歌、跳舞、表演及其他合作性活动来教育其如何关爱、照顾及帮助他人，但是因为他们还不具备站在他人角度去感受其所受伤害的能力，所以无法去对他人做出同情。随着儿童的成熟，他们能识别情绪，并将这些情绪与具体的事件联系起来。例如，3 岁孩子能区分故事中高兴和不高兴的反应（Borke, 1975）。随着语言能力的增强，4～5 岁儿童能将他们的情绪体验传达给他人。

幼儿通常使用积极或消极的方式表达愤怒和恐惧这两种情绪。从积极角度看，愤怒可以促进创新，它对成就感和问题解决有一定作用。而伴随着轻度焦虑的恐惧对于事情的解决，能起到一定的推动作用。从消极方面看，愤怒还可理解为攻击性，它通常表现在玩玩具时的同伴竞争，并且由嫉妒心引起。恐惧是另一种情绪，它可以表现为一种具体恐惧，还可以表现为担心或焦虑。恐惧对象随年龄变化而变化。

学龄前儿童通常一次只能表达一种情绪，表达一些复杂情绪或矛盾情绪的能力要等年龄稍大一点后才能发展起来。这种情况所导致的结果是，幼儿的许多情绪像被什么掩盖起来似的，或者他们根本就没有足够的语言能力讲清楚究竟是什么让他们感到烦恼。所以对3岁或3岁以上心理或行为存在偏差或异常的学龄前儿童来说，做游戏、欣赏艺术、讲故事是有效的治疗方法。

姚端维（2004）等考察了150名3~5岁儿童情绪能力的年龄特征、发展趋势和性别差异。研究结果发现，在3~4岁，幼儿的情绪理解能力有显著变化，对积极情绪的理解要高于对消极情绪的理解，女孩推测他人情绪状态的能力要高于同龄男孩。另外，幼儿情绪的选择能力在一定程度上能预测其情绪调节的发展。

社会发展　社交能力发展和情绪发展之间通常表现出明显的相关，并且受到学龄前儿童日益增长的认知和语言能力发展的影响。随着学龄前儿童的成长，他们逐渐对自己有了更清楚的认识，并且认识到每个人都是独一无二的。尽管婴儿已经能将自己与环境区分开来，但在感觉运动阶段，他们的自我意识尚处于萌芽阶段，然后随着2~3岁儿童独立意识的出现而出现真正意义上的自我意识，并随着4~5岁儿童创新意识的出现而发展。随着儿童的成长，他们在情感、行为和人际关系上继续得到发展，而且不断地细化和个性化，正如艾里克森心理社会发展的八个阶段模型所示，其中有五个阶段在儿童期。

随着独立意识的出现、自身能力的提高，2岁儿童已经有能力去做他们想做的事。由于他们已熟练掌握自己所需要的运动技能和大约数百个词汇，从而能获得一种对自己和他人的控制感。其中最令人满意的是，他们学会了使用"不"，这个字能帮助儿童决定是否与他人进行合作，是否"去亲别人""喜欢班上同学""讨厌日间托管""上厕所时坐痰盂"等。在该阶段，如果儿童的独立性受到挫伤，他们就会产生羞耻和无价值感。如果父母因为自认为孩子犯了太多错误，而告诉孩子是多么"糟糕"或者干脆去惩罚孩子，孩子的羞耻感就会增加。甚至有些家长把让孩子认识并体会到羞耻作为控制孩子的一种手段——这就是艾里克森所描述的"愤怒指向自我"，在这种情况下，儿童通常会表现出固执、叛逆和强迫行为。能成功度过该发展阶段的儿童则会表现出更多独立感、具有合作性等较强的社会能力。

从大约4岁起，学龄前儿童开始积极寻找自我，他们的创造欲会得到成人的关注。4~5岁儿童对外部世界充满了强烈的好奇心，他们通过问问题、玩游戏来搜集有关周围人和事的大量信息。通过想象游戏，儿童模仿成人的行为。起初，他们模仿跟自己同样性别的父母一方,努力从行为上去模仿,并且想象自己就是父母一方。3~6岁时儿童会模仿父母一方的声音,形成一种在不受惩罚的前提下规范自己行为的强有力的自主意识。按照艾里克森的观点,当儿童的愿望、成长的力量与父母亲所要求的自律标准相冲突时,儿童就会产生一种因创造欲无法实现随之而来的犯罪感。

实际上,该阶段儿童的健康成长需要在创造欲和限制之间达到一种平衡,而这种平衡取决于父母的关爱和儿童的自信程度。如果父母认为孩子总体上是好的,行为规范不错,并且能达到家人的期望,那么随着孩子年龄的增长,他们会表现得越来越好,同时孩子也会获得积极的认同感。这就是说,学龄前儿童通过寻求爱与家人的认同,通过模仿生活中一些重要人物的行为,努力遵守家人和社会向他们提出的要求,在父母对其争取独立和自主鼓励的基础上,为下一阶段胜任感的发展打下坚实的基础。

总之,随着学龄前儿童年龄的增长,他们更具有探索精神和想象力,技能更加成熟,独立性的增强使2~3岁儿童通过其自主回避羞耻和疑虑行为来获得一种自我意识。4~5岁儿童会用他们的能力来证明哪些他们能做到,哪些他们做不到,也会避免使自己的行为招致灾难性后果而受到处罚。因为发音的成熟提供了让学龄前儿童与任何一个愿意倾听他们讲话的成人进行对话的条件,这就为他们探索世界、学习知识和技能提供了无限机会。

在这一年龄阶段,游戏是学龄前儿童的重要社会活动,游戏所起的作用是通过象征来诠释这个世界、模仿父母和他人行为、解决问题和习得社交技能。尽管他们找不到描述其想法和情感的词汇,但是他们将游戏当作一种表达自我、沟通和解决问题的方式。因此,这是一个让儿童将游戏、艺术和讲故事作为维持其良好适应状态或帮助其克服缺陷的理想发展阶段。

陈琴(2004)采用访谈法对119名4~6岁儿童合作行为的认知发展特点进行了研究。研究结果表明:首先,幼儿合作性选择认知已经达到了较高水平,其中超过一半的幼儿知道在面对问题时可以与同伴合作解决,而在日常游戏中知道与同伴合作的幼儿更是超过了四分之三。其次,幼儿的合作归因主要以结果归因为主,客观条件归因次之。在结果归因中,幼儿主要以个体或活动归因为主,同伴关系和共同利益归因所占比例相对较少。规则和权威归因在幼儿中只有少量存在。另外,随着年龄增长,幼儿合作性选择认知和合作归因水平都在不断提高。最后,研究还表明,情境是影响幼儿合作性选择认知与合作归因的重要因素。

客体永久性 是指儿童脱离了对物体的感知而仍然相信该物体持续存在的意识。

自我中心 是瑞士心理学家皮亚杰的认知发展理论术语。指前运算阶段的儿童(约为2~7岁)从自己的观点和立场去认识事物,而不能从客观的、他人的观点和立场去认知事物。

三、学龄期（7~12岁）

那些在出生后六年里熟练掌握了相关发展技能的健康儿童即将进入 7~12 岁的新发展阶段。进入小学以后，儿童原来生活的家庭和幼儿园活动小圈子，很快被更大的小学活动圈子和社会环境所替代。这些更大范围的社会接触，伴随着其运动、语言和认知能力的快速发展，客观上都有利于学龄儿童适应该年龄阶段身体和学业上的挑战。快速发展的认知能力使他们的思维更有逻辑性，并且获得更多新的信息、解决更多复杂问题，而且对成就产生兴趣。通过创新、劳动和取得成就，儿童获得了一种成就感，并将这种称为胜任感的能力元素加入自我结构中。

运动发展游戏中的身体运动能帮助儿童消除因为看电视或沉迷网络而形成的懒散现象。通过重新协调技能，加上毅力，学龄儿童可以把注意力转向一些个人或团体游戏。他们通过丢手绢、捉迷藏游戏来完善其奔跑技能，通过青蛙跳和跳绳来发展其跳跃能力。其他一些平衡和步法训练主要依靠跳房子、体操、爬梯子和溜冰等活动来完成。

不管生活在农村、郊区还是城市，学龄儿童都喜欢那些挑战其全身运动技能的活动，因为从中他们可以得到一种简单的快乐。儿童会充分利用游戏过程中所有的东西，例如用树来攀爬、用雪来堆雪人和滚雪球、用人行道来跳绳和跳房子、用包装盒或者木片制作堡垒和俱乐部等。团体体育活动可以让儿童获得理解游戏规则的能力，并且激发其与同伴进行沟通的欲望。但是需要注意的是，如果成人在儿童还没做好准备之前就让他们去参加竞争，参加那些只有最聪明的儿童才能胜任的游戏，或是参加那些强调不惜一切代价来赢的游戏等等，反而会对儿童的发展产生不良影响，甚至损害其自尊心。相反，那些可以给每个儿童而不是只给少数天才儿童提供发展机会的游戏，以及一些将趣味性和参与性看得比竞争性更为重要的体育活动，却可以帮助儿童提高其运动和社交技能，并且增强其自尊心。好好玩、按规则玩、理解他人等行为都有助于儿童得到同伴的认可和赞扬，这些能赋予儿童一种自我成就感以及对环境和身体的控制感。

李蓓蕾、林磊、董奇等（2002）研究了不同精细动作能力的发展之间的内在联系及其与儿童学业成绩的关系。被试为 151 名 4~8 岁儿童以及 30 名本科生，精细动作能力的测查包括线条填画任务、图形临摹任务以及筷子使用技能测验。研究结果发现：首先，不同精细动作能力的发展速度从高到低依次为线条填画能力、图形临摹能力和筷子使用技能；其次，筷子使用技能与线条填画能力、图形临摹能力都显著相关，线条填画能力和年龄对筷子使用技能具有显著预测作用；最后，不同学业成绩的儿童在各类精细动作能力上存在显著差异。该研究表明，较基本的精细动作能力是复杂工具性技能发展的基础，同时在小学低年级阶段，儿童的精细动作能力与其学习活动之间存在密切联系。

语言发展学龄期儿童的语言世界里有阅读、交谈和倾听，所有这些都为学习词汇和语法提供了无穷的机会。6 岁时，儿童的词汇量以每天 22 个的速度增长，当他们不断应用已经掌握的某些规则时,他们所犯的语法错误就会越来越少。7岁时,当具体运算开始建立,儿童能分析出那些他们个人经验世界之外的词汇。例如,学龄前儿童仅能将"猫"与其声音联系起来,但是学龄儿童已经能将"猫"归入动物一类,甚至能将"猫"的含义扩展到狮子或其他猫科动物。与学龄前儿童相比,学龄儿童在对语义和句型的理解上有了很大飞跃。当学龄儿童在不同情景下听到新词汇时,他们已经学会将不同句子中不熟悉的词汇抽出来,然后更多地根据句型而较少地根据前后关系来理解其意思。在句型使用方面,学龄儿童能造出更长、更复杂的句子。当遇到一些结构不符合主谓宾规则的句子时,想要正确地理解语义就需要掌握有关主谓之间关系的能力,然而这种能力通常要到10岁或者更大年龄以后才会出现(Smart, M. S. , & Smart, R. C. , 1977)。

儿童的幽默感最早出现在语言中,并且与其社交、认知技能的发展有关。随着儿童学会新的词汇、意义和结构,他们开始理解比喻和象征性语言。7~11岁的儿童能理解一语双关的比喻和笑话,因为他们能将一个词归入两种不同的分类,并且能很快地将两种意义同时记在脑海中。这种从一种意思到另外一种意思的接受能力对理解笑话至关重要,它使可逆性成为可能,是操作性思维发展过程中的一个里程碑。

儿童中期的孩子开始能理解笑话和双关语。这些笑话和双关语通常反映了学校里面的一些事情,有时带有一些成人的色彩,让儿童通过笑声来释放他们因能力发展不足所带来的压力。

徐芬等(2004)运用纵向与横向研究,探讨了某小学一年级儿童汉语语音意识发展的过程和小学一、三、五年级儿童汉语语音意识的年级差异。研究结果表明,在汉语语音意识的各项任务上,刚入学的儿童的反应都处于随机水平,这说明他们尚无汉语语音意识,其后声调意识先于其他语音意识发展,再次为首音—韵脚意识,音位意识发展得最迟。

认知发展智力上,处于具体运算阶段的儿童具备了逻辑思维,并且能系统应用某些规则,获得新知识。如前面所提到的笑话和双关语一样,学龄儿童能同时考虑一个以上的问题,并能很快地从一种想法跳到另一种想法。另外,学龄儿童具有加减、分类和守恒能力。根据皮亚杰的研究,当儿童具备了物质守恒能力,则表明他们的能力已经发展到具备下面三个逻辑水平:一致性、可逆性和代偿性。如当相同数目的珠子从一个矮而大的容器倒入一个高而小的容器中时,儿童推理认为:因为没有其他东西加进去或者取出来,所以珠子的数量应该是相同的。这种逻辑就是一致性。同时,儿童推论:如果反过来,把珠子从高而小的杯子放回矮而大的杯子,其数量应该仍然保持不变。这种逻辑就是可逆性。最后,儿童推论:小杯子的高度能补偿大杯子的宽度,因此珠子的数量是相同的。这种逻辑就是代偿性。随着认知能力的增强,儿童能在其游戏过程中运用计划策略,并且能解决一些需要逻辑推理的数学问题,但是他们在该发展阶段结束时仍然无法掌握抽象思维。在形式运算阶段,12岁的儿童能形成假设,使用推理或演绎推理来解决问题,并且能够运用其中的方法解决类似的问题。这些认知能力因不同的儿童而有所差异,并且在日后的形式运算阶段得以发展和完善。

张庆林、司继伟、王卫红(2001)采用自创的"固定样例"程序,配合自行设计的两种不同任务的图形推理材料,研究了小学儿童假设检验策略的发展。550名不同年级的被试参加了该研究。结果发现,在该研究条件下,小学儿童假设检验能力随年级的升高而增长,但增长的速度因任务的不同而不同。随着年级的升高,小学儿童使用的不成功策略逐步下降,成功策略显著上升,但这也受任务不同的影响。林崇德、沃建中、陈浩莺(2003)研究用修订的瑞文推理测试为材料,对145名儿童的图形推理策略进行研究。结果发现,小学生在解决图形推理问题时使用了6种策略,分别是分析策略、不完全分析策略、知觉分析策略、知觉匹配策略、格式塔策略和自主想象策略。不同年龄的儿童在解决不同类型题目时使用的策略表现出不同的特点:儿童在解决数量规则题中,知觉分析策略在整个小学儿童阶段占主导地位;而在解决加减规则题中,分析策略占了主导地位,且随年龄增长而比重增加。小学二年级开始出现图形推理能力发展的飞跃,二年级儿童开始能同时观察到两种规则,五、六年级儿童更能不受题目形式的影响,而是从本质上把握逻辑规则。

情绪发展方面,尽管学龄儿童与学龄前儿童一样有着相同的情绪跨度,但是学龄儿童认知技能的增长为不同的情绪表达提供了基础。学龄儿童能同时体验到一种以上的不同情绪。例如,一个10岁儿童会对去游乐园玩而表现出兴奋,同时也会因为在去游乐园的途中可能晕车而表现出紧张。在这个年龄,儿童学会了掩饰情绪,例如男孩会因为害怕别人说他"女生气"而不敢哭。

情感上,学龄儿童表现出对别人的关心(共情),因为日益增长的能力使他们站在别人的角度理解别人成为可能。而为了理解他人的想法和情感,儿童需要从别人的言语和非言语材料中搜集相关信息。

Selman(1980;1981)通过研究区分出了不同水平的社会角色。与学龄前儿童不同,6~8岁的儿童已经能意识到,他人有着与自己不同的情绪和思想;8~10岁的儿童能理解别人的想法和情绪;12岁以上儿童则不仅能分析自己的观点,而且还能分析别人的,这为更深层次的共情打下了基础。

道德思维、道德判断水平与社会、儿童自身情绪和认知发展有关。学龄儿童关于对和错的直觉很大程度上取决于家庭、学校及同伴中现有的规则。随着儿童的成长,他们在更为宽广的社会和文化框架下形成自己的信念。根据皮亚杰的思想,6~7岁儿童能理解某些规则,并把它们看成是不可改变的,从后果上来考虑,认为不遵守这些规则的结果就是受惩罚。10岁以上儿童则既考虑意图又考虑后果,并且对不同的行为有不同理解。他们认识到,规则在协商或达成一致时可以改变。柯尔伯格道德发展理论认为,处于世俗道德推理水平的儿童能内化这些规则,将行为与结果分开,从家人那里寻求认同,回避反对,并且遵守社会规则。

侯瑞鹤等(2004)考察了情绪表达规则的概念及个体认知发展的相关理论和测量方

法,同时,从三个方面对情绪表达规则的认知发展进行了探讨。结果发现,儿童情绪表达规则的认知发展关键阶段是在小学时期,并且具有显著的年龄差异和性别差异。家庭和社会情绪环境分别从不同方面对儿童情绪表达规则的认知发展水平有显著影响。儿童对情绪表达规则的认知发展水平与其社交能力有显著的正相关。

社会发展方面,处在学龄期的儿童能在相互之间传递一些富有个性的韵律、语调或语词,但是很快,当他们步入青少年期后这种现象就会消失。这些相互传递的内容是儿童期中期独特的同伴文化的一部分,它可以从上一代儿童传给下一代儿童。儿童相信这些词赋予了他们力量,并用这些语调来表达好运、友谊等。

学龄阶段儿童的自我感和团队归属感在很大程度上取决于社会对种族、性别和社会阶层的态度。处于社会下层的儿童所持的价值观念可能与他的处于社会中层的老师的期望存在严重冲突。这些儿童能敏锐感觉到这种差异,即他们因为自己的社会经济地位而遭到排斥。这种偏见对儿童公正和正义概念的发展以及与同伴间的关系产生了负面影响。当然,每个儿童至少需要一个好朋友,一个能分享其内心思想和情感的朋友,一个能提供温暖的朋友,一个能对儿童的能力和自我价值给予反馈的朋友。有些儿童只有一到两个亲密朋友,通常是同性,但有些儿童有许多朋友,也有些儿童根本就没有朋友,他们被同伴孤立起来。如果没有同伴的接纳,这些儿童会感到孤独,除了父母之外也没有人能验证其价值,所以被同伴孤立对儿童自我概念的发展会起到严重的负面影响。

那些沟通良好、友好外向的儿童通常能与同伴友好相处,而攻击性行为只会导致儿童不被同伴接纳。团体中的"小领导"通常具有超常的体格和心理素质,外表有魅力,同时具备良好的社交能力。尽管男孩女孩都喜欢和同性交朋友,但随着他们渐渐长大,他们更渴望能彼此接纳。11~12 岁时,他们能从同伴关系或男女朋友关系中得到分享思想的快乐。

艾里克森(1950)认为,6~12 岁是儿童勤奋与自卑的矛盾对抗阶段,是完成学业的阶段,是取得成就感的阶段,也是一个学习文化知识和技能的阶段。在这个阶段,儿童学习规则,发展社交技能,交朋友,学会创新,感到能胜任学习,完成学业,并将这些积极情绪整合到自我发展中。如果儿童不能发展这种胜任感,他们就会产生自卑感。这些情绪将反过来严重削弱儿童的胜任感体验。另外,儿童是否能形成自尊,还有一部分取决于他们能否实现那些对他们来说重要的人物(如父母、教师)对其的期望。

庞维国等(2001)采用情境故事法,对 154 名 9~16 岁儿童的合作倾向与合作意图进行了探讨。结果发现,随着年级的升高,儿童的合作倾向逐渐减弱,其中初二至高一年级之间是儿童合作倾向发展的转折期。另外,同伴关系是影响儿童合作倾向的稳定因素。儿童合作意图随年龄增长变得日趋复杂和分化,而维系良好同伴关系的意图随年龄的增长变化不大,利己意图逐渐减弱,利他意图逐渐增强。李丹等(2003)通过开放式问卷、自我评价等方法对小学、初中儿童心目中的友好行为及其年龄发展趋势进行了考察。结果表明:首先,关系的纳入在儿童心目中的友好行为中占主导地位,达 54.14%,而通常意义上的亲社会行为只占 20.24%,所以,将友好行为与亲社会行为的概念区分开来是非常必要的;其次,友好行为的年龄发展趋势是,从四年级至六年级,儿童的三类友好行为的自评分数均呈上升趋势,从六年级至八年级则呈下降趋势。

第三节　儿童期心理发展障碍及鉴别

儿童期的心理发展过程不是一帆风顺的,儿童总会在发展过程中遇到一些困难,如出现暂时退行,或暂停一段时间,或重复旧问题,然后重新回到健康发展的轨道上来,往前发展,接着再重复这个循环。这些心理问题在儿童身上往往会通过不当行为表现出来。

在培养信任关系、自主创新和勤奋学习等发展过程中所出现的一些小问题虽然可能只是成长过程中常见的问题,但它们需要我们予以关注和解决,这样儿童才能健康成长。例如即使是一个具有牢固信任关系的儿童,面对长期不在一起的父母或陌生人突然闯进自己的生活,也会产生不安全感。即便有些儿童有强烈的自主感,有时也会闹情绪或出一些"小差错",因为他们过于"自我中心"或太固执以至于无法与周围小朋友和谐相处。还比如,同伴之间打架和嫉妒是正常发展的一部分,儿童在受到挑衅时会出现愤怒情绪,窘迫时会脸红。不同年龄阶段的儿童虽然体验到的是不同水平的恐惧,但相关研究表明,少量焦虑有助于他们完成任务,而过量焦虑对他们完成任务则是不利的。在创造欲发展的过程中,儿童努力探索和控制这个世界时偶尔会出现一些轻微的攻击性,他们想推开面前的挡路人,于是会借助身体用武力来解决问题。随着儿童的成长,他们会从家庭、同伴以及社会等角度的反馈情况反过来看待和界定自己。随着儿童自尊的逐渐建立,他们需要知道自己表现不错,并且需要生活中的重要人物肯定他们是能力强的以及他们的所作所为是可以被接受的。即使是一个非常有成就感的儿童,面对父母、老师或同伴的一次次尖锐批评也会导致自卑感产生,甚至导致其自信丧失。相反,如果儿童随着生活经验的增长而不断成熟,加上来自父母、老师或咨询师的支持、积极反馈和鼓励,都有助于其重新回到健康发育的轨道上来,而不会形成发育性退行从而导致严重行为障碍。

当然,多数儿童的发展性问题并没有严重到需要治疗性咨询的程度,这时他们只要经过短时的支持性咨询,就能很快恢复到健康发展的轨道上来。傅宏(2000)在对儿童的行为进行分类时,强调有三种情况需要加以区分:第一是正常心理行为现象,第二是行为偏差,第三是行为障碍(参见第一章绪论)。所以,在对儿童进行支持性咨询或治疗性咨询以前,要先依据以上标准对其相关的发展问题进行鉴别。

一、儿童期行为问题的判断依据

当儿童出现行为问题时,通常学校的老师、心理咨询师或其他专业人士都会给家长提供一些建议,尤其是关于问题严重程度和是否需要把孩子转给更加专业的心理学家或精神科医生去治疗的建议。这些建议经常会给父母带来比较重要的影响,需要慎重对待。多数父母、老师和学校咨询人员都会根据自己的经验来建立一套标准,评价儿童的行为是否适当,但是这种依靠直觉判断问题严重程度或是否需要转诊的忠告常会造成误导。为此,心理学家总结了六个方面的基本问题供初学者参考。因为它们是依据有关儿童问题的出现频率、时间长短、严重程度等建立起来的,因此回答这些问题可以帮助初学者在确定儿童行为问题严重程度及需要何种类型咨询治疗时作出更加合理的判断。

(一)儿童行为是否与其年龄和发展水平相称

正常的个体差异、发育是否迟缓等因素都应该被考虑在内。关键是要看儿童在其具体年龄阶段(儿童早期、中期和晚期)是否能恰当处理与发展水平相对应的问题。

例证 莎莎是一个4岁的健康孩子,她在玩滑滑梯时因为来不及上洗手间尿湿了裤子,就其年龄和发展水平而言,该行为是正常的;但是,如果换成7岁的杰杰,在全神贯注于制作飞机模型时尿湿了裤子,他的行为就不正常了。

(二)儿童行为是否与当时环境相吻合

对于儿童在某个情境下出现的问题我们是否能够给出一个比较合理的解释。如果儿童的行为在其情境中找不到合理解释,例如,一个孩子无缘无故地挑衅或攻击别人,或者对于别人的攻击总是表现得麻木不仁。无论是反应过度或反应不足,甚至根本没有反应,这些都是值得关注的线索。

例证 锋锋的父亲自杀了,但锋锋从来不谈论这件事,看上去一点都不悲伤,也不哭,没有任何反应,甚至继续谈论他的父亲,仿佛父亲还活着,与老师交谈时还谈及他父亲的事。作为一个刚失去父亲的孩子,锋锋的反应显然是与情境不相吻合的。

(三)儿童问题行为的出现频率

发展不是一帆风顺的,儿童经常会退行或倒退到更幼稚的发展水平。关键在于这种倒退的情况是否经常发生,如果频繁出现倒退的现象,通常提示儿童的行为问题需要被重视。

例证 杰杰虽然已经是一个7岁的孩子,但在过去一年中他已经在多种不同的场合尿湿了裤子。通常在杰杰表现出对某些事情感到焦虑或兴奋时,或当他周围都是其他儿童时,他便容易尿湿裤子。随着年龄的增长,问题行为出现的频率非但没有下降,反而更加突出了,这种现象显然是有问题的。

（四）儿童问题存在的时间长短

了解问题存在多长时间有助于家长、老师或咨询师决定是否需要转诊。因为许多有发展问题的儿童在问题出现不久会自然消失，但也有一些相反的情况。出现这种情况也提示儿童行为问题的严重性。

例证 娜娜4岁，害怕黑暗，没有灯就不肯睡觉，她说"床底下有怪兽"。为此父母得花很长时间讲故事给她听，并且询问她的感受，他们甚至拿出手电筒在床下找，向她证明里面没有怪兽。现在娜娜已经6岁了，尽管她知道床底下没有怪兽，但是她仍然得开着灯睡觉，这时就需要考虑寻求专业帮助了。

（五）儿童行为是否出现了一个剧变

当儿童出现问题的时候，我们需要判断这种问题是不是突然偏离了儿童正常行为发展模式。如果是的话，就要找出当时环境中究竟是什么引起了这种变化。行为的突然变化有时表明儿童受到虐待，或者亲人去世、离婚、家庭暴力引起的家庭破碎。

例证 军军在6岁前成功完成了如厕训练，但在6岁时，父亲自杀身亡，现在军军和妈妈生活在一起。自从爸爸去世后，军军就出现了昼夜遗尿问题。他梦见自己和爸爸争吵，然后爸爸打了他。在军军的梦中，爸爸为他尿床而感到愤怒。军军在他父亲自杀以后突然出现的行为变化是需要引起重视的。

（六）所出现的问题对儿童其他行为功能的影响情况

当问题行为出现，儿童感到非常痛苦，甚至影响其正常行为功能的时候，通常是在提示问题行为比较严重。如果问题行为导致儿童遭到同伴的拒绝，或使儿童无法在学校学习，阻碍其健康情绪的表达，或难以得到快乐的体验，这也是需要引起重视的。

例证 杰杰7岁，已经无数次昼夜尿湿了裤子。他不跟其他儿童一起玩，因为他害怕自己会尿湿裤子。父母不允许他睡在其他人家里，也仅仅是因为担心他会尿床。显然，杰杰的问题已经严重妨碍了他的日常生活和正常的同伴交往。

当然，只有具备了关于正常儿童心理发展特点和儿童行为问题的系统知识，才能够对上述问题做出合理回答。

二、儿童期常见行为问题

（一）学习相关问题

学习是儿童成长的一项基本任务。学习困难是一种影响学习技能掌握的障碍，包括听、说、读、写及数学能力等。学习困难儿童的学习能力通常显著低于其他同龄儿童，这在正常学龄儿童中占5%~20%，尤其是男孩。有学习困难的儿童通常伴有注意缺陷与多动障碍。造成学习困难的原因非常复杂，可能与妊娠期营养不良、感染、孕妇物质滥用、生产时受外伤、出生体重过轻及出生后各种不良环境影响等有关。

除学业能力低下外,学习困难还表现为条理性差、健忘、做事慢、厌学等。在课堂上,老师会发现这类儿童注意力不集中、粗心、条理性差、社会性退缩、独立性差、注意力转移能力差。另外,这类儿童还会表现出一些行为及情绪方面的问题,如冲动、好动、易分神、身体协调性差、耐受力差、自信心不足、容易发脾气或情绪低沉等。

学习困难通常与大脑基本的感觉统合功能有关,这一功能对于来自不同感官通道的信息加工至关重要。视觉、听觉及触觉系统的功能障碍及感觉统合障碍对学习能力所造成的不良影响是不可忽视的。在学习技能中容易受损伤的是读、写与算术技能。有关研究表明,有60%～80%被诊断为学习困难的儿童在阅读方面有障碍,这一障碍不是传统意义上的失读症(dyslexia),而是一种发育性的阅读障碍,通常表现为对汉字识别、构音、发音连贯性等方面存在困难。另一部分儿童存在书写困难,这也不是传统意义上的失写症(dysgraphia),它通常表现为对汉字笔画、架构、标点符号掌握不清及错别字等书写方面的错误,有书写困难的学生通常比同龄儿童在书写方面花更长时间。还有一些儿童存在算术能力困难,这也不是传统意义上的失算症(dyscalcula),它通常要比阅读及书写困难晚出现。算术困难的儿童会在数数、读数、写数、对数字概念的理解、计算等方面有困难。这类困难儿童通常在非言语学习方面存在困难,如对空间关系的掌握等。

(二)情绪相关问题

情绪障碍是发生在儿童期的一种常见心理障碍。儿童情绪障碍的主要临床表现为焦虑、抑郁和恐惧。常见类型包括广泛性焦虑症、分离性焦虑症、恐惧症、强迫症和抑郁症等,但这几种临床类型均不易辨别其分型,因为临床上常以共病(comorbidity)形式出现,即多种诊断或症状同现于一个儿童身上。据不完全统计,患儿童情绪障碍的人数在儿童精神障碍中占第二位,仅次于儿童多动症。有资料显示,在儿童心理障碍的门诊中,儿童情绪障碍的门诊量占全部门诊量的1/5左右。因此,适当了解与其诊断相关的专业知识十分必要。

广泛性焦虑症 儿童广泛性焦虑症是一种以焦虑不安为主要临床症状的情绪障碍。焦虑是本症的主要症状,常与恐惧或强迫同时出现。患病儿童的恐惧往往无具体指向性,但总感到有不祥事情即将发生,因此惶惶不可终日。

分离性焦虑症 分离性焦虑症是指儿童因为与其亲人或最喜欢的事物分离而引起的一种焦虑障碍。发病率占儿童总人口的4%左右。起病年龄多为学龄前期和18岁之前,青少年期以后起病的较少见。表现症状为回避与依恋两种截然不同的情况。分离性焦虑与年龄关系密切,通常幼儿尚不懂事,不能明确地对父母或家人表达其害怕与受惊吓的情绪。

抑郁症 抑郁症是儿童情绪障碍中常见的一种。其主要临床表现为情绪低落、思维反应迟钝,并伴有动作迟缓,即通常意义上所谓的"三联症"。儿童抑郁症常以行为问题为主要表现,而不是以情绪忧郁为主要表现,因此家长与老师等往往很难及时发现,更难做出早期诊断。

强迫症　强迫症是指儿童在其心理发育过程中可能会出现某些带强迫形式的意念、思维或行为。如儿童会控制不住回想或检查刚看过的字词、公式是否有错,感觉手不干净而反复并不能自控地洗手,即使在确认门已关好的情况下还反复检查门是否已经关好等。这些思维和行为给儿童自身带来了深深的痛苦和焦虑,严重的会影响其正常学习、生活和社会交往等,引起其认知、社会功能受损。

恐惧症　恐惧症是一种以过分和不合理地惧怕外界客体或处境的情绪障碍,个体极力回避所害怕的客体或处境,或是带着畏惧去忍受。在整个从婴儿到青少年的阶段,都可以观察到儿童各种不同的恐惧,包括对黑暗、鬼、动物、学校、社交场合和人际接触的恐惧。

(三) 社会性发展相关问题

个体的社会性发展一直是儿童发展心理领域研究者探讨和关注的热点之一。而一定比例的儿童在社会性发展的过程中,有可能会出现这样或者那样的问题。在这里,之所以将社会性发展的相关问题划分为常见的行为问题,这主要是由于社会性发展的相关问题往往会有一定的外在行为表现。笔者在梳理相关文献之后,认为儿童社会性发展的相关问题主要有社会性退缩、社会性发展迟滞等。其中,国内研究者针对社会性退缩的研究对象主要为幼儿,而针对社会性发展迟滞的研究对象主要为大学生。下面,笔者就对社会性退缩和社会性发展迟滞进行详细的介绍。

社会性退缩　社会性退缩主要是指儿童跨时间和情境,在熟悉和陌生的环境中均表现出独立游戏和消磨时光的行为(Rubin, Coplan, Bowker, 2009)。国内研究者在梳理了相关文献后,总结了儿童社会退缩的主要影响因素(郑淑杰,张永红,2003;丁雪辰,李燕,潘佳丽,2013)。在家庭环境中,社会退缩的主要影响因素有亲子依恋、母婴间的互动行为和模式、父母的教养策略、教养观念和教养类型等。在学校环境中,社会退缩的主要影响因素有同伴关系、师生关系等。这里的同伴关系集中表现为儿童所处的同伴关系类型,如同伴接纳(peer acceptance)、同伴拒绝(peer rejection)和同伴欺负(peer victimization)。受到篇幅的限制,笔者在这里不再详细地阐述这些因素与儿童社会退缩间的关系究竟是怎样的。近一段时间以来,国内开展的针对社会性退缩儿童的干预研究逐渐增多。例如,叶平枝(2006)采用幼儿集体游戏对1名社会性退缩女孩进行了干预。结果显示,该游戏干预方案不仅改善了该名儿童的交往质量,且提高了其适应水平。左恩玲等(2018)从316名3~6岁儿童中筛选出140名社会性退缩儿童,并最终确定72名社会性退缩儿童,并将他们随机分入实验组和控制组进行了短期追踪干预研究。研究中所采取的干预方案是以社会信息加工情绪—认知整合模型为理论基础的。结果显示,该干预方案有效减少了社会性退缩儿童的整体退缩行为、抑制行为、安静退缩行为和活跃退缩行为,提高了社会性退缩儿童的社会信息加工能力(包括编码、解释和反应生成),以及整体情绪理解能力、表情识别能力、基于愿望的情绪理解能力和情绪调节能力。干预方案不仅有良好的即时效果,而且有良好的短期持续效果。未来研究者有必要从不同的视角出发,探讨不同类型干预方案对社会性退缩儿童的干预效果,并在实证的基础上进一步比较不同干预方案的优势和不足。

社会性发展迟滞 目前,国内针对社会性发展迟滞的相关理论探讨和实证研究仍然比较少。以刘建榕为代表的研究者比较早地对社会性发展迟滞的概念进行了界定,并开展了一系列的实证研究。刘建榕和连榕(2012)提出,研究界应当将视野聚焦于社会性发展迟滞的狭义概念,即个体的认知发展水平正常,而社会性发展的水平低于同时期的一般水平。刘建榕等(2018)对比了 488 名正常大学生与 102 名社会性发展迟滞大学生的表情加工。结果显示,相较正常大学生,社会性发展迟滞大学生的表情加工速度更慢,对愤怒的识别也更差;他们辨别混合表情中悲伤、愤怒的类别界限均发生偏移;他们的表情加工能力更低,且对悲伤存在反应偏向,对愤怒存在加工缺陷。根据这些结果,笔者猜测,表情加工上的这些缺陷有可能会影响社会性发展迟滞个体的人际活动,进而对其日常生活或工作等方面产生一定的负面影响。笔者在对国内已有文献进行搜集和整理后发现,国内针对社会性发展迟滞的干预研究仍然比较少。例如,向松柏和刘建榕(2015)使用认知疗法对 1 例社会性发展迟滞大学生进行了持续 10 周、每周 1 次的治疗。结果显示,该名大学生在焦虑自评量表(SAS)上的得分较干预前低,而在大学生社会性发展水平评定量表(SCSSD)、领悟社会支持量表(PSSS)上的得分较干预前高。这些结果表明,认知疗法对改善和提升社会性发展迟滞大学生的社会性发展水平可能有一定的帮助。向松柏(2016)将 24 名社会性发展迟滞大学生分入实验组和对照组进行了针对面部表情识别的团体辅导干预研究。结果显示,在团体辅导后,实验组在 5 种面部表情图片(高兴、惊奇、悲伤、愤怒、恐惧)、正性面部表情和负性面部表情的识别正确率上均显著高于对照组。这些结果表明团体辅导有助于提升社会性发展迟滞大学生的面部表情识别能力。未来研究有必要进一步从社会性发展迟滞的影响及内在机制等方面开展实证研究,并探讨不同类型干预方案的疗效。

三、儿童期常见精神障碍

(一)精神发育迟滞

精神发育迟滞是一种发病于 18 岁之前的发育性障碍。它是一种智能水平显著低于正常水平(智商低于 70),并且使日常生活功能显著受损的障碍。

精神发育迟滞在正常人群中的发病率为 2.5%~3%。通常情况下,它会贯穿人的一生。

一般而言,精神发育迟滞的儿童要比正常儿童更晚学会走路和讲话,发病症状可以在出生后或儿童期出现,而发病年龄则取决于导致障碍的原因。有些轻度精神发育迟滞儿童上学前通常不会被诊断出,他们通常在社交、沟通及学习技能方面有困难;而那些患有脑炎或脑膜炎等神经系统疾病的儿童会明显表现出认知功能及适应功能受损等问题。

根据诊断标准,精神发育迟滞可划分为轻度、中度、重度、严重四级。

大概85%的精神发育迟滞儿童属轻度范围。其智商通常在50~69,心理年龄为9~12岁。他们在普通学校学习时通常成绩为不及格,有些甚至需要留级,只能完成较简单的手工劳动。他们无明显的言语障碍,具有一定的生活自理、沟通及交往能力。

大概有10%的精神发育迟滞儿童属中度范围。其智商通常在35~49,心理年龄为6~9岁。他们不能适应普通学校的课堂教学,但可做一些基本加减法运算。他们在他人监护下能完成一定难度的简单劳动,具备一定的基本生活自理能力。

重度精神发育迟滞儿童大概占精神发育迟滞的3%~4%。其智商通常在20~34,心理年龄为3~6岁。临床上这些患者通常表现出运动损害或其他相关缺陷,不能接受课堂学习和复杂劳动,他们只具备一些非常基本的生活自理能力及沟通能力,通常需要生活在一个长期稳定的支持性环境中。

严重精神发育迟滞的发病率大概为1%~2%。其智商通常在20以下,心理年龄为3岁以下,其发育障碍通常是由某种神经系统疾病引起。这些患者的社会功能基本丧失,不会认知和逃避危难,生活基本不能自理,大小便失禁。在充分的支持及专业训练下,他们能学习一些基本的生活自理及沟通技能,但必须在受过专门训练的家人或专业人员监护下生活。

精神疾病分类历史与现状

多年以来,由于多数精神疾病病因不明,以及精神现象的复杂性,精神疾病的分类一直较为混乱。20世纪初,现代精神病学奠基人之一的德国精神病学家克雷佩林根据精神疾病的不同症状、病程与转归划分出精神分裂症、躁郁症、妄想狂等疾病单元,成为现代精神疾病科学分类的"雏形"。然而,此后精神疾病的诊断分类进展甚慢,各国医学界基本处于"各自为政"的状态。直至20世纪中叶以前,都未形成统一而公认的精神疾病诊断标准。第二次世界大战后,科学发展日新月异,临床精神病学也取得了长足进展,学术交流日趋加强,因而对于统一的精神疾病分类与诊断标准的需要日益强烈。1948年出版的《国际疾病分类》第六版(ICD-6)中,首次将精神疾病作为专门一章,列出了二十余种精神疾病;其后在1978年出版的ICD-9中,开始对所列的各种精神疾病做出描述性定义,以利于各国诊断概念的逐步统一和规范。1980年,在美国的《精神疾病诊断与统计手册》第三版(DSM-3)中,首次对每种精神疾病制定了操作性诊断标准,并对这些诊断标准的可行性、信度与效度等进行了现场测试,成为精神医学发展史上的一个里程碑。此后的发展更令人鼓舞,

> 1992年出版的ICD-10中,精神疾病的类别已达百余种,也编制了相关的诊断指南(guideline),至今该分类系统仍为世界各国精神医学界所普遍接受和采纳。2013年,美国精神病学会(American Psychiatric Association)正式推出DSM-5。我国于1958年首次提出了较为完整的精神疾病分类方案,将精神疾病划分为14类;其后于1978年成立专题小组,对原方案进行全面修订,归并为10大类,并进一步划分了各类精神疾病的类型与亚类,作为《中国精神障碍分类方案与诊断标准》第一版(CCMD-1)。1989年,中华神经精神科学会参照国际分类方案并结合我国国情,通过并公布了CCMD-2。并于1995年颁布了按"在保留具有我国特色、特点的精神疾病分类方法的同时将分类系统向国际疾病分类法逐渐接轨"的原则进行修订的CCMD-2R。随后,经过进一步的临床实践,并结合国际发展潮流,又于2001年推出了CCMD-3。

(二)孤独症谱系障碍

孤独症谱系障碍又称广泛性发育障碍,包括阿斯伯格综合征(Asperger's Syndrome)、孤独症、瑞特综合征(Rett's Syndrome)等。患者在症状上有许多相似性,因此这些属于一组疾病谱。因为患者在沟通技能、社交技能及运动技能等方面都存在问题,所以诊断起来比较困难。

阿斯伯格综合征儿童表现为社交及沟通方面存在困难,显著特点是缺乏交往技巧;交往方式刻板、生硬、程式化,缺乏发展的能力。患者通常无法建立对视,无法对社交性或情绪行为作出恰当反应,无法与同伴正常玩耍,但其语言及思维发育基本正常。

孤独症儿童通常发病于出生1周岁之前,在3周岁之前能明确诊断出。3/4的孤独症儿童有中度智能发育障碍。这些儿童通常不愿接受与他人握手、摇晃、拥抱或游戏等,他们对他人的情感行为没有反应,对同伴及成人不感兴趣或很少感兴趣。其他一些特征还包括无法建立对视、面无表情等,同时表现出行为刻板、重复。儿童的语言理解能力明显受损,常听不懂指令,口语发育延迟或不会用语言表达,也不会通过手势、模仿等与他人沟通,不会表达自己的需要和痛苦,很少提问,对别人的话缺乏反应。游戏及其他行为缺乏想象力。兴趣局限,常专注于某种刻板模式,如旋转的电扇、固定乐曲、广告词、天气预报等。另外,他们也有可能表现出精力无穷,活动过度,如来回踱步、奔跑、转圈等。行为具有攻击性及偶尔自伤,但对触摸、声音及嗅觉等表现出异常敏感。

瑞特综合征常见于女性儿童。因为这些儿童的大脑发育远远跟不上身体发育,所以她们通常表现出精神发育迟滞。其临床特点为言语及运动技能发育不足,对社交活动缺乏兴趣。

(三)注意缺陷与多动障碍

注意缺陷与多动障碍(ADHD)是一种以注意力集中困难、活动过度、行为冲动等为临床特征的发育性障碍。ADHD 在正常儿童人群中的发病率为 3%~9%,而且男孩多于女孩。该病在婴儿期很难确诊,其症状通常在 2~3 岁时才表现出来,但进入青春期后会有所缓解。许多症状,尤其是多动,在成人早期甚至会消失,但冲动及注意力集中困难等症状会贯穿于患有 ADHD 的成人一辈子。ADHD 儿童因为注意力范围狭窄,因此做事容易缺乏毅力,学习成绩也会受不同程度影响。另外,ADHD 儿童行为冲动,总是先行动,再思考。CCMD-3 中列出了 ADHD 的诊断标准,见表 2-2。

表 2-2 《中国精神障碍分类与诊断标准第 3 版》(CCMD-3)

注意力缺陷与多动障碍(儿童多动症)[F90.0]
1. 注意障碍,至少有下列 4 项 (1) 学习时容易分心,听见任何外界声音都要去探望; (2) 上课很不专心听讲,常东张西望或发呆; (3) 做作业拖拉,边做边玩,作业又脏又乱,常少做或做错; (4) 不注意细节,在做作业或其他活动中常常出现粗心大意的错误; (5) 丢失或特别不爱惜东西(如常把衣服、书本等弄得很脏很乱); (6) 难以始终遵守指令去完成家庭作业或家务劳动等; (7) 做事难以持久,常常一件事没做完,又去干别的事; (8) 与他说话时,常常心不在焉,似听非听; (9) 在日常活动中常常丢三落四。
2. 多动,至少有下列 4 项 (1) 需要静坐的场合难以静坐或在座位上扭来扭去; (2) 上课时常有小动作,或玩东西,或与同学讲悄悄话; (3) 话多,好插嘴,别人问话未完就抢着回答; (4) 十分喧闹,不能安静地玩耍; (5) 难以遵守集体活动的秩序和纪律,如游戏时抢着上场,不能等待; (6) 干扰他人的活动; (7) 好与小朋友打逗,易与同学发生纠纷,不受同伴欢迎; (8) 容易兴奋和冲动,有一些过火的行为; (9) 在不适当的场合奔跑或登高爬梯,好冒险,易出事故。
【严重标准】对社会功能(如学业成绩、人际关系等)产生不良影响。 【病程标准】起病于 7 岁前(多在 3 岁左右),符合症状标准和严重标准至少已 6 个月。 【排除标准】排除精神发育迟滞、孤独症谱系障碍、情绪障碍。

ADHD 发病原因尚不清楚。但是,目前研究表明,遗传因素在 ADHD 发病过程中起着重要作用。另外,妊娠期母亲营养不良、病毒感染、孕妇物质滥用等也是 ADHD 的高危因素。儿童早期铅及其他毒性物质的过量摄入也会导致出现 ADHD 症状。

(四) 品行障碍

品行障碍是一种儿童行为及情绪性障碍。品行障碍儿童通常表现为有不恰当行为,侵犯他人权利,无法符合他人对其期望。18 岁以下儿童中间有 9% 的男孩、2%~9% 的女孩会患此障碍。有品行障碍的儿童,其症状具体可以表现为:行为具有攻击性,不恰当的愤怒表达，对人及动物有暴力行为，破坏财物、撒谎、偷窃、逃学、离家出走等诸多反社会及破坏性行为，有物质滥用行为，甚至过早有性行为等。

本章小结

除了具有性别、种族等这些特定属性之外，每个儿童生来都具备一些独特的能力，如与他人建立有效、长期关系的潜能。在儿童成长的道路上，家人、老师和朋友，这些重要他人会对儿童产生巨大的影响，而儿童反过来也会影响他们。除此之外，社会文化、政治、道德和经济都会在儿童生命的某个时间段产生积极或消极的影响。

在生命的每个阶段，儿童都可能遇到一些影响其发展的具体问题。总体来说，无论在哪个发展阶段，儿童发展的方向是向前的，并永远为获取新知识和技能做好了准备。个体差异性决定了有的儿童发展得快一点，有的发展得慢一点；而儿童自身的特点又决定了其在某些阶段发展快一些，某些阶段发展慢一些。重要的是在成长过程中儿童获得了一种自我意识，这是一种关于他们是谁、他们能做什么、他们将成为什么人的意识。这种意识是否健康很大程度上取决于在不同年龄发育阶段他们对身体、智力、情绪和社会技能的掌握程度。

在儿童期顺利掌握心理社会知识和技能的儿童，会带着爱、被爱和对他人的信任健康成长。他们能够平衡自己的需求，带着自己的需求去探索，在没有太多惩罚或犯罪感的情况下获得一种健康的创造欲，并发展出健康的自我成就感和胜任感。

相反，有些儿童却很难顺利掌握发展过程中的各种技能。因为儿童成长的环境并非一帆风顺。这时，他们只能在继续向前发展的道路上暂时停下来解决一些旧问题，当他们面对许多生活应激时这些退行是十分常见的。有些儿童就可能因为某些失败而不能掌握某种具体的发展技能，他们需要一些额外的帮助才能重新回到健康发展的轨道上来。需要确信的是，几乎所有的儿童都具备了健康成长和发展的潜能，只是有些儿童需要其家人或其他重要成人的额外帮助。一些相关专业的人员可以帮助儿童及其家长，确保每一种努力都会对儿童的成长起到积极作用。儿童在这个世界上留下了他们的印记，在所有外在的力量和影响下，这个世界也会给儿童和他们的未来留下印记。

【延伸阅读】

对于儿童心理发展的进一步了解,可参考:

陈鹤琴.(2012).儿童心理——陈鹤琴教育思想读本.南京:南京师范大学出版社.

程利国.(2010).发展心理学基本理论研究.福州:福建教育出版社.

程利国,李雅林,李文虎.(1997).儿童发展心理学.福州:福建教育出版社.

刘金花,邓赐平.(2013).儿童发展心理学(第三版).上海:华东师范大学出版社.

桑标.(2009).儿童发展心理学.北京:高等教育出版社.

Shaffer,D. R.,Kipp,K.(2016).发展心理学:儿童与青少年(第九版).邹泓,等译.北京:中国轻工业出版社.

想对常见精神疾病以及诊断标准做详细了解,请参见:

国际疾病分类(第10版)(International Classification of Diseases,tenth version,ICD-10)

美国精神病学会的诊断标准"精神疾病障碍诊断与统计手册(第5版)"(Diagnostic and Statistical Manual,fifth version,DSM-5)。

中国精神障碍分类与诊断标准(第3版)(CCMD-3)

【推荐书籍】

艾里克·J·马施.,大卫·A·沃尔夫.(2004).儿童异常心理学(第2版).孟宪璋,等译.广州:暨南大学出版社.

姜伏莲,张义泉,等.(1998).少年儿童心理异常与矫治.合肥:安徽教育出版社.

克里斯托弗·卡尼.(2012).儿童行为障碍案例集.王金丽,译.上海:上海社会科学院出版社.

Prout,H. T.,& Brown,D. T.(2002).儿童青少年心理咨询与治疗——针对学校、家庭和心理咨询机构的理论及应用指南.林丹华,等译.北京:中国轻工业出版社.

思考与实践

1. 相比过去,当代中国社会的儿童发展观是怎样的?与过去比有哪些不同之处?
2. 互联网和新媒体的蓬勃发展对消弭不同文化间儿童发展观的差异会产生怎样的

作用?如果有作用,那么作用的路径或方式会是怎样的?

3. 当儿童出现行为问题时,我们应以什么样的态度去看待?

4. 如何辨别儿童到底是存在注意力缺陷伴随多动综合障碍的倾向还是仅仅是活泼好动?

参考文献

程利国,李雅林,李文虎.(1997).儿童发展心理学.福州:福建教育出版社.

陈琴.(2004).4~6岁儿童合作行为认知发展特点的研究.心理发展与教育,20(4):14-18.

丁雪辰,李燕,潘佳丽.(2013).儿童社会退缩行为的影响因素——生态学的视角.外国中小学教育,(2):31-37.

董奇,陶沙,张华,刘玉新,李蓓蕾.(2002).婴儿问题解决行为的特点与发展.心理学报,34(1):61-66.

弗朗索瓦兹·多尔多.(2009).儿童的利益——学会如何尊重孩子.王文新,译.上海:社会科学院出版社.

傅宏.(2000).儿童青少年心理治疗.合肥:安徽人民出版社.

郭兰婷.(2008).帮助孩子跨越心理障碍:少儿心理疾病个案分析与解决方案.北京:科学出版社.

郭力平,王晓蕾,王顺妹.(2004).利用倒转图考察儿童认知发展的初步研究.心理科学,27(4):850-854.

侯瑞鹤,俞国良,林崇德.(2004).儿童对情绪表达规则的认知发展.心理科学进展,12(3):387-394.

李丹,夏飞羚.(2003).儿童心目中的友好行为及其年龄发展趋势.心理发展与教育,19(1):1-4.

李佳,苏彦捷.(2004).儿童心理理论能力中的情绪理解.心理科学进展,12(1):37-44.

李蓓蕾,林磊,董奇,Hofsten,C. V.(2002).儿童精细动作能力的发展及与其学业成绩的关系.心理学报,34(5):494-499.

林崇德,沃建中,陈浩莺.(2003).小学生图形推理策略发展特点的研究.心理科学,26(1):2-8.

林其羿,傅宏,王港,姚进,周楠.(2016).儿童的假想伙伴与其认知、人格和社会性发展的关系.学前教育研究,(5):35-45.

刘建榕,连榕.(2012).社会性发展迟滞:一个亟待关注的领域.福建师范大学学报(哲学社会科学版),(3):149-154.

刘建榕,魏碧芬,林宛儒,向松柏,林羽.(2018).社会性发展迟滞大学生的表情加工及其类别知觉.心理科学,41(5):1164-1170.

刘金花,邓赐平.(2013).儿童发展心理学(第三版).上海:华东师范大学出版社.

罗奕高,高华.(2012).5—6岁儿童假想同伴对二级错误信念发展的影响.绵阳师范学院学报,31(10):127-130.

倪伟.(2014).假装游戏与儿童发展:观点、争论与展望.南京师范大学学报(社会科学版),(5):111-118.

倪伟,熊哲宏.(2007).假装游戏研究:过去、现在及未来.心理科学,30(4):1020-1022.

庞维国,程学超.(2001).9—16岁儿童的合作倾向与合作意图的发展研究.心理发展与教育,(1):31-35.

王益文,张文新.(2002).3—6岁儿童"心理理论"的发展.心理发展与教育,18(1):11-15.

向松柏.(2016).社会性发展迟滞大学生对面部表情的注意偏向、识别及其团体干预研究.硕士学位论文.福州:福建师范大学.

向松柏,刘建榕.(2015).认知疗法对社会性发展迟滞大学生的个案研究.四川精神卫生,28(3):241-243.

徐芬,董奇,杨洁,王卫星.(2004).小学儿童汉语语音意识的发展.心理科学,27(1):18-20.

姚端维,陈英和,赵延芹.(2004).3~5岁儿童情绪能力的年龄特征、发展趋势和性别差异的研究.心理发展与教育,(2):12-16.

叶平枝.(2006).幼儿社会退缩游戏干预的个案研究.学前教育研究,(4):10-15.

张茜,王争艳,程南华,王朝,梁熙.(2015).母亲的依恋史和敏感性对婴儿依恋的影响.中国临床心理学杂志,23(1):124-128.

张庆林,司继伟,王卫红.(2001).小学儿童假设检验思维策略的发展.心理学报,33(5):431-436.

张文新,赵景欣,王益文,张粤萍.(2004).3~6岁儿童二级错误信念认知的发展.心理学报,36(3):327-334.

郑淑杰,张永红.(2003).学前儿童社会退缩行为研究综述.学前教育研究,(3):15-17.

左恩玲,赵悦彤,张向葵,姜宛辰.(2018).基于社会信息加工情绪——认知整合模型的社会退缩幼儿短期追踪干预.学前教育研究,(5):12-27.

Aries,P.(1962).Centuries of Childhood:A Social History of Family Life.(R. Baldrick. Trans.).New York:Knopf(Original work published 1960).

Astington,J.,Harris,P.,& Olson,D.(1988).Development Theories of Mind. New York:Wiley.

Borke,H.(1975).Piaget's Mountains Revisited:Changes in the Egocentric Landscape. Developmental Psychology,11(2):240-243.

Bowlby,J.(1973).Attachment and Loss. Separation:Anxiety and Anger(Vol. 2).New York:Basic Books.

Bowlby,J.(1980).Attachment and loss(Vol. 3).New York:Basic Books.

Bowlby,J.(1982).Secure Base. New York:Basic Books.

Bremner,R.(1970).Children and Youth in America:A Documentary History.(Vols:I).Cambridge:Harvard University Press.

Chase,N. F.(1975).A Child is Being Beaten. New York:McGraw Hill.

Coontz,S.(1992).The Way We Never Were:American Families and the Nostalgia Trap. New York:Basic Books.

Dale,P. S.(1972).Language Development:Structure and Function. Hinsdale. IL:Dryden Press.

Erikson,E. H.(1950).Childhood and Society. New York:Norton.

Gibson,J. T.,Blumberg,P.(1978).Growing Up:Readings on the Study of Children. MA:Addison Wesley.

Lefrancois,G. R.(1990).The lifespan(3rd ed.).Belmont,CA:Wadsworh.

Liu, D. , Wellman, H. M. , Tardif, T. , & Sabbagh, M. A. (2008). Theory of Mind Development in Chinese Children: A Meta-Analysis of False-Belief Understanding Across Cultures and Languages. Developmental Psychology, 44(2):523 - 531.

Rubin, K. H. , Coplan, R. J. , & Bowker, J. C. (2009). Social Withdrawal in Childhood. Annual Review of Psychology, 60:141 - 171.

Santrock, J. W. (1994). Child Development(6th ed.). Dubuque, IA: Wm. C. Brown.

Selman, R. L. (1980). The Growth of Interpersonal Understanding. New York: Academic Press.

Selman, R. L. (1981). The Child as Friendship Philosopher. In S. R. Asher & J. M. Gottman(Eds.). The Development of Children's Friendships. New York: Cambridge University Press.

Sidel, R. (1973). Women and Child Care in China. Baltimore: Penguin Books.

Smart, M. S. , & Smart, R. C. (1977). Children: Development and Relationships(3rd ed.). New York: Macmillan.

Watson, R. L. , & Lindgren, H. C. (1979). Psychology of the Child and Adolescent(4th ed.). New York: Macmillan.

第三章

儿童心理评估与治疗计划

【本章导读】

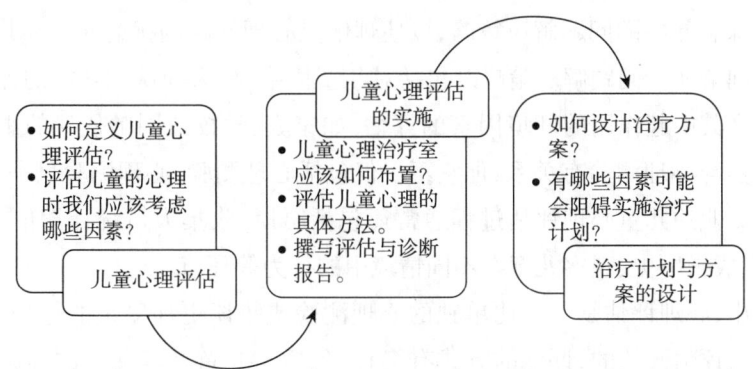

儿童心理治疗的目的是帮助儿童克服在成长和发展中遇到的障碍。在治疗过程中,治疗者致力于帮助儿童最大限度地发挥个人的强项,并改进弱项,促进儿童的自我成长、自我接纳以及自我意识的发展。儿童心理治疗关注的不仅仅是危机情境或儿童精神病理学问题,还关注儿童在正常发展中的问题以及怎样做出有效预防。为了帮助儿童克服成长过程中遇到的障碍,首先必须明确知道这些障碍是什么,而这些信息获得的主要途径便是对儿童进行心理评估。一个完整和精确的初步评估过程包括下列事项:① 定义儿童的特殊需要;② 做出试验性的假设;③ 设置目标;④ 设计治疗计划。由此看来,评估是整个治疗进程中最初而且也是最复杂的部分,因此在评估阶段所做出的一些假设将有可能在随后的治疗过程中随着新信息的发现而被不断修正。本章我们将着重探讨与儿童心理评估有关的一系列过程。

第一节 儿童心理评估概述

一、儿童心理评估的界定

儿童心理评估不等于儿童心理测验。在心理学发展的早期,曾经在很长一段时间内,人们把心理评估与心理测验相等同。所谓心理测验,最早由英国的心理学家高尔顿(Galton)发明,是指"对两个或多个人的行为进行比较的一个系统过程",关注的是个体间的差异。安娜斯塔西(Anastasi,1990)把心理测验定义为"对一个行为样本组的一个客观的标准化的测量"。心理学家们在工作中经常会使用心理测验,比如智力测验、人格测验、心理卫生测验等,因此心理测验通常只是心理评估的一部分。

根据马洛尼和沃德(Maloney,& Ward,1976)的定义,心理评估是解决或回答问题的过程,它经常只是把心理测验作为收集相关资料的方法之一。在进行心理评估时还需要使用经过深思熟虑的问题解决策略,以便理解受心理问题困扰的儿童和其家庭、学校以及他们的同龄人。问题解决策略既包括对儿童情绪、行为和认知功能的评估,也包括对任何可能在其中起作用的环境因素的评估,如家庭、学校或同龄伙伴的影响。因此,心理评估虽然与心理测验有关,但它不仅仅包括心理测验,心理测验只是心理评估的一个手段。专业的儿童心理评估过程通常还包括晤谈、收集人口统计学信息和医学信息、了解儿童成长历史、观察儿童在不同情境中的行为等环节。

不难看出,心理评估是一个比单独的心理测验或晤谈更加复杂的过程。治疗者的决策过程是从评估开始的,评估的方式有多种,包括与儿童及其父母的临床晤谈、结构化的行为评估和心理测验等。但必须注意的是,评估并非是治疗者对儿童或其家庭的单方面行为,而是一个包括了儿童、家庭和教师共同参与的合作过程。由于父母和教师在定义儿童的问题和提供有关信息方面起着关键性作用,因此,治疗者在评估中还要注意与家庭成员和教师建立友好的关系,并鼓励他们积极地参与进来。

除此之外,我们还需要注意心理诊断与心理评估之间的区别。

关于儿童心理诊断的含义,心理学界往往有两种不同的意见,容易引起混淆。第一种意见认为,儿童心理诊断就是分类诊断(taxonomic diagnosis),即按照某个疾病分类体系(如:DSM-4)或经验分类体系将病例归入某个特殊的范畴,我们称之为儿童心理障碍的分类诊断。第二种意见认为,广义的儿童心理诊断实际上就是一种评估过程,持这种观点的人把诊断看作收集信息的过程,该过程被用于理解个体问题的性质、可能的原因、治疗方案的选择和预后评估等,其实这也就是针对问题解决的分析过程,因此,广义的诊断几乎与评估是同义的。本书所讨论的内容,基本上倾向于采用第二种观点,对儿童心理诊断和儿童心理评估这两个概念不做出严格意义上的划分。我们认为,对儿童进行评估的过程,实际上就是一种全面的诊断过程,也就是针对问题解决的分析过程,包括儿童的发展史、问题产生的可能原因、儿童的强项和弱项、治疗方案的设计、检验假设和做出结论等一系列的复杂过程,掌握这些内容是为了尽可能对儿童的问题有一个全面的把握。在此基础上,我们也可以对有相应症状的儿童做出某种心理障碍的分类诊断。

基于以上讨论,我们可以给儿童心理评估做出如下定义,即是收集儿童的认知、情绪、行为等发展特征的信息,以及探索影响儿童认知、情绪和行为的环境因素的综合过程。评估过程可以使用多种收集信息的技术,包括晤谈、观察、行为评估、心理测验以及其他技术。它是心理治疗的开始阶段,也是诊断和设计治疗计划的依据。

心理测验 是对一个行为样本组的客观、标准化的测量,比如智力测验、人格测验、心理卫生测验等,通常只是心理评估的一部分。

儿童心理评估 是收集儿童的认知、情绪、行为等发展特征的信息,以及探索影响儿童认知、情绪和行为的环境因素的综合过程。

在儿童心理治疗过程中,心理评估具有极其重要的意义。儿童的问题究竟在哪里?原因何在?应该怎样治疗?用什么方法治疗?要回答这些问题,首先必须对儿童进行心理评估。有人把评估过程比作高水平的侦探工作,它要求治疗者对许多与儿童问题有关的因素进行分类整理,并对各种假设和计划进行检验。儿童心理评估的目的有三个:一是确定儿童问题的性质和原因,做出正式诊断;二是预测儿童在特定条件下的未来行为;三是为制订治疗计划提供信息。由于儿童心理评估的最终目的是为儿童及其家庭所面临的难题找到有效的解决办法,促进和提高他们的健康水平,因此它直接决定了后续干预服务的有效性。如果没有评估过程,治疗也就无从谈起。

【背后的故事】

丛林之子

伊塔医师(Jean-Marc-Gaspard Itard)不仅是一名医生,还是一名耳聋儿童教育者。他在19世纪初发表的报告《丛林之子》(Reports on the Savage of Aveyron)中详细描述了他使用系统评估和干预的方式来重塑野孩子维特的社会行为和语言发展的过程。伊塔的这一创举可以被看作儿童心理评估和干预的开始。

1798年夏天,法国南部的村妇在阿贝伦(Aveyron)森林采集野果时,发现了一个形状怪异,像人又像野兽的怪物。消息不胫而走,1799年三位探险家捕获了这位传说中的男孩。刚被发现时,维特不仅没有语言能力,连基本的行为能力都没有。年轻的伊塔医师很快便对这个野男孩产生了兴趣。他想知道这个孩子有多少智力,是否可以通过教育恢复到正常水平。当时和伊塔一起参与研究的精神科权威医师菲利普·皮内尔(Philippe Pinel)认为这个感官功能几乎全部退化的野男孩根本就是一个无法教育的白痴,但伊塔却坚称被社会隔离才是野男孩低能的原因,他认为通过教育能够使其恢复到正常水平。因此伊塔医师在政府基金的支持下,展开了对野男孩长达五年的教育计划。

伊塔医师将野男孩带离聋哑学校,野男孩在巴黎郊区的新家里开始了对人类文明和人类生活的学习。首先,伊塔医师特别为野男孩设计社交生活,他们每天固定时间到乡间散步,坐马车到朋友家拜访,喝一杯新鲜牛奶。终于,他开始慢慢适应简单的社交生活。

为了改善野男孩的听觉,伊塔医师使用了已被证明在恢复几近全聋状态的听力治疗中卓有成效的方法。首先,通过练习使野男孩的耳朵开始对声音和语调有感觉,接着便是让他的耳朵可以分辨出元音,及一些单音节的字,甚至觉察声音中的语调。但是在教导维特发音时,伊塔医师遇到了极大的困难。他发现虽然维特的发声器官没有缺陷,但怎么也不能开口说话,发音仅仅是维特表示自己快乐的符号,并不能与人沟通。

在改善维特的视觉方面,伊塔医师也设计了一系列的练习。从图形到文字的学习,维特进行了辛苦的练习。伊塔医师设计了一些教具来让维特做图形或是颜色配对。在维特慢慢完成图形任务后,他开始了对字母的学习。维特学会了排列单词,同时了解了字与物体的关系。最后维特可以用拼字跟人做简单的沟通了。遗憾的是,维特会说的话很少,含混的声音无法与人沟通。之后,维特由政府基金资助,与爱他的管家葛林夫人同住,直到他约四十岁去世为止。

伊塔的学生爱德华·塞根(Edouard Seguin)医师继承了他的研究,注重生理、感官及实物教学,随后在1837年建立了第一个有关智障儿童的教育程序。移居美国后,他设计了"Seguin模式"继续他的智障教育工作。几乎是同时,法国的Jean-Étienne Dominique Esquirol在1838年对智力迟钝(白痴)和精神病(痴呆)的定义做了区分,并且对不同水平的智力迟钝制定了详细的诊断标准。伊塔医师和塞根医师等人所做的杰出工作为比内和同事们在1905年创造出世界上第一个用于儿童的智力测验的比内—西蒙量表,奠定了基础。随后,各种儿童评估的标准化工具应运而生。如今,儿童治疗与评估取得了迅速的发展,儿童智力的概念和评估认知功能的方法越来越多样化、复杂化。

资料来源:陈秀芬演讲资料《谈法国丛林的野男孩》(2003)。

二、儿童心理评估必须考虑的主要因素

一个完整的发展性评估通常涉及以下主要因素。

(一)来自儿童、儿童的父母及其他与之关系密切者的想法

通常,一个儿童前来咨询是由于一些想法,这些想法可能来自儿童本人,也可能来自该儿童的父母、教师或其他重要相关人员。治疗者必须了解这些想法,而且必须根据儿童的整个成长背景及当时的心理状态来理解。这种理解是治疗的基础,治疗者可以

据此建立一个初步的治疗目标以及治疗方案。

在儿童治疗中,了解儿童与其父母对当前问题的想法十分重要。因为只有这样,才能对儿童行为的适宜性、发生频率、持久性、强度以及损害程度有一个完整的了解,得到一个关于儿童行为的完整画面。

在儿童心理评估和治疗的过程中,治疗者必须重视儿童及其父母、教师或其他重要相关人员的想法,有效利用从他们那里收集到的信息。当然,每一种信息来源都有其利弊,治疗者在选择时必须慎重。不管他们提供的信息是否一致,都能为描绘不同情境下的儿童提供帮助。

在评估儿童时,同伴是非常有价值的信息源。治疗者可以从儿童的同伴那里获得大量关于儿童在不同情境下的行为,包括很多成人无法自然参与的情境(比如操场、校车上等)。并且,同伴是从儿童的视角报告被评估者的行为,这能为治疗者提供完全不同于其他信息源的重要诊断线索。另外,治疗者可以同时从儿童的多名同伴那里收集数据,这会大大提高数据的可靠性(Bierman,2004)。但同伴评价的参与必须经由父母、教师和学校管理者的同意。有些父母可能并不同意自己的孩子参与此类评价,而学校则可能会认为这是浪费时间(Pakaslahti,& Keltikangas Jarvinen,2000)。

父母和教师是评估儿童行为的重要信息来源。父母和教师作为信息提供者的一个有利之处是他们都可以观察和接触某些特定场景和不同发展阶段的儿童。比如说,教师有很多经验,他们更能知道哪些行为对于哪个年龄段的儿童是正常的,而且他们有很多机会可以观察儿童的同伴交往(Pakaslahti,& Keltikangas Jarvinen,2000)。父母则是与儿童接触最多的人,他们几乎了解儿童生活的各个方面,并且亲子关系也是影响儿童的重要因素。但是,与同伴评价不同的是,父母和教师都是从成人的视角对儿童进行评价,有时候他们对儿童的看法可能完全是错误的,并且个人偏见会使评估的可信度受到质疑。比如教师常常会低估那些调皮儿童的同伴接受度,而父母评价则可能会受到他们对儿童依恋情感的影响(Schneider,& Byrne,1989),他们通常都认为自己的孩子比其他儿童有更多的亲社会行为且攻击行为较少。

因此,在进行儿童评估与治疗时治疗者最好能够综合多种信息源。因为不同的信息提供者给出的关于儿童某些方面能力的评估可能会不同,但考虑到这些评定人是在不同的情境中评价儿童的,他们的评估效度或许是充足的。治疗者可以根据儿童症状的特征来决定究竟侧重哪种信息源。

(二)儿童的行为功能

所谓儿童的行为功能是指行为服务的目的或原因,了解儿童的行为功能对进行一个完整的儿童心理评估是很重要的。很多研究者认为行为功能是维持行为持续存在的因素,不管是儿童的适当行为还是问题行为,所有持续存在的行为都有一定的目的(Chandler,& Dahlquist,2002;2006)。

行为具有某种功能,则意味着环境中所存在的某些因素可能对个体行为起到了某种强化作用,行为之所以持续、反复出现就与这种强化作用有关。因此,在理解行为功能时,首先需要理解强化和强化物的概念。所谓强化,指的是"某种行为发生之后,所跟随的结果能够导致将来该行为发生概率增加的过程"(Miltenberger,2001)。而行为得到强化通常表现为行为发生次数、持续时间增加或者行为强度得到某种程度的增强。通常,根据行为结果形式,则可以分为正强化与负强化,其中正强化指的是个体行为发生之后获得了某种令人满意的刺激物,因此行为得到了加强;而负强化则是行为发生之后导致了某种厌恶刺激的撤销、移去、减少或者延缓到来,因而行为得到了加强。比如,儿童在母亲不同意购买玩具的时候大声哭闹,最后妈妈没有办法只好为其买了玩具,之后儿童的哭闹行为因为妈妈同意其购买玩具得到了加强,这是一个正强化的过程。而对妈妈来说,因为满足了孩子的要求使得孩子的哭闹停止了,因此,下一次她更有可能在孩子哭闹的情况下满足孩子的要求,这个行为的加强则是负强化的结果。

不管是正强化还是负强化,都会涉及强化物。一般来说,出现在行为之后,提高行为出现可能性的刺激物或者事件都可以是强化物,它们能够满足个体的需求。强化就是用强化物增加个体行为发生的可能性(Miller,2006)。在正强化过程中,强化物指的是行为发生之后呈现给个体的刺激物或者事件。比如在上述孩子哭闹的例子中,玩具就是一种强化物,这种强化物是一种正强化物。而在负强化过程中,强化物指的是某种厌恶刺激的撤销、移去、减少或者延缓到来,这种强化物是一种负强化物。

因此,对儿童进行心理评估时,要考虑到儿童的行为功能,以便后续干预服务的有效性。

(三) 儿童的成长与发展

了解一个儿童的生理和认知、情绪、社会性发展对一个完整的评估过程是非常重要的。从儿童的家庭、学校和社会环境因素中,可以部分了解到儿童成长和发展的一些情况。

1. 健康状况和早期发展

通常,儿童的身体健康问题会影响到他们其他方面的发展,因此,了解儿童的疾病、受伤情况以及视觉、听觉、语言和其他方面的障碍对评估来说是很重要的。例如,在美国曾经发生过一例被认为有"注意缺陷与多动障碍"的儿童,后来被发现却是存在听觉缺陷。另外,了解儿童家庭中其他成员的健康状况对于认识整个家庭功能也有很重要的影响。在有些情况下,当家庭正全力照顾一个患病的成员时,儿童可能会受到忽视;除此之外,母亲在孕期发生的疾病、生活事件、情绪压力等都会对胎儿产生不良影响,并进而影响儿童出生后的成长。了解儿童最早学会说话和走路的年龄可以为了解儿童的早期发展状况提供重要线索。

2. 认知发展

与学习有关的问题常常是治疗者应该注意的重要问题,对认知功能做一些测验可以找出相应的知觉缺陷。譬如,通过个人智力测验可以了解儿童的智力发展状况;通过阅读测验辅以视听觉测验可了解儿童的阅读水平。倾听父母的叙述也很重要,因为父母可能会告诉你该儿童的学习强项和弱项,一般来说,父母亲较为了解孩子在学校学习的感受、喜欢和不喜欢的学习内容是什么,从而有助于治疗者更好地评判孩子的认知发展特点。

3. 情绪发展

在儿童的整个心理行为表达过程中,情绪表达至关重要。因此,在评估中,可以要求儿童的父母或老师描述该儿童的情绪和感情。比如,可以要求家长和教师使用尽可能多的形容词来描述儿童的情绪反应(例如快乐、抑郁、易怒等)。儿童对压力的特殊情绪反应以及害怕或担心的事物的性质、数量和强度是治疗者要考虑的重要内容。另外,儿童表达情绪的方式和他们对自身情绪的控制程度也是要考虑的重要内容。对于那些时常爆发强烈愤怒情绪、对他人产生身体上的攻击或者经常哭泣的儿童,治疗者必须予以注意。

4. 社会性发展

在儿童社会性发展中很重要的一项内容是学习如何做好一个特定社会群体(如家庭、同伴群体等)中的成员。其中,家庭、同伴群体(我们会在其他小节中专门讨论)以及社会经济和社会文化等因素对儿童的社会性发展都会产生重要的影响。

儿童父母的社会经济地位、受教育程度、家庭成员之间交流的程度等,都会对治疗造成影响。以目前中国的社会经济条件来看,一般父母对心理治疗的态度还是存疑的,他们大都不愿相信子女有心理问题或有必要参加心理治疗。对于处在这样家庭中的儿童,治疗者应该付出更多的耐心与真诚,必要的时候可以通过家访,主动争取家长的理解和支持;另外,治疗者在与儿童交谈的过程中,应注意语气与措辞,保护孩子的自尊心,从而促进儿童的社会性发展。

(四)儿童与他人的关系

在儿童的成长过程中,父母、兄弟姐妹、伙伴等一些人的影响是非常重要的。

由于现在的家庭结构变化特别大,儿童往往会处在比较特殊的亲子关系中。所以,儿童是与亲生父母一起居住,还是与继父母、养父母一起居住?其亲子关系质量如何?这些都是应该考虑的问题。另外,家庭成员如何看待儿童?儿童如何看待其家庭成员以及自己在家庭中的地位?在家庭中,父母如何制定管理孩子的原则和方法?孩子对这些原则和方法的反应如何?父母喜欢与孩子玩什么样的游戏?家庭成员间以何为乐?这些也都是应该了解的事实。

现在中国的绝大多数家庭都是以独生子女为核心的三口之家,孩子在成长中缺乏兄弟姐妹的影响,通常只存在一些间接或非血缘性的兄弟姐妹关系。而在多子女家庭中,兄弟姐妹之间的关系与其他性质的同伴关系一样,对儿童成长有着非常重要的影响。这种兄弟姐妹关系通常被描述为是一种既有冲突又有合作的关系。如果一个家庭对竞争的重视程度超过合作的话，则兄弟姐妹之间的竞争就会增加。因此，治疗者需要了解家庭里所有的兄弟姐妹彼此间关系如何，也需要评估冲突的程度。

同伴关系对儿童来说意义重大。每一个儿童必须拥有至少一个好朋友，需要与之同欢笑、同悲伤或分享秘密。如果没有朋友，那么儿童很可能就会感到孤独和被拒绝。没有同龄伙伴的儿童通常只能被迫与低龄儿童在一起玩或与成年人（如性质上类似于父母的人）相处。评估同伴类型可以帮助治疗者了解该儿童的同伴关系是否满足他成长的需要。

最后，治疗者还必须了解是否还有其他的重要他人影响儿童，在儿童的成长过程中，他们的影响是怎样的。有些儿童与家庭以外的一些成员保持着较为密切的关系，比如祖父母、阿姨、叔叔等。如果存在这样的情况，在治疗中，最好让这些对儿童有重要影响的外围成员也能加入进来，帮助儿童克服障碍，健康成长。

（五）儿童的家庭教养方式以及家庭环境

有不少研究者认为家庭教养方式会影响儿童的健康成长。鲍姆林德（Baumrind,1978）认为可以把父母教养方式归纳为两个维度：其一是父母对待儿童的情感态度，即接受—拒绝维度；其二是父母对儿童的要求和控制程度，即控制—容许维度。在情感维度的接受端，家长以积极、肯定、耐心的态度对待儿童，尽可能满足儿童的各项要求；在情感维度的拒绝端，家长常以排斥的态度对待儿童，对他们不闻不问。在要求与控制维度的控制端，家长为儿童制订了较高的标准，并要求他们努力达到这些要求；在要求与控制维度的容许端，家长宽容放任，对儿童缺乏管教。根据这两个维度的不同组合，可以形成四种教养方式：权威型（接受+控制）、专断型（拒绝+控制）、放纵型（接受+容许）和忽视型（拒绝+容许）。不同的教养方式无疑会对儿童的社会性发展和个性形成产生重大影响。例如，对于专制型的父母，他们对儿童采取的是严格控制型的教养方式，较少对儿童的需求、情感进行关照，对于儿童出现的抵触行为，也更多地采取严厉惩罚等手段，在此环境中成长起来的儿童则很容易出现焦虑、退缩等负面的情绪和行为；在溺爱型家庭中成长起来的儿童则往往表现得非常不成熟，自我控制能力较差，当出现他人要求与自我愿望不相一致的情况时，他们常常难以控制自己的冲动，因此，冲动行为、哭闹等发脾气行为在这类儿童身上非常常见；在忽视型家庭中成长起来的儿童则由于父母极端的忽略，成长经历中常常存在严重的情感生活和物质生活的剥夺，被认为出现各类问题行为的可能性很高，他们可能存在深刻的寻求他人关注的需求。

家庭不利环境也常常是研究者所关注的因素。一些研究者对家庭经济困境与儿童发展之间的关系进行了研究，认为家庭经济困境很容易导致家庭功能出现严重的问题，继而影响到儿童的健康发展（Coley, & Chase-Lansdale, 2000; Gulati, & Dutta, 2008）。来自于经济不利家庭的儿童更有可能经历父母关系不和谐、吵架以致家庭破裂等事件，他们更有可能表现出多种社会适应不良行为、反社会行为以及其他问题行为(Sampson & Laub,1994;Shek,2005)。比如,派特(Paat,2011)对 1 222 对父母进行了调查,运用结构方程分析方法对家庭经济状况、父母和谐程度以及儿童社会行为之间的关系进行了分析。结果发现,家庭经济困境会使家庭成员的压力和不和谐水平增加,甚至爆发严重的家庭纠纷,而这些都会对儿童的行为产生严重影响。他们的研究发现,来自不和谐家庭的孩子出现反社会行为的可能性更高。

(六) 儿童的学校环境以及校园生活

对于儿童来说,学校是他们成长过程中必然经历的正常环境,这个环境是不是一个有利于他们学习、成长的安全而有效的环境直接关系到他们的健康发展。儿童的某些行为,如课堂扰乱、不顺从、欺负同学等,虽然不是特别严重,但在群体中发生较为普遍,而且会对儿童的学习有严重的影响,有些行为,比如攻击行为(乃至校园暴力)、自我伤害行为等,虽然并不普遍,但却会对儿童自身以及他人的身体安全造成严重威胁。

儿童在学校中的学习和社交是否成功对他们的成长也至关重要。那些在学校中多次经历学习失败的儿童,其自尊水平很可能会降低,因此,作为一种补偿,他们往往会通过问题行为来吸引别人注意。在通常情况下,学习失败可能预示着该儿童不适宜在该年级学习,或者有生理、学习或情绪障碍。长期的失败体验使得儿童的学习兴趣降到最低点,可能会引发逃学、与老师关系紧张、不被同伴接受等问题。对学龄儿童来说,被同伴接受是他们产生积极的自我概念的重要原因。不被同伴接受的儿童非常容易产生消极的自我概念,需要特别重视。

(七) 儿童的能力、天赋与兴趣

除此之外,治疗者还必须了解儿童的特殊能力和天赋,这有助于评估和治疗。比如,一个有着音乐天赋的儿童可能会建立起对艺术的成就感。而且,在一个领域的成功可以平衡另一个领域的失败。同时,发现儿童的特殊兴趣(比如团队游戏、下棋、集邮等)可以帮助成人与该儿童一起就感兴趣的话题或活动进行更好的交流,加强亲子关系。

第二节 儿童心理评估的实施

一、情境设置

在对儿童进行心理评估或治疗之前,首先需要考虑的是创设一个使儿童和家长感到舒适的物理环境。在这个环境中,儿童和家长们感觉到他们是受欢迎和被重视的。

这样一个物理环境可以通过对儿童心理治疗室的布置来实现。在治疗室中,应该有适合不同年龄和身材的儿童的家具和玩具,能提供儿童游戏以及亲子互动的空间。

(一) 儿童心理治疗室的布置要求

1. 家具及设备

家具:家具的尺寸既要有适合低龄儿童的小桌子、小椅子,也要有适合青春前期、青春期儿童以及成年人的家具,至少要有一张成人尺寸的桌子以便用于家庭绘画活动、家长小组会议等。此外,还可以为年龄较大的儿童进行棋盘游戏以及其他适合他们年龄的游戏提供方便。

隐秘的出入口:最好有一个隐秘的出入口,来接受咨询和治疗的家庭可以不必通过主建筑就能进出治疗室,这样可以适当照顾到来访者的隐私权。

水槽:在治疗室中,水槽是必不可少的设备,有了它,儿童可以玩水、用水稀释颜料来作画、洗手、玩沙等。

2. 玩具

选择玩具要兼顾满足这样几条要求:① 玩具最好可重复使用;② 最好是"建构式"的玩具(可以激发儿童想象力的,如积木、插件等);③ 必须适合儿童的年龄及其发展水平;④ 最好是能够促进治疗关系的,能使儿童做出非言语的、创造性的、情绪性的表达,以便使治疗者推定儿童的兴趣所在。

3. 游戏项目

为前来咨询和治疗的儿童准备的游戏项目可以多种多样,这些游戏也可以充当对儿童进行评估的非正式技术。常见的游戏项目包括:① 绘画游戏;② 玩偶游戏;③ 讲故事;④ 角色扮演游戏;⑤ 戏剧游戏;⑥ 棋盘游戏;⑦ 自由活动。关于这些游戏的具体细节可参见本书第五章的相关内容。

(二) 针对不同需要儿童的心理治疗室

关于怎样布置儿童心理治疗室,虽然理论上并没有明确的规定,但是治疗者应创造一个有效放松的咨询环境,这样有助于儿童感到舒适放松,能够与治疗者建立良好的咨询关系。杂乱的、刺激的、热闹的房间会让儿童分心。儿童的注意力容易被房间里感兴趣的事物吸引,导致从咨询的互动中脱离。焦躁不安和分心的儿童,容易受到颜色鲜艳的物品、手机、嘀嗒的钟表、外面的噪声甚至鱼缸里的鱼的影响。治疗者作为环境的一部分也应检查自己,容易让人分心的珠宝首饰,彩色领结和衣服上的图案,这些也都有可能影响儿童。

我们建议治疗者不能坐在桌子后面,这样会让治疗者和儿童之间产生屏障,儿童会把桌子后面的人看作权威人士,比如老师、校长和办案人员。特别需要注意的是,儿童更喜欢足够矮的座椅。除了上述的要求外,治疗室在布置上可以有很大的个性创造空间。同样,治疗者也可以根据自己的个性特点和治疗需要来布置治疗室。针对不同治疗者的需要,可以布置不同类型的治疗室。下面介绍常见的三种不同情境下儿童治疗室的布置。

1. 小学里的儿童治疗室

目前,在我国,很多小学都配备了儿童心理辅导员或咨询师,下面仅提供一个在这种情境下治疗室布置的参考意见。

房间的大小 小学里的儿童治疗室应该足够大,因为在学校中设立的儿童治疗室不仅是为有心理障碍的儿童准备的,而且还面向广大的正常儿童,为他们解决在成长中遇到的问题,促进其健康发展。所以,治疗室应该足够大,以便开展中小型团体咨询活动。同时,它又应该能有独立小空间,可以使儿童在治疗室中就像在家里一样舒适、温馨。因此,治疗室的使用面积应在30~40平方米。

房间所处的位置 它应该与学校的主建筑相邻但又相互独立,这样,使小组活动或较大型活动中孩子们的欢叫声不至于打扰正在教室里上课的其他孩子。另外,家长们也可以不通过学校的主建筑而进出治疗室,从这个意义上说,也保护了家长的隐私权。

治疗室内的布局 应该分为几个功能区(当然条件允许的情况下也可以是几个不同功能的房间)。譬如,在房间的一个角落里的6~8平方米的地方,铺上毛茸茸的小地毯,放置一个长沙发、两把铺着软垫的椅子、一盏落地灯,在这温暖舒适也相对独立的"起居室"里,治疗者可以做一些阅读工作、与儿童单独交谈、会见家长等。在离"起居室"不远的地方,可以放置一个书架、一个玩具柜,在需要时,可以很方便地取到需要的书籍和玩具。在房间的另一个角落里的8~10平方米的地方,可以设一张标准的图书阅览桌,桌边围绕着10把椅子,可以方便高年级儿童以及家长群体进行小组讨论。在房间的正中央,可以在地板上摆放十几个到几十个不等的各种颜色的正方形小坐垫,供儿童们席地而坐,为小组讨论做准备。一般大型的团体咨询活动是在空教室里举行的,但也可以在这间房间里举行,孩子们会认为来到这个特殊而温馨的地方是对他们的一种款待(见图3-1)。

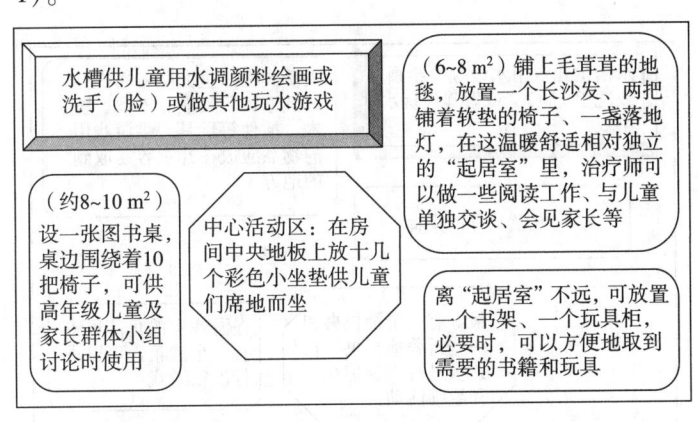

图3-1 小学儿童治疗室的配置

此外，可以在房间的一角设置水槽，儿童可以用水调颜料来绘画，或洗手（脸），或做其他与水有关的游戏。在房间的所有窗户上装有可以调节光线的窗帘，从而为房间提供适宜的光线。有条件的话，可以设一个活动沙盘，供儿童做沙盘游戏。还可以准备一个饮水机、一个小冰箱、一个爆米花机，这样可以为儿童提供茶点。

应该指出的是，目前并非所有的学校都能为心理治疗者或辅导老师提供一个足够大的房间来进行团体心理咨询，治疗者应该因地制宜找到解决的办法。一间教室其实就是一个不错的团体咨询场所。

2. 私人咨询机构的儿童治疗室

一般说来，私人咨询机构的儿童治疗室应该是一个套房。该套房的装修应该讲究而不奢华。

套房的结构 套房一般由一个接待室（厅）、一间游戏室、两间治疗室（其中一间与游戏室紧邻，可以作为观察室，另一间可以作为治疗者的办公室）构成。所有的房间都有宽大的窗户和窗帘，可以按不同的需要调节光线；墙纸的色调应温和；台灯或其他灯饰的光线应柔和，营造一种放松、舒适的气氛，使房间看起来很像一个私人起居室。

接待室的布置 有符合儿童尺寸的家具、彩色蜡笔和彩色图书，这些可以使孩子们在等候咨询时有事情可做，也可以帮助家长应付急躁和顽皮的孩子。通常情况下，治疗者的资格证书和营业执照应该挂在接待室明显的位置上。

游戏室的布置 有一套儿童尺寸的桌椅，有一个大的玩具箱（柜），里面配备布娃娃、娃娃家、玩具熊、木偶、积木、插件等玩具。供游戏用的物品应放在儿童容易取到的地方。在游戏室的角落里应有一个沙盘，可以进行沙盘游戏。水槽也是必不可少的，儿童可以用它来做各种与水有关的游戏。另外，最好有一个翻板桌和一些折叠椅，可供较大年龄的儿童进行棋盘游戏和绘画活动。总之，家具的类型和游戏治疗的工具可以有多种选择，根据不同的儿童治疗者、儿童来访者的需要而定。游戏治疗活动在游戏室进行（见图3-2）。

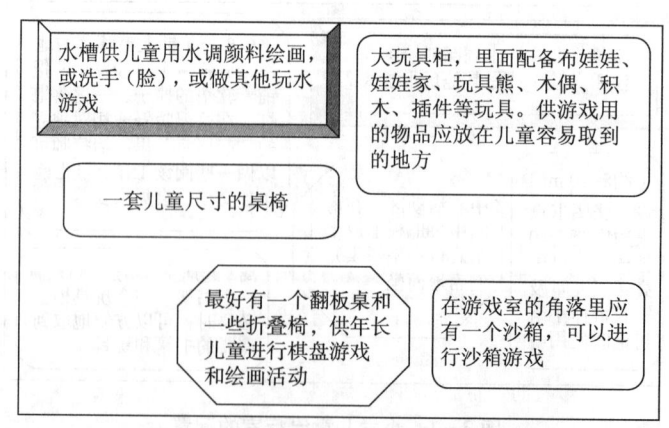

图3-2 私人咨询机构的儿童治疗室的配置

治疗室的布置 治疗者可以在两个相邻的治疗室中举行与家长和孩子的摄入性晤谈、家长与其子女的交流。其中一间治疗室可以兼作观察室,有单向玻璃与游戏室相通。另一间治疗室也可以作为治疗者的办公室,治疗者可以在办公室里阅读、做记录、与儿童或其家长谈话等,办公室的布置可以是个性化的,但总的原则是应使来访者感到放松、舒适、温馨。

3. 大学里的儿童治疗室

大学里的儿童治疗室主要是用于教学和科研。如果条件允许的话,治疗室最好占据某幢大楼的整个一层楼。在这个楼层中,有活动室、游戏室、观察室,还有用于辅导学习困难儿童的教室。另外,再设一些小房间,可以用于个别交谈。如果条件稍逊一些,则至少需要一个装备齐全的游戏室,紧挨着一个观察室,在观察室里,导师能够观察大学生治疗者对儿童进行游戏治疗的全过程。

大学里的儿童治疗室中必须具备的一些设施有:① 录音、录像设施,但只有当儿童及其家长允许的情况下才能使用;② 水槽;③ 浅沙盘,最好是活动的,盘底有轮子,可以从一个房间滚动到另一个房间;④ 书橱,一般靠墙站立,放置玩具和图书,并力求使儿童方便拿取。每个学习心理治疗的大学生在整个学期中都被指派一名儿童来作为练习治疗的对象,导师随时对治疗过程做出观察和指导。

二、 儿童心理评估的方法

在开始治疗之前,治疗者必须对来访儿童生活的所有方面都有详细的了解并对其进行评估。收集儿童信息和进行评估的技术主要有以下几个方面。

(一)儿童信息表

儿童信息表实际上是一份问卷,根据治疗者的需要,信息表可繁可简。信息表的主要内容包括:询问与儿童当前问题及先前治疗有关的情况、孕产史(儿童曾在其母亲子宫中的发育情况及有无难产、早产等问题)、成长中的重要事件、学习情况和在学校中的问题、社会性发展和同伴关系、情绪发展、特殊思虑、家庭关系等等。如果与摄入性晤谈或其他评估测验一起联合使用的话,儿童信息表将会是一个很有价值的评估工具。

很难确切地规定怎样使用儿童信息表,这通常与不同治疗者的个人偏好有关,并且在很大程度上取决于治疗者所处的情境(学校、医院、诊所或私人心理治疗机构等)。西方国家的一些私人治疗者会要求儿童的家长在初诊时填写一张儿童信息表。一些学校心理咨询师则使用简化的信息表,并把它作为一种在治疗中与家长的非正式熟识过程。而医院里的治疗者则通常使用一种加长型的表格,当与儿童或其父母进行摄入性晤谈时要求其填写,这种表格经常会包括一个精神状况测验和一个详细的既往医疗史。但这也并非是绝对的,对于那些不习惯依赖书面资料的治疗者来说,他们可能不会选择使用儿童信息表,而倾向于通过观察和访谈来了解儿童和家庭。

使用儿童信息表需要注意的问题是,应使父母感到越简单越好。在信息表中没有显示出来的信息,可以从晤谈中获取。另外,信息表中给出的信息应该是受保护的,不能在未经家长同意的情况下随意公开。

(二) 摄入性晤谈

摄入性晤谈(intake interview)是治疗过程的一个基本组成部分,它能帮助治疗者建立起与儿童及其家庭成员的关系,这是今后咨询和治疗的基础。一个成功的摄入性晤谈可以窥见儿童的人际世界,并提供观察家庭动力系统的有价值的信息。大多数治疗者,不管他们各自的理论倾向如何,都使用摄入性晤谈来收集信息,这将有助于他们对案例作出判断并设计适宜的治疗方案。

摄入性晤谈的形式多种多样,可以是完全结构化晤谈,即访谈时明确一定的规则,按规则进行访谈,并按规则进行记录。高度结构化的晤谈通常提供一个问题行为和事件的列表,这将有助于产生更多客观的数据,以便用于今后的诊断。摄入性晤谈也可以是半结构化的,在问题被怎样提出以及数据应怎样记录方面允许一些变通。无结构晤谈或开放式晤谈通常作为治疗过程的一部分进行,并与许多其他的评估测验联合使用。无结构晤谈没有需要强迫回答的问题,儿童可以自由表达。现在普遍使用的晤谈技术主要是无结构的。需要注意的是,与儿童的晤谈必须符合他们的年龄和发展水平,如果有可能,可以结合游戏、绘画、讲故事等活动作为辅助手段来促进儿童的自我表达。

摄入性晤谈的次数、家庭成员是否参与、晤谈的先后次序等随不同治疗者的不同理论倾向可以有所改变。这是非常个人化的,治疗者可以自己决定采用哪种形式。比如说,有的治疗者可能会进行四次摄入性晤谈,其中包括一次与儿童的全体家庭成员的晤谈、一次与父母的晤谈、一次与儿童的兄弟姐妹的晤谈、一次与儿童自己的晤谈。而有的治疗者则与儿童及其父母一起进行一次晤谈就够了。通常,如果儿童的年龄小于7岁,那么可以先与其父母晤谈,以便尽可能多地了解他们对儿童的想法。在与其父母建立了和谐友善的关系之后,接下来就可以进行家庭晤谈了。

以下是几种无结构的摄入性晤谈。

1. 家庭晤谈

家庭晤谈是对儿童的家庭成员(包括儿童本人)进行的集体晤谈。它对保证治疗的成功非常重要,通过家庭晤谈,治疗者可以表达一道与儿童及其家庭来解决问题的真诚意愿,为随后的治疗过程定下良好的基调。在晤谈过程中,治疗者应尽一切可能使家长明白:父母亲在儿童心理治疗过程中起着至关重要的作用。家庭晤谈实际上也是对儿童家庭的评估。

长期生活在一起的家庭成员之间会发展起较为固定的相互作用模式,根据戈登堡(Goldenberg)等人(1990)的观点,在长期的生活中,所有家庭成员间一般会形成一种由部分成员组成的联盟,例如父亲和母亲联盟、父(母)亲与儿童的联盟、兄弟姐妹联盟等。当一些家庭成员形成联盟以反对另一些家庭成员时,家庭的稳定性便会受到威胁。例如,当祖母与她的孙女结成联盟来反对她的儿媳时,祖母不仅超越了她的权威、干扰了正常的教育子女事务,而且还创造了一个与孙女的联盟,这个联盟可能最终威胁到母女关系甚至她儿子的婚姻。

所有的家庭联盟之间可能会互相影响,这些联盟被一些看不见的边线所界定。当全家作为一个整体时,全家由一个边线围绕,家里的每一个联盟之间也都有边线,联盟中的每个成员之间也有边线。家长和孩子们之间的健康边线是既稳固又可变的,在必要时允许他们之间很亲密,然而同时又必须确保独立和个人空间。如果边线太弱,则容易导致家庭成员间的过度相互包容。比如,当父母娇宠一个孩子,时时处处保护他、取悦他、替他包办一切时,实际上是在制造对孩子的一种限制。而如果边线太强、太刻板,则容易导致家庭成员之间的游离,比如,现在城市中的许多职业父母亲每天都早出晚归,表面上看,他们都在为家庭的物质利益而奔忙,但事实上这也阻碍了他们与孩子日常的交流与接触。因此,不适当的限制和游离对家庭健康都是有害的。

在家庭晤谈中,对兄弟姐妹之间关系的探察也非常重要。因为兄弟姐妹是一个儿童最初的伙伴群体,儿童在与兄弟姐妹相处的基础上发展起与人交往的技巧,发展起合作和竞争的模式。儿童与兄弟姐妹间的相互作用影响到儿童今后在学校和工作中与朋友、同事的关系。在目前情况下,由于独生子女的日益增多,这种关系正在逐渐被父母子女关系或堂表亲关系所代替。

总体上看,在家庭晤谈期间,治疗者应了解该家庭中存在的联盟类型、成员之间的亲密度、父母对儿童的干预程度等。要做到这些,治疗者可以在晤谈中密切观察成员的身体语言,也可以聆听家庭讨论:儿童是否经常被讨论和谈及、儿童的谈话是否被注意、儿童的谈话是否经常被打断等。但需要治疗者注意的是,是否有的孩子会"粘住"父母,或坐在父母腿上,或过于亲密。虽然儿童坐在大人腿上并不意味着在亲子关系中产生了任何不健康的关系,但可以揭示出父母可能对这个儿童干预太多了。

在家庭晤谈中,一个非常有用的评估家庭成员间动力关系的技巧是家庭绘画(Rubin,1984)。这是一项有趣的活动,可以据此建立友善和谐的关系;家庭所有成员在一起绘画,可以起到促进交流的作用。要进行家庭绘画活动,只需要一张大大的纸,一些蜡笔、魔术彩笔或彩色铅笔等就可以了。在进行家庭绘画时,治疗者要求家庭成员们"画出你在家庭中的位置"。通过家庭绘画活动可以看出每个家庭成员对自己与他人的感觉如何,也可以获得很多重要的信息,比如:家庭成员们喜欢怎样分配他们的时间、怎样看待家庭成员彼此之间的关系、他们认为最亲近的家庭成员是谁、父母亲相互之间的关系、父母同子女之间的关系、每个家庭成员与该儿童之间的关系等。

2. 与家长的晤谈

通过与家长的晤谈可以了解亲子之间的关系,而这一点对日后的治疗过程很重要。

父母通常能准确觉察到孩子的问题行为,并且经常会洞察到问题发生的原因。可以这么认为,大多数父母之所以寻求心理治疗者帮助的主要原因实际上是他们找不到有效解决问题的方法。他们和孩子的关系太近了,以至于无法作出一个客观的判断。在与父母进行晤谈时,治疗者应该首先按照咨询治疗的常规做法,与他们建立和谐友善的关系,保持平等的态度,尊重父母的兴趣、价值观和生活方式,在使家长感到比较自然的前提下,帮助他们掌握帮助孩子的方法。与家长的晤谈可以在治疗室进行,也可以在儿童的家里进行,相比较而言,家庭是一个理想的交流场所——在家里,气氛不像在诊所那么正式,更容易建立和谐的气氛,家长也因为在自己家里而拥有一种放松感。治疗者要注意的问题包括:① 通过个人的行为、谈吐和衣着传递给家长的态度应该是非批判性的;② 语言要清晰且容易理解,学术性的语言打动不了家长,反而可能会造成与他们之间关系的一种障碍;③ 最好把笔记本和公文包放在办公室,因为在晤谈过程中做太多的笔记会成为交流的障碍,所以治疗者可以在晤谈结束时快速地记一些文字,或在晤谈过程中录音;④ 某些家长可能会羞于寻求帮助——他们把孩子看作自己的延续,不想让别人知道自己的孩子出现问题了,当发现这种情况时,治疗者要尽可能地减轻或消除家长的顾虑;⑤ 某些家长可能会为孩子的问题而感到内疚、自责,应该帮助他们驱除这种感觉,改善亲子关系。

3. 与儿童的(单独)晤谈

治疗者可以通过与儿童的单独晤谈来建立和谐的治疗关系、了解儿童更多的行为和心理冲突。在与儿童晤谈中治疗者应注意的事项包括:① 尽量创设宽松的环境,让孩子来决定谈话的方式;② 语气和蔼、温暖,尽量使用儿童容易理解的话语,注意让孩子"引导"你,而不是你去"引导"孩子;③ 晤谈应是非指导性的,不要提许多探询性的问题,而是应该依赖开放性的问题来帮助澄清孩子的反应;④ 如果儿童选择在晤谈中使用文字或符号来表达他的想法,那么接受这种形式的交流。总之,要允许孩子自由开放地表达思想,不对儿童或其父母的言行作出任何判断;尊重儿童的言语或非言语表达,维护孩子的自尊。只有这样,才能使孩子开放、诚实地表达他的特殊担心或恐惧。

有时候,小孩子更喜欢"玩出"而非"说出"他们的想法,所以,可以在晤谈时准备一些有趣的活动。过娃娃家、玩偶游戏、讲故事、棋盘游戏等游戏治疗中的技术可以用来建立和谐的气氛、了解更多的儿童行为以及窥见儿童的意识和无意识冲突。

(三)观察

为了得到有关儿童行为以及其与同伴相互作用的完整认识,有必要在不同情境中对儿童进行观察。观察有利于治疗者形成对儿童可能具有的问题的实质性的假设。通过观察,有可能了解儿童的学习风格、注意范围、情绪表达,以及与父母、老师和同伴之间的相互作用情况。如果能观察到儿童在教室、操场、家里的不同表现,那将是非常理想的。为此,治疗者对儿童的观察可以通过和父母、老师一起联合进行。观察时间通常应明确,并要做记录。观察中可使用"行为检查表",即预先在一张表格中列出一些典型的问题行为,然后在观察中逐一对照并记录这些行为是否出现。在观察结束后,可以分析哪些行为出现了,哪些行为没有出现,如果出现,它发生的频率有多大,以便对儿童有一个准确的评估。

1. 对课堂行为观察的例子

以治疗者对一个幼儿园孩子姗姗的观察为例,她的老师向治疗者介绍说,姗姗的行为任性冲动、活动过度。观察是在中午休息的时候进行的。与她同班的孩子们中,有几个人在这个小憩的时间里睡着了,另外的许多孩子也都在安静地休息,而姗姗却不是这样。以下是在10分钟的时间段里对姗姗行为的一个记录。

12:30　"我想尿尿。"
　　　　穿同伴莎莎的衣服。
　　　　推玩具汽车。
　　　　把鞋子放在暖气片上,但随后却找不到它们。
　　　　把头倒挂在小床边上,为颠倒了的视线而咯咯直笑。
　　　　跑到老师身边,抱住她:"我喜欢你,我能亲亲你吗?"
　　　　"我要去喂宝宝,他饿了。"
　　　　"我要喂他喝一些水。"

12:37　把玩具汽车放在小床上开来开去。
　　　　又从床上爬起来:"我可以去尿尿吗?"

12:40　把玩具熊搬到小床上。
　　　　"我要尿裤子了。"

2. 对亲子互动观察的例子

下面是治疗者对丽丽的观察。丽丽是一年级的小学生。她的老师认为她易怒、脾气坏、爱打同学,尤其是爱打她的同桌娟娟。老师说,她的情绪容易波动,一会儿阴沉,一会儿却勃然大怒,做出攻击行为。

治疗者对丽丽的观察在两次独立的家访时间里完成。每次都是在与丽丽的母亲谈话的同时对丽丽进行观察。这两次观察为治疗者提供了有价值的线索,使治疗者能够形成一个帮助丽丽和她母亲的计划。

第一次观察:

15:30　丽丽正在与邻居的一个孩子玩皮球。
15:40　开始哭泣——想要玩其他的项目,而她的伙伴却不同意。
　　　　丽丽的母亲朝她大叫:"别哭!好好讲!"
　　　　孩子们又开始玩耍起来。
　　　　丽丽推开伙伴,独自拿着球。

丽丽打她的同伴。

母亲打了丽丽，并对她说："你下次再打别人，就不让你跟别人玩！"

丽丽哭泣并尖叫。

母亲朝丽丽叫喊："别叫！"

第二次观察：

16:00　丽丽正在玩洋娃娃。

16:05　治疗者正在与丽丽的母亲谈话，却被母亲的叫喊打断了："别这样！"——原来丽丽正把她用来画画的蜡笔掰成两半。

16:10　"坐好！"（丽丽的母亲警告她不要到处乱跑）

16:15　"我要打你了！"丽丽的母亲看到丽丽把玩具盒故意打翻以引起母亲注意时，说道。

16:20　丽丽的母亲有些神经质，而且没有耐心。（丽丽已经第四次改变行为了）

观察亲子互动的目的并不是找父母做得不足之处或责备他们，而是为了帮助父母发现与儿童相处的良好方式——多关注儿童的长处而不是关注他们的弱点。对亲子关系的观察可以发现亲子之间互动的问题所在，并有助于治疗者制订改善亲子关系的治疗计划。尽管这种观察经常是在孩子自己家里进行的，但同样的观察也可以在其他场合进行，比如在亲子互动的游戏治疗中、在家庭晤谈时、在治疗者的办公室里，都可以进行观察。治疗者可以根据儿童发展水平的不同，采取不同的策略。对于学前儿童来说，考虑到社会互动是大部分学前教育机构的常见特点，在教室中施行观察是比较合适的。而对于小学生来说，教室活动已经变得相对结构化了，在一些非结构化的学校情境中观察儿童的社会互动更为有用，比如操场或食堂（Bierman，2004）。

我们也要考虑使用观察法的一些局限性。为了要获得关于儿童在不同的时间、不同的情境中的行为表现，观察法需要花费大量的时间。在观察过程中还可能存在观察者的个人偏见，这会使观察法的可信度受到质疑，特别是观察行为后的编码系统可能并不完善。另外，儿童的行为可能会受到观察者的影响。

（四）测验技术

除了晤谈和观察以外，许多治疗者还希望通过心理测验的方法来对儿童进行更为客观的评估。这些测验的形式多为儿童行为评定量表，借助于这些量表，治疗者可以得到儿童行为的更为客观的依据。大多数行为评定量表关注的焦点是儿童的行为，并且需要依赖儿童的父母、老师和治疗者对其行为作出判断。因为教师处在观察儿童课堂行为的最好位置，也因为他们对儿童的行为了解得最多，所以，在判断一个儿童行为的严重性时，可以召集多位教师进行联合判断，多位教师可以从不同课堂情境（比如：常规课堂、阅览室、音乐或体育教室等）的角度来对儿童的行为进行评定。

1. 儿童行为观察表

治疗者通常需要对儿童在课堂中的行为进行评估,以便确定其是否患有某种障碍。这种评估问卷可以自己编制,问卷中列出一些障碍(如儿童多动症)可能会产生的典型症状或行为,让教师或其他人填写,要求填写问卷的人员对儿童的行为发生的频率进行评定,比如"儿童是否动个不停、烦躁不安:很少,有时,经常,总是"。

从这些行为观察表中得到的数据与先前对儿童的了解一起构成了一个完整的评估。这些数据是非常有用的,治疗者能够借此来帮助儿童及其家庭消除由特定障碍引起的问题行为。

2. 儿童行为评定量表

儿童行为评定量表(Child Behavior Rating Scale,简称 CBRS)是由 Cassel 于 1962 年编制的,并已经有中文修订版本。该量表包括 78 个项目,这些项目涉及儿童的自我、家庭、社会以及身体的适应性,并用一个总分来表示所有这些适应的程度。评定者可以是家长、教师、治疗者或其他成年人,只要他们对该儿童进行了很好的观察或有很好的了解,就可以填写这个量表。儿童行为评定量表可以为治疗者描绘儿童在家及在校的各种画面,不同的人对同一个儿童的评定作用在于:帮助治疗者精确定位儿童的问题所在;了解儿童与评定者之间的关系(如亲子关系、师生关系等);了解家庭的动力学(如父亲认为孩子适应良好,而母亲则不这样认为)。

3. 儿童行为测查表

另一种适宜于儿童的行为评定量表是儿童行为测查表(Child Behavior Checklist,简称 CBCL),它是由 Thomas Achenbach 和他的同事于 1983 年编制的,被用来评估 4~16 岁儿童的行为问题和社会能力。CBCL 有多种版本或形式:① 教师报告表,要求教师对儿童进行评估;② 少年自陈表,是为年龄较大的儿童设计的,要求他们对自己做出评估;③ 直接观察表,允许一个独立的观察者(治疗者)对儿童进行评定,该表包括了 96 个问题。另外,还有父母版的量表、访谈量表等。

4. 本德-格式塔测验

因为大多数量表只是发现问题,而不是指出其影响因素,它们对于评价儿童的人格倾向、竞争合作能力、智力和其他能力没有什么帮助,因此,这些量表只是一种初步的评估策略。而本德-格式塔测验可以弥补这些缺陷。这一测验可以快速对智力进行评估,发现严重的知觉缺陷,并可以洞察到儿童的情绪发展状况。

本德-格式塔测验(Bender-Gestalt Test,简称 BGT),也称为本德视-动格式塔测验(Bender Visual-Motor Gestalt Test),最早由 Lauretta Bender(1946)编制,用来对 3~11 岁儿童进行运动知觉的测验。后来,Koppitz(1963)将它改编成适用于所有 5~10 岁儿童的知觉投射测验,并发展了一套标准的评分体系。目前,BGT 作为一种评估情绪适应性、智力和神经系统功能的测验被广泛使用。这个测验不仅可以对儿童智力进行大概的估计,而且还可以减少儿童对初次晤谈的恐惧。儿童都喜欢复制 BGT 中的图案,有时这些图案甚至可以使儿童产生合作感,产生自发的评论,进而促成他们与治疗者的讨论与交谈。

5. 散点图

散点图是一种比较常见的行为描述方法,它是通过图表的方式将个体在某段时间内发生的行为情况表现出来(Noell, & Gansel, 2009; Touchette, MacDonald, & Langer, 1985)。这种方法的第一步一般是将观察的时间分为几个特殊的时间段(半个小时、一刻钟等),然后将各个时间段内行为发生的次数记录在相应时间段中。经过几天的观察之后,问题行为的出现次数就会集中在一天中某些特定的时间段内,而在其他时间段,问题行为则可能会相对缺乏。这就可以让评估者进一步分析特定的时间段内是否存在某些特殊的因素,如特殊的人员、特定的活动和作业要求,或者某些刺激物、强化物等。虽然散点图不足以为评估者提供有关行为功能或者与行为有关的控制变量方面的信息,但是它可以帮助评估者快速地确定问题行为常常发生的情境,使得评估者能更快辨别这些情境中与行为有关的环境变量。

6. ABC评估法

ABC评估法(Antecedent-Behavior-Consequence Assessment)即对行为、前奏事件以及行为结果进行记录(Noell, & Gansle, 2009)。除了前奏事件(Antecedent)之外,现在的ABC方法也对伴随行为发生的某些情境事件进行观察记录。前奏事件指的是发生在行为之前的事件,在大多数情况下,前奏事件可能是诱发个体出现问题行为的直接原因,比如妈妈拒绝了孩子购买新玩具的要求,孩子就哭闹起来,妈妈的拒绝就是诱发孩子哭闹的直接原因;行为结果(Consequence)即指行为出现之后所出现的结果,某种行为反复出现,一般就会认为行为的结果在维持着该行为。运用这种方法可以将个体问题行为通常发生的情况、出现的结果以表格的形式进行呈现,让人一目了然。例如,一个学生的尖叫、撞头之类的问题行为总是在老师向其提出问题并要求其回答之后出现,而当其出现此类行为之后,老师总是马上安慰他,安抚他身体让其冷静,并停止要求其回答。评估者可以将此行为发生的过程记录在如表3-1所示的ABC记录表中。在此基础上,评估者就可以对学生尖叫、撞头之类的问题行为提出功能假设:学生的问题行为可能与逃避教师提出的问题有关,也可能与获得教师给予的关注、身体安抚有关。

表3-1 ABC记录表示例

学生:×××　　　　　　　　目标行为:尖叫、撞头行为
日期:××年××月××日　　时间:××时××分至××时××分
地点:××××(教室)　　　记录者:×××

前奏事件(A)	行为(B)	行为结果(C)
老师向其提问	尖叫、撞头	老师安慰他,安抚其身体
		停止提问
	尖叫、撞头行为停止	

(五) 其他评估技术

有些年龄较小的儿童不能确切地知道他们为什么而烦恼,或者还不能用准确的语言表达问题。这时,治疗者可以借助一些非正式的评估技术,如讲故事、绘画、做游戏等来帮助儿童表达其内心的冲突。绘画、玩偶游戏、讲故事、棋盘游戏、自由活动等是可以与摄入性晤谈一起用来进行评估的技术。

1. 绘画

绘画活动作为一种非正式的评估技术被广泛应用于个人、团体和家庭评估中。有些绘画活动使用指定的主题;有些绘画活动指定多个主题,允许被评估者在这些指定的主题中进行选择;还有些绘画活动则不限主题,由被评估者即兴发挥,自由选题。鲁宾(1984)发现,儿童通过不限主题的自由绘画活动,可以很好地表达他们的积极或消极情感,治疗者也可以从儿童的自由绘画作品中发现他们的无意识思想和情感,这是任何其他评估技术所无法比拟的。本书第六章将详细地讨论绘画评估和治疗技术。

2. 玩偶游戏

玩偶游戏也是一种理想的儿童非正式评估技术。对于前来寻求治疗并喜欢做玩偶游戏的儿童,治疗者可以为他们准备各式各样的玩偶,如各种动物玩偶、人物玩偶等,让他们自由选择。玩偶游戏可以是结构式的,也可以是非结构式的。在所谓结构式的玩偶游戏中,治疗者要求儿童选择玩偶来演绎一个"假装"的故事,然后,治疗者与玩偶或与玩偶所代表的角色"晤谈"。采用这种方式,就能使儿童借助玩偶之口来表达他的心声,也可以使治疗者清楚儿童的反应,并选择适当的治疗方法。在所谓非结构式的玩偶游戏中,儿童可以自由选择玩偶、自由决定演绎何种故事、自由决定怎样讲述该故事。治疗者给儿童充分的自由,如果得到儿童的邀请,治疗者也可以参与到儿童的玩偶游戏中去,按儿童的要求办事。无论是结构式的还是非结构式的玩偶游戏,在游戏结束后,治疗者都必须和儿童谈话,谈话内容包括刚才演绎的故事以及这个故事对于儿童的现实生活的重要性。关于这一部分的详细内容可以参考本书第五章。

3. 讲故事

讲故事也是一种非正式的评估技术,它可以用来评估儿童的需要。正如本书第七章所讨论的,对于那些无法用玩偶或绘画表达自身感情的儿童来说,讲故事也许是一个帮助他们揭示内心世界的理想途径。治疗者在听故事的过程中可以不时地要求儿童详尽地描述细节,所以儿童的故事可以被有意识地延长。有时候,治疗者也可以给儿童讲一个与其故事内容相匹配的新故事来诱使儿童表达出其想表达的东西。通过讲故事,可以揭示出儿童的象征性问题,这种象征性的交流可以帮助治疗者确定儿童生活中起冲突的领域所在。例如,在一个治疗案例中,儿童小雨经常讲一个关于公主想要离开巨大的城堡而住进一座有暖气的小屋的故事。实际上,这个巨大的城堡象征着她现在的家,而那座有暖气的小屋则是她爷爷奶奶的家,自从她的父母离异后,有很长一段时间她曾在爷爷奶奶那儿度过。

4. 棋盘游戏

如果让儿童自己选择他们喜欢玩的游戏的话，很多学龄儿童会选择棋盘游戏。实际上，治疗者与儿童之间的棋盘游戏，有利于建立治疗者与儿童间的和谐关系，还可以使治疗者发现儿童的智力功能、情绪成熟度、社会化技巧等方面的发展情况。通过棋盘游戏过程中的观察与倾听，可以发现儿童是否快乐、是否合作、是活跃还是迟钝，还可以了解儿童人格中的强项和弱项、竞争力如何、自尊心怎样等等。

在棋盘游戏中，治疗者可能会观察到，有些儿童很难保持长久的坐姿和注意力，甚至连轮到他们走棋都忘了；容易分心的儿童很难真正下完一盘棋，他们会不时地从这儿走到那儿；有些儿童在下棋时会不停地自言自语。所有这些行为都表现出典型的多动或焦虑症状。对治疗者来说，儿童在棋盘游戏中的言语和情感表达是非常重要的评估线索。

5. 自由活动

自由活动也是一项非常有价值的评估技术。通常，治疗者允许儿童自由选择游戏室中的玩具进行自由活动，儿童会在自由游戏中充分地表达他们的思想、情感和行为，而且这些表达的途径往往是有着非凡的创造性和想象力的。

6. "我的故事"

"我的故事"表达是采用书写和绘画相结合的一种评估技术，通常应用于对儿童的自我、家庭、学校生活的评估。如表3-2所示，在一张纸上列出一些问题，这些问题一般包括儿童的兴趣、朋友、心愿等，儿童在相应的空白方框内贴上自己独处或与家人朋友在一起时的照片，或者自己感兴趣的一些东西。"我的故事"为治疗者提供了儿童的视角，是深入了解儿童内心世界的有效方法。除了可以用笔写出答案以外，儿童还可以用绘画来表达自己，例如，可以画一幅自画像、一幅家庭画、一幅儿童眼中的"学校中的我"等等。

表3-2 "我的故事"调查评估

我的故事	
我的姓名是：_____ 我来自：_____ 我喜欢做的事：_____ 我喜欢与谁在一起：_____ 如果我可以有三个愿望，那么我想：_____	空白方框
这是我的家庭	
我的家庭成员有：_____ 我的家人喜欢做的事：_____ 我的家庭很特别，因为：_____	空白方框

续表

我在学校里	
学校中最好的事是：_____ 我不喜欢的事是：_____ 学校中最好的老师是：_____ 因为：_____ 在学校里,我喜欢与谁在一起：_____	空白方框

（六）儿童心理评估技术的新趋势

过去数十年来,随着计算机技术的普及,心理学家们开始考虑其对心理评估的影响,包括测试操作和计分/解释等在内的评估活动都取得了巨大的发展,目前已经有很多评估工具实现了计算机化。计算机为改善临床诊断提供了策略,不仅减少了评估时间和经费,更提高了评估的生态效度,优化了治疗计划。从研究人员收集数据的角度来看,瑞鲁（Rew）和他的同事们（2004）认为,评估过程的计算机化还可以避免那些因为纸笔测验而带来的问题,比如多选或漏选。

计算机辅助访谈技术（Computer-Assisted Survey Interviewing,简称 CASI）是儿童评估的一个新趋势。和面对面的访谈相比,使用 CASI 会减少访谈过程中的不愉快和尴尬,特别是在讨论某些较敏感的主题时,比如性行为、药物/酒精/物质依赖或是其他危及健康的行为（McCullough, & Miller, 2003; Newman, et al., 2002）。不仅如此,CASI 这种新颖的信息收集方式,特别是动画和图像的使用,使信息收集的过程变得更加有趣,更能引起儿童的兴趣。

另外,现在很多评估方式都开发了在线的计分/解释程序,其中基于计算机的测验解释程序（Computer-Based Test Interpretation,简称 CBTI）是应用最广泛的。CBTI 的好处之一是不管个人还是团体都可以直接且快速地获得评估数据（Davies, & Morgan, 2005）。在减少计分错误、最大限度地降低操作者在解释时的主观性等方面,CBTI 也有很大的优势。心理评估的计算机化已经是不可忽视的趋势。虽然评估的计算机化有很多好处,但是治疗者要想获得准确的评估,仍然需要对这些项目的信度和效度进行严格考察。计算机产生的评估报告可以提供很多重要信息,但评估人员必须尊重人为评估的独特价值并且考虑到所有的变量和可能的假设。

随着生理学和医学学科的不断发展,人类对心理反应与机体生理反应之间关系的了解越来越多,于是生物医学测量技术逐渐进入心理测试工作者的视线。人们开始把生理与心理结合起来,通过寻找一些生理指标来反映心理。聂小晶等（2009）得出焦虑症和抑郁症的脑电事件相关电位具有各自变异特点,事件相关电位客观上反映了两种疾病的认知功能差异。潘丽雅等（2011）研究发现交感神经皮肤电能反映焦虑症患者的自主神经活动。心理活动是与个体生理参数相关的,心理生理学的关联性为我们提供了更加客观而且可靠的评估依据。

数学化是一切科学发展的趋势，哪怕是研究人类精神世界的心理学也应如此。事实上，现代心理学领域中已经有越来越多的数学成分，也运用了越来越多的数学思路和数学方法。用数学模型描述心理现象，其优越性不仅是它比自然语言的描述具有更大的概括性、准确性、演绎力和预测力，更重要的是它便于计算机的模拟。科学家将人工神经网络和模糊数学理论结合起来，提出了评估心理健康状态的分类器模型，通过选取心理健康评估中的重要影响因素作为输入矢量，利用感知器模型评估心理健康状态，为未来心理健康工作打开了广阔的视野。

三、撰写评估与诊断报告

一份完整的评估与诊断报告通常包括个案的身份资料、来访理由、既往病史、家庭与人际关系状况以及心理测验和相关评估结论等方面的材料。治疗者在撰写评估报告时要考虑到听取报告的对象，评估报告最主要的目的是使对方能够理解为什么要采用这些治疗措施/干预方案，如果最后的结果不能被理解，那么评估程序毫无用处（Groth Marnat, & Horvath, 2006）。因此，治疗者在撰写报告时应当注意尽量不使用难懂的专业词汇，使报告简单易懂。下面通过对一个9岁男孩吴小宇（化名）进行心理评估的案例说明最终评估与诊断报告的撰写范式。个案资料收集的过程完全依据本章所述的评估方法：先让其父母填写儿童信息表；然后与他的父母进行一次摄入性晤谈，与他的母亲单独晤谈三次，每次一小时；与吴小宇本人晤谈一次。另外，还收集了吴小宇的四位老师对他进行的课堂行为观察记录、学校心理咨询师和治疗者在不同情境中对他的观察记录，并对他进行了智力测验、成就测验、数学与阅读能力测验及视觉、听觉能力测验等。这些测量或晤谈的结果由治疗小组进行会诊分析，治疗小组的成员有治疗者（组长）、语文老师、数学老师、体育老师、班主任老师、校医、学校心理辅导老师7人，最终形成如下评估报告。

（一）吴小宇的身份资料

姓名：吴小宇　出生年月：1997年3月

年龄：9岁　　年级：四年级

出生顺序：排行老二（其父母符合生育二胎的政策条件），有一个姐姐，比他大8岁，正上大学一年级。

父亲：45岁，技师。

母亲：44岁，普通工人。

（二）为什么前来寻求心理治疗

吴小宇是被他的老师和家长带来寻求治疗者的帮助的，因为他有下列问题行为。

他平时经常喜欢侵犯其他儿童以引起别人的注意，而当其他儿童还击时，吴小宇会号啕大哭;从来不能很好地坐在位子上;注意力不集中,易分散;在课堂上大声讲话,说一些与上课内容无关的事情。

（三）既往病史

从6岁起开始接受过敏治疗。近视眼,戴眼镜。胃口不好。身高偏低,体重偏轻。

（四）出生情况/早期发展

吴小宇出生时,母亲35岁,怀孕和分娩正常。从出生起,吴小宇就被大家当作"困难儿",易怒,经常啃吃婴儿床和家具。在大小便训练中有困难。但走路和说话都比同龄人早。逆反,容易被激怒并喜欢对所有的事情说"不"。没有机会和同龄伙伴在一起玩耍,由于年龄悬殊,他与亲姐姐之间也没有什么机会交流和玩耍。

（五）学习发展

1. 强项（优势）

智商130,语文阅读成绩不错,数学也还好。上学几乎没有缺过课,也没有留过级。

2. 弱项（劣势）

现有的学习成绩并没有反映出其真正的潜力。对学校的事情不能集中注意力,不能单独坐好,很难参与课堂活动,对没有很大兴趣的事情不想去做。

（六）社会发展/同伴关系

1. 学校里

同学们很难容忍他,他喜欢冒犯别人以引起别人注意,但对于别人的反抗却反应过度,从来不知道自己什么时候得罪了别的同学,因此,他在学校里没有一个好朋友。

2. 邻里之间

与邻居家孩子的关系并不融洽。在一、二年级时,放学回家的路上经常会与别人打架,现在由他的一位表哥每天护送他回家。他还经常会与他的表妹打架。

（七）情绪发展

相对于他的年龄来说,他的情绪发展尚未达到应该达到的年龄,也就是说,情绪发展不成熟。缺乏同情心。疲劳或受挫时很容易哭泣。即便是被表扬称赞,他也表现得无所谓。在与同伴相处时,喜欢不时对其他儿童实施言语或身体上的攻击。

（八）家庭关系

1. 亲子关系

妈妈非常溺爱他,对他保护过度,爸爸则不怎么管他。父母对他几乎没有什么约束。妈妈包办了他的一切事情,因此他表现出对母亲的极度依赖。

2. 姐弟关系

由于年龄悬殊,姐姐对他关爱有加,但两人之间没有什么共同语言。

（九）治疗小组的会诊评估

由治疗者（组长）、语文老师、数学老师、体育老师、班主任老师、校医、学校心理辅导老师7人组成的治疗小组对吴小宇有以下共同的看法:① 注意力不集中、任性冲动、活动过度提示有儿童多动症征候;② 意识不到自己的行为给同伴造成的伤害;③ 不能控制自己的行为或调节自己的情绪;④ 孤独,没有朋友;⑤ 低自尊;⑥ 容易受挫;⑦ 缺乏自信;⑧ 判断力差,缺乏做决定的技巧。

治疗小组的成员们都认为吴小宇的行为与儿童多动症的症状是相一致的,而他的许多行为问题是相互关联的。例如,他不能控制自己的冲动去欺负其他孩子,从而导致同伴拒绝与他玩耍。治疗小组提议转诊,但他们仍然认为吴小宇需要继续接受教育和心理咨询来克服与儿童多动症有关的问题。

吴小宇被送到了某市脑科医院的儿童精神卫生中心做进一步的评估。医院专家要求查看吴小宇的老师对他在课堂中表现的观察记录,并根据这些记录初步判断为儿童多动症,并对他进行为期一个月的兴奋剂治疗。在此期间,治疗小组成员对他继续进行观察,以检查他的行为是否发生变化。结果发现,吴小宇在学校和在家里的表现都有所好转,因此确定吴小宇患的是儿童多动症。

第三节　治疗计划与方案的设计

治疗计划的作用是在评估和治疗之间搭起一座桥梁。一旦上述初始评估过程结束,就可以对收集到的资料进行意义分析和解释了。如何对资料的意义进行解释取决于治疗者的理论倾向(例如是行为主义倾向的,还是精神分析倾向的等)。每一个治疗者都在从业过程中发展出自己的一套对人的本性、行为的动机、人格发展以及如何解释不适应行为的独特理论观点。因此,即使是对于同一个个案,不同的治疗者也可能会根据自己不同的理论倾向,做出不同的解释。但无论治疗者采用的是何种理论,治疗者在解释资料时,必须综合考虑各种来源的资料,治疗计划的制订应该根据由这些资料整合形成的关于儿童能力的准确报告。另外,对这些资料的解释还需要治疗者对所有可能影响儿童表现的因素有所了解。治疗者要考虑到那些可能影响学习/测验环境的变量,比如生活环境的剧变(父母离婚、搬家等等)、儿童的情绪,甚至某些可能会影响儿童的家庭和学校的政策(Boggs et al. ,2003)。

一、设计治疗方案

治疗计划与方案的设计通常会经历下列几个阶段。
(一) 做出试验性的假设阶段
在这个阶段,治疗者根据在评估过程中收集到的信息来做一些试验性的假设。这些假设建立在治疗者对儿童问题行为原因进行有依据的猜测的基础上。同时,治疗者个人所持有的理论倾向也会影响到他的假设。结合本章第二节中吴小宇的例子,治疗者试图做出如下假设。

其一,吴小宇的行为强化了别人对他的一种看法,那就是:他不能为自己做任何一件事,因为他的家人为他包办得太多了,以至于他无法自己做决定。吴小宇有这样的念头,即有许多同龄人能做到的事他却做不到。他因为自己的问题而去责备别人,拒绝为自己的行为负责。他抱怨自己得到了不公正的对待,并把这种遭遇不公正的人群扩大到整个班级。他把自己看作一个"受害者":他没有能力按任务要求的那样去做。

其二,小宇似乎对自己有以下错误的看法:① 我自己不能做决定,我必须依靠妈妈或老师的帮助;② 如果我向别人表示我不会做某件事,别人就会帮我做了;③ 别人不喜欢我,他们一定有问题;④ 唯一能引起别人注意的方法就是打别的孩子;⑤ 我爸爸对我不关心,否则他会给我更多帮助的。

总之,吴小宇已经形成了一种生活习惯:他让成年人为他做事,从而得到一种控制感。然而这样做最终导致他产生了一种不胜任感,而这种不胜任感又导致他的自卑或低自尊。他不能与同龄人友好相处,因为他们不像成年人那样容易迁就他,最后他只能依靠武力去"征服"他们。当武力不管用时,他就会觉得自己是一个受害者,并想从成人那里得到宽慰和支持。

治疗者必须注意,所做的试验性假设只是对已经给定的信息进行的有理论依据的猜测而已,随着治疗的推进,治疗者必须根据现实情况不断地调整自己的假设和对问题的洞见。在治疗过程中,治疗者应继续深入了解儿童与他的家庭成员、教师、同伴的关系,了解家庭、社会与其他环境因素对儿童发展的影响,应继续与儿童的父母进行交流,在交流过程中了解父母和其他重要他人以及亲子关系是怎样在儿童的个人适应中起作用的。根据治疗中出现的新情况,治疗者必须及时地调整假设和治疗目标。

(二)设置目标阶段

当治疗者对评估过程中得到的信息进行了分析、建立了试验性假设之后,就可以设置治疗目标了。不管治疗者的理论倾向如何,他们都要建立两个基本目标:① 彻底解决当前的问题;② 帮助儿童回到健康发展的轨道上去。

一般情况下,除了上述两个基本的目标之外,治疗者还可以为前来治疗的儿童设置一些具体的详细目标,有的治疗者甚至还为儿童的家长设置相应的目标。每一个详细的目标都可以当作使儿童彻底解决当前问题并回到健康发展的轨道上的一个步骤,当完成了这些小步骤,也就达到了心理治疗的最终目标。另外,最好能够在每个具体目标后注明完成日期。在儿童的治疗过程中,新的具体目标也可以加入到计划当中。下面还是以吴小宇的例子来讨论目标的设置。

1. 对吴小宇设置的目标

(1)通过在治疗过程中训练他做决定来帮助他提高做决定的能力。

（2）为了满足他被同伴接纳的需要和归属需求，帮助他掌握与同伴交往的各种方法。

（3）消除他害怕出错的心理，让他明白自己的事自己有能力做好。

（4）帮助他把自己对父亲的感觉告诉父亲，让父亲多参与到他的生活中来。

（5）用角色扮演和其他的活动来使他体验别人的感受，发展为别人着想的能力。

2. 对吴小宇的父母设置的目标

（1）鼓励他们在家中为吴小宇提供更多的体现责任感的任务。

（2）帮助他们在对吴小宇的管教上保持更多的一致性和有效性。

（3）帮助他们了解哪些事情是吴小宇自己完全能够做到的，并放手让他去做。

（4）鼓励他们加入一个支持性小组。在这个小组中，他们可以遇到许多有着相同烦恼的家长，可以分享他们的经验；他们可以接受别人的帮助和支持，也可以给别人提供帮助。更多关于家长小组的内容可参考本书第十章。

（三）选择治疗策略

治疗计划的最后是选择适宜的治疗策略和方法。一般来说，可供选择的治疗策略有很多，大约有以下几个方面的技术。

游戏治疗技术：① 绘画治疗；② 棋盘游戏；③ 阅读疗法；④ 戏剧疗法；⑤ 玩偶游戏；⑥ 角色扮演；⑦ 讲故事；⑧ 音乐治疗；⑨ 沙盘游戏。

团体辅导活动：① 情感教育；② 建立自信；③ 问题解决；④ 社会技能发展；⑤ 价值辨析。

对家长进行的小组活动：① 家长支持小组；② 亲子活动小组；③ 游戏治疗小组。

咨询活动：① 咨询者——教师或其他专业人士；② 受咨询者——孩子、家长、家庭所有成员。

需要注意的是，在治疗过程中必须时刻关注儿童的强项，也就是优势。优势（包括潜在的优势）可以体现在儿童的人格之中。尽管被治疗的儿童有着严重的问题，但他们仍可能有许多优点，其中，有些优点是非常明显的，而有些则需要他人去发现和培养，这些优点将有助于他们的恢复。另外，优势也可以体现在家庭里，体现在家庭周围的支持系统中，还可以体现在儿童的社会支持网络中，例如来自朋友、社区、学校等的支持。

下面，我们仍以吴小宇为例，来说明治疗策略的选择过程。

首先，分析有利于治疗的强项和不利于治疗的弱项，也就是分析影响治疗的积极因素和消极因素。

1. 影响治疗的积极因素（强项和潜在的强项）

（1）儿童的强项：智商高于平均水平；阅读成绩好；数学成绩好；能发现事物间的逻辑关系；偶尔能为其行为负责；最近一年来，书法有了明显的进步。

（2）家庭的强项：家庭是完整的；家长愿意带孩子去做心理治疗；家庭有经济能力支付治疗费用；家长在评估阶段很合作；母亲愿意参加家长支持小组的活动。

(3) 重要他人的积极影响:这个家庭的亲戚朋友都住在附近,可以提供力所能及的帮助;吴小宇可以与许多不同年龄的表兄弟姐妹接触。

(4) 学校和社区的积极影响:教师们愿意帮助吴小宇,并且其中有一位教师(班主任)愿意一对一地帮助他。

2. 影响治疗的消极因素(弱项和潜在的弱项)

(1) 该儿童不良行为的潜在后果:不能与同学建立友好关系;过分依赖父母;缺乏自信和自尊。

(2) 家庭的不良因素:家长管教不严,有时父母意见不一致;母亲过分溺爱和保护;父亲管教不够;父亲没有时间参加家长支持小组的活动。

在分析了影响治疗的有利和不利因素之后,结合设置的目标,就可以选择相应的治疗策略了。表3-3归纳出对应于不同的目标可以选择的不同策略。

表3-3 根据不同的目标选择治疗策略

发展任务	目标	策略/活动	参与者
自我发展	增加自信	鼓励和允许儿童做出选择	治疗者/教师/家长
	增加责任感	父母多交代儿童做自己能做的事	父母/治疗者
	增强做决定的能力	允许有限的选择数量	父母/治疗者
	加强应对技巧	游戏治疗 教师提供咨询 家长支持小组	儿童/治疗者/教师/家长
行为发展	消除多动症症状	药物治疗	精神科医生
	减少冲动性	有结构的课堂活动	教师/儿童
	增加身体锻炼	游戏活动/竞技活动	教师/家长/儿童
认知发展	增加注意广度	(受指导的)棋盘游戏	治疗者/儿童/教练
	增加理解力	讲故事/棋盘游戏	治疗者/儿童
	锻炼认知和社会技巧	教竞赛象棋	教练/儿童
	提高学业成绩	专门的家教	教师/儿童
社会发展	向他人表达同情	团体辅导活动:讲故事、做玩偶游戏等	治疗者/儿童
	减少社会疏离感	邀请其他儿童分享游戏;邀请其他儿童来家里玩	治疗者/儿童/客人
	学会关心他人、分享、遵守游戏规则	下棋比赛、大型团体辅导活动	教师/儿童/治疗者

续表

发展任务	目 标	策略/活动	参与者
情绪发展	减少焦虑	按游戏规则进行游戏；管教规则保持一致	治疗者/儿童/家长
	消除言语侵犯	角色扮演；游戏治疗；团体辅导	儿童/治疗者
	发展心智	读书疗法；玩偶游戏；讲故事	儿童/治疗者/教师
	鼓励同情心	团体辅导活动；角色扮演；游戏治疗；读书治疗	儿童/治疗者/教师

二、预计治疗计划实施过程中可能存在的阻力

在治疗计划实施过程中，并不总是一帆风顺的，可能遇到来自各方面的阻力。在儿童心理治疗过程中需要与儿童有关的其他人的参与，如果其中有些人对治疗表现出不合作的态度，那么治疗过程就会遇到非常大的困难。这些阻力可能来自于以下三个方面。

（一）家长

有些家长不合作，因为他们害怕别人对自己管教孩子的方法有不好的评价。此时，治疗者应尽可能使家长了解：家长的参与对孩子的治疗有多么重要的作用。事实上，很多家长更多的时候其实是缺乏与治疗者沟通的实践技巧，而并非不关心他们的孩子，他们还是非常希望能够帮助孩子的。有时候，家长因为工作繁忙，也可能会在配合方面存在一定问题。

（二）教师

有时候，教师也可能会拒绝加入到对孩子的治疗队伍中来，因为他们可能会认为这是一项额外的工作，或者认为别人会责怪他因工作失误才导致孩子出现问题。因此，治疗者必须小心处理与教师的关系，切勿在教师面前摆出儿童教育（心理）专家的样子，最好是谦虚地向教师讨教帮助孩子进步的策略，并邀请他们加入治疗小组。一般来说，教师们更加乐意执行那些由他们亲自参与设计的治疗计划。

（三）儿童

儿童自身也可能会对咨询进行阻抗，比如拒绝谈话，否认问题的存在或者只谈论无关的话题；避免与治疗者有任何形式的联系；扮作局外人，拒绝合作等等。他们害怕在治疗过程中说出一些对家长或老师不利的话会遭到他们的报复，或者担心被同学或其他人知道后会遭到取笑。此时，治疗者要做出保密的承诺，并力求与儿童建立和谐、信任的治疗关系，同时儿童需要了解什么是心理咨询，以及能从中得到什么，以便缓解

儿童对咨询的不安与恐惧,这样才能使儿童消除疑虑,配合治疗。

三、对治疗进程的评价

随着治疗过程的推进,治疗者有必要对治疗的有效性进行评价,这样才能对整个治疗过程进行监控和随时做出调整。一般来说,评价是有难度的,因为有些评估过程的主观性太强,但尽管如此,还是可以对治疗进程进行评价的。例如,可以使用量表来测定儿童的某些特征有没有发生好的转化;还可以由教师和家长填写行为评定量表来考察儿童的行为在哪些方面发生了好的转化;此外,儿童在学习和行为上的积极变化也可以作为评价治疗进程的指标。

家长对他们的孩子在健康成长和发展方面取得进步的报告也是非常有用的评价指标。例如,如果孩子能够摆脱噩梦的困扰而香甜地入睡,那么家长必须尽快通知治疗者,因为这是一个进步的标志。再例如,当一个孩子在家中表现出对完成一件任务的责任心、能够完整地干完一件事情并有了胜任感时,家长也应该及时向治疗者汇报。一般来说,类似这样的进步通常都是由父母最先发现的,其次才是教师。治疗者根据所有这些反馈,可以及时调整自己的治疗策略。

本章小结

治疗者应尽可能地把儿童治疗室布置成"儿童的天堂",在这里,治疗者和儿童的交流是温馨而安全的。

当儿童不让治疗者立即进入他们的世界时,请尊重他们的感觉。慢慢地,在交流中让他们体会到尊重,这样,才最终会赢得他们的信任。建立良好的治疗关系不仅对治疗过程是至关重要的,而且在评估过程(比如摄入性晤谈)中也是非常重要的。

可以采用多种技术来评估儿童的特殊需要,例如摄入性晤谈、观察以及其他正式和非正式的评估技术。在观察儿童行为时,知道要观察什么以及怎样解释所观察到的现象是非常重要的。做到这些并不容易,必须反复实践和总结。

可能有些问题谁都不清楚,甚至儿童本人都不知道有这些问题,因此,治疗者必须慢慢地、一丝不苟地收集信息、形成假设、努力地抓住蛛丝马迹,最终解决问题。

在为一些特殊的治疗目的选择治疗方案时,请关注儿童及其家庭的强项。有时候,这些强项必须被发现并得到培养,这样才能有助于治疗。

拓展资源

【延伸阅读】

更多有关维特的详细资料,可以进一步参考:

伊塔.(1991).丛林之子.陈贝希,译.台北:及幼文化出版公司.

在儿童心理评估过程中的工作指导和道德准则,可参见:

American Psychological Association.(1986).Guidelines for Computer-based Tests and Interpretations. Washington, DC: Author.

Psychologist, A., & P-Dec, V. N.. (2002). Ethical principles of psychologists and code of conduct. American Psychologist, 57(12), 1060.

【推荐书籍】

Jongsma, A. E. Peterson, L. M., & McInnis, W. P. (2005). 儿童心理治疗指导计划(第3版). 田璐,等译. 北京:中国轻工业出版社.

Sattler, J. M., Hoge, R. D.. (2008). 儿童评价. 陈会昌,等译. 北京:中国轻工业出版社.

Grothmarnat, G.. (2003). Handbook of Psychological Assessment (4th ed.). Hoboken, New Jersey: Wiley.

Eid, M., & Diener, E. (2006). Handbook of Multimethod Measurement in Psychology. Washington, DC, US: American Psychological Association.

Stuart Hamilton, I. (2007). Dictionary of Psychological Testing, Assessment and Treatment(2nd ed.). London, England: Jessica Kingsley Publishers.

Johnson, R. (2008). Psychological Testing(2nd ed.). New York: Worth.

思考与实践

1. 思考儿童心理评估和成人心理评估有何异同点,尝试用一个具体例子进行说明。
2. 参考本书其他章节,比较并理解不同的儿童心理评估与治疗方法。
3. 根据一个实际案例,撰写一份评估与诊断报告。

参考文献

张日昇.(2009).咨询心理学(第二版).北京:人民教育出版社.

艾里克.J.马施,大卫.A.沃尔夫.(2004).儿童异常心理学.孟宪璋,译.广州:暨南大学出版社.

昝飞.(2013).积极行为支持——基于功能评估的问题行为干预.北京:中国轻工业出版社.

聂小晶,邱昌建,朱春燕,冯媛,张伟.(2009).焦虑症和抑郁症患者的 MMPI 对照研究.华西医学,(6),39–42.

潘丽雅,吴钢.(2011).交感神经皮肤电反应评价功能性消化不良合并焦虑症患者自主神经功能的临床价值.内科,(2),118–120.

Anastasi, A. (1990). Psychological Testing (6th ed.). New York: Macmillan.

Bailey, J. R., & Gross, A. M. (2010). Cognitive Assessment with Children. Springer Science & Business Media.

Bender, L. (1946). Bender Visual Motor Gestalt Test: Cards and Manual of Instructions. The American Orthopsychiatric Association.

Cassel, R. N. (1962). The Child Behavior Rating Scale: Manual. Los Angeles: Western Psychological Services.

Cynthia A. Erdley, Douglas W. Nangle, Alana M. Burns, Lauren J. Holleb, & Amy J. Kaye. (2010). Assessing Children and Adolescents. Practitioner's Guide to Empirically Based Measures of Social Skills. (ABCT Clinical Assessment Series). Springer Science & Business Media.

Donna A. Henderson, & Charles L. Thompson. (2015). 儿童心理咨询(第8版).张玉川,等译.北京:中国人民大学出版社.

Goldenberg, H., & Goldenbery, I. (1990). Counseling Today's Families. Pacific Grove, CA: Brooks/Cole.

Groth-Marnat, G. (2000). Visions of Clinical Assessment: then, now, and a Brief History of the Future. Journal of Clinical Psychology, 56(3), 349–365.

Heffer, R. W., Barry, T. D., & Garland, B. H. (2008). History, Overview, and Trends in Child and Adolescent Psychological Assessment. Assessing Childhood Psychopathology and Developmental Disabilities. Springer Science & Business Media.

Humphreys, K. L., Feinstein, B. A., & Marx, B. P. (2010). Behavioral Assessment with Children. Springer Science & Business Media. Koppitz, E. M. (1964). The Bender Gestalt Test for Young Children. New York: Grune & Stratton. Edelbrock, C. S..

Mash, E. J. E., & Terdal, L. G. E.. (1997). Assessment of Childhood Disorders (3rd ed.). Guilford Publications, 72 Spring St.

Rubin, J. A. (1984). Child Art Therapy: Understanding and Helping Children Grow Through Art. New York: Van Nostrand Reinhold.

第四章
儿童个体治疗与团体治疗

【本章导读】

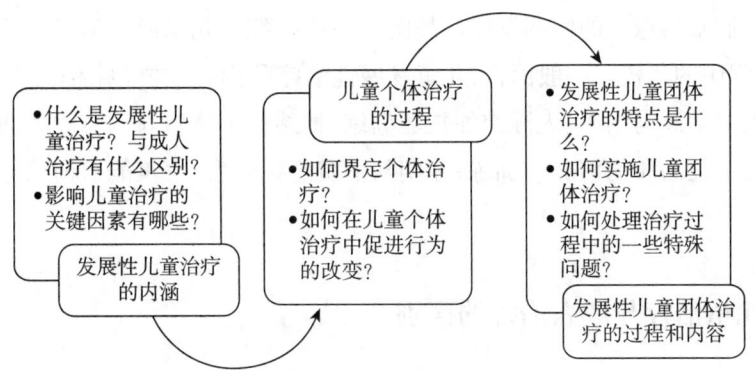

按照不同的规模,儿童心理治疗可以分为个体治疗和团体治疗。个体治疗是治疗者与儿童通过"面对面"的沟通方式,对儿童在学习和生活中出现的问题给予直接的指导,排解其心理困扰,并对有关的心理行为问题进行诊断、治疗的有效途径。团体治疗则是将具有相同或相似问题和背景的儿童安排在一个团体中,通过成员互动或其他形式的活动来达到治疗的目的。儿童个体心理治疗和团体心理治疗是儿童心理治疗的两种形式,各具独特的形式、功能和有效范围,可以为有不同需要的人提供不同类型和层面的帮助。个体治疗与团体治疗相辅相成,具有一致的目的:解决儿童的心理问题,维护儿童的心理健康,增进儿童的心理适应,培养儿童的心理品质,促进儿童的心理与人格发展。

第一节 发展性儿童治疗概述

治疗者在确定治疗方案时,首先必须考虑如何帮助儿童实现健康成长这一目标。在实际工作中,这一目标可以定位在帮助儿童解决有碍于他们健康成长和发展的问题上,从而促进他们行为的变化,并使儿童重新回归到健康发展的轨道上来。目前的儿童个体心理治疗多为矫治性治疗,它们主要针对的是"问题儿童",针对儿童学习、生活中出现的具体问题,给儿童以直接的心理辅导与治疗。事实上,心理治疗固然要关注那些"问题儿童",但心理治疗的对象和功能都应加以延伸,更要重视大多数儿童的发展需要。因此,儿童心理治疗应以发展性治疗为主,以矫治性治疗为辅。发展性治疗虽然定位于儿童成长与发展,但也有矫治和预防的功能。

发展性治疗面向发展中的儿童,针对儿童的发展性问题,强调促进儿童心理的健康发展。这就要依据儿童身心发展特点,从他们的心理需要出发,为其创造有利的环境和条件,促进其行为改进和心理素质的提高。发展性治疗首先要关注不同年龄层次儿童的心理发展,协助他们学会接纳、适应、交往、承受等,给他们以全面的心理支持和心理治疗,促进他们知情意行的协调发展。其次才是帮助部分儿童面对学习生活中的困难,应对成长过程中的危机。一般而言,儿童发展性治疗的内容主要包括:学习认知策略开发、自我意识的发展与培养、人际交往技巧训练、情绪情感体验与调节能力训练、性意识发展与完善、个性品质的培养与训练、休闲与消费意识开发、决策能力训练、升学就业指导等。

一、儿童治疗与成人治疗的区别

儿童是处于发展中的个体,其生理和心理发展水平都处于尚未完全成熟的状态。因此,儿童心理治疗与成人心理治疗在许多方面存在着较为显著的差异,主要表现在以下几个方面。

(一)治疗理念不同

儿童心理治疗强调教育属性,而成人心理治疗侧重于治疗属性,这也是两者最根本的区别(郭峰,郭成,李西营,2005)。儿童是身心迅速发展的特殊个体,除了有明确诊断的心理障碍与心理疾病之外,众多看似有问题的行为只是正常发展过程中的偏离,也可以称之为"偏差行为"。儿童具有自我发展与自我完善的能力,因此按照身心发展阶段的特点对他们进行引导,使他们沿着健康的轨道发展是儿童心理治疗的主要任务,其教育属性重于治疗属性。面对儿童,心理治疗师有必要把"正常的问题"从符合诊断标准的障碍或疾病中区分出来。

(二)治疗意愿不同

成人能够比较准确地意识到自己的心理状况和存在的问题,体验到自己是否正处于心理困惑和障碍之中,从而主动地去寻求帮助,他们自己可以决定是否去咨询或治疗。儿童则不同,由于他们缺乏良好的自我认知能力,即使出现诸如智力、情绪或行为问题,也很难有意识地前往心理治疗机构寻求心理帮助,通常是周围的成人或者家长为儿童做出是否接受治疗的决定。

(三)治疗方法不同

受到认知发展的限制,儿童的抽象思维能力有限,很难用言语来表达自己的想法和情绪,因此儿童心理治疗常常采用非言语的治疗方法,例如游戏治疗、艺术治疗、阅读治疗、木偶疗法等。这些方法专门为儿童,尤其是年幼儿童设计,将谈话与游戏活动相结合的治疗方法更符合儿童的特点。所以对儿童而言,与其说是"说出"他们的问题,还不如说是"玩出"他们的问题(Orton,1997)。儿童游戏活动的功能就像成人的谈话一样,可以充分表露出儿童的内心世界,起到与他人进行交流的作用。相较之下,成人具有较为完善的认知领悟能力和言语表达能力,因此主要采用言语性的治疗方法,例如精神分析治疗、行为治疗、完形治疗、认知疗法等。具体治疗方法的选择取决于治疗师的受训背景与来访者的主观意愿。

(四) 治疗内容不同

儿童所处的生活环境与经历的生活事件都相对简单,因此儿童心理治疗的内容相对固定。幼儿会因为退缩、口吃、遗尿等行为障碍或神经发育障碍寻求心理治疗。进入学龄期后,儿童心理治疗的内容还包括:环境适应、人际交往、自我认识、学习心理、情绪与情感问题等。与之相对比,成人的生活环境多变、经历的生活事件复杂,因此其心理治疗的内容更为宽泛,例如人格障碍、职业适应困难、性心理、婚姻与家庭问题等。

(五) 治疗联盟不同

大多数情况下,成人会主动进行心理治疗,治疗联盟一般仅由来访者和治疗师组成。成人一般愿意与心理治疗师配合,共同为确立良好的治疗关系而努力。但在儿童心理治疗的过程中,为了了解儿童的背景信息,也为了改善或解决因家长、家庭因素而造成的儿童心理问题,家长、老师常常作为协同者参与到治疗联盟中来。在治疗的初期,儿童常常会将治疗师看作父母或老师对自己进行控制的同盟,所以会表现出不合作甚至是对治疗师的敌意,需要小心面对。

二、 儿童治疗的理论依据

精神分析学派、人本主义学派和行为主义学派这三种主要理论流派的观念代表着儿童治疗中采用的主要观点。精神分析学派的观点主要以弗洛伊德的传统精神分析心理学、阿德勒的个人心理学和当代的心理动力学方法为代表。人本主义学派的观点以卡尔·罗杰斯的来访者中心治疗方法、存在主义观点和格式塔学派的治疗方法为代表。行为主义学派的观点主要以斯金纳等人的经典行为主义方法、贝克等人的认知—行为主义理论、艾利斯的理性—情绪治疗观点等为代表。

尽管各种儿童治疗的形式都聚焦在思维、情感和外部行为上,但各种理论取向对这些领域的关注焦点和侧重点并不相同。例如,心理动力学派的治疗者往往关注治疗对象的认知和情绪方面,相信行为的改进是由于态度改变而发生的;相反,行为主义学派的治疗者则相信行为的改变将影响到儿童的态度和情感。尽管不同学派所强调的重点不同,但所有治疗者都有着大致共同的目标,那就是促进儿童行为的改进,为此,他们使用各种各样的治疗技术和策略来达到目标。

汉森,斯蒂维克,华纳(Hansen,Stevic,& Warner,1982)指出所有的治疗方法都具有如下特点。

(1) 承认人有能力改进自己的行为。

(2) 重新认识到儿童早期经验的重要性。

(3) 相信人格发展过程是人的需要得到满足的过程。

(4) 认同环境对个性塑造的重要性。很多实践者采取中立的立场,相信人们具有合理的控制能力,但也有一些超出他们控制的内在和外在力量。

(5) 承认在儿童早期阶段,个人经验可能会导致其后来的适应不良。

(6) 有推动行为改进的共同目标,这些目标可能是普遍适用的,也可能是特殊的,或者两者兼而有之。

(7) 注意利用各种治疗关系达成对儿童的改变,包括工作联盟关系、真实关系和关系变换,尽管每种关系的重要性都取决于治疗者的理论方法。

(8) 治疗过程中通常会表现出移情或反移情的特点,并被治疗者加以利用。

(9) 相信分享良好关系的必要性。几乎所有的治疗方法都强调当事人需要感觉到被接受、被理解;能感觉到治疗者是积极关注的,且能够提供帮助的;并感觉到治疗者是真诚的和值得信任的。

三、儿童治疗过程中的帮助技术

从国内或国外的教科书中都可以看出,现在几乎所有的治疗方法都强调当事人需要感觉到被接受、被尊重和被理解;当事人需要感觉到治疗者是真诚的,是关心他们的,能够为他们提供帮助。事实上,美国心理学家卡尔·罗杰斯所提出的这种诸如适合的治疗条件、无条件尊重、共情等原则已经几乎被各种治疗方法所采纳,成为默认的通用心理治疗原则。基于罗杰斯的这些前提条件,卡胡夫(Carkhuff,1969)提出了一种所谓的"实践模式"(practical model)。这种模式包括四项治疗技术:参与(attending)、回应(responding)、个人化(personalizing)和发动(initiating)。这些技术被治疗者用来帮助当事人达到自我表露、自我探究、自我理解和自觉行动的目标。近年来的治疗模式将罗杰斯的核心治疗范围扩展到包括高水平共情(advanced levels of empathy)、具体化(concreteness)、即时化(immediacy)和面质(confrontation)等方面。

所有成长中的儿童都有一些与治疗过程有关的特殊需要,所以,治疗者需要提供一种积极友好的环境,这种环境将允许儿童在自我理解和自我接受方面走向成熟,获得一种每个人都有长处和短处的意识,形成一项更为现实的自我评价能力,令社会关系和个人独立性得到不断发展和成熟,为自己做出选择并对自己的选择负责。

四、影响儿童治疗过程的重要因素

(一) 治疗师的人格特质

相关研究结果表明:治疗师的人格特质是影响心理咨询与治疗效果的关键因素之

一。罗杰斯曾提出四种必备的人格特质:无条件尊重、一致性、真诚、共情。无条件尊重是指无论面对哪一种来访者或心理问题,治疗师都应该以接纳的态度对待,使来访者感受到无条件的积极关注。一致性是指治疗师的言语、情感、行为应该是一致的。真诚是指治疗师要真实地展现自己,以真实的自己与来访者接触,做表里如一的人,并且能够恰如其分地表达自己的真诚,但真诚不等于实话实说。共情是指治疗师具有认识来访者内心世界的能力,能设身处地地站在来访者的角度,理解来访者的感受,并向来访者表达出来,共情的核心在于为来访者提供矫正性的情感体验。

除此之外,心理治疗师还应具备以下特质。首先,治疗师要能够认识自我并不断反思自己的价值观。治疗师必须明确认识自己的助人动机,了解自己在治疗过程中扮演什么样的角色,对儿童这个特殊的群体持有什么样的态度,是否相信儿童有能力为自己做决定,并能在此基础上防止把自己的价值观强加于来访者。其次,治疗师要有觉察与分析自己情感的能力。治疗师要对自己的情绪体验敏感,正视自己在治疗过程中产生的各种情绪问题,并能够正确处理这些情绪。最后,治疗师要具有影响力。儿童心理治疗从本质上来说是一项治疗师借助咨询与治疗技能来影响儿童,促进儿童改变的工作,因此治疗师要能够发挥自己的影响力,为儿童的改变提供示范。

(二) 物理环境的特点

在以儿童为工作对象时,一些物理环境也会影响心理治疗的进程。理想的治疗室应安排在不受外界干扰的地方,既相对安静又便于到达。治疗室内的环境布置应该让儿童觉得舒适自在,有被尊重、被关怀的感觉,但同时又不会让儿童过于分散注意力。具体来说,室内的装饰、墙壁的颜色应该让儿童感到温馨。座椅不宜过大,防止儿童坐在上面被椅子"遮没",高度要使儿童的脚可以接触地面,并使儿童与治疗师的视线可以平行接触。治疗室中可以放适量的玩具,在儿童心理治疗过程中,尤其是治疗的初始阶段,玩具会成为会谈的重要媒介。

(三) 儿童与治疗师的关系

儿童与治疗师之间的良好关系是进行儿童心理治疗的基础,同时也是使治疗取得进展的重要因素。这种关系不同于一般的人际关系,首先,它是一种职业关系。无论治疗师与来访者之前是否认识(尤其是在学校环境中),在心理治疗时两者之间只存在职业的帮助与被帮助的关系。其次,它是一种同盟关系。治疗师与来访者围绕心理问题的解决结成同盟关系,在这种同盟关系中,来访者是解决心理问题的主体。最后,它是一种密切的人际关系。治疗师与来访者之间应该形成相互信赖、彼此坦诚、深入理解的人际关系。这种关系随着治疗进程的不断推进而逐渐加深,在遇到一些重要议题或达到治疗的特殊阶段时也会出现反复。儿童与治疗师之间良好的关系不但能够促进儿童解决自己的问题,更能够使儿童在走出咨询室之后与实际生活中的重要他人建立更安全温暖的关系。

（四）移情和反移情

移情（transference）是个体早期经验在现实生活中的表达。移情所带来的主要问题是当事人过往的人际关系影响到现在的治疗关系。例如，一个儿童有过受到父母虐待的经历，那么他可能很难信任治疗者。在儿童心理治疗过程中，移情也包含儿童现在的人际关系会影响治疗关系。例如，一个儿童如果对他的父母不满，那么就可能会将敌对情绪指向治疗者；而且如果儿童被认同和赞许的需要没有得到满足，那么他们可能会将成绩单或考试卷带来，以向治疗者表明他们有多么的"优秀"。在治疗中，当儿童向治疗者投射出与焦虑相关的情绪，并且治疗者接收到这些情绪之后，治疗者会将这些情绪反馈给儿童，以尝试帮助儿童理解这些情绪。

另一种形式的移情被称作反移情（counter transference）。治疗者反移情的特征可能会阻碍儿童表达他的情绪、希望、幻想和行为。例如，有位治疗者，他自己有一种对特定家庭养育处境的莫名恼火，他可能会将这种情绪转移到一个正在接受他治疗的儿童身上。这种反移情可能会阻碍儿童合理地处理问题。因此，治疗者必须警惕他们自己未解决的问题，在面对与他们有相同或相似冲突经历的儿童之前，设法逐步解决这些问题。

（五）自我保护行为

阻抗（resistance）是指儿童通过使用防卫性手段来进行自我保护的行为。阻抗是治疗关系的正常部分。阻抗可能由多种可察觉的内外威胁所导致。儿童的阻抗可能会采取多种形式。当儿童受到威胁时，他们可能会采取退缩反应、无意识行为表现、退化现象或其他明显的问题行为来保护自己。治疗者在这种情况下要注意避免挑战儿童治疗过程中的阻抗现象，而采取一些措施来探究儿童阻抗的原因。儿童担心表露了"家庭的秘密"而受到父母的报复，因此，他们可能会拒绝参与治疗。他们并没有充分地为自我表露和行为改变做好准备，因为他们的先前经历表明他们的这种做法会受到成人的伤害。

在治疗过程中，当儿童面对不愿面对的痛苦问题时，他们会将注意力从那些已经揭露的问题上转移开，或者喋喋不休，或者陷入沉默，治疗者需要揣摩他们到底在想些什么。尽管沉默通常被认定为阻抗，但对某些儿童而言，这意味着一种答案。当儿童拒绝治疗者接近他们个人的思想和情感时，治疗者必须接受这种拒绝，并且不要挑战儿童的阻抗。这样，治疗者就向儿童传达了一种潜在的尊重。儿童因为这种尊重而建立起对治疗者的信任，同时这也可以帮助儿童减轻焦虑。因此，阻抗不但被允许，而且也可以被理解和克服。

（六）符号表达形式

因为儿童语言的发展还不够完善，有时治疗者需要使用一些更为传统或相对间接的言语形式，如隐喻。隐喻是一种符号表达形式，它通过讲述故事、神话、寓言和童话等传达某种意义。这种迂回的表达形式可以用于帮助儿童无威胁地澄清和探究问题。在这种被称为"相互讲故事"的治疗技术中,可以首先让儿童讲一个故事,然后治疗者要非常仔细地在保留儿童原来故事结构的基础上,续讲一个结果比较积极的故事。

年幼儿童通常将游戏作为一种表达他们忧虑和问题的方法。儿童治疗者必须理解儿童游戏的过程,理解符号所表达的意义。在很大程度上,治疗者在解释儿童的隐喻时,需要理解儿童的表达和交流方式。为了解释儿童非言语表达的意义,治疗者需要理解儿童的世界观和一些影响儿童生活经验的家庭、文化和环境因素。

移情 是个体早期经验在现实生活中的表达,包括儿童过去或现在的人际关系都在一定程度上影响到当下的治疗关系。

隐喻 是一种符号表达形式,它通过讲述故事、神话、寓言和童话等传达某种意义。

五、个体治疗与团体治疗的比较

根据治疗对象的人数,可以将心理治疗分为个体治疗和团体治疗。个体心理治疗是指来访者与治疗师之间进行一对一的心理治疗。它是最常采用的一种心理治疗方式,其优点是:保密性好,针对性强,来访者可以深入地表达自己的想法与情感。团体心理治疗是指由1~2位心理治疗师主持,借助团体的力量以及个体心理咨询和治疗的理论与技术,针对团体成员共同面临的问题,为其提供心理指导与行为训练,进而解决共性问题,使团体成员实现心理与人格的发展。团体心理治疗的优点同样十分显著:影响广泛,效率高,在团体中容易创造相互支持的氛围,治疗效果容易巩固,特别适用于因人际关系而产生心理问题的儿童。

个体治疗和团体治疗各有优势,理解两种心理治疗方式的联系与区别,可以帮助治疗师为儿童选择和安排恰当的治疗方法。

表4-1 个体治疗和团体治疗的相同点

主要目标	基本过程	方法、技术	治疗对象
二者都希望通过互动来帮助当事人解决心理问题,使他们达到行为的改进,从而维护当事人的心理健康和提升当事人的心理素质	均强调在治疗初期要制订良好的治疗计划,建立良好的治疗关系,随后,通过采用各种治疗方法和技术促进当事人的行为改进,最后适时结束治疗	二者都需要运用积极倾听、澄清自我暴露、移情和面质等方法、技术	在心理发展过程中遭遇发展困难的人,都需要得到治疗者的帮助和指导,从而使问题得到矫治,行为得以改进,令其重新走上正常发展的轨道

表 4-2　个体治疗和团体治疗的不同点

	个体治疗	团体治疗
人数	一对一	大组治疗：大规模集体治疗 小组治疗：6~12 人的团体
人际交流方式	治疗者与当事人双向交流	治疗者与每个当事人间的双向交流，治疗者与治疗团体的交流及团体成员之间的交流等
当事人角色	受助者	受助者/助人者
治疗者的工作任务	治疗一个当事人	面对一群当事人，不仅要了解说话者，还要引导倾听者；不仅要组织团体，制订计划，还要准备讨论题材，引导讨论归纳等

除了表 4-1、表 4-2 中对二者异同点的说明，治疗者还要注意的是，不论个体治疗还是团体治疗都要强调对当事人的隐私进行保密。相对于个体治疗，团体治疗对治疗者能力的要求也是不同的，不同的团体对治疗者的要求也可能不同。

第二节　儿童个体治疗

在按照本书第三章介绍的方法对儿童进行心理评估后，儿童心理治疗师能够明确治疗的目标，选择合适的治疗策略，并以此为依据制订治疗方案。此时便完成了儿童个体治疗的评估阶段，此后将进入治疗阶段以及结束阶段。后两个阶段包含以下步骤：建立治疗关系、分析问题成因、合理解释问题、促进行为改善、结束个体治疗、追踪调查。

一、建立治疗关系

建立治疗关系是治疗阶段的起点，也是心理治疗取得成功的关键。良好的治疗关系是指儿童与治疗师建立起信任、真诚、接纳、理解、相互尊重的人际关系。在这样的治疗关系中，儿童会感受到安全、温暖、被接纳，进而愿意更真实地表露自己的内心世界，哪怕是表达有关过去和现在事件的痛苦思想和情绪。为了建立良好的治疗关系，治疗师需要努力做到以下几点。

治疗师需要平等、友善地对待来访的儿童。在治疗过程中，治疗师要努力调整自己的心态，放下因为年龄或其他因素而产生的等级观念，以平等的态度对待儿童。这一点在学校情境中显得更为重要，当儿童心理治疗师本身也是学校的教师时，其与儿童之间就存在着师生关系。儿童常常对教师带有敬畏心理，这种师生关系容易引发不平等的治疗关系，因此需要治疗师特别注意处理好这种关系。

治疗师要给儿童留下良好的第一印象。第一印象会对治疗关系的建立产生很大影响,衣冠不整、神情冷漠、心不在焉的治疗师会给儿童留下较差的印象,从而会使儿童内心产生抵触情绪,不愿意敞开心扉,而举止得体、仪态大方、热情主动的治疗师更容易获得儿童的信任。大多数情况下父母会带着儿童进行首次治疗会谈,首次治疗会谈常以治疗师与儿童父母的交流为主,但儿童往往在第一次会面中就对治疗师形成了第一印象。也正因如此,和儿童建立关系一般从与儿童父母的熟悉开始,在倾听治疗师与父母会谈的过程中,儿童会对治疗师产生一定程度的信任,而父母也会鼓励儿童与治疗师建立良好的关系。在和父母熟悉之后,治疗师要让儿童了解治疗环境,例如,让他们知道父母在哪里等他们、他们可以在哪里玩玩具,这些举动可以拉近儿童与治疗师之间的距离。

治疗师要以恰当的方式打消儿童对心理治疗的疑虑。第一次来到心理治疗室的儿童,往往对心理治疗流程等工作不太了解,有的人会质疑治疗师是否能帮到自己,有的人会担心自己说的话是不是全部会被父母、老师知道,年龄较小的儿童甚至会感到害怕。因此,治疗师要在建立关系时就向儿童解释心理治疗的工作原理和原则,让儿童清楚什么是允许的,什么是不被允许的,什么是可能发生的,什么是不会发生的。在此基础上,儿童就能打消疑虑,在规则范围内充分地表达自己。

治疗师要耐心倾听儿童的言语表达。在和儿童对话的时候,治疗师的眼神要专注,表情要温和亲切。治疗师倾听和专注于儿童的言语和非言语表达,将有助于儿童更深入地表达他们的真实情绪,并对儿童情感与潜藏于这些情感背后的经历和行为做出回应,这是建立移情关系的一个重要组成部分(Egan,1998)。

在治疗过程的初始阶段,治疗师需要对儿童的情感做出回应。治疗师需要帮助儿童正确澄清他们所希望表达的问题,这能增进治疗关系的和谐,鼓励儿童全身心地参与治疗。当儿童的情感得到他人的准确回应时,儿童会产生自己被他人理解的感受。这种被他人理解的感受在治疗中可以导致其更深的自我体验和自我暴露。在某种程度上,治疗师与儿童之间的共情意味着对儿童观点的一种理解。通过儿童的眼睛看世界,治疗者可以获得对儿童情感更为敏感的体验,好像儿童就是他们自己一样;治疗者通过言语或非言语符号来表达这种共情,这也有助于儿童感觉到自己被接纳和理解。

有时,沉默也可能是治疗师回应儿童的一种有效方法。因为沉默表明治疗师是在倾听,并给儿童提供充足的时间来将他们的思想转化为语言。古马尔(Gumaer,1984)认为:有时沉默能创造一种轻微的焦虑,这"可能会刺激儿童改变治疗过程,经常促使儿童进行更深层次的思维、体验和自我表露"。

除了与儿童建立友好的治疗关系外,治疗者还可以通过初期阶段的会谈来与儿童父母建立一种合作关系。这种初期的会谈可以给儿童的父母提供一个表达顾虑的机会,可以使他们感到自己有价值、能为他人所理解。当父母因为对子女成长的积极贡献而感到有价值时,他们更可能做出必要的改变以改善亲子关系。初期会谈还有助于治疗者了解儿童的家庭结构、基本经历、父母的养育方式和父母与孩子的互动情况等。

二、分析问题成因

在治疗过程的第二阶段,儿童开始被鼓励去探讨那些令他们感到痛苦而麻烦的事件、思维和情感。通过这个过程,治疗者可以了解儿童的主要问题,然后评估这些问题是如何影响儿童当前的自我调适的。儿童可能会回忆出早期与其当前问题相关的事件,这将帮助治疗者理解儿童是如何观察自己、观察他人及世界的。年幼儿童更可能通过游戏或绘画活动来象征性地表达出他们的问题,而年长儿童可能会通过口头讲述或者将问题写下来的方式告知治疗者。为了获得一种对儿童的世界观及其行为的理解,有时治疗者需要给儿童提供一些机会,让他们通过游戏来重构问题情境。

(一)治疗技能的合理运用

在这个阶段,治疗者需要使用各种治疗技术来认真倾听儿童的表述,努力理解儿童的问题,并向儿童表达他们的理解。为了促进儿童的自我表露,治疗者会问儿童一些开放性的问题,以帮助儿童将问题置于更加具体的关系之中。开放性问题鼓励儿童详细描述他们的经历。当儿童在自我表达出现困难时,治疗者应该加以鼓励、提示或帮助他们说出他们想说的话。这样,治疗者就使用了探究和移情相结合的方法来帮助儿童澄清和明确他们的问题所在(Egan,1998)。

澄清是一项通过聚焦于事件背后所隐含的信息,来对儿童表露过程中混乱和冲突的方面做出回应,以帮助儿童理清矛盾情感的基本技能。明确清楚的陈述能让儿童知道自己是被理解的,并且那些令人苦恼的麻烦事件、混乱的思维或矛盾的情感已经得到识别。在将澄清作为一项治疗技术时,治疗者需要努力体会儿童陈述的内容,由此形成共情性理解。一旦治疗者向儿童表达出自身的感受,治疗者就能帮助儿童确定和理解他们自己的情感。这种自我理解的过程是治疗改变的一个重要开端。当儿童开始意识到他们自己的情感,知道这些情感是可以被接受和理解的,儿童就能增加自我接纳,也就相应地能增强自尊心和自信心。

关键概念

澄清 通过聚焦于事件背后所隐含的信息,来对儿童表露过程中混乱和冲突的方面做出回应,以帮助儿童理清矛盾情感。

概括技术综合了参与、倾听、共情和探究等沟通技术。概括技术可以帮助治疗者抓住儿童与治疗者的对话内容及对话中所表达出的情感本质,并将其反馈给儿童;儿童能因此总结对话过程中他们自己问题的重要方面。概括能鼓励儿童参与治疗过程,帮助他们明确问题,因此可能成为一项在治疗的任何阶段都很有用的技能。最有效的概括性的陈述应是简明扼要的、集中在重要问题上的。概括性的陈述在帮助儿童将注意力集中在某个特殊问题上,以及在更深程度探讨其问题等方面具有特殊的价值。

(二) 问题成因的全面探讨

在明确了儿童的主要问题后,治疗师一般可以从以下四个方面分析问题形成的原因(李百珍,2015)。

1. 生理因素

儿童一些心理问题的产生与其遗传、生理健康状况、某些神经生化因素有关。例如,儿童多动症的形成就与遗传和脑内神经递质的代谢异常有关。研究表明,同卵双胞胎多动症的同病率达100%,而异卵双胞胎的同病率仅为17%。因此,在对儿童的心理问题尤其是障碍性心理问题进行分析时,必须考虑其生理因素。

2. 社会—文化因素

社会—文化因素包含社会制度、经济条件、生活水平、伦理道德、教育等。由于人总是生活在一定的社会—文化环境中,所以人的心理和行为都会受到社会—文化因素的影响。许多心理问题的产生与社会—文化环境有直接关系,例如,我国青少年学生中一些与性有关的问题,就与我国传统文化中对性持否定的态度有一定的关系。

3. 心理应激事件

在对儿童资料进行分析时,治疗师往往发现,在心理问题出现的初始阶段,总有一些引发心理问题的事件,这些事件虽然不一定是儿童心理问题产生的最深层原因,但却是引发儿童心理问题的最直接原因。在儿童的心理问题中,有很多就是对生活中某些应激事件应付不良而导致的。引起儿童心理问题的常见应激事件有:亲人死亡、考试失败、父母离异、转学、升学等。

4. 个性原因

不同的儿童虽然生活在同一社会环境中,但面对同一应激事件的反应可能不同。例如,同为经历了父母离异,有的儿童虽然感到一时痛苦,但这种痛苦会随时间的推移而逐步减低,而有的儿童则会深陷痛苦之中不能自拔。这说明不同的个体具有不同的个性特征,这些个性特征是心理问题的重要来源。因此在分析儿童心理问题的成因时,要对其个性进行分析。

三、合理解释问题

在此阶段,治疗师帮助儿童理解令其痛苦的思想、情感和行为,比较相互冲突的观念,解决防卫心理和阻抗心理的问题,并结合当前行为来理解儿童。有时,儿童会将痛苦的事情深深地隐藏起来,因此,他们可能会问一些问题,或者评论与现有问题看起来没有任何逻辑联系的问题。治疗师帮助儿童明确和理解这些隐藏的问题，需要对儿童的言语和非言语符号的表达做出解释。

在直接指出儿童的某种情感可能会对儿童构成较大威胁的情况下，治疗师可以使用"好像"这样一种比较委婉的表达方式来与儿童沟通。一般来说，治疗师与其对儿童的情感和需要给予总结性的陈述，不如让儿童自己表达出他的情感或需要。例如，治疗师可以说，"如果某些事情以这种方式发生在其他某个儿童身上，他可能会感到生气"。治疗师表达情感的另一种方法是："当我处在你这个年龄的时候，如果有其他小孩喜欢我，我常常会焦虑。你认为孩子们今天会为此而感到焦虑吗？"

有时候，治疗师也可以通过向儿童直截了当地指明主题的方式，来帮助儿童理解字面下隐藏的意义。这些主题可能包括儿童的情绪、情感、需要、愿望或行为，在这种情况下，认识能力也被描述为是"将理解转化为建构的行为"（Corey，2011）。通过解释，治疗师会尝试将儿童所表露的问题置于一个更容易理解的系统结构中，因此儿童就能看到其情感或行为的成因。在实际治疗时，这些开放性的沟通交流必须以"试验性假设"的形式（如，这可能是……）加以表现，必须适合处于具体形象思维阶段儿童的需要和接受能力。解释性的回答需要相当的认知推理水平和洞察力，而这通常在年幼儿童身上是难以实现的。因此，提供澄清式的回应，使用"好像"的方式，识别和探究儿童表达的主题，可能更适合于帮助儿童识别和理解他们的情感。尽管解释性的陈述能帮助儿童将过去的事件、情感与他们当前的思维和行为联系起来，但是这些解释对治疗过程而言，并不是绝对必需的。有时，与其描述无意识的思维和情感，不如通过非言语的或象征性的表达，如儿童游戏，来形成这种联系。

一旦这种联系形成，治疗师就能指出儿童的行为是如何影响他的世界里的重要人物的。当治疗师与儿童一起搜索和探究其他与问题有关的参与者的感情和行为时，治疗师将这些联系与儿童自己的世界结合起来，从而帮助儿童理解其情感和行为对其他人的影响。如果治疗师与儿童共享这些联系，就能帮助儿童将其在问题中的角色个人化（Carkhuff，1969；2000）。一旦儿童理解了这种角色，他就能学习处理自己的问题了。

在这个阶段，家庭要回应儿童所需要获得的家庭内部的关爱和安全感。如果条件许可的话，治疗师可以鼓励儿童父母去参加一个家长治疗小组，帮助他们与其他儿童的父母分享共同关心的问题；在改善亲子关系方面得到其他家长的支持和鼓励，并学习满足儿童情感需要的方法。

四、促进行为改善

在这个阶段，治疗师要帮助儿童学会改变非适应性的信念、态度、想法和观点，帮助儿童学习新的思考方式和行动方式，同时鼓励儿童去选择那些更有适应性的行为。

通过把治疗过程内化，儿童能将其所习得的新的理解和知识转化为行动。内化使儿童能够使用治疗联盟的合力来形成一种现实的自我评价、增强自尊和巩固应对技能。这种内化的动力与平常的发展过程相同,儿童开始做出对他们的价值(优点和缺点),以及对他们监护人的可靠性的内在判断(Hansen, Stevic, & Warner, 1982)。内化是一种促进行为改变的强有力的催化剂,这种改变贯穿整个治疗过程。改变的特征包括同化、模仿和内化,这些因素呈现在儿童早期与父母及有意义他人的交往之中。随着儿童的成长和发展,他们通过想象来尝试扮演他们周围重要他人的角色。其中,最为关键的角色就是他们的父母,父母是儿童最早的和最经常模仿的对象。儿童竭力模仿父母的某些行为甚至思考问题的方式。当儿童认同并模仿他们的父母时,他们就会通过内化其父母和监护人的反应来描述他们的价值。如果父母相信儿童基本上是好的、能干的和可爱的,那么儿童也将会这样看待他们自己。然而,如果父母将儿童看成是坏的、无能的和不可爱的,那么这些观念也将会被儿童内化,并因此降低儿童的自尊。正如年幼儿童通过询问问题、模仿和试验来成为儿童期发展阶段的主人,年长儿童可以使用治疗关系来探索他的潜能,增加认识能力,内化新知识,尝试新行为。通过内化过程,儿童与治疗师交往的积极方面会变为儿童知觉的一部分。儿童与治疗师的这种关系可能会改变儿童的"自画像"。由于不断获得积极体验,儿童的自尊水平也相应得到提升。

对于一个在现实生活中缺乏被其重要他人接纳和尊重的儿童来说,他们通常也会相应地期望被生活中的每个人所拒绝,包括治疗师。如果他们确信自己没有价值,这些缺乏自尊的儿童就会经常以招致他人拒绝的方式来行事。他们可能会通过表演他们最糟糕的行为来"考验"治疗师。一旦治疗师通过了考验,其对儿童的无条件接纳就能为儿童提供一个矫正性的情绪体验,并使儿童内化治疗关系中的积极方面。无条件的接纳允许儿童表现出其人格上的可接纳部分和被拒斥的部分,这能减少儿童的防卫心理,鼓励儿童自我接纳,建立自尊。

在儿童治疗过程中,提升自尊和矫正性的情绪体验是相互作用的。在治疗关系中,如果儿童得到充分的接纳和理解,他们就能主动探索自己的方方面面。而在治疗之前,他们的言行却经常会被生活中的其他人所拒绝。所以在这种积极的治疗关系中,儿童可能会显现出他们真实的情感。当他们觉得足够安全时,即使是反社会的情感,他们也会显现出来。正是因为这样的原因,治疗师必须记住,在温暖和安全的治疗关系中,是没有积极或消极的评价的。儿童被鼓励去试验不同的思维和行为方式,内化问题的解决方案。

在治疗过程中,儿童会识别出治疗师对他表现出的态度和情感。当儿童的思维和情感被治疗师充分理解和尊重时,儿童便会相应地修改他们的自画像。通过识别出治疗师的真诚关心和爱护,儿童逐步改变对于自己的看法,把自己看成是一个更加值得尊重的个人。然而,如果因为亲子关系存在冲突,或者因为父母扮演了一个不相称的角色榜样,那么也会产生另外一种情形,即儿童不能识别其父母的行为。此时,儿童会通过使用治疗关系来改变和加强他的自我形象。在治疗关系中,治疗师不能将其价值观强加到儿童身上,相反,治疗师应该对儿童各种积极、消极或矛盾的感情做出反应,而不对其他任何细节内容和态度做出评价。在这种情况下,治疗师对儿童的表达既不能表扬,也不宜责备。必须看到,对于儿童的表达,治疗师的说服是不能发挥作用的。

在这个阶段,移情具有特殊的重要性。儿童开始内化治疗关系的良好方面,结果会使他的行为有所改变。儿童通过完成适应性行为来努力取悦治疗师,并从中表现出内化的过程。强烈而积极的内化导致儿童移情能力的提高和行为的改进。当当事人对治疗师有积极的反应,并尝试完成新的适当行为来取悦治疗师时,当事人可能已经得到了充分的强化,这有利于新行为的逐渐稳定(Hansen, Stevic, & Warner, 1982)。因此,增进移情可以促进积极的治疗关系。

正是因为如此,鼓励也成为治疗过程所有阶段中的一个重要方面。在儿童开始体验其内在能力时,鼓励显得特别有价值。为了坚持治疗所取得的效果,儿童需要经常被鼓励和支持。鼓励能慢慢地向儿童传递一种积极的价值感和力量感体验。

此外,在治疗的这个阶段,儿童需要通过他人的帮助来获得一些技巧,以利于他们在思维、情感和行为上的改进。治疗师需要提供给儿童一些机会来学习和练习与他人交往的有效方法。此外,孩子的父母也需要不间断地为孩子提供帮助和鼓励,以加强亲子关系。

五、结束个体治疗

个体心理治疗可以按照治疗方案的计划结束,但大多数情况下是由治疗师与儿童及其监护人共同评估,进而决定是否可以结束。崔丽霞(2012)认为以下线索可以帮助治疗师判定是否该结束咨询。

(1)儿童达到了一个"高原"。

(2)有时儿童会停滞或不能恰当处理阻抗。但此时儿童不会感到压力,他们会知道没有人会强迫他们去体验过于痛苦的经历。

(3)有时儿童内心似乎需要更强大的力量。

(4)儿童变得喜欢参加社交活动或运动,进而他们会把治疗看作生活中不必要的干预,所以不想继续下去。

(5)咨询的焦点会转移,儿童或许会玩耍而不是积极参与治疗,治疗师认为似乎不能再达到治疗的目标。

(6)儿童通过治疗已经能够独立,特别是父母也参与进来的时候。

(7)儿童的行为确实像父母或学校报告的那样发生改变了。

当儿童在思想、情绪、行为等方面发生重要改变,且治疗师、儿童、儿童的父母或老师共同认为达到治疗目标、可以结束治疗时,心理治疗就可以进入结束阶段,治疗师需要与儿童开诚布公地讨论如何结束咨询,并且讨论儿童的感受。在这一阶段,治疗师主要有以下三个方面的工作需要完成。

（1）回顾心理治疗的全过程，指出儿童的进步。治疗师要与儿童一起回顾心理治疗的整个过程，在回顾过程中治疗师要结合最初的心理评估以及在心理治疗过程中发现的新情况，对儿童的心理问题做出结论性的解释，使儿童对自身问题有一个全面、系统的了解。治疗师要特别指出儿童在心理治疗过程中取得的各种进步，使他们能够看到自己的进步，肯定自己的成绩。

（2）总结儿童在心理治疗中获得的知识和经验。通过心理治疗，儿童不仅解决了心理问题，而且在治疗师的帮助下，发掘了自身成长的潜能，获得了成功克服心理问题的知识和经验。在结束心理治疗前，治疗师要和儿童共同总结这些经验，并且鼓励儿童将所获得的知识经验运用到生活和学习中去，以便再次遇到新的情况时能够积极应对。

（3）帮助儿童自然地结束心理咨询。在心理治疗的过程中，儿童与治疗师建立了相互信任、充分理解、彼此坦诚的治疗关系，但这种关系却不太利于结束心理治疗，部分儿童会对治疗师产生心理依赖，进而通过退行等方式来延续咨询关系。面对这一情况，治疗师需要采取合适的方法，帮助儿童自然地结束心理咨询。

六、追踪调查

为了了解儿童是否能够运用获得的经验适应环境，进而最终了解心理治疗的效果，治疗师可以对儿童进行追踪调查。追踪调查应在心理治疗基本结束后的数月至一年间进行，时间过短则调查的真实性难以保证，时间过长则无法及时了解情况。可以采用以下几种方式进行追踪调查：填写信息反馈表、约请儿童及家长定期前来面谈、通过电话或邮件访问儿童或者了解其学习、生活状况的人。

第三节　儿童团体治疗

儿童团体心理治疗一般通过临床咨询、结构或非结构互动、制订训练计划、有预定目标的治疗计划等方式进行干预，旨在缓解心理压力，减少适应不良行为或增加适应性行为的18岁以下多人团体（Weisz, Weiss, Alicke, & Klotz, 1987）。与个体会谈相比，团体治疗能够在解决儿童发展中的一些共同问题上节约时间和精力，提高工作效率。通过创设类似于真实社会生活的情境，让儿童与治疗者、儿童与同伴之间的多维互动来提升和巩固治疗效果。儿童在发展性团体中能学到有效的社会技能，并尝试新的合理行为方式。当然，不是所有儿童都适合参加团体治疗，比如那些有着严重行为问题的儿童就不宜参加。

一、儿童团体治疗的特点

如果将个体治疗与团体治疗进行简单比较的话,可以看出,儿童团体治疗具有很多特点,具体表现在如下。

第一,在团体形成过程中,团体成员的相互交往,会使得团体的凝聚力不断增强,团体活动能够更加有效完成。正是因为团体治疗关注个人内在力量资源的发掘,这种方法被更多用于成长性治疗(Corey,2011)。团体成员相互帮助、彼此信任,他们能通过团体来增加对价值和目标的理解与接纳,习得或消除某些态度和行为。他们将在团体中学到的新的行为方式不断运用于生活情境之中,使得原有心理问题得到改进。任何一个治疗团体无非有两个基本任务,一是改变团体成员的不良行为与态度,二是使团体构成一种促成变化的机构,起到一种治疗的作用(刘翔平,1999)。

团体治疗能提供给儿童一个机会,形成他们自己的和与同伴之间的合作力量(Corey,2011)。在表达他们的问题或者倾听和理解他人观点时,儿童能达到对他们自己和其他人的注意与理解。这种自我理解帮助儿童获得一种控制他们日常生活的方法,也可以说,帮助他们成为决定自己命运的主人。掌握了这些方法之后,儿童能获得更多的成功。成功可以激发他们的自信、自制力以及对自己和他人的责任感。因此,这种环境具有影响儿童积极成长和一生发展的潜能。

第二,在团体活动过程中,儿童与治疗者之间、儿童与同伴之间可以获得充分的人际互动。团体创造并孕育了一种相互信任、关心、理解、接纳、鼓励和支持的人际氛围。在团体中,儿童有机会与同伴共同分享他们的问题和快乐,儿童可以知道并非只有自己才为一些特殊问题而纠结。在这种支持性的发展团体中,儿童能够轻松自由地讨论他们的观点和行为。就像在一个功能完好的家庭中那样,儿童在团体中找到归属感和安全感。在他们为解决问题而练习以及在学习新的应对技巧时,他们会受到其他儿童的鼓励和支持。儿童在团体中交往时,他们探究自己的个人价值、信念、态度和决心,并能从同伴那里得到反馈。在这种分享的过程中,儿童学会有效的社会技能,明显获得了对其他人的需要和情感的关心和共情。他们在其他儿童感知的"镜子"里面看到了自己——瞥见了他们是谁,想要变成什么样的人,在这种支持性的环境里,儿童可以试验新的行为方式,放弃一些不合理的行为方式,保留合理的,在面对正常的发展性问题冲突时,他们能学会选择不同的处理方式,然后做出决定该改变什么行为。

第三,团体治疗所创设的情境类似于真实的社会生活情境。团体作为社会的一个缩影,提供了一个模拟现实的形式。对儿童而言,它符合班级教育的情境,更接近学校教育的形式,因此团体治疗是一种感染力强、影响广泛且效果容易巩固的方式。

第四,团体治疗能解决当前国内学校心理教育教师与学生人数比例悬殊的现状,在有限的时间内,治疗者可以同时对多名儿童进行心理治疗,省时省力,提高了工作效率。

二、 儿童团体治疗的过程

一个团体治疗一般都会经历开始、过渡、成熟、结束的发展过程。在整个团体过程中,每个阶段都是连续的、相互影响的。治疗师作为团体领导者,必须对团体的发展阶段及特征有清晰的了解,才能把握团体发展的方向,有效地带领团体按照治疗方案所预设的方向发展。一般而言,儿童团体治疗可以分为三个阶段:团体导入阶段,团体实施阶段,团体结束阶段(樊富珉,金子璐,2019)。

(一) 团体导入阶段

团体导入阶段的任务是为了让团体成员之间通过交流而相识,并逐渐形成团体合作互助的气氛。开始时,互不认识的儿童为了参加心理治疗而走到一起,一方面很想知道其他成员的背景和问题,但另一方面又会产生焦虑,担心自己不被别人接纳。这一阶段的团体活动最好选取简单容易的活动,这样可以让成员感受到轻松,从而更专注地投入团体中。

(二) 团体实施阶段

在这一阶段,团体成员开始融入团体,并企图找出自己在团体内的位置,通过相互探索、解决矛盾、互相适应来建立团体内成员相互间的信赖关系。实施阶段团体的活动形式和方法因辅导目的、问题类型、对象不同而有所不同。有的团体主要采用讲座、讨论、写体会、写日记等形式;有的团体需要采用自由讨论;有的团体主要采用行为训练、角色扮演等方法;有的团体则需要采取一系列练习,例如,焦虑儿童组成的团体,通常先由治疗者系统讲授有关焦虑的知识,然后通过深入讨论认识困扰、分析原因、寻找对策。成员主要通过讨论交流达成共识,从他人身上领悟自身的问题,从他人的意见中得到启发。这一阶段是团体治疗的关键阶段,成员谈论自己或别人的心理困扰和成长体验,获得别人的理解、支持、指导,利用团体内人际互动反应,发现自己的不足,把团体作为试验场所,尝试改变自己的心理与行为,并以期能够扩展到现实社会生活中。

(三) 团体结束阶段

团体结束阶段往往容易被忽视,过于仓促或过于拖拉的结束都会影响团体治疗的最终效果。在这一阶段,常常采取的活动形式有:总结会、反省会、大团圆等。通过前两阶段的互动,原本互不认识的儿童已经成为朋友,团体气氛和谐亲密,团体成员身心放松、相互信任,且基本解决了自己的心理问题。在这种气氛中,儿童会对结束感到伤感,因此治疗师需要安排好团体的结束。结束后可以在必要时召集成员重新聚会,了解儿童团体治疗的实际效果。

三、不同年龄阶段的儿童治疗团体

发展心理学认为儿童的认知、情感、行为都有不同的发展阶段,儿童在每个阶段都有不同的需求,要完成不同的任务、培养不同的能力。因此,对于不同年龄段的儿童,心理治疗团体的基本要求也不尽相同。

1. 学龄前儿童

学龄前儿童注意时间较为短暂,语言表达能力和抽象思维能力都较为欠缺,认知能力较为有限,对自己言行的控制能力也较差。对于这一年龄段的儿童,治疗性团体会以游戏作为主要的治疗手段。游戏治疗的内容包括玩洋娃娃与玩偶、讲故事、阅读、绘画,治疗师主要通过这些干预技术在安全氛围中让青少年再次经验早期冲突(Huth-Bocks, Schettini, & Shebroe, 2001)。

2. 学龄期儿童

学龄期儿童求知欲强且勤奋,他们的语言表达能力和抽象思维能力日益提高,开始有同情心和自我意识。同伴团体首先将他们从家庭中解放出来,通过支持他们让其感受到自尊,通过游戏、运动、手工、写作和其他活动(如戏剧表演)使其建立自信,并在团体过程中得到满足(Lomonaco, Sceidlinger, & Aronson, 2000)。

3. 青少年

青少年在与父母分离以及发展自我认同的过程中艰难前行。他们的自我意识和同情心已经成型,接下来需要体验的是亲密关系和友谊,同学与朋友成为他们的重要支持。因此,团体成为青少年群体的首选治疗方法(Dies, 2000)。问题的普遍性让青少年们愿意讨论并解决令自己头疼的问题,但青少年群体既是团体工作中最有优势的,也是最令治疗师头疼的。他们强调独立,常常会抵制权威,不易形成认同感。这个阶段通常进行谈话治疗,在进行自由讨论时,治疗师必须规范内容结构并对焦虑加以适当控制(Nichols-Goldstein, 2001)。

四、发展性儿童团体治疗的特点

发展性儿童团体治疗是儿童团体治疗的一种特殊形式,它能够使个体已经弱化的社会功能与技巧在团体中得到修正与改善,从而激发个体的心理潜能,使个体实现自我完善。本节将首先呈现发展性儿童团体治疗的特点,在接下来的两节将具体讨论发展性儿童团体治疗的基本过程和活动内容。

(一)规模更大:超越了个体治疗的限制

在帮助那些有着类似问题和困扰的一群人时,团体治疗是一种经济而有效的方法。

团体治疗常用的方法有专题讲座、同伴治疗、团体游戏、团体讨论和角色扮演等。实施儿童团体治疗并不仅仅意味着治疗对象由个体变为团体、治疗者提高了工作效率或省时省力,还在于团体治疗是一种感染力强、影响广泛、效果容易巩固的方式,特别对于人际关系不和谐、适应不良等问题,这是一种有效的心理治疗方法。

(二) 功能拓展:使矫正治疗的功效得到延伸

尽管有些团体是根据问题设置的,但是发展性团体主要关注的是不需要大幅度改变的人格问题及儿童期的发展性问题。发展性心理治疗是面向全体儿童,为不断努力完成发展任务的儿童提供探索和检验他们价值、信念和决心的机会。发展性治疗针对儿童成长过程中带有普遍性的发展问题给予指导、帮助、训练。发展性治疗强调的是促进儿童健康发展,团体帮助儿童正确地认识自己、悦纳自己、提高心理机能、增强心理承受力,帮助儿童学会解决成长过程中出现的心理问题,消除成长中的烦恼与障碍,从而更为积极地应对生活事件。因此,在发展性团体中,原本就很健康的儿童可以学习新的问题解决策略,加强应对技能,塑造决策技能。

(三) 对象特殊:治疗包括了成人与儿童

增进儿童与父母的互动是发展性治疗的中心,因此儿童心理治疗过程需要纳入成人(家长)。如果治疗方法的设计未包括通过帮助和支持父母来帮助儿童,那么设计将是不完整的(Orton,1997)。因此,家长在作为儿童治疗的协助者的同时,也必须作为治疗的对象。

第四节 发展性儿童团体治疗

我们在前文已经对发展性儿童团体治疗进行了阐述。发展性儿童团体治疗是一种更看重成长和具有积极建设性的治疗策略,在实际儿童心理治疗中可以被广泛使用。下面我们将专门探讨这种治疗技术的基本过程和活动形式。

一、发展性儿童团体治疗过程

目前对于团体治疗发展过程主要有"五阶段说"和"四阶段说"两种观点。具有代表性的五阶段模型包括马勒(Mahler,1969)的形成(formation)、卷入(involvement)、过渡(transition)、工作(working)和结束(ending)模型;汉森,斯蒂维克,华纳(Hansen, Stevic, & Warner,1982)的团体的开始(initiation of the group)、冲突与对抗(conflict and confrontation)、凝聚力发展(development of cohesiveness)、建设性(productivity)和结束(termination)模型。而古马尔(Gumaer,1984)则将之分为四个阶段:建立(establishment)、探究(exploration)、工作(work)和结束(termination)。科里(Corey,2011)将团体治疗过程概括为:一个定位和探究的初始阶段、一个解决抵制的过渡阶段、一个形成凝聚力和建设性的工作阶段、一个以巩固和结束为特征的最终阶段。

综合以上观点,我们在图4-1中描绘了一个团体治疗过程的五个阶段以及与这五个阶段相对应的治疗步骤:形成阶段、探究阶段、过渡阶段、工作阶段和结束阶段(蒋波,2006)。团体治疗的这五个阶段利用的技能,与个体治疗过程所必需的技能基本相同。以下逐一加以讨论。

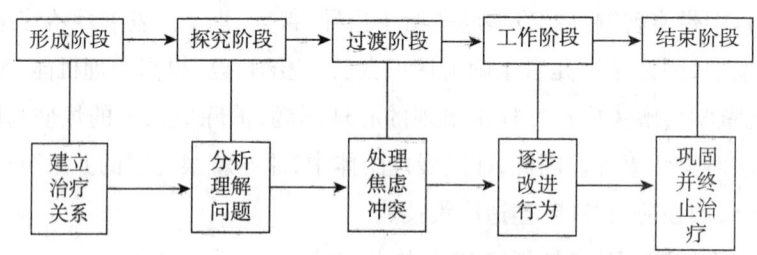

图4-1 发展性儿童团体治疗的基本过程

(一)形成阶段:建立治疗关系

1. 预定团体计划

预先制订计划是形成一个成功团体非常重要的第一步。Corey(2011)指出,"如果希望团体成功,你需要投入大量时间来制订计划。在我看来,计划应当开始于草拟一份书面的提议"(Jacobs,Masson,& Harvill,2000)。如果有专业人员参与团体计划,获得他们的大力支持和投入是非常好的,儿童能从团体治疗中受益更多。为了做到这一点,治疗者要吸引教师、家长和儿童一道参与团体计划的制订。教师参与计划作为治疗者团体工作的补充,这将有助于引起他们管理团体活动的兴趣。班主任和任课教师能帮助治疗者确定某些有特殊问题需要解决的儿童。教师通常会把许多创造性的观点带进组织活动,帮助并教给儿童一些特殊的应对技能。而家长则可能有助于判断儿童是否能够从团体经验中受益。只要家长能够参与计划,孩子也就更可能获得准许来参与团体活动。儿童参与计划则可能会让治疗者明白他们的内心需求。

此外,在设计和执行一项治疗计划时,治疗者考虑儿童的发展水平、人格发展中的长处与短处、近来的问题应对方式、文化背景,以及儿童在家庭中的角色地位、儿童(和家庭)对现在问题的理解等,都是很有必要的。

2. 推定儿童需要

治疗者要充分听取教师、家长和儿童的意见。家长能给治疗者一些有关他们孩子所存在问题的重要线索。而在确定他们班级中儿童是否存在一些共同的发展问题时,教师显得非常重要。例如,有位教师报告说,在班级中,有很大比例的儿童尝试通过攻击来解决问题,他们之间的争论会毫无疑问地导致一场暴力。治疗者可据此为这些儿童设计与愤怒情感相联系的团体活动。与教师对话将会产生很多能被用于班级团体活动的有创意的想法。

3. 确定团体形式

团体指导活动是整个指导程序的一部分,必须聚焦于帮助儿童胜任适合其年龄特点的发展任务。然后,儿童开始认可治疗者,将其作为一个可以与他们在平等基础上进行交往的人。儿童与治疗者的这种友好关系和熟悉程度是非常重要的。

(1) 团体成员的自愿与非自愿。发展性团体在选择成员时,可能会出现自愿与非自愿选择的情况。一般来说,儿童选择自愿加入团体是最理想的情况,尽量避免强迫儿童加入团体。

(2) 同质团体与异质团体。发展性儿童团体一般采用异质团体的形式。因为团体是社会的一个缩影,所以必须包括不同群体中的儿童。这就意味着,一个平衡良好的团体必须包括各种儿童,无论是男孩还是女孩,是羞涩的还是外向的,是喧闹的还是安静的,是讨人喜欢的还是令人讨厌的,是适应良好的还是适应不良的,是开心的还是悲伤的,是幽默的还是不幽默的。这种平衡不太容易求得,很大程度上需要治疗者的努力。小组有效性的一个潜在障碍就是没有建立充分合理的异质团体(Veenman, Kenter, & Post, 2000)。因此,治疗者要采取措施,以免团体倾向某一方面而造成失衡。例如将一个男孩和七个女孩组成一个团体,或者将一个性格内向的儿童与五个性格外向的儿童组成一个团体,都会造成团体失衡。不要把一个孤独的、受虐待的儿童与其他受到良好抚养的儿童放到一个团体,因为后者可能会排斥他。

异质团体为尝试习得更为有效的应对方法的儿童提供了一种同伴间相互示范和相互强化的导向。如果团体目标是寻找攻击行为的对策,那么团体中一定要包括一些不喜欢借助攻击来解决问题的儿童。在团体治疗过程中,这些儿童能提出比较好的对策,为团体中其他成员提供良好示范。

而另一方面,同质团体则由有相同或相似经历的儿童组成,他们的目标基本一致,容易相互理解,有较多的共同语言,团体治疗活动效果较好。由于把不同儿童放在一起可能会减少交流,妨碍团体治疗功能,因此,治疗者必须尽可能多地通过与儿童在团体形成前的会谈交流、通过个体治疗中的会谈或者团体指导活动等来了解儿童。但是在某些情况下,同质团体不能达到预期目标。例如,如果一个团体只由患有多动症的儿童组成,那么在团体中则可能没有人模仿安静的、建设性的行为。在一个仅由难以端坐和集中注意力的儿童组成的团体中,场面将很可能非常溃散和混乱,治疗者什么事都做不了。

从上面的分析不难看出,两种团体形式各有特点,同质团体可使儿童排除孤独感,使其认识到自己并非一个孤独的人,自身存在的问题别人也有,从而鼓励对自我进行重新认识和评价,重塑自我价值。与此同时,具有同样问题的成员在一起可以从别人的经验中得到启发和反馈,从而起到互相支持、共同帮助的作用。而异质团体使团体成员能够互相补充、协调平衡,无形中互相提供了对方所需要的帮助,得到了解决自己问题的答案。

4. 拟定团体结构

通常情况下,优先考虑封闭式团体。封闭式团体从团体建立的一开始就将团体人数固定,所有成员共同开始、共同结束团体活动,而且在一开始就确定团体活动的次数和活动时间。因此,封闭式团体的稳定性强,团体成员之间的相互信任和凝聚力也会逐渐增强,有利于团体功能的发挥。但尽管如此,在某些情况下,也可以采用开放式团体,因为有些儿童可能只在这个团体中待上很短一段时间,这样成员就需要不断变换。开放式团体随时允许有新的当事人加入团体,这可以随时补充已退出团体成员的空缺,不用担心团体人数太少,而且新成员还会为团体带来很多新的见解,这都有助于团体的发展。但是,从另一方面来看,开放式团体也存在一些问题,在小组建立信任关系后又纳入新成员,将会导致治疗者花费较多精力去关注这些新成员,相对忽视团体的进一步发展,而且团体成员会回归到重新努力适应新成员的初始阶段。与此同时,有的新成员也会很难融入这个已经建立好信任和凝聚力的团体中。

5. 设定团体规模

团体规模的大小会影响团体中的交流和沟通。如果团体规模过小、人数太少,会直接影响团体活动的丰富性,影响团体成员交流互动的效果;但是,团体规模太大也会使得团体成员感受到明显的参与压力,同样会造成消极后果。因此,团体规模的大小应依据儿童的年龄、发展水平和背景、团体特征和目的、可利用的时间和空间、治疗者的经验和能力等来确定。年幼儿童(小学二三年级以下)需要在一个3~5人的小组内,这样,他们能从治疗者那里得到更多的个别注意和关心,这也容易使他们的注意力保持在团体讨论上。高年级儿童则可以在由6~8人组成的团体中进行活动。有时,心理问题的不同可能也会影响团体的规模。例如,难以控制冲动的儿童和注意力难以保持的儿童可能需要在一个仅有3~4人的小组内。然而,年长儿童可能在大组中会做得更好些。对于缺乏团体治疗经验的治疗者来说,要谨慎考虑自己驾驭团体的能力,团体人数以4~6人为宜。而经验丰富的治疗者组建的团体规模可以稍微扩大一些。

6. 拟定活动时间

在儿童治疗过程中,结构完整是一个重要的因素,通常治疗者必须有一个明确规定的时间来开始和结束团体活动。治疗者将决定治疗时间的长度和频度以及团体的持续时间,这些决定通常以儿童的年龄、团体的目标和可利用的时间为基础。一般情况下,团体治疗时间长短依据儿童的年龄特点应该与上课时间大致相仿:学前儿童的一节课时间可能只有15~25分钟,而年龄稍大一些儿童的课可能有40分钟。在某些治疗机构中,在会谈时间的长度和频度方面灵活性则更大一些。由于学龄前儿童平均注意力维持时间相对较短,在设计和进行诸如游戏治疗、艺术治疗和阅读治疗等方法时,需要很好地预见并穿插对注意有不同要求的活动。伴随着儿童长大,他们注意力集中和保持的时间延长,团体讨论时间也可以随之延长。

团体活动次数不能太频繁以至于变得乏味,也不能太稀疏以至于每次活动都像是第一次。很多西方学者(Gumaer,1984;Thompson,Rudolph,Henderson,et al.,2000)认为,随着儿童年龄的增长,治疗者将有可能同时面对更多儿童,工作持续时间也会相应延长。例如,一个由4~5岁幼儿组成的小组可能每周会面2~3次,每次20分钟左右;而一个由11~12岁儿童组成的大组可能每周会面1次,每次持续40~60分钟。这样治疗者就可以有更多时间面对更多儿童。

在封闭式的发展性团体中,会谈次数通常在团体开始之前就已决定,因此儿童知道会谈何时开始和结束。儿童最好可以参与决定需要达成的每一个特定团体目标和会谈次数。由于团体需要有一个培育和发展的过程,如果持续时间太短,效果会受到影响;但是持续时间太长的话,不仅治疗者和当事人的时间和精力不允许,而且团体成员之间容易产生相互依赖,不但难以起到应有的治疗效果,可能还会产生很多负面效果。因此,一般来说,为了发展团体的凝聚力,为了使儿童探索选择思想、情感和行为的方式方法,治疗团体必须保持足够长的时间,通常需要10周或更长的时间。而另一些因为特殊问题组成的发展团体可能保持较短时间即可,只持续4~6次团体活动就可以了。根据Gumaer(1984)的研究,这些短暂的以发展为中心的团体需要同质的成员和主题,换句话说,需要有着相似特征的儿童来讨论他们相似的问题。例如,把将要为上中学而感到焦虑的儿童聚集在一起讨论中小学衔接和过渡的问题。

(二)探究阶段:分析理解问题

在探究阶段,儿童开始变得能理解自己及他人的情感与行为。当儿童感觉足够安全时,他们才能深入地探讨自身的思想和情感。治疗者的主要任务是建立团体信任和维持自由开放的团体氛围,从而帮助儿童明确、澄清和发展有意义的目标。当儿童完成了最初的试验并逐渐熟悉这种氛围时,他们依然不能确定自己的期望,这时治疗者需要通过在团体内给儿童安排一些活动来消除他们的焦虑,并为儿童提供安全的氛围,进而鼓励他们自我表露。在开始团体治疗的时候,治疗者可以通过讲一个未完待续的故事、读一本书或做一个游戏活动的方法来引导儿童展开讨论,在消除儿童焦虑的同时,鼓励他们自我表露。一旦儿童开始将这些活动内容应用到他们自己的生活中时,自我表露就出现了。

根据Corey(2011)的研究,在团体过程中存在所谓团体一般目标和团体过程目标。前者因为团体的不同而变化很大,但过程目标则可以应用于绝大多数团体中,主要包括帮助儿童适应团体、讨论他们的情感和行为、倾听他人并做出回应、给予和接受反馈、处置情感和冲突、在团体内外应用新的行为等。一般来说,随着信任程度和凝聚力的发展,儿童变得更愿意表达他们的思想和情感。这时,治疗者可以使用情感反应、澄清儿童的思维和观念、提出开放性问题、总结团体讨论的重要内容等策略来帮助儿童自我表露,并作为每次团体会谈开始和结束的方法。

(三) 过渡阶段:处理焦虑冲突

在此阶段,儿童在致力于解决他们自身问题的过程中需要处理他们的心理冲突。儿童在增加对自我和他人的意识时,会体验到一些焦虑。他们可能会抵制表露内心的思想和情感,因为他们怕被其他人误解。当儿童在团体中自我表露时,他们会担心能否被团体成员所接纳,有些儿童甚至会难以接纳他们自己。因此,当儿童担心团体能否接纳他们时,他们可能会寻求某种方式来转移团体的注意力。这些转移注意力的策略包括讲故事、不断地讲话、退缩或者做一些无意识的行为表现,以将注意焦点从他们和他们的自我表露上转移开。

但是,团体并不是遭遇困难时的避难所,而是学习面对、处理自己困难的场所(吴增强,沈之菲,2001)。随着团体信任和凝聚力的发展,儿童从团体中得到了更多的接纳、支持和鼓励,他们很快知道其他儿童与他们有同样的问题和担忧。因此,只有当儿童感到有足够的安全来"冒险"的时候,才可能实现更高水平的自我表露。

积极的反馈被用来加强团体的凝聚力,帮助儿童克服他们的焦虑和防卫心理。自我表露和面质活动都涉及反馈。反馈可能包含积极或消极的内容,这些能帮助儿童发展自我意识。儿童一般不习惯给予或接受反馈,必要时治疗者需要解释和示范这个过程。除了应用前面讨论过的团体治疗技能之外,治疗者还需要将团体中出现的各个主题联系起来,以便促进理解、增进成员之间的交往互动和提升团体凝聚力水平。

(四) 工作阶段:逐步改进行为

在工作阶段,儿童开始与团体成员共同分享他们的思想和情感。先前的焦虑和防卫心理也被团体内的安全感和归属感所取代,这能帮助儿童明确他们的问题和目标。尽管儿童继续把他们自己当作独立个体,但他们现在已经开始认同团体,这种安全感和归属感帮助儿童明确他们的目标和问题,并对其负责。团体几乎已经变成一个管弦乐队,在团体里面儿童互相倾听,共同做出建设性的工作(Corey,2011)。因为团体信任和凝聚力水平的提高,而且儿童比先前阶段更能在较高水平上进行自我表露,所以此时儿童是可能进行建设性工作的。从治疗者和其他儿童那里得到的反馈,使他们学会鉴别有效的和无效的社会技能,从而为其行为的改变提供支持。在团体中试验并选择那些最有效的行为之后,儿童能通过游戏活动、社交剧和角色游戏来加以练习,他们开始尝试将这些行为应用到他们的日常生活中,并与团体成员分享这一结果。进而,儿童在团体中掌握有效的决策和问题解决技能。当团体结束时,他们就能将这些技能应用到日常生活中了。

Corey(2011)对工作阶段的团体领导者的功能总结如下。

(1) 通过加强团体希望的行为来培养团体的凝聚力并建设性地开展工作。

(2) 寻找共同主题。

(3) 示范适宜行为,特别是面对面的关心。

(4) 支持团体成员自愿冒险,帮助他们将这种行为应用到日常生活中去。

(5) 在适宜时候解释行为方式的意义,借此儿童能达到较高水平的自我表露,理解选择的行为。

(6) 问题聚焦于将洞察力转变为行动,鼓励团体成员练习新的技能。

(五) 结束阶段:巩固并终止治疗

当儿童开始在日常生活中应用所学到的新知识时,结束阶段也就开始了。在这一点上,儿童能够体验较强的自我意识,变得更加以目标为导向,积极练习和巩固以促进行为改变,这些能在正确方向上影响他们的生活。在这个阶段,儿童能通过游戏活动、社交剧和角色游戏来练习他们所选择的思想和行为。

学习的巩固发生在团体治疗过程的最终阶段。在团体结束阶段可以完成以下任务:总结和强调会谈要点以推进治疗进程,强调成员承诺的义务,检查会谈尚未完成的问题(Jacobs,Masson,& Harvill,2000)。这个阶段治疗者可以使用总结、整合和解释团体经验等技巧。在结束阶段,儿童内化了他们在团体中所学到的知识经验,并将新的理解转变为行动。

在团体的最后阶段,让儿童将他们在团体过程中学到的经验用言语表述出来是很重要的,Gumaer(1984)称之为自我评价。在这个阶段,治疗者可以让儿童识别并写下(或说出)自己的两个长处和两个短处。如果儿童在团体中进行这项活动有困难,也可以让他们分成一对一对的小组进行,这样,伙伴之间能相互帮助。在明确了长处和短处之后,儿童在团体中大声地读给其他人听。然后,团体成员之间相互反馈,表明他们对他人自我评价的赞同或反对。在让儿童完成他们是如何用其所长、补其所短两个问题之后,出现这个反馈阶段。

在团体治疗的结束阶段,考虑到儿童已经与治疗者建立起积极的心理关系,与同伴也建立起一种积极和相互依赖的关系,这时,迅速结束这种关系是比较困难的。儿童能够意识到他们马上就会失去良师益友,并将独立面对新的生活,会或多或少地产生"分离焦虑"。

就像团体开始时鼓励儿童表达他们对团体的害怕一样,这时治疗者也可以鼓励他们分享对团体结束的情感。当儿童为团体结束做准备时,所产生的分离情绪可能会包括否认、愤怒、焦虑和伤感等。治疗者需要让儿童讨论这些情感,让他们理解他们是共同开始和结束的。那些互相关心和支持的儿童,那些做出共同工作承诺的儿童,在团体行将结束时,将会产生一种伤感情绪。治疗者通过与儿童分享他们自己对此的情感,来帮助儿童接受这不可避免的结局,引导他们以新的行为迎接新的学习和生活。当团体结束时,离开的是每个单一的个人,带着新的知识、决定和信念,向往着更幸福和更有效率的未来,开始新的生活(Jacobs,Masson,& Harvill,2000)。通过积极的反馈,治疗者能帮助儿童理解上述成功的选择和承诺。他们在团体中形成的这些技能,将被应用到他们未来生活的其他关系中去。

二、发展性儿童团体治疗活动内容

团体治疗活动除了集中帮助大批儿童解决共同的发展问题外,在心理问题的预防保健方面也很重要。团体治疗活动既能帮助儿童解决各种社会的、人际交往的和学业的问题;又能帮助儿童发展各种能力,如增加自我理解和自我接纳,并最终增强自尊和自信等。

在团体活动过程中,儿童可能讨论到一些涉及道德选择和价值取舍方面的问题。虽然这些活动不能将某种价值强加到儿童身上,但是能帮助他们明确自己的问题。治疗者在发展性团体中,可以充分利用玩偶游戏、洋娃娃游戏、规则游戏、提供不完全故事、艺术活动、音乐、讲故事、阅读、书法和社交剧等活动来进行团体治疗,以帮助儿童探究和澄清他们的个人价值、信念、态度和决定。

(一)不完全故事

治疗者可以将大团体分成由4~5个儿童组成的小组,并提供不完全故事或不完整句子作为小组讨论的材料。例如:"如果你发现浴室水池里有个戒指,你会怎么做?"在小组讨论结束后,小组结论将在团体中进行交流和分享。这种形式特别适合四至六年级的儿童,他们能通过讨论得出问题的答案。对年幼儿童来说,可以大声地朗读不完全故事,或者通过玩偶游戏表现不完全故事。不完全故事必须反映真实生活的两难情境,必须依赖于教师和儿童的已有信息,这样才能激发团体讨论。讨论不仅给儿童提供了认知整合的机会,还能使儿童学会对某些特定的问题、困难做出应对的策略。这种故事必须适合于团体中大部分儿童的年龄和心理发展水平,并能够准确地反映儿童的问题。需要注意的是,不完全故事所描绘的场景应不能使团体中的某个儿童感到尴尬或威胁。以下是一些例子。

我应该作弊吗

我十岁了,小学五年级。我所有功课的成绩都很好。

一天,我在做一个英语拼写练习。我忘记了一个单词。我看到一张有这个单词的纸从我的课桌里伸出来一点点。我把这张纸拉了出来,偷看了我需要的这个单词。我每次做拼写练习时都干同样的事情。有一次,老师告诉我们不可以互相看试卷。我开始怀疑我是不是在作弊。我很想考试得100分,我应该怎么做?

一个人在家

每天放学后我都是一个人在家,直到妈妈回来。这期间通常大约有一个小时。这非常好,因为我可以吃零食、看电视、玩玩具。但是,当我听到敲门声,我便不知道该怎么做了。如果你是我,你会怎么做?

不要叫我胖子

我现在上五年级。今天下午课外活动,我打了一个同学,因为他叫我胖子。我被送到校长办公室。因为其他同学没有听到这位同学的话,所以他们都说我脑子有毛病,无缘无故地打那位同学。我是不会说对不起的。我父母惩罚了我,我也只能整晚都待在我的房间里。妈妈做了我最爱吃的水饺。我能闻到香味,但是我被罚不允许吃饭。我还没有吃晚饭。我妈妈马上就要离家去买东西了……

(二)角色游戏

角色游戏生动灵活,丰富多彩,能吸引和激发儿童进入想象的天地。儿童通过扮演一定的角色,可以表达他们的思想和情感体验。有的团体治疗活动会采用家庭玩偶游戏来表露家庭情况,这种活动可以用在幼儿园到小学四年级儿童身上。家庭玩偶需要在大型纸板或报纸上挖剪人物图片,玩偶需要做成1米高左右(可以根据儿童身材确定),儿童通过挖出的开口放进他们的头和手臂,这样就可以"穿"上这些纸板,扮演父母、兄弟姐妹等不同角色,从而更好地了解所扮演的那个角色的情感。如果一个家庭有几个兄弟姐妹,就可以有多套玩偶,还可以有叔叔阿姨、外公祖母等角色,这需要有更多的儿童参与到角色游戏中去。

在条件和时间允许的情况下,尽可能让更多儿童参与游戏,扮演更多角色。如果儿童不想扮演某个角色,治疗者可以考虑轮换角色。尽量让儿童能够以他们希望的方式来表演各种各样的角色。在每个角色游戏结束后都应该进行一个讨论,儿童需要对有待解决的问题给予一些建议。以下是一些角色游戏的样本情景。

我在说……

李冰的家庭是个大家庭,几个叔叔家共有四个孩子,两个男孩和两个女孩。几个孩子经常吵架。他小叔叔家那个女孩经常对她的哥哥们和姐姐"说三道四"。当他们聚在一起时,她总会尖叫,"哥哥碰我!"或者"姐姐打我!"大孩子经常因此受到训斥。请将这个场景表现出来。(注:这个角色游戏需要两套玩偶,因为有两个男孩和两个女孩。)

如果考试不及格,将会怎么样

小娜数学考试不及格,她打算告诉父母。当她从学校赶回家的时候,她妈妈和外公正在等着她。你认为将会发生什么,并将其通过游戏表现出来。(注:不要将小娜的儿童角色给那些也得到较差评价等级的儿童,因为这会对儿童造成较大的压力。通过这个角色游戏,可以观察有压力的儿童对成绩等第的感受。)

此外,角色游戏还有几种变式,如照镜子技术(mirror technique)和心理剧(psychodrama)等。照镜子技术,是通过让儿童看别人扮演自己,以便他们可以从旁观者的角度客观地看到自己的行为表现。心理剧的治疗方法最早是由莫雷诺创立的。在心理剧中,儿童扮演某种类型的角色,通过特殊的戏剧化形式,以某种心理冲突情境下的自发表演为主,团体中其他人扮演支持性角色。所谓心理剧,就是儿童把个人的观点和情绪表演出来,并在表演中体验心理冲突,从而达到创造性地解决心理问题的治疗形式。在团体治疗中,心理剧可以满足儿童内在的表演欲望和创造欲望,提高儿童的兴趣,从而有效地吸引儿童的参与。"心理剧鼓励自发性与创造性,鼓励通过团体成员彼此之间的互动交流和相通的情感形成团队的凝聚力,进而激发积极健康的行为方式。"(张海燕,2004)它可以针对儿童不同的心理问题定义问题、设计情节,从而帮助儿童从歪曲的自我认识中解放出来,重新认识自己、接纳自己、改变自己并完善自己。

【人物故事】

心理剧的开创者——雅各布·莫雷诺

雅各布·莫雷诺(Jacob Levy Moreno),美国心理学家,心理剧疗法的创始人,集体心理治疗的先驱。他出生于罗马尼亚布加勒斯特(Bucharest)的一个犹太家庭,逝于美国纽约市比肯(Beacon)镇。

1921年4月1日,莫雷诺首先在维也纳精神治疗中心采用心理剧疗法,心理剧正式诞生。1936年莫雷诺在美国纽约市北部的小镇比肯开设了一家私人精神科疗养院,这里除了创作心理剧之外,同时也是日后专业人员、导演训练的所在地。1937—1938年,莫雷诺出任美国新社会研究学院教授;1939—1940年,莫雷诺受聘于美国哥伦比亚大学;1942年,他成立了美国团体心理治疗和心理剧协会(The American Society of Group Psychotherapy and Psychodrama,简称ASGPP);1947年后,他开始在欧洲各地推展其心理剧疗法。

莫雷诺是心理剧疗法的开创者,并因此而闻名于世。心理剧(Psychodrama)属于集体心理治疗,是精神分析学派的心理治疗方法,是一种可以使患者的感情得以发泄从而达到治疗效果的戏剧。通过扮演某一角色,患者可以体会角色的情感与思想,从而改变自己以前的行为习惯。心理剧的目标是诱发患者的自发行为,以便直接观察他的病情。莫雷诺反对弗洛伊德研究非自然的梦境,以及在诊所里用语言复述梦境的做法。与此相反,他十分强调自然环境中的活动或行为,包括角色训练。他认为,在群体环境中具备一种"共鸣"的真实的双向内聚力是十分重要的,它比简单的移情和宣泄复杂得多,涉及认知、愿望、欲望、选择和行为等方面。

(1)心理剧的一般程序。一个完整的心理剧包括暖身阶段、演出阶段、分享阶段。

(2)心理剧的基本要素。一个完整的心理剧的参加人员分别是导演、主角、舞台、替身、配角与观众。

(3)心理剧的主要技术。一个常规心理剧的主要技术,可以是以下某一种到两种:角色互换(role reversal)、独白(soliloquy)、替身(doubling)、多重角色的自我

(multiple parts of self)、角色扮演(role playing)、镜观(mirror)、雕塑技巧(sculpting)等。其他心理剧的技术还有中断行动(cutting the action)、重演(replay)、角色训练(role training)、超现实场景(surplus reality scenes)、魔术商店技术等。

心理剧是为完成心理治疗、个体发展等目标而设计的咨询技术,也是格式塔疗法、团体咨询等著名疗法的前身,例如格式塔疗法的空椅技术、扮演技术等都来源于心理剧。经过近一个世纪的发展,心理剧目前已经成为一种重要而基本的心理治疗方法。

(三)家庭治疗活动

家庭关系是最大的欢乐源泉,但时常也会成为许多人最大的痛苦源泉(Coon,2004)。儿童出现心理问题,往往与整个家庭有着密不可分的直接关系。家庭作为一个完整的单位,包括了所有的家庭成员、家庭关系、行为方式、家庭教养方式和家庭氛围等重要信息。如果整个家庭系统没有什么显著的变化,其他家庭成员的行为方式也没有什么变化,那么儿童行为的改进将很困难,并且很难持久。因此,家庭治疗的目的在于改进家庭系统的整体功能,即通过改变家庭成员之间的交互作用来促成儿童个体的行为改进。有时,具有爱心的成人的积极关注和照顾本身就是一种治疗行为。

(四)其他游戏活动

因为游戏是儿童的天性所在,所以很多游戏活动,如玩偶游戏、洋娃娃游戏、规则游戏、听音乐和讲故事等,都能帮助儿童毫无戒备地表达出他们的问题,因此它们也可以应用到发展性的团体治疗中去,帮助儿童探究和澄清他们的个人价值、信念和态度。例如,为了增强儿童的自我概念,可以采用"优点命名"的游戏活动,让儿童选择同伴,组成5~6人的若干小组,在卡片上列举每个人的个性优点,并让儿童讨论彼此的优点。当然,治疗者可能需要解释和列举个性优点。

第五节 儿童个体与团体治疗中的常见问题

在结束本章之前,我们还有必要对儿童个体治疗或团体治疗过程中容易出现的一些特殊问题做一个集中讨论。初学者需要注意解决好这些敏感问题,避免影响治疗效果。

一、移情与发展性指导

有的儿童在心理治疗即将结束时,往往会对治疗者说:"我以后可以来看你吗?""是不是只有有问题时才可以看你?"这一方面表现出儿童对心理治疗者的信任,对心理治疗活动的依恋;另一方面还表现出他们内心的需要,他们的成长与发展时时刻刻都需要得到指导和帮助。发展性治疗和指导活动的基本目标是面向发展中的儿童,针对儿童的发展性问题,强调促进儿童的心理健康发展。因此,儿童治疗者除了为儿童提供矫治性的心理治疗服务外,建立强有力的、发展性的和预防性的心理治疗程序也是非常重要的。如果心理治疗仅仅是为有着严重问题的儿童服务,或者为那些表现出在教师或管理者看来有问题的儿童服务的,那么这种服务很可能是偏颇的。尽管这些儿童需要借助帮助来解决问题本身并没有错,但心理指导对所有儿童都是有意义的,学校和社区必须为成长发展中的儿童提供必要的心理指导和支持;而且,家长也会更愿意加入指导性的家长团体,因为这些团体是为了所有家长,而不是仅仅为"烦恼儿童的烦恼家长"服务的。

二、如何处理敌意儿童

成人真诚而温暖的关心对某些儿童来说,可能是一个全新的体验。而曾经被他人虐待和拒绝的儿童,会内化他们自己不被他人所接纳和尊重的毫无价值的形象。经常性的批评和拒绝可能会造成儿童的自卑感,甚至会使他们难以接纳自我。这些儿童敏感多疑,戒备心理很深,他们不会轻易相信他人向他们表达的亲近和喜爱。因此,在心理治疗过程中,他们会寻求各种各样的方法来批驳治疗者,有时甚至会说出"我恨你!""我就是这个意思!怎么样?"这样的话来考验治疗者的耐性。这些行为初看起来像是儿童很不礼貌,而实质上是儿童对他们自己、对治疗者、对治疗过程本身都缺乏信任,这正是儿童心理治疗中的一个关键问题。此时,治疗者一定要认识到,这类儿童敌视的对象不是自己,而是因为他长期缺乏尊重、接纳和关爱,产生了对所有成人都一致敌视的定势心理。因此,为了使儿童相信自己是一个有价值的人,为了使儿童信任治疗者是真心诚意地想为其提供帮助和服务的,治疗者必须继续保持耐心、接纳和关心。在这一点上,当儿童看起来是在拒绝接受治疗者时,而实际上儿童却真正开始内化对治疗者的接纳,经过一段时间之后,儿童会通过修补其破碎的自尊来增强自我接纳。

三、如何结束治疗

良好的治疗关系能帮助儿童塑造和改变他们的内心世界,能永远地改变他们的自画像。通过治疗者,儿童开始认识到自己是一个有价值的人——能被他人倾听和尊重。当儿童、家长和治疗者认为治疗已经达到预定目的时,当儿童和治疗者获得了新的情感、态度和行为时,就不再需要治疗了,这也经常成为治疗自然结束的信号。当儿童准备离开时,他可能会开始谈论与未来联系较多的问题,而较少谈论现在的问题。当儿童的问题得到解决,并能够独立自主、健康茁壮地成长时,治疗者就基本不需要继续帮助和支持儿童了。

在治疗过程中,治疗者与儿童之间逐步形成了情感上的共鸣:他们共同度过快乐和痛苦的时光,分享过儿童的笑声和眼泪,通过了儿童多次的考验。在治疗关系即将结束时,儿童可能会为离开治疗者而感到悲伤,这种悲伤会以某些形式表现出来,如流泪、沮丧、无意识行为表现,甚至有的儿童可能会恳求治疗者说,"我能跟你回家吗?""你把我带回去吧!"分离不仅对儿童非常困难,对治疗者也是非常困难的,因为他们相信自己是唯一能帮助这个儿童的人。因此,在治疗结束之前,二者都需要接受帮助以实现平稳过渡。

当出现儿童因为依赖治疗师而找各种借口来延续治疗关系时,儿童心理治疗师可以采取以下三种办法结束心理治疗(李百珍,2015)。第一,告诉来访的儿童,其心理问题已经基本解决,他已经能够依靠自己的力量解决自身问题,所以给他一段时间进行锻炼,看能否依靠自身力量独立地面对生活和学习。鼓励儿童发挥自我调整、自我发展的潜能。第二,采取渐次结束的办法,逐渐拉长两次咨询间隔的时间,减少咨询的次数,直至完全停止咨询。第三,在心理治疗结束前几周,明确地告诉儿童结束的时间,让儿童有心理准备,并在最后一次治疗时,全面地总结心理治疗的成果,果断地结束心理治疗。

当治疗自然结束时,治疗者可能会有机会继续保持与儿童的联系,继续其治疗过程。在幼儿园和学校里的治疗者可能有更多机会与儿童在各种团体工作中进行交往,所以,治疗者能够与儿童保持一种关系,尽管这种关系没有个体治疗时的那种深切。即使儿童不再依靠治疗者的帮助和鼓励,治疗者也能继续强化儿童在治疗过程中表现出来的积极变化。在学校以外的情况下,在治疗结束后的两到三个月,治疗者与儿童再次见面也是很平常的。一般来说,应该让儿童在治疗结束后继续保持一段时间与治疗者定期会谈,与同伴和治疗者分享成功与努力。这些会谈是保持与儿童生活的联系,强化所发生的良好事件的一种方法。因为治疗的目标是让儿童努力在他们的日常生活中做出转变,所以在过渡阶段就应该考虑到告别的问题。

四、哭泣及其处理

儿童可能在治疗过程的任何阶段中都会哭泣。在治疗开始阶段,他可能会因为胆怯、焦虑而哭泣。在接受治疗阶段,他可能会因为自我表露痛苦事件、情感共鸣、抗争、希望博得同情等而哭泣。在治疗结束阶段,他可能会因为难以舍弃与离开治疗者而哭泣。哭泣的程度从流泪、抽泣到号啕大哭,少数治疗者在缺少经验的情况下会觉得束手无策。为了解决这个问题,治疗者必须认真考虑儿童哭泣的真正原因,给予适时、适当的处理,以促进治疗过程的正常进行。

在团体治疗中,有些治疗者,一旦注意到儿童开始哭泣,就会立刻试图帮助其解除痛苦,但却没有事先征得儿童的同意,这可能会使儿童感到来自团体其他成员的压力并因此对治疗者产生怨恨。与此同时,缺乏经验的治疗者也会在发现有人哭泣时就会立即将焦点转移到该成员身上,导致团体时间的浪费,不得不匆忙结束团体活动,使得团体治疗活动的效果受到影响,进而影响治疗者与其他团体成员之间的关系。因此,在团体治疗过程中,如果治疗者发现有儿童哭泣,他可以采取某些措施,设法把注意的焦点从该成员身上转移开,在团体活动结束后再找该儿童交流。

本章小结

  本章主要探讨儿童个体治疗和团体治疗的过程与技术。儿童心理治疗应该是发展性的治疗,它面向发展中的儿童,针对儿童的发展性问题,强调促进儿童心理的健康发展。儿童治疗与成人治疗的区别主要表现在治疗理念、治疗意愿、治疗方法、治疗内容、治疗联盟等方面。在分析儿童心理治疗理论背景的基础上,指出了各种心理治疗方法的共同特征。

  儿童个体治疗的过程主要包括六个阶段:建立治疗关系、分析问题成因、合理解释问题、促进行为改进、结束个体治疗、追踪调查。儿童个体治疗过程中主要涉及诸如参与、回应、识别、探究、澄清、移情、发动、面质、个人化等治疗技术。治疗者要对儿童个体治疗过程和治疗技术积极加以整合,以最优化地促进儿童的行为改进。治疗者要关注影响儿童心理治疗过程的重要因素,主要有治疗师的人格特质、物理环境的特点、儿童与治疗师的关系、移情和反移情、自我保护行为、符号表达形式等。

  与个体治疗相比,团体治疗除了显著地节约投入和时间外,还有很多优势,具体表现在:团体在形成过程中能够不断增强凝聚力和有效性;团体内部多向交流和人际互动的过程创造并孕育了一种相互信任、关心、理解、接纳、鼓励和支持的人际氛围;团体情境类似于真实的社会生活情境。儿童团体治疗一般分为导入、实施、结束三个阶段,不同年龄阶段的儿童治疗团体具有不同特点。

  发展性儿童团体治疗的特点有:规模扩大,超过了一般的团体治疗;功能拓展,是一种在矫正治疗基础上延伸的发展治疗;对象特殊,融合了成人参与的儿童治疗。发展性儿童团体治疗的基本过程有五个阶段,分别是:形成阶段(建立治疗关系);探究阶段(分析理解问题);过渡阶段(处理焦虑冲突);工作阶段(逐步改进行为);结束阶段(巩固终止治疗)。在形成阶段,治疗者需要预定团体计划、推定儿童需要、确定团体形式、厘定团体结构、设定团体规模并明确活动时间。发展性儿童团体治疗形式主要有不完全故事、角色游戏、心理剧、家庭治疗活动和其他游戏活动等。

【延伸阅读】

团体治疗广义和狭义的界定以及有关团体治疗的策略与方法,具体可参见:

李建军.(2011).儿童团体治疗.南京:江苏教育出版社.

Bernard,H. S.,& MacKenzie,K. R.(2016).团体心理治疗基础.鲁小华,等译.北京:机械工业出版社.

DeLucia-Waack,J. L.,Kalodner,C. R.,& Riva,M. T.(Eds.).(2013).Handbook of Group Counseling and Psychotherapy. London:Sage Publications.

Rose,S. D.(2014).青少年团体治疗理论.翟宗悌,译.上海:华东理工大学出版社.

对故事治疗感兴趣,可以进一步参阅:

Brandell,J. D.(2005).儿童故事治疗.林瑞堂,译.成都:四川大学出版社.

对儿童游戏治疗的解读,可参阅:

王晓萍.(2010).儿童游戏治疗.南京:江苏教育出版社.

【推荐书籍】

刘春雷.(2011).青少年心理咨询与辅导.北京:清华大学出版社.

Chethik,M.(2014).动力取向儿童心理治疗.高桦,闵容,译.北京:中国轻工业出版社.

Geldard,K.,& Geldard,D.(2010).儿童心理辅导.黄秀梅,译.北京:中国轻工业出版社.

Jongsma,A. E.,Mclnnis,W. P.,& Peterson,L. M.(2005).儿童心理治疗指导计划(第三版).田璐,臧伟伟,梁凌寒,等译.北京:中国轻工业出版社.

McConaughy,S. H.(2008).儿童青少年临床访谈技术:从评估到干预.徐洁,译.北京:中国轻工业出版社.

Prout,H. T.,& Brown,D. T.(2002).儿童青少年心理咨询与治疗.林丹华,等译.北京:中国轻工业出版社.

思考与实践

1. 发展性儿童团体心理治疗过程是如何进行的?
2. 发展性儿童团体心理治疗大致可以分为哪些阶段?选择一两个发展性团体治疗

的技术,进行自我体验,并与同学分享和交流。

3. 儿童个体与团体治疗中会遇到哪些特殊问题?又该如何处理?

参考文献

崔丽霞.(2012).儿童心理咨询入门.北京:北京师范大学出版社.

樊富珉,金子璐.(2019).品格与责任:儿童和青少年学校团体辅导教师实践手册.北京:人民日报出版社.

郭峰,郭成,李西营.(2005).儿童青少年心理咨询与成年人心理咨询的比较.中国临床康复,32,170-172.

蒋波.(2006).发展性儿童团体辅导的理念与实践.思想理论教育,6(11),57-60.

李百珍.(2015).中小学心理健康教育实务.北京:北京师范大学出版社.

刘翔平.(1999).中小学生心理障碍的评估与矫正.南京:江苏教育出版社.

吴增强,沈之菲.(2001).班级心理辅导.上海:上海教育出版社.

张海燕.(2004).心理剧在心理健康教育实践中的应用研究.思想理论教育,3(7),140-142.

Carkhuff, R. R. (1969). Helping and Human Relations: A Primer for Lay and Professional Helpers: I. Selection and Training. New York: Holt, Rinehart & Winston.

Carkhuff, R. R. (2000). Trainer's Guide for the Art of Helping. Amherst. MA: Human Resource Development Press.

Coon, D. (2004).心理学导论——思想与行为的认识之路(第9版).郑钢,等译.北京:中国轻工业出版社.

Corey, G. (2011). Theory and Practice of Group Counseling. Toronto: Nelson Education.

Dies, K. G. (2000). Adolescent Development and a Model of Group Psychotherapy: Effective Leadership in the New Millennium. Journal of Child and Adolescent Group Therapy, 10, 97-111.

Egan, G. (1998). The Skilled Helper: a Problem-Management Approach to Helping. Pacific Grove, Calif: Brooks.

Gumaer, J. (1984). Counseling and Therapy for Children. New York: Free Press.

Hansen, J. C., Stevic, R. R., & Warner, R. W. (1982). Counseling: Theory and Process (Vol. 23). Boston: Allyn & Bacon.

Huth-Bocks, A., Schettini, A., & Shebroe, V. (2001). Group Play Therapy for Preschoolers Exposed to Domestic Violence. Journal of Child and Adolescent Group Therapy, 11, 19-34.

Jacobs, E. E., Masson, R. L., & Harvill, R. L. (2000).团体咨询的策略与方法.洪炜,等译.北京:中国轻工业出版社.

Lomonaco, S., Sceidlinger, S., & Aronson, S. (2000). Five Decades of Children's Group Treatment: An Overview. Journal of Child and Adolescent Group Therapy, 10, 77-96.

Mahler, C. A. (1969). Group Counseling in the Schools. Boston: Houghton Mifflin.

Nichols-Goldstein, N. (2001). The Essence of Effective Leadership with Adolescent Groups: Regression in the Service of Ego. Journal of Child and Adolescent Group Therapy,11,13－18.

Orton,G. L. (1997). Strategies for Counseling with Children and Their Parents. Pacific Grove,CA:Brooks/Cole.

Thompson,C. L.,Rudolph, L. B.,Henderson, D. A.,Dansby, V.,& Dansby, T. (2000). Counseling Children. Pacific Grove,CA:Brooks/Cole.

Veenman, S.,Kenter, B.,& Post, K. (2000). Cooperative Learning in Dutch Primary Classrooms. Educational Studies,26(3),281－302.

Weisz,J. R.,Weiss, B.,Alicke, M. D.,& Klotz, M. L. (1987). Effectiveness of Psychotherapy with Children and Adolescents:A Meta-Analysis for Clinicians. Journal of Consulting and Clinical Psychology,55,542－549.

第五章
儿童游戏治疗

【本章导读】

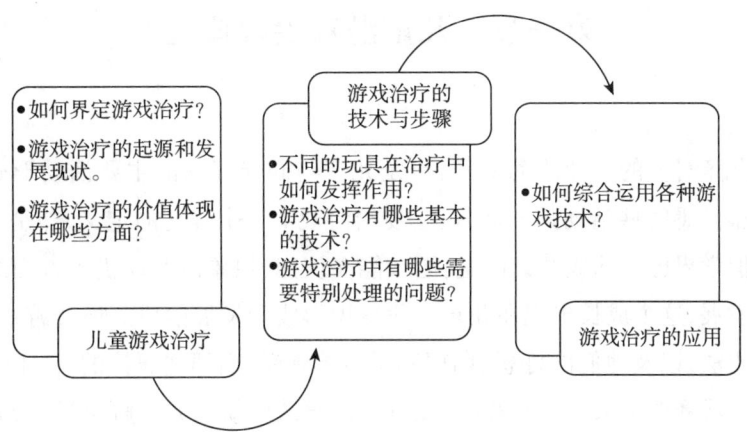

玩具是儿童的朋友，游戏是儿童的语言。游戏对儿童来说是没有威胁性且熟悉的，当儿童自发性地参与游戏过程时，会比言语更能直接地表达自我（Landreth, 1991），它为建立安全、亲密的咨访关系提供了一种媒介。

游戏充满着乐趣，游戏中参与者往往充满奇特的想象力，所以游戏时儿童可以通过感觉、思维及推理等各种手段去探索他们自己的世界。因为"游戏是儿童自我表达的自然媒介"，它使儿童有机会表达出他们内心最深处的想法和感受。游戏以一种安全有趣的方式让儿童尝试各种不同的行为或动作，并发现什么有用、什么没用。通过建立并完成给自己设定的目标，儿童可以获得成就感，学会控制自己的行为。社会化游戏促进儿童对他人行为和内心感受的理解和领悟，帮助他们理解与欣赏他人特有的观点。

在心理学领域，弗洛伊德早就注意到儿童早期的发展与儿童的游戏之间存在关联。他指出，"我们会发现，儿童在游戏中不断重复现实生活留给他们的大量印象"。在他对儿童通过游戏控制情绪的相关论述中，弗洛伊德提出了游戏治疗的基本原理。米兰·克莱因主张，游戏是儿童自由表达其愿望的主要方式，它不仅仅是游戏，更是儿童表达和通过其潜意识幻想探索外部世界的一种重要途径。后来的儿童心理学家、临床心理学家及其他行为科学家也日渐重视游戏的治疗作用，并且在临床治疗过程中不断尝试游戏疗法。1982年，国际游戏疗法协会成立，标志着游戏治疗作为心理卫生运动的一个特殊领域已经赢得了人们的认同。20世纪90年代以来，游戏疗法不断发展，并且成为一种广泛运用的心理治疗方法。

第一节　儿童游戏治疗概述

游戏是儿童喜爱的一种活动形式,也是儿童与同伴互动的主要活动形式。虽然我们每个人都很熟悉哪些活动是游戏,可是要给游戏下一个确切的定义,却是一件比较困难的事情。但学界已经达成共识的是:游戏能在认知、想象以及动机等方面综合促进儿童的成长和发展,这个成长出现在儿童自我意识形成和发展阶段。通过游戏,儿童可以表达他们的想法,以及他们的好恶、期望和恐惧等感受,而那些压抑的、说不出来的情感也可以通过游戏释放出来。在游戏中,儿童可以尝试用新的方法解决过去的问题,并综合到他们的经验中去。通过游戏,孩子们能够控制好他们的想法、感受和行为,这种控制对儿童自我意识和自信心的建立很有帮助。积极经验的积累帮助儿童获得胜任感。

随着儿童的成长和发展,象征性的游戏渐渐被社交游戏所代替。通过社交游戏,儿童可以练习和他人建立关系的必要技巧,模仿能被社会接受的行为,学会和其他孩子相处、分享、合作。遵守游戏规则并顺利完成游戏所带来的同伴认同能够帮助儿童实现控制社会和现实环境的能力。儿童早期发展起来的这些经验为他们将来建立良好的人际关系打下了基础,这对于儿童及其未来成年后的健康、幸福都很重要。

一、儿童游戏的发展阶段

(一)感官游戏(0~2岁)

儿童思考、想象、说话所需要的信息都能够通过感觉得到。婴幼儿就能通过操作物体并完成一定的任务搜集到一些感官信息。他们的手眼能够良好协调,知道推动悬挂着的玩具能使它们摇摆。一旦学会这个行为,儿童就会反复操作。这就是游戏。

3个月左右的婴儿,其游戏主要包括看着人和物体,并且不时地尝试抓他们面前的东西。3个月后,儿童就能够抓、握、玩弄小目标物。他们玩弄所有他们能吮吸、揉拧或拉动的东西,碰不到的东西他们就只能看看。当儿童学会翻、爬、坐的时候,他们的手就能够自由地去碰、探索、玩弄以前碰不到的东西。第一年里,刚学步的孩子开始和玩具玩。当卡车玩具陷到"沼泽"里时,他们会用嘴巴模仿马达的声音;当狮子玩具出现时,他们会模仿吼叫。他们会摁按钮、拉线或敲击玩具,以便听到玩具"说话"。荡秋千、玩跷跷板、在父母的膝盖上弹跳、像一架客机似的盘旋、由父母或其他大人抛起,都是感官游戏的方式。

儿童接近2岁的时候,其游戏当中已经包含很明显的主动性。当孩子们在房屋之间穿梭,像飞机一样发出轰隆声时,他们已在为想象游戏做准备了。

(二) 想象游戏(3~6岁)

想象游戏有力地促进了儿童智力和语言的发展(Piaget,1962)。想象游戏一般出现在3~6岁,这时儿童学会了建立信任。

儿童建立信任的第一步是通过表演剧(如,"过家家")玩出来的。在戏剧表演中,儿童尝试扮演其生活中的重要他人的角色,模仿他们的讲话、姿势和活动。在"过家家"游戏中,建立信任的目标常被用来代替其他的东西,并且还会有一系列真实或想象的非正式情节。学前儿童通过想象游戏发展他们的认知技能、综合能力和忍耐力。

随着这些能力的发展,儿童需要和其他孩子来互相模仿动作,再造他们眼中的世界,而不仅仅满足于独自模仿重要他人的游戏。通过这种互动游戏,儿童可以锻炼他们的言语技巧,表达情绪,实现他们自己和社会的互动。在这个建立信任的过程里,儿童可以发展应对现实生活情境的技巧。

想象游戏也可以采取幻想的形式,包括扮演、联想、创造想象中的玩伴。儿童不仅幻想童年的有趣活动,还可以超越现实生活尝试新的经验并解决问题。儿童常常不知道是什么困扰了他们,或者即便知道了,也常难以准确地表达出他们心中的想法。因此,他们在故事或其他游戏形式中用一种象征性的交流来表达这种被掩饰的情绪。这种表达可以帮助儿童发泄他们的情感,解决他们的问题。下面的故事说明了敌对情绪是怎么通过象征手段传达出来的。

我要把你推到窗外去,你会在人行道上被压得稀巴烂,我爸爸会用刀刮你的皮,夹着面包吃掉你,然后再把你吐出来。

尽管幻想不总是被鼓励,但它还是对童年成长起到重要的作用。这种想象游戏能使儿童将他们内心的解决方法应用到外部的现实世界(这部分内容下文将会进一步深入讨论)。

(三) 规则游戏(7~11岁)

随着儿童成长发展,他们的游戏从自发的、非结构的虚拟游戏发展到结构化的、正式的、有组织、有规则的游戏。等孩子四五岁时,他们通过做游戏来检测自己的技能而非仅仅寻找乐趣。对于小孩子来说,规则游戏是很少有约束力的,规则可以常常被改变或违反。儿童早期的传统游戏,比如拍洋片、猜谜、拼图游戏等,首先是和父母兄弟姐妹们玩,后来才和同伴们玩。随着儿童不断长大,规则逐渐严格,竞争性也日益增强。

对于7~11岁的儿童,规则游戏开始变得比想象、虚拟游戏更受欢迎,因为孩子们有更强的认知能力去思考和做出逻辑推理。玩游戏时,儿童需要更多地控制冲动,忍耐挫折,接受对行为的限制,遵守严格的游戏规则。许多高年级儿童玩的游戏都包括了采用智力去计划、组织、思考和解决问题的内容。规则游戏对于儿童的身体和认知发展很重要,由于游戏一般需要两个及两个以上的人互动,因而它对儿童的社会化发展也很重要。

> **不同理论流派视野中的游戏**
>
> 精神分析学派认为,游戏是通往儿童无意识的大门,情绪、情感占据着游戏的中心地位,儿童的情绪困扰问题会在游戏中表达出来。
>
> 在认知心理学家看来,思维和观念是游戏的核心所在。皮亚杰把游戏分为三个主要的发展阶段:出生到幼年后期无符号象征性的游戏;儿童早期(6岁之前)假装游戏和符号象征游戏;儿童后期(12岁之前)有规则的游戏,这种划分方法的依据是游戏的结构,而非游戏的主题或内容。
>
> 阿德勒理论流派认为,游戏是儿童与他人交流的主要方式,在游戏中观察儿童,我们可以观察到他们对生活的基本态度,游戏对每个孩子都至关重要(Adler,1998)。
>
> 文化生态理论则认为儿童所处的社会文化背景决定了他们游戏的态度、游戏的方式、游戏的材料,以及所选择的特定的游戏情境。文化中更深层的一些东西,如价值观、世界观及一些潜在的假设也都会体现在不同文化背景的儿童游戏之中。
>
> 进化理论关于动物游戏的研究对儿童游戏有重要的影响,它帮助人们证实了游戏之于儿童的重要性。

二、游戏治疗与儿童

许多人以为游戏本身就可以达到治疗的效果,其实这样的观点不完全准确,游戏治疗如同谈话疗法一样,真正产生效果的是治疗者使用的心理学方法。游戏治疗和游戏是两个概念,邱学青比较了一般游戏中的游戏行为和治疗中的游戏行为,发现二者之间存在不同的特性(见表5-1)。

表5-1 游戏和游戏治疗的区别

	游 戏	游戏治疗
儿童的地位	主动的	被动的
目 的	享受过程、不追求目的	希望达到一定目的
情绪体验	充满快乐	释放压力、放松
时 间	自由的	有限制

从表5-1中可以看出游戏与游戏治疗的区别在于,它们在儿童发展中的作用是不同的。

美国游戏治疗协会(Association for Play Therapy,简称APT)是目前规模比较大,也是比较有影响的专业游戏治疗协会。该协会将游戏治疗界定为一种系统地应用理论模型建立人际交往的过程,其中,受过专业训练的游戏治疗师借助于游戏的治疗性力量,协助来访者预防或解决心理社会困扰,实现最佳的成长和发展。游戏治疗的重点并不是"游戏"本身,而是"治疗",凡是运用游戏作为沟通媒介的心理治疗都可称为游戏治疗。

游戏治疗的本质是结合游戏的形式以达到治疗目的的一种心理服务工作。由于心理治疗师理论取向不同,发展出个人中心游戏治疗、认知行为游戏治疗、阿德勒游戏治疗、心理动力游戏治疗等不同学派的治疗,"虽然各学派强调的重点不同,但通过游戏治疗达到宣泄、净化以及重整内在人格结构的基本理念是一致的"(何长珠,叶淑萍,2005)。因此,游戏治疗不是某一学派的特有方法,而是任何一种心理治疗均可使用的工具,它以游戏作为诊断和治疗的中介,游戏被视为一种治疗和解决儿童问题的有效手段。

由于语言发展的限制,儿童,尤其是年幼的儿童,常常无法说出自己的想法与情绪——即使他们想做到,但他们对于发生了什么以及这些对自己的影响的理解还很有限。在帮助孩子的问题上,儿童治疗者需要借助于对儿童来说最一般、最自然的策略——游戏治疗,来有效解决儿童的问题。

"游戏治疗在很大程度上解决了儿童心理治疗中的两大难题——如何更好地了解儿童的内心世界,如何使儿童主动参与到心理治疗中来。"(Axline,1993)游戏与儿童治疗工作存在某些特别的关联:游戏对儿童来说是没有威胁性且熟悉的;为建立亲密关系提供了一种媒介;提供对人格结构的重要洞察力;提供愉快的经验;可以成为一种自我滋养式的体验;能引发防御机制(通常禁止情感表达)的放松;容许强烈情感的发泄;提供让本能或被禁止的驱动力升华的机会;揭露和显现不健康的模式;提供象征的现实测试;要求游戏者处理对于竞争、自尊等方面的焦虑;需要智力技巧的使用;帮助儿童学习与他人相处(Reid,1993)。

三、游戏治疗的历史背景与发展趋势

(一)历史背景

在游戏治疗的发展过程中,各传统心理治疗流派都对其产生了重要的影响。

1. 精神分析的影响

游戏治疗早期的发展和精神分析与儿童的治疗有关。在发现儿童难以用自由联想来描述他们的焦虑后,米兰·克莱因(1932)和安娜·弗洛伊德(1946)尝试把游戏结合到治疗过程中。克莱因把游戏作为分析6岁以下儿童的一种方式,而安娜·弗洛伊德则把游戏作为正式分析前的预备活动。克莱因从很多游戏活动中看到无意识的意义和性的象征,并把这些解释给儿童听;相反,安娜·弗洛伊德认为不是所有的游戏都有象征意义,因此她不以游戏作为解释的根据。

克莱因(1932)感到大多数儿童不太会用语言来表达他们的幻想、恐惧和焦虑,因此,她运用游戏替代成人自由联想时使用的语言来探索儿童无意识的动机。分析儿童和治疗者之间的互动关系是克莱因游戏分析的重点。这种分析包括对儿童游戏行为和伴随的言语的深层解释。这些解释,集中于儿童言语的象征性,然后解释给儿童听。这一过程试图使儿童减少焦虑,增强继续游戏的动力。因为格外重视建立儿童和治疗者之间的关系,所以克莱因的治疗并不太关注父母、老师的参与。

另一方面,安娜·费洛伊德利用游戏和玩具作为途径来和儿童及其父母熟悉起来,把他们吸引到游戏中,专门用游戏来建立儿童的治疗同盟,以此来获得儿童内心世界的一些线索。关系建立后,安娜·费洛伊德逐渐把中心从游戏转向言语交流。为了鼓励言语交流,她会要求她的来访者把他们想象和联想的内容创造成一些直观的形象。这种技术,作为释梦的一种变形,力图发展儿童的言语并帮助儿童理解自己的想法和感受。安娜·费洛伊德的分析方式在于把潜意识想法带到意识中,这在一定程度上是一个教育过程,包括影响儿童生活中的重要他人。

在20世纪30年代后期,游戏治疗中出现了两种截然不同的观点。一种叫作结构化游戏治疗,主张在一定的结构内儿童可以自由玩耍;而另一种则是非结构化游戏治疗,强调治疗者允许儿童从事没有限制的游戏。在结构化治疗中,治疗者可以将更具指导性和目标倾向的方法与传统的精神分析模式结合起来。

精神分析游戏治疗中的游戏功能
1. 用于与儿童建立分析性关系的一种方式。
2. 观察的媒介和分析资料的来源。
3. 顿悟的工具,即儿童透过分析者的解释可以顿悟到自己的潜意识。

2. 人本主义的影响

20世纪40年代,卡尔·罗杰斯提出的针对成人的、以来访者为中心的非指导性治疗方法经克斯莱恩(Axline,1947)修改后用到儿童游戏治疗中。治疗者以儿童为中心,听从儿童的盼咐,关注儿童的力量,感受儿童的情感,相信儿童成长变化的潜力。克斯莱恩提出了以下八条非指导性游戏治疗的原则。

(1)治疗者必须尽可能地和儿童建立起温暖、友善、和谐的关系。
(2)治疗者要接纳儿童本身。
(3)治疗者要接受儿童以便他们能畅所欲言。
(4)治疗者要能敏锐地把握儿童所表达的情感并以他们能理解的方式做出反馈。
(5)治疗者要坚持相信,如果机会允许的话,儿童是有能力解决他们自己的问题的,他们有改变自己的责任和义务。

（6）治疗者不要试图以某种方式引导儿童的言行，相反，应该由儿童来引导治疗者。

（7）治疗者不要急于进行治疗，必须意识到这是个循序渐进的过程。

（8）治疗者只能建立一些必要的限制将治疗引向现实生活，且让儿童意识到自己在治疗关系中的责任。

克斯莱恩（1947）所倡导的儿童正向改变的游戏治疗模式，对于成人与儿童独特的关系具有特别的价值。个人中心游戏治疗可预期的四个发展阶段具体如下。

阶段1　热身。

阶段2　儿童出现的游戏主题常与攻击相关。

阶段3　出现退化的主题。

阶段4　儿童的游戏主要集中在获得熟练新技巧以及对自己与别人更正向的积极态度上。

儿童中心取向游戏治疗的特点

儿童中心取向的游戏治疗焦点是在"儿童"，而非"问题"上，关注儿童当下活生生的经验（Landreth，1991），而非去解释儿童的游戏：

着重	人	而非	问题
着重	现在	而非	过去
着重	感情	而非	想法或行为
着重	了解	而非	解释
着重	接纳	而非	修正
着重	儿童的方向	而非	治疗者的指示
着重	儿童的智慧	而非	治疗者的知识

资料来源：Sweeney, D. S., & Homeyer, L. E.（1990）. 何长珠，等译. 团体游戏治疗. 台北：五南图书出版有限公司：55－56.

20世纪60年代，一些学者发展了一项被称为亲子游戏治疗（filial play therapy）的创新技术。这个以来访者为中心的游戏治疗方法由盖尔奈（Guerney）夫妇提出，要求训练父母们每周在家指导孩子们游戏。通常刚开始接受训练的父母会期望自己的孩子能有所改变，但在训练的过程中，父母会发现自己对孩子的想法有了改变，因而能在更广泛的意义上接纳自己的孩子。随着父母的不断接纳，孩子们的自信和自我效能感也在不断增长，亲子关系得以有效改善。

3. 行为主义的影响

20世纪50年代，出现了以条件反射原理和社会学习理论为基础的行为治疗，其目的是修正或去除适应不良的行为,代之以适应良好的有建设性的行为。为实现这一目标,治疗者运用了强化和模仿等概念。行为治疗者只关心行为问题,并没有尝试帮助儿童表达出自己的感受或去理解儿童内心的冲突,治疗者通过消除那些维持和加强不当行为的强化物来减少或消除不当行为。在这个理论架构中,游戏只被当成一种目的和手段,游戏本身并不被视为是有价值的。行为治疗者虽然不关注游戏本身的价值或疗效,但却认为游戏提供了一种建立联系的渠道,配合治疗可以使儿童的行为向积极方面转变。因此奖惩、模仿示范、放松训练和系统脱敏等方法逐渐被用于儿童游戏中,必要时也会教给父母和教师。

认知行为游戏治疗的特质
1. 认知行为治疗是结构的、引导的和目标导向的。
2. 认知行为治疗的焦点是儿童的想法、感受、幻想和环境。
3. 经由游戏直接处理孩子的问题。
4. 发展更具适应性的行为。
5. 应用实验证明各种有效的技巧和模式。
6. 允许实验的处理。

总的说来,游戏治疗根植于传统的精神分析模式。早期学者们如克莱因和安娜·弗洛伊德,把游戏解释为儿童内心冲突的象征。运用这种方式的游戏治疗者高度依赖解释儿童与治疗者之间的关系转变。放松和结构式治疗,由利维(Levy,1979)所创造,在游戏中引入和再现产生焦虑的生活场景。这些模式很少强调关系,治疗者准备游戏场景,鼓励儿童通过宣泄释放情感。以来访者为中心的游戏治疗建立在治疗者们坚信儿童会健康成长这一信念基础上。Axline将卡尔·罗杰斯的来访者中心疗法修改成游戏治疗技术。这个成长性的模式依赖于创造一个温暖关心的治疗环境,并且相信儿童有能力解决自己的问题。此外,作为关注行为本身而非理解冲突或帮助孩子表达情感的行为治疗者们,在游戏中主要运用强化、放松、脱敏等方法,他们的目标是用适应良好的有建设性的行为取代适应不良的行为。

三种游戏治疗学派(精神分析派、儿童中心派、认知行为派)之比较如下(Knell,1993)。

表5-2 三种游戏治疗学派的相异性

	精神分析派	儿童中心派	认知行为派
目标	方向来自儿童游戏而非治疗者	不可以有指引	建立目标,作为接入的基础

续表

	精神分析派	儿童中心派	认知行为派
治疗者	是"参与的观察者",不建议活动	由儿童决定一切	与儿童一起选择
引导	游戏不是用来教育的	不认同使用教导	游戏是用来教导技巧的
技巧	以解说为终极目标	只有在儿童先提出时才做反应	将冲突以口语的方式表示出来
赞扬	不同意使用赞扬	不可使用,因为赞扬仍是一种影响儿童的企图	是重要因素,借之可以催化学习

另外,这三种治疗学派也具有相似性,具体表现在如下:① 关系上建立接触,参与处理,引发信任;② 经由游戏而沟通;③ 安全的场所;④ 提供线索去了解儿童。

4. 阿德勒理论的影响

阿德勒是第一位打破传统精神分析思想的理论家。阿德勒认为个体不仅是有攻击性和性驱力的,阿德勒在人格发展方面投入了更多的社会人际动力,他的理论具有发展和成长倾向,很少集中在无意识过程。与安娜的精神分析相比,阿德勒更关注"此时此地"。安娜的方法是希望寻找到已经发生的错误并改正,而阿德勒的方法是寻找正确的东西并让它们更强大。

阿德勒认为人具有创造性和独特性,从童年开始,人们就开始寻求生活的意义,寻求他们在原生家庭中的角色。家庭是儿童获得归属感的第一个社会领域,出生顺序、文化和其他生活环境对个体建立归属感起着重要的影响作用。

社会兴趣是阿德勒理论中的另一个重要概念,这是一种社会联结感以及一个人对社会关心、为社会进步而采取的行动。阿德勒相信人们生来就具有社会兴趣,但成年人必须在儿童的生活中对其进行教育和引导。一个人的社会兴趣是衡量其心理健康的重要指标。

阿德勒理论流派的人性假设(Adler,1998)

1. 人具有创造性和独特性。
2. 人根植于社会性,有归属感的需要。(people are socially embedded and have a need to belong)
3. 人们创造生活风格(如感觉、思维、行为模式等),来预测和管理自己的生活。
4. 童年的生活经历和原生家庭对个体的社会生活风格起重要影响作用。
5. 人的行为具有目标导向。

尽管阿德勒理论适用于孩子和家人之间,但他并没有形成专门的游戏治疗方法,近年来科特曼(Kottman)将阿德勒的理论和技术广泛应用于儿童游戏治疗。阿德勒游戏治疗是一种可以快速建立关系,适用于多种情境的儿童治疗方法。以儿童为中心的游戏治疗、认知行为游戏治疗、阿德勒游戏治疗是当代游戏治疗的三大理论流派(Lambert, et al.,2007)。

(二)发展趋势

有关游戏治疗的研究在20世纪50年代之前相当兴盛,之后就逐渐沉寂下来,到了90年代后,又大量地涌现。1982年美国儿童游戏治疗协会成立,标志着游戏治疗进入快速发展的态势。随着该领域的不断发展,游戏治疗呈现出一些发展新趋势。

1. 融合的趋势

针对单一理论流派不能很好地解决儿童心理问题的现象,当代儿童游戏治疗并不坚持某个特定的学派立场,而是逐渐地持整合与折中的观点,当代的实践者们将游戏治疗中由当初关注儿童潜意识的传统精神分析扩展到关注儿童的认知能力、可观察的行为、家庭系统、同伴和社会系统。因此,游戏治疗者们可以利用各种技术,比如,玩具和木偶游戏、沙盘游戏、讲故事的技术、戏剧游戏和其他一些用于儿童创造性的艺术形式,采用直接和间接的治疗手段,以及运用不同的理论流派来开展这项工作。

2. 向广度和深度发展

早期的游戏治疗理论框架,强调治疗的游戏是一种方法或取向,而最近则将游戏治疗广泛用于解决不同年龄、性别、文化的儿童的一般和特殊问题。同时,随着治疗对象的专门化程度不断提高,直接服务于特殊人群的游戏治疗方法和技术不断出现,这些技术包括"攻击性""自闭症""多动症""慢性病""选择性失语症"等问题的治疗。

3. 日益强调游戏的预防性和发展性功能

随着游戏治疗使用范围的扩大,游戏不仅是我们这个充满困扰的时代里帮助问题儿童的最佳方法,也是帮助每一个儿童健康成长的重要手段。事实证明,游戏治疗已经广泛地深入到小学、家庭和医院,游戏的固有属性得到进一步的发展。在家庭、学校背景下使用游戏治疗,满足了更大范围内的儿童的发展需要。

4. 日趋强调游戏治疗的有效性

不同理论取向的游戏治疗越来越强调干预的有效性,并确定儿童游戏治疗产生治愈效果的基本成分(Yee,& Ceballos,2019)。提供有实证支撑(evidentiary support)的干预是游戏治疗最新的发展趋势(Taylor,& Kottman,2019)。

5. 聚焦新的研究主题

Yee,& Ceballos(2019)通过元分析发现,近十年来游戏治疗主要围绕七大主题展开:①游戏治疗的理论;②游戏治疗的教学或训练;③游戏治疗督导;④游戏治疗的评论或元分析；⑤ 父母的养育；⑥ 游戏治疗评估量表的新发展；⑦ 游戏治疗伦理。由此也不难看出，相关研究的缺失也是比较明显的。首先，这些研究大多基于西方文化背景，如何从多元文化的视角来切入游戏治疗目前看起来还缺乏相关研究。此外，如何评价游戏治疗效果，如何进行具有针对性的督导，如何判断游戏中所涉及的伦理相关的问题，这方面的研究也还比较缺乏，随着更多技术的使用，对游戏治疗的伦理问题展开研究也显得越来越重要。

尽管如此，游戏治疗的发展前景还是非常乐观的，有学者预计，游戏治疗在未来进一步的发展将重点围绕以下几个方面展开：以儿童为中心的游戏治疗（Child-Centered play Therapy，简称CCPT）、儿童—父母关系游戏治疗、亲子游戏治疗、戏剧治疗（theraplay）、阿德勒游戏治疗（Yee, & Ceballos, 2019）。

四、游戏治疗的功能价值

游戏可以帮助建立治疗关系，帮助儿童交流他们的想法，帮助评价与促进康复和成长。游戏中没有成人的评价和判断，因此可以为儿童提供直接或象征性的交流想法和感受的机会。游戏是评估过程的关键，因为它使得治疗者能够理解儿童的需要、情感、冲突和恐惧，同时确认儿童投入治疗的程度。游戏能治愈儿童，因为它允许儿童释放封闭的情感，并再现创伤事件和经历。通过游戏，儿童通常能显现出问题所在并尝试用新行为来解决问题。在一个受到保护的环境中，儿童有机会尝试解决他们的问题，这个经历帮助儿童获得成就感，促进自信心和自我悦纳的增长。

（一）建立关系

能被儿童邀请加入游戏跟儿童一起游玩的成人算是很受优待的，只有一部分被信任的成人才会被允许进入其中。治疗者被叫"坐那儿去"或"去接电话"，说明他能在儿童世界被赋予特定的任务。儿童游戏的高潮能创造出一种治疗氛围以促进儿童的自我表达。治疗者在游戏中通过观察并与儿童互动，从而与儿童建立起关系，这样他们在制作游戏材料和玩玩具时就可以彼此沟通了。

（二）交流

游戏是儿童传达他们意识和潜意识中想法和感受的自然途径。儿童不能使用复杂的语言表达他们的冲突或创伤，但会把它们"玩出来"。此外，儿童还能通过游戏表露出那些过于痛苦却无法言说的信息，可以显示他们隐藏的愿望、痛苦和孤单。在安全的游戏治疗环境中，儿童可以表达出创伤和生活经历。而这些他们可能也只是模糊地意识到，治疗者却可以觉察出儿童潜意识中的想法和感受。

（三）评价

当听到并理解儿童言语或象征性的交流时，治疗者就能够获得儿童发展的各个方面的重要线索。在游戏中,儿童会说他们是什么不是什么;在象征性游戏中,儿童分享他们的经历、问题、需要和力量。儿童调整他们的游戏去适应他们自己的观念,治疗者便能够从中了解他们的价值观、兴趣和信念。此外,儿童在和家庭成员、同伴、老师的游戏互动中表现出的恐惧和担心,使咨询师能够有机会评价儿童的应对技巧和能力。所有这些信息都能帮助治疗者制订有利于儿童不断发展的治疗计划。然而,更重要的是,它为儿童提供了一个渠道来表达想法、情感以及与过去、现在和将来的活动有关的经历。

(四) 治愈

游戏治疗不需要高度发展的交流技巧,因此,它对那些因为不善于言语表达而显得孤僻、不说话和有情感创伤的儿童很有帮助。通过游戏,隐藏着矛盾、创伤或敌对的儿童会发现乐趣,并含蓄、象征性地表达出平时被压抑的愿望和冲突。这时一位亲切的治疗者只需鼓励宣泄并做出共情的反馈,就能对儿童产生影响了。

儿童可以在释放压抑情感的同时学会控制情绪的表达。比如,一个经常和其他儿童打架、充满敌意的孩子,会扯掉所有泥人的头发,击打木偶。这种情形下,他可以在安全的游戏房发泄怒气。除了这种发泄外,这个孩子还学会控制怒气的表达,并练习更适当的方式去调控他的怒气以宽恕其他孩子。

游戏可以让儿童表达并探索矛盾,卸下防备,消化痛苦的经历。在安全的治疗关系下,一个孩子会感到足够的安全,并放下防备,体会放松的感觉。通过接受儿童原本的样子,以尊重的方式与儿童交流,治疗者可以帮助儿童减少焦虑。

游戏可以鼓励儿童将自我否定与自我悦纳统一起来。游戏治疗环境为儿童提供了一个机会,使他们将真实的感受释放和表达出来,允许儿童认识到自己隐藏的想法和情感。治愈过程的下一步是发现问题的新的解决方法。借助游戏,儿童能探索、思考并采取行动而不用害怕被批评、羞辱和拒绝。儿童可以在游戏中练习新的行为,保持有效行为,去除无效行为。治疗的最后一步是培养儿童具备一定的能力,具备将实践行为运用到游戏治疗环境之外的情境中。

(五) 成长

游戏促进了自我成长,并综合了动机、认知、想象、创造和社会行为能力等多方面的共同发展。从本质上来讲,游戏使儿童练习去生活并且发展适当的行为。通过游戏,儿童巩固了发展中的认知、语言、动机并探索其能力范围。随着儿童在游戏中对各种动作和任务的认识加深,他们会发现哪些是他们可以做而哪些是不能做的。当他们尝试着去解决问题时,他们就提高了解决问题的能力,并知道什么有效而什么无效。当他们尝试以不同的方式去思考和行动时,他们就增强了应对能力。把这些胜任能力结合到新的环境中,儿童又增强了自信和自我悦纳,这些能力对儿童的终身发展都有帮助。

第二节 游戏治疗的技术与步骤

一、游戏治疗的准备

有些治疗者会有专门的房间进行游戏治疗,还有人会将游戏材料放在箱子里随身携带。有条件的情况下,可以专门为儿童治疗准备好一个房间,关于这个问题可以参见第三章中三种样例儿童治疗室的布置,并从中得到一些启示。

治疗者准备着手治疗时,首先需要选择一些帮助儿童交流的玩具和材料。游戏材料的选择取决于治疗者对于儿童治疗的价值判断。玩具应尽可能简单,做工结实,方便儿童制作,让儿童可以通过自己的想象发挥能量,因此,自动化或电动的玩具是不予考虑的。

尽管不同的治疗者会依据他们各自独特的治疗理念选择玩具,但一般治疗者都会参考吉诺特(Ginott,1960)所提出的选择玩具的理论。按照这个理论,所选择的玩具应该具有以下特点:① 有助于治疗关系的建立;② 有助于引发和鼓励宣泄;③ 促进领悟;④ 提供现实检验的机会;⑤ 是情感升华的媒介。此外,游戏材料还应该考虑到是否促使儿童创造性和情感的表达,激发兴趣,以及是否允许在非结构化层面进行探索和自我表达。

(一)促进表达的玩具

如果说玩具是儿童的单词,游戏便是他们的语言。因此,治疗师应该提供玩具促使儿童表达出自己宽泛的想法和感觉。比如,一个孩子可能希望用一个玩具组合在玩具房中展演出家庭真实生活的情形。有时,动物木偶可以帮助儿童表达一些他不愿用类似人的玩具来表达的感情。根据Ginott(1960)的观点,给儿童提供一些平时在家不允许玩的玩具是个不错的主意。这些玩具传达了放任轻松的氛围,可以帮助治疗者理解儿童的内心世界。

(二)促进创造力发挥的玩具

有些玩具,通过它们特有的本质,可以鼓励儿童创造性的发挥。各式不同的衣帽、珠宝首饰让儿童想象着将自己装扮为其他人。充分利用一些游戏材料,激发儿童的创造力、想象力。选择玩具时,咨询师需要考虑到,即使一些很简单的材料有时也会令儿童迸发出想象的火花,要善于引导儿童发挥创造力。

(三)释放情感的玩具

儿童会用沙、水、颜料和泥土来释放他们平时不敢公开交流的强烈情感。比如,沙子可以变为"雪"或"水",甚至变为洋娃娃和其他玩具的墓地;黏土、沙和颜料可以让孩子隐藏他们不想暴露的情感,让他们在不被觉察或尴尬的情境下做或者不做一些举动。沙、水的游戏不仅提供了一种安全的方式让儿童探索和释放情感,而且还可以使一些儿童心境平缓、放松、安静。

(四)表达攻击的玩具

玩具枪、塑料剑(带夜光的)、木盾、玩具槌子和钉子可以让儿童表达敌对和攻击。射击、刺戳、踢打和拳击是生气的象征性表达。允许他们通过游戏将攻击性的情绪释放出来,可以让他们在治疗中得到情感宣泄的机会并再次投入能量。用塑料剑去袭击、敲木板、击枪、钉钉子、造东西都是需要专注和合作的活动,这些活动帮助儿童在游戏房内将精力都集中在计划和目标上。

以下是一份建议使用的玩具和游戏材料清单,它们有助于着手规划游戏治疗。

玩偶家庭

玩具娃娃

茶壶、盘子、平底锅和模拟食物

有家具和玩偶的玩具屋

布料动物

木偶(动物、人、其他物体)

木偶剧院(可在家里由家人制作)

沙和铲子

沙盘缩微模型

玩具枪、刀、剑

衣、帽、饰品

建筑用的砖、瓦

玩具小车、卡车和船

两部塑料电话

蜡笔、马克笔、颜料等

白板纸、普通纸、儿童专用的剪刀和胶水

游戏用的生面团或橡皮泥

二、游戏治疗技术

游戏治疗技术包括玩偶或木偶游戏、讲故事、阅读、棋盘游戏、沙盘、书画艺术、表演艺术等。由于在本书第六章和第七章中将分别谈到艺术治疗和阅读治疗技术,这里只讨论前几种游戏,每项技术的主要材料清单列在图5-1中,在实际操作中可根据需要做适当的增减。

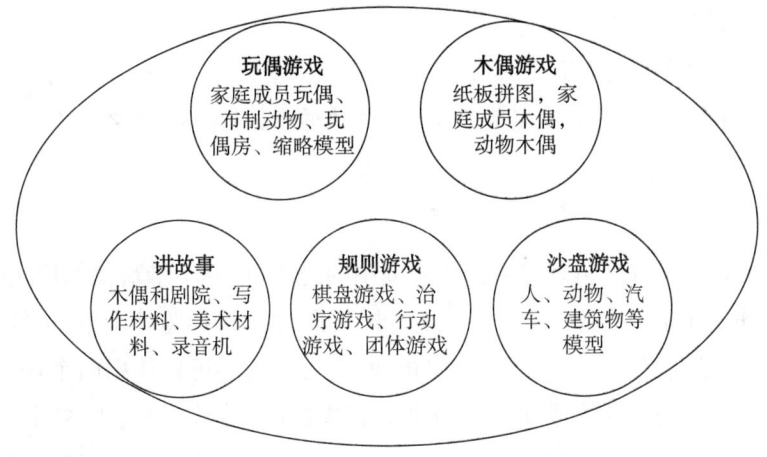

图 5-1 各项游戏治疗技术的材料清单

(一) 玩偶游戏

玩偶为儿童提供较轻松的氛围,让他们表达想法和感受。在玩的过程中,儿童会明确某个玩偶的身份,把他们自己的感受投射到游戏形象上,并借助这些玩偶来表达自己在现实生活中的冲突。玩偶游戏常常为治疗者提供机会去观察和体会儿童的想法、感受和行为,而这些儿童自己往往是不知道的。

用于游戏治疗的玩偶可以包括和实物大小相近的玩具娃娃、仿真玩偶、家庭成员玩偶、玩具房玩偶、填充好的布制动物等。

一套仿真玩偶可以包括成年男人、女人,男孩、女孩等若干玩偶(Boat, & Everson, 1993)。建议这些玩偶可以被用于:① 温和地帮助儿童将注意力集中于他不愿讨论的话题上;② 评判儿童的性知识掌握得如何,包括不同性别儿童的姓名区别及明白不同人体部位的功能;③ 使儿童能展现出过去发生了什么,并能澄清什么是不适当的性虐待动作;④ 提供机会让儿童与玩偶互动,这会证实他们是否受过性虐待。然而,排除言语表达,仅靠儿童和玩偶的行为,还不足以获得可信的证据区分受过虐待和未受虐待的儿童,因此,治疗者可以鼓励儿童在游玩中加入言语。

家庭玩偶在游戏治疗中起着重要作用。除了比较大的玩偶,治疗者还应该准备一套微小的可折叠的家庭玩偶。在使用家庭玩偶的过程中,儿童经常重演他们在家里见到的交流场面。通过观看这些交谈,治疗者能了解儿童和其他家庭成员的互动及儿童对自己在家中地位的认识。下面呈现的便是使用玩偶进行家庭游戏治疗的一个片段。

治疗者:(指着布偶)这个是妈妈,这个是爸爸,这个是哥哥(艾立克,7岁),这个是妹妹(苏西,5岁)。谁来表演爸爸、妈妈吵架之前发生了什么?(苏西自愿并拿起代表

妈妈及爸爸的布偶)

苏西:(当妈妈)把艾立克送上床。

苏西:(当爸爸)我要喝酒。

苏西:(当妈妈)不准。

苏西:(当爸爸)那我走了。

治疗者:你表演了一些在吵架前及吵架中发生的事,你可以表演之后发生的事情吗?

苏西:不要。

治疗者:好,你刚才"跳过",下一个换谁?

玩偶房可以象征性地再现出儿童在家庭中的经历,用两个带玩偶的屋子,能帮助经历分离性创伤的儿童解决遗留的冲突。在"老房子"里重新体验被拒绝、生气、恐惧等感觉,而另一个房子则提供了一个更加积极的改变。此外,还可以使用两个玩具房来帮助儿童减少因为亲人长期住院或死亡而带来的哀痛之情。再如,因家中多了一个继母所生的孩子或加入了一个继父母的孩子,儿童会产生压力,这个方法也可以用来帮助儿童调整这方面的压力。第二个房子可以提供一种安全的方式以释放情感,并使儿童尝试以不同的方式和家人相处,从中甚至可以发现他们能从哪些其他关爱他的人那里得到支持。

有时,由于像人一样的玩具太有威胁性,儿童会优先倾向选择动物玩偶,因为动物玩偶们相对会远离令儿童痛苦的真实对象,更易让儿童将感情投射到它们身上并取代冲突。在游戏中,儿童常常会赋予动物玩偶以人的特征。比如,一个孩子不敢对玩偶中的父母亲说"我恨你",但可以对一头玩具狮子这么说。像玩具熊一类可以拥抱的动物容易引发出温顺、亲昵的行为,而蛇、狮子和老虎可以让儿童释放恐惧和生气的感受。

玩偶游戏中推荐使用的材料

人体仿真玩偶

家具完备的玩具房

玩具房中玩偶家庭成员:妈妈、爸爸、男孩、女孩和小宝宝

可弯曲折叠的家庭玩偶套件:母亲、父亲、女孩、男孩、奶奶、爷爷、其他女人和男人

玩具动物:玩具熊、猴、乌龟、蛇、狮子、老虎或其他儿童可用来表达情感的动物

(二)木偶游戏

与玩偶游戏相类似,木偶可以让儿童象征性地讲述故事并表演出他们的想象。这是一项古老的游戏形式,据说在中国汉代民间就开始出现这种游戏,也有人称之为傀儡游戏。这种游戏形式已经在儿童和家庭中成为一项广受欢迎的治疗方法。木偶游戏可以有固定结构,也可以没有。在木偶游戏中,儿童可以表演出并处理他们很难面对的那些想法和感受。儿童可以用木偶来创造一个独立于自己的人,并透过这个小人木偶显

示出那些他们所不能直接表达出来的东西。这时,儿童不仅和木偶所代表的人的特征一致,还把他们的想法赋予了木偶。尽管在木偶游戏治疗中,3岁或更小的儿童也可以得到帮助,但一般研究者建议木偶游戏对5~11岁的儿童最合适。

家庭木偶可以由很多不同的材料制成。准确地说,这些所谓的木偶并不一定需要采用木头来制作。有些治疗者在他们自己的指头或手套上做木偶,也可以在市场上购买现成的木偶娃娃。很多不同的配件如勺子、铅笔和纸做的手工材料也可以加入到木偶游戏中,比如纸折的船可以载着家人,两把勺子可以作桨,等等。

动物造型的木偶在儿童治疗中占据一席之地,因为它们为儿童提供了一种以不带威胁的方式来探索他们接受不了的想法、感情和行为的途径。下面的实例便是使用动物木偶进行表演的一个治疗片段。

吉米今年6岁,在一次车祸中,比吉米小2岁的妹妹不幸丧生,妹妹去世后,吉米从不提起她,吉米对发生的一切显得非常冷静,一切行为都表现正常。在几次沙盘游戏治疗之后,治疗者借助于木偶为吉米表演了三幕木偶剧。

第一幕:一只狗和一只猫正在一起玩,玩了一会儿之后,狗开始训斥猫,并用很难听的名字称呼猫。猫开始哭泣。

第二幕:一个大一点的动物,一只鹰,告诉狗发生了一个事故,猫在这个事故中死了。狗非常难过,开始哭泣,说自己并不是有意要训斥猫。鹰于是就安慰狗,说猫不是因为他的训斥而死的。

第三幕:狗对鹰说失去了猫之后,自己有多伤心。鹰最后拥抱了狗。

吉米非常认真地看完了这个简单的木偶剧,并立即询问自己可不可以来表演。吉米的表演增添了更多的内容,狗告诉鹰自己曾经打过猫,而且有时对她不好,鹰继续安慰他这些都不是导致猫死亡的原因。在结束这次治疗时,吉米最后说了一句话:"我太喜欢这种木偶剧了!"

有一群各式各样的动物特别重要,因为儿童会把人的生气、沮丧、羞怯、恐惧、焦虑、忌妒等情感特征,以及攻击、退缩、哭喊或懒惰等行为特征赋予木偶们。鳄鱼、鲨鱼、老虎、狮子等可以用来代表攻击,而兔子、老鼠和小羊羔可用来代表胆怯。在攻击性的儿童游戏中,一个老虎木偶突然活过来了,口里吐出火来,将假设的敌人置于死地。通过赋予老虎木偶攻击性的特征,儿童获得了发泄,并且也不会带来恶果和罪恶感。同样的,老鼠木偶常常胆怯害怕,蛇木偶则是奸诈和令人害怕的,鲨鱼木偶几乎总是躲着伺机咬人。在认同鲨鱼的过程中,儿童能释放攻击性,来袭击真实生活中折磨他的人。一些中性木偶,如小狗、猪和鸡也是有帮助的,虽然它们不会引起一些特别的感情和需要,但由于中性木偶可以有自由的象征意义,所以儿童可以任意选择他们的情感需要并赋予到它们身上。

木偶游戏也是一个出色的团体活动形式,儿童不论人数多少都可以使用它,尤其在学校场所中(如果儿童团体规模比较大的话,建议使用多套木偶)。由于这些木偶被设计为是穿服装的,所以木偶也代表不同民族或类型的儿童。木偶游戏,尤其是团体木偶游戏,可以让儿童听取别人的观点,并有效地提高解决问题和社交方面的技能。

木偶游戏中推荐使用的材料

家庭手掌木偶:这些要有各种人群的,包括父母、女孩、男孩、婴儿。其他木偶代表继父母、继父母的孩子、祖父母和家庭中其他成员,如叔叔、阿姨、姑姑、舅舅等。

手指木偶:这些可以用纸和布等很多材料自己制作,也可以用儿童的手指,画上头像,戴上帽子,如果儿童和治疗者喜欢的话,可以用橡皮泥和面团做帽子。木偶配件包括勺子、线和纸帽子等。

纸板剪出的家庭成员:剪纸木偶包括母亲、父亲、男孩、女孩和婴儿。儿童团体还需要多套动物木偶,如头缩进壳里的乌龟、龇牙咧嘴的鳄鱼、老虎等。

此外,建议购买或制作一些猪、兔、猴、熊、鸡、鲨鱼、龙、蛇和恐龙的木偶。治疗者还可以根据需要配置多套不同的木偶用以团体治疗。

(三) 讲故事

自从加德纳(Gardner, et al., 1993)首次提出"讲故事"这个概念之后,相互间讲故事的技术在游戏治疗中受到显著重视,事实也证明这种方法用于儿童治疗十分有效。这项技术采用儿童在游戏治疗中自编故事来帮助儿童探索已有问题的解决方法。治疗过程包括:首先让儿童说出自己的故事,然后治疗者回应故事,介绍一个更合理地解决故事中儿童冲突的方法。这个技术可以配合录音和录像来给予补充,以便让儿童直观地看见并听到他们自己讲的故事。

讲故事中录音机的应用技巧

首先,治疗者向孩子说明这里有一堆录音带,每个来这里的小朋友都会有自己的录音带。

接着,治疗者问儿童喜不喜欢录一些声音在录音带上。通常孩子都喜欢这样的设计,这会让儿童对治疗室开始产生一些归属感。

然后,再问孩子愿不愿意在一个虚构的电视节目中当一个"说故事来宾"。如果孩子同意,就把录音机打开,借着这样的方式开始讲解孩子说故事的过程和要求:"嘿,各位小朋友,早上好!欢迎大家来看我们的'编故事电视节目'……小朋友在讲这个故事时,要有一个开头、一个中间和一个结尾。当你讲完这个故事时,你必须说出这个故事隐含的意义是什么,因为一个好故事都会有一个隐含的意义。在大家讲完故事后,我也要讲一个很有趣很不平常的故事,然后我会告诉大家我的故事里隐含的意义。谁是今天第一个讲故事的人,现在可不可以告诉我你的名字呀?"

故事开始前,治疗者要问孩子一些简单的问题并进行录音:年龄、学校、年级、老师及地址;接着重放这段对话,让孩子听听自己的声音。这时,治疗者开始引导故事的开始:"好了,现在我们已经知道说故事的来宾的一些情况了,下面故事就要开始了,大家准备好了,精彩不容错过哦!"

至此,大部分的儿童都会立即进入讲故事的状态,如果有些孩子要求要想一下,治疗者可以把录音机停下,跟随孩子的步调。

在讲故事的过程中,治疗者还可以创造性地改编故事和神话以满足每个儿童的需要,但是,在实际治疗时,如何运用这些故事要视儿童和治疗者的想象力、创造力而定。有时候,治疗者可以让儿童通过写作文的方式写下故事,而非口头说出来。比如,有一个9岁的女孩在学校老师的帮助下把她说的故事写了下来,在逐渐把故事细节补充完整成为一个系列连载故事后(这些故事包括了其他儿童的补充和解释),被这位老师编进了儿童故事书中,很受小朋友的欢迎。此外,讲故事的时候还可以伴随玩具、木偶游戏一起进行,这种技术性的调整可以让儿童更加生动地表演出他们的故事。

讲故事是一种建立融洽关系的很好的方式,并能使治疗者更多地了解儿童。儿童讲述故事,交流与自己和家庭有关的重要信息,并学会表达和控制自己的感情。通过听儿童讲故事,治疗者能更好地明白儿童的防御、冲突和家庭动力系统。在分析儿童讲的故事时,治疗者会去寻找总是被重复的主题,这些主题提供了与儿童情感和心理挣扎有关的重要线索。通过解释,会知道故事主题中更多其他的情况。由于某些特有的情形,解释故事意味着会给一些儿童带来麻烦,因此一定要考虑到儿童的年龄、想象力和发展水平。此外,治疗者必须熟悉并擅长理解象征意义上沟通的特点,对儿童故事的理解在很大程度上依赖于治疗者的技巧和判断能力。

讲故事中推荐使用的材料

写作材料:纸、笔等

美工材料:纸、蜡笔、彩色铅笔等

让儿童表演他们故事的木偶和玩偶,以及表演木偶戏的剧院,剧院可以由包装盒做出来,并让儿童装饰录音机和录像设备

(四)规则游戏

随着儿童不断成长,他们的游戏逐渐由想象转向现实,儿童开始进入规则游戏阶段。

用于治疗的规则游戏可以一人、两人或多人玩。一开始，游戏要有趣，并且规则比较宽松，儿童可以经常违反甚至修改规则。但随着儿童不断长大，规则逐渐变得严格，竞争性也日益增强，个人和群体游戏帮助儿童学会怎样与他人分享、怎样等待轮流进行、怎样与他人合作以及怎样遵守游戏规则。

如果有选择游戏材料的机会，学龄儿童常会选择棋盘游戏，这种室内游戏包括象棋、围棋、跳棋、飞行棋及其他一些游戏棋。棋盘游戏可以帮助儿童集中注意力，增强自律性，并学会在输赢后表现得得体大方。这类游戏还有助于建立自信，发展儿童的认知、动机和社交技能，提高他们的自尊和自信。

除了棋盘游戏之外，"跳房子"等动作游戏也深受男孩和女孩喜欢，他们会因为比治疗者跳得远而兴奋不已。不过，在安排这类游戏活动时，需要注意一个问题，现在城市很多独生子女，由于生活方式的原因，可能对这类活动已经不太熟悉甚至变得比较陌生了。他们更愿意参加那种独自和电脑虚拟人物互动的一些游戏。对于这一点，治疗者必须非常谨慎，一般情况下最好不要安排这类游戏活动，虚拟游戏不仅不能帮助儿童学到现实生活中的人际行为规范，相反，很容易令儿童沉溺于一种虚幻的世界之中而难以自拔。

团体游戏对于提高儿童的社交技巧有很大帮助，因为游戏要求他们遵守规则、为他人考虑、合作并轮流加入。此外，团体游戏还可以使儿童通过言语行为直接或间接地表达他们的想法，让儿童了解彼此姓名、建立团队联系，并获得乐趣。

父母加入到部分游戏中，可以加强亲子交流，帮助父母了解儿童的发展状况，并能体验到合家同乐的氛围。

（五）沙盘游戏

无论在海滩、庭院还是游戏室，儿童都喜欢玩沙子。他们会不由自主地铲、挖、凿、雕出一些城堡、隧道、山脉、跑道和河床，治疗者可以看到儿童独特的内心世界。如果游戏室里有沙箱的话，就会多出一种有趣、放松并有治疗意义的媒介。

沙盘游戏首次被罗恩菲尔德（Margaret Lowenfeld）引入治疗技术，被称作"世界技术"——儿童把他们放置玩具的箱子称为"世界"。后来，沙盘游戏作为精神分析技术的一种工具，让问题儿童通过表达幻想、发展控制能力来解决创伤问题并控制内心的冲动。

沙盘游戏在治疗者营造的真诚、温暖和充满认同感的氛围下，帮助儿童表现出内心问题，促进治疗进展。这项技术常被那些习惯迂回治疗的治疗者所运用，他们允许儿童主动领路；也可被习惯直截了当的治疗者所运用，他们可以控制沙盘游戏的过程。治疗者选择如何将沙盘游戏融入游戏治疗过程取决于他们的个人风格。沙盘游戏可被各种倾向的治疗者用于实现各自的治疗目标，例如，行为主义治疗者用它作为诊断工具，而人本主义治疗者用它来营造一种接纳认同的氛围。

沙盘游戏在游戏治疗中会被许多儿童反复选用。有些治疗者深信沙盘游戏比其他治疗方法更具有优势,因为它不像画画和戏剧游戏那样需要专门技术,因此,儿童很少说他们不会在沙箱中创造东西。不管儿童铲、挖、凿、雕,都是由他们自己掌控来进行创造。儿童玩沙盘时,他们能创设情境,无论受何种创伤的儿童都能够玩出他们内心深处的想法和感受。由于有掌控权,儿童能消除不良感受,包括那些受虐儿童在沙盘游戏中都会感到舒畅和被呵护,并会受到教育。

三、游戏治疗的步骤

(一) Gumaer 的 5R 游戏治疗步骤

游戏治疗不应仅仅是和儿童一起做游戏而已。Gumaer(1984)强调,在治疗中如果没有明确的目的,游戏作为治疗媒介就会与一般游戏没有什么不同。在游戏互动中,当治疗者听懂儿童的象征性言语表达并和儿童对此展开交流时,儿童就开始自由探索复杂矛盾的想法、感受和行为了。在安全的游戏房里,儿童可以再现现实生活中很紧张、恐怖的情形。这些再造情形,可以由儿童或治疗者建立,提供机会让儿童有意识或无意识地表达出自己的感受,再次经历曾经的事件或关系。通过这种修正经历,儿童发现可以改变自己思考和行为的方法。最后,治疗者提供机会让儿童在治疗关系中练习新的行为,让他们可以解决问题并发展更有效的策略处理那些以前不能解决的问题。

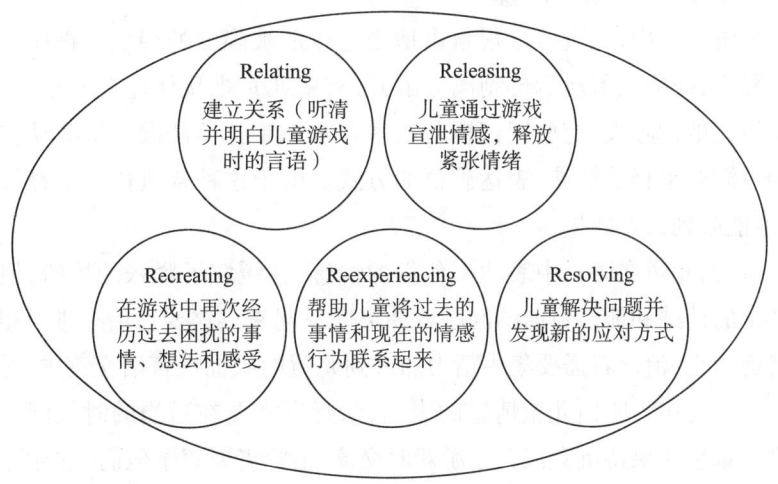

图 5-2 Gumaer 的 5R 游戏治疗步骤

图 5-2 描述了上述游戏治疗的五个步骤,即 Gumaer(1984)所提出的 5R 游戏治疗:建立关系,释放情感,再现重要事件,重新体验事情,解决问题,以新的理解方式重新体验杂乱的想法和感受,在游戏中通过实践新的行为来解决问题和冲突。此综合方法必须建立在有良好心理动力学和发展方法的游戏治疗的基础上。因为儿童是各自不同

的个体，有些儿童治疗不一定会依序通过每一个步骤，可以结合几个步骤，跳过一个，或停留在某个特定的环节中，例如，当一个儿童在释放情感的同时，他可能已经可以解决自身问题了。儿童和治疗者的关系在治疗过程中不断变化，双方的互动也不断变化。治疗者在这个关系中可以直接或间接地使用各种咨询技巧，比如倾听、同感、澄清、对质和理解，以帮助儿童解决问题并提出更好的应对策略。

1. 建立关系（relating）

治疗关系只有在治疗者理解了儿童的表达后才能建立起来并得以维持。

在游戏治疗的初期阶段，儿童会通过各种方式来测试安全性（"治疗者真的不会批评我？"）。当儿童感觉到无论自己的情感多么消极都会得到尊重，他们就敢于把这些情感体验表达出来。当儿童感到自己不断地被接受和理解时，就会更多地表露自己，这些自我表露可以帮助治疗者观察到儿童自身特有的世界。随着关系的发展，治疗者可以更多地了解儿童及其独有的生活经历，并更好地认识儿童。治疗者的同感使儿童明白在特有的经历中自身的感受是什么。当把这种同感传达给儿童时，便促进了治疗关系的建立。

仅建立和维持关系是不够的。除了营造温暖接纳的氛围，游戏治疗还必须使儿童练习正确的行为，帮助儿童将他们的想法、感受和现在的行为联系起来。因此，治疗者需要考虑利用治疗环境来建立一些治疗规范，帮助儿童学会对自己的行为负责，教给儿童以更好的方式满足自我需要。

2. 释放情感（releasing feelings）

在安全的游戏房中，儿童可以很自由地表达以前被隐藏的想法和情感。有些儿童猛烈地捣烂黏土，捏成人形然后再剥离分解开；有些儿童把玩偶埋在沙子中，然后很快地放入稻草以让他们呼吸；有些则把婴儿头埋在水下帮他们洗澡。这些动作为儿童提供了一种通过游戏来释放情绪、表达感情的方式。由于这种宣泄让儿童释放了紧张情绪，其本身就能起到治疗效果。

在这一阶段，儿童在游戏中表达了他们的情感，并缓解了紧张的情绪，但他们还没有将自己杂乱的情感和他们目前的问题或冲突联系起来。这要在治疗进行很久后才会达到。到目前为止，治疗者需要集中精力加入到儿童的象征性言语交流中，并对儿童的表达有所反馈。要想弄明白儿童情感的表达，治疗者需要在适当的时候问一些开放性问题。如果儿童选择保持沉默或只在游戏时交流，治疗者要尊重他们的选择。

3. 再现重要事件（recreating significant events）

随着儿童和治疗者的关系趋于成熟，儿童感到很安全，便会进一步探讨他生活中产生这些问题情绪的重要事件。治疗中的这个阶段，儿童在游戏中再现以前和现在的事情，体验到经常伴随他的不舒服的感受。尽管儿童知道有些事情引起了他现在不舒服的想法和感受，但他还不能将这些感受和当前的问题冲突联系起来。治疗者应该重述儿童表达出的话，这能显示他倾听并理解儿童给予的信息。这种澄清反应还能帮助儿童和治疗者注意到儿童游戏中的潜在信息。

4. 重新体验事情(reexperiencing events)

这个阶段,儿童开始逐渐明白过去的事情,并将它们和自己现在的想法、感受和行为联系起来。成人经常用言语表达出这时的体验,而儿童只能在游戏中再现当时的情形,再次体验过去的事情并通过整合过往经历来促进当前的理解。

治疗者的同感能帮助儿童理解曾经痛苦的经历。一旦治疗者整合起儿童过去的经历,理解了儿童游戏中反映出的象征性意义,并将这种理解告诉儿童,如果儿童能听懂,他就会感到被人理解了。有关互动案例的细节可以参见本章第三节的创伤案例。

在儿童和治疗者建立关系这个阶段,儿童会把父母和其他重要他人的行为等因素转移到治疗者身上。比如,在儿童和治疗者一起解决问题的过程中,儿童会把他们认为父母身上存在的积极或消极的品质转移到治疗者身上。作为关系中的角色之一,治疗者可以让儿童结合过去生活经历中的认识来表达想法、感受和行为,从而更好地理解他们。

5. 解决问题(resolving)

在治疗过程的最后一步,儿童可以表达他对问题的理解,并尝试多种不同的解决方法。因为有些问题没有解决方法,儿童可以发展必要的应对问题的技能。在治疗中对治疗者的信任,让儿童感到足够安全,能消除戒备并体验轻松真实的感觉。少了些焦虑,儿童就可以尝试多种不同的想法和行为,并保持有效的实践途径。这个过程在游戏治疗和儿童的日常生活之间起着很好的过渡作用。

(二)阿德勒的游戏治疗步骤

20世纪80年代,考特曼(Kottman)结合阿德勒哲学思想和阿德勒游戏治疗理念发展出阿德勒游戏治疗理论与技术(Kottman, & Meany-Walen, 2019)。阿德勒游戏治疗师在治疗时需要经历四个阶段:① 与儿童建立平等的关系;② 调查儿童的生活方式;③ 帮助儿童习得洞察能力;④ 重新引导儿童适应新的感觉、思维、行为模式。在融入社会的过程中,家庭和学校经历对儿童生活方式产生了重要影响,因此,父母、老师和其他重要成年人也应纳入辅导过程(在儿童许可下)。

1. 与儿童建立平等的关系

阿德勒游戏治疗的第一步:与儿童建立关系。这样的关系将持续到治疗结束(Kottman, & Meany-Walen, 2019)。儿童与成人的关系通常是一种自上而下的关系,成人拥有权力,儿童则要满足成人的期望。在阿德勒游戏治疗中所建立的伙伴关系,使得治疗师和儿童都有能力做出自己的决定。治疗师对儿童表达尊重、接受、信赖、一致性和兴趣。阿德勒游戏治疗师使用跟踪、内容重述、反映感觉、回归责任等治疗手段,与孩子建立起关系。此外,治疗师还鼓励儿童设定边界,进行元信息传递,与儿童一起游戏,有时还会和儿童一起打扫房间。治疗师以诸如"这是我们的游戏室"之类的陈述开始游戏活动,并对儿童说,"有时你会决定我们将做什么,有时我会决定我们将做什么"。这为双方协作和共享权力奠定了基础。

2. 调查儿童的生活方式

调查儿童的生活方式是阿德勒游戏治疗的第二步。生活方式是阿德勒理论的核心,可以围绕以下几个方面进行概念化:家庭排行(family constellation)、个人优先权(personality priorities)、错误的行为目标、关键的4C、生活任务、错误信念、资产(assets)。

(1)家庭排行。包括出生顺序,性别(gender),父母关系动力,纪律策略(discipline strategies),家庭成员的关系以及文化等方面的信息。

(2)个人优先权。包括四个方面:安慰(comfort),高兴(pleasing),控制,优越。它们是个体获得归属感的重要方面,通常存在于意识层面。

(3)错误的行为目标。四种错误的行为目标:注意,权力,复仇,退缩。这些行为能够满足儿童的特殊需要,但也为儿童的人际关系带来挑战。

(4)关键的4C。关键的4C是指和他人获得联结(connecting with others),有能力(being capable),重要性(counting or being significant),有勇气(having courage)。这些是儿童拥有的弹性品质,它们协助儿童进行自我管理。阿德勒游戏治疗师通过工作,了解儿童拥有和缺少的4C品质。

(5)生活任务。五大生活任务——社会性/友谊、工作/学校、亲密/爱、精神、自我,是人类一生都需要面临的挑战。

(6)错误信念。由于自我挫败和沮丧所形成的关于自我、他人、社会的错误信念,人们会误认为这些信念是真实有效的。

(7)资产。资产是儿童的品质和特征,对儿童有益,具有社会建设性。

治疗师通过观察儿童,和孩子一起做游戏,注意儿童对直接活动的反应,观察儿童如何与他人互动来搜集信息,在此基础上概念化儿童的生活风格,并创造出相应的治疗计划。

3. 帮助儿童习得洞察能力

这一阶段帮助儿童获得指导,增强儿童对自己感觉、思维和行为模式的意识,以及这些模式对儿童人际关系或学校生活的影响,促使儿童做出有效改变的决定。在阿德勒看来,这些感觉、思维和行为是交互作用的,干预可以在任何一个领域展开。阿德勒游戏治疗师还和儿童的家庭、学校合作,创造儿童改变的支持环境。

4. 重新引导儿童适应新的感觉、思维、行为模式

这一阶段强调儿童的行动。儿童开始从不同的视角对自己、他人和世界重新进行思考。阿德勒游戏治疗师在游戏室、其他情境和人际关系中为儿童创造实践这些新模式的机会,儿童的感觉、思维、行为模式以及人际关系在不同的情境中得以改变。与此同时,阿德勒游戏治疗师还会将儿童功能的改变和进步告知教师和家长,以便共同鼓励、强化儿童使用新的建设性的行为方式。

游戏治疗中儿童的心路历程

莫斯塔卡斯(Moustakas,1982)指出,在游戏治疗过程中,情绪困扰着儿童的自我表达及自我觉察,儿童常常经历以下五个阶段的心路历程。在游戏过程中,这些情绪发展的阶段并非一步步循序渐进地展开,其中的一些阶段经常在某些方面会有重叠的现象。

阶段一:在最初的阶段,儿童的游戏常充斥着扩散性的负面情绪,如对游戏室、玩具或治疗者充满敌意,伴随着高度焦虑,有时儿童会站在游戏室中间而无法开始任何活动。

阶段二:在初期负面情绪表达过后,儿童通常会表现出矛盾的情绪,大致上不是矛盾就是敌意。如,挑战治疗者的设限。

阶段三:此阶段儿童会对生命中特定的对象如父母亲、祖父母或其他人直接表现出负面情绪,这些负面情绪在儿童象征性的游戏中往往更加显著。如,一个儿童会把代表爸爸、妈妈及新生婴儿的布偶娃娃排成一排,然后宣称:"他们是强盗,我要把他们通通枪毙。"然后她做出把他们一个一个枪毙的姿势,该儿童借此游戏表达出对其父母及刚出生弟弟的强烈负面情绪。

阶段四:儿童在游戏中再次流露出矛盾的情绪。在此阶段,儿童对父母或生命中其他人的情绪和态度,可能同时有正面和负面的。如,5岁的童童对着一个玩具娃娃又打又踢,大声叫道:"我要狠狠打你一顿,没有人喜欢你。"但过了一会儿,他又去拿了一套诊疗箱,开始细心地照顾玩具娃娃,同时小声说道:"乖,很快就不疼了。"

阶段五:当儿童对一个既包容又理解他的大人宣泄了这些负面情绪后,心灵上获得了自由,便能迈向游戏治疗的最后阶段——通过游戏表达自我。此时的儿童已能洞察现实、了解现实,能将情绪带到自觉的层面,然后学着控制或扬弃它们。游戏治疗结束时,儿童已能为自己的情绪负责,并且能在游戏中既诚实又公开地表达自己。

Moustakas认为,被困扰儿童的态度,不管是生气、焦虑或其他负面情绪,都遵循着上述阶段进展。他认为经由这个独特的人际关系(游戏治疗)过程,治疗者必须让儿童表达并揭露出各个层面的情绪,然后才能获得情绪上的成熟与成长。

四、游戏治疗中需要特殊处理的问题

很多文献中出现过针对游戏治疗以及治疗者的各种问题,其中主要涉及儿童对游戏场景好奇、害怕、焦虑、进退两难的情绪反应,儿童对治疗者的兴趣或与治疗者的关系,游戏室的限制,以及儿童的攻击性表达等方面。下面列举的一些问题是为了让读者能更好地熟悉游戏治疗中儿童经常会表现出的一些反应,以及一些有针对性的建议。

(一) 对游戏环境的好奇

"我为什么在这儿?"

"你跟我玩,有钱拿吗?"

"这些玩具是你的吗?"

"有其他人来过这儿吗?"

儿童和成人不同,很少会单独来接受治疗,他们之所以来咨询是因为他们让父母或其他重要的身边人感到担心或生气了。因此,儿童对自己为什么来这儿和是否有别人来过这儿感到好奇是很正常的。新来的儿童总会问很多与游戏材料和玩具有关的问题。比如,他们会问玩具是谁的,可否玩玩具等问题。许多儿童也许不知道他们来的原因,不知不觉便接受和喜欢上了游戏场景,并从中受益。然而,有时也会有孩子直接或间接地问自己为什么来这儿。这时,最合理的做法是尽可能真实地回答他们的问题。比如,当一个孩子问他为什么在这儿时,治疗者应该直接回答:"你妈妈觉得自从你奶奶去世后你一直很难过,她认为你需要和一个人谈谈。"直接的解释或回答问题是一种尊重儿童的姿态。

(二) 矛盾、焦虑、喜忧参半

"我妈妈能和我一起进来吗?"

"别关门。"

"我在这儿害怕,但又很喜欢这儿。"

"我现在能回家吗?"

有时,儿童在起初参加治疗时会表现出矛盾、焦虑、喜忧参半的情绪。他们害怕离开父母去尝试新的陌生的任务,希望能避免让自己处于产生焦虑的情形,不愿意完全投入到游戏中或希望提前结束游戏。在这种情况下,治疗者需要理解儿童的感受并把自己的理解跟儿童沟通。此外,为了减少儿童的消极情绪,还需要采取以下一些积极措施。

为了减少儿童起初的分离焦虑,有时可以让父母加入进来和儿童一起玩游戏。5岁的小刚前来游戏治疗时,他不停地哭并黏着他母亲。他的治疗者邀请他和妈妈一起玩捉迷藏游戏,小刚很快不哭了,并笑对其他人。这一环节过后,小刚便能离开母亲单独和治疗者做游戏了。

小刚是害怕进入游戏室,而另一名儿童可可则是害怕待在游戏室内。6岁的可可曾经被父母虐待锁在黑桶里,所以她一直坚持要把游戏室的门敞开。如果门偶然关上,她便尖叫哭喊。所以,在治疗初期保持门的打开状态可以让可可感到被理解和尊重,渐渐地,过了几周,她就能自己把门关上了。

与之相类似的,有很多儿童都会感受到这种焦虑,不愿待在游戏室里。那么,当儿童想提前结束或不想参加游戏时,治疗者该怎么办呢?对于这个问题有些不同的见解:有些人建议治疗者要尽量查出儿童想提前结束或不想参加游戏的原因,但在弄清原因之前治疗者最好不要让儿童离开;而另一些人则认为应该尊重儿童拒绝参加游戏的权利,即便不允许儿童离开,也应该让儿童自由地在游戏房打发时间;此外,也有人建议让儿童继续参加游戏,答应游戏一结束他们就可以离开或实现他们的愿望。西方的一些学者普遍主张采用其中第二种方法,即让儿童感到游戏治疗很有趣,并愿意留下。

(三) 对治疗者感兴趣

"你多大年纪啊?"

"你喜欢小孩吗?"

"我好像以前见过你的。"

儿童容易对治疗者感兴趣并问一些个人问题,这些问题在治疗初期经常发生,这是儿童和治疗者建立关系的一种方式。一般来说,如实回答有助于建立友善的关系,但不能过于烦冗。儿童经常会问治疗者是否有孩子,他们几岁,以及关于治疗者家庭生活的其他问题。其实儿童有时是想通过这样的询问来了解治疗者在自己的生活中可否再多接受一个孩子。如果是这样的话,这正好是治疗者让儿童明白周围充满着爱的好机会。

(四) 儿童和治疗者的关系

"你做宝宝,我做爸爸。"

"帮帮我,我做不了。"

"保证你猜不到我会干什么。"

"这样可以吗?"

"我可以画我的同学吗?"

"我现在干什么啊?"

当儿童来治疗时,治疗者便开始探索影响治疗关系的因素。通过提问和表达,儿童创造出将会在治疗中扮演的角色。有些儿童会很快承担领导角色,指导治疗者的行为(比如,"你做宝宝,我做爸爸");而有些人则习惯依靠治疗者的指导(比如,"帮帮我,我做不了");有时,他们会设法让治疗者加入一起做游戏,让治疗者猜他们的行动(比如,"保证你猜不到我会干什么")。

儿童一般会让治疗者猜测或给出选项让他选,有时,这也可以算是儿童寻找支持的方式(比如,"这样可以吗?"),或请求允许分享自己的想法和感受(比如,"我可以画我的同学吗?")。如果治疗者直接回答儿童问题,他可能会冒着令儿童失望或阻碍儿童自我探索的危险。因此,治疗者应该询问儿童自己的想法,然后把责任转交给儿童。

有些儿童的问题(比如,"我现在干什么啊?")可能代表儿童不想拿主意,把责任交给治疗者,如果治疗者做决定的话,便纵容了儿童的依赖性,增强了他们不能胜任的感觉。

因此，最好鼓励儿童自己寻找解决问题的答案，把责任转交给儿童，指导他们自我探索。

（五）探索游戏室的限制

"我能留下吗？求你了。"

"再给我五分钟吧。"

"我能把这个木偶带回家吗？"

"咱们去喝可乐吧。"

1. 时间限制

儿童经常会因喜欢游戏治疗而不愿结束游戏，然而所有的游戏都得结束，因此，治疗者得温和地提示儿童时间到了。如果用一种友好真诚的态度，儿童一般会从一开始就愿意合作并在快结束时把东西整理好。如果儿童偶尔拖延或要解决很重要的问题，治疗者可以适当放宽时间限制。如果拖延成了一种习惯，每次都延时，治疗者必须要温和而严肃地提醒儿童时间的限制。

2. 从游戏房带走玩具

偶尔，儿童会请求带个特别的玩具回家。这种情况下通常治疗者不能允许儿童带走玩具，但如果必要的话治疗者可以借给他们，比如，如果一个家庭中没有棋盘的话可以借给他们。

虽然地点局限在游戏室内，但要允许儿童利用玩具和游戏充分发挥他们的创造力。可以拍照片让儿童保留他们制作的沙盘形象。儿童和治疗者的活动照片，可以在特定的时候装裱起来作为礼物送给儿童。这种方式可以让儿童把他们游戏治疗的经历带回家。

3. 饮食

有时儿童会在游戏治疗过程中要求吃些东西，并常常会编一些理由。游戏时儿童会感到口渴或因游戏前没吃东西而饿了，因此在满足儿童游戏治疗时的心理需要之前要充分满足他们的吃喝等生理需要。及时提供一点小点心、果汁或饼干就可以让儿童感到满足，如果在每个游戏环节结束时提供些零食，儿童很少会再要吃的。

有时候，儿童产生需要并不是因为饥渴，而是由于对治疗中即将发生的事情感到焦虑。如果儿童不断要喝东西或吃其他零食，他可能是在回避治疗。在这种情况下，就不能允许儿童不断离开房间。同时，治疗者需要在治疗环境下帮助儿童解决他的焦虑。

第三节 游戏治疗的应用

本节以下两个案例均转引自国外"以儿童为中心的游戏治疗"和"阿德勒团体游戏治疗"两个理论流派的经典个案，并经过适当修改和调整，以符合中国国情。

以儿童为中心的游戏治疗

病例背景

小明,5岁,就读于某幼儿园,因为他在幼儿园极端的破坏性行为被转介接受心理治疗。治疗开始时,小明没有接受任何的诊断评估,治疗后不久,他接受了一位心理学家的评估,被诊断为孤独症谱系障碍(ASD)和注意力缺陷与多动障碍(ADHD)。

小明从未见过自己的父亲(当时被诊断为孤独症),母亲是个吸毒成瘾者。小明从出生起就忍受着极度的忽视和虐待,经历了各种躯体虐待,哭泣时他被锁在壁橱里,目睹了毒品滥用,经历了来自母亲男友们的家庭暴力。直到3岁时外祖母从他母亲那里争取到了监护权,小明就和外祖父、外祖母以及同母异父的哥哥生活在一起。

当前问题

小明不能坚持做某件事,经常在课堂上大喊大叫,踢东西,推搡桌子,有时会变得愤怒好斗。小明不与他人互动,和别人没有眼神交流,不喜欢被触碰也不去触碰别人,被别人误解时会非常生气。小明试图说话时会口吃结巴,因为找不到合适的词来表达自己,所以常常在尝试说话时就放弃。因为对衣服的触感以及鞋袜带来的压力非常敏感,小明常有类似于"抽搐"的行为。小明晚上经常做噩梦,并一直处于高度警戒的状态。老师们称,小明不爱与他人交往,在有较多人的社交情境中会变得异常焦虑暴躁。他的行为多次造成停课,最终出现每天要减少3到4个小时在幼儿园的情况。

咨询过程

治疗师使用以儿童为中心的游戏治疗方案(CCPT),每周为小明进行两次心理治疗,每次45分钟至1小时,治疗持续了1年。治疗后期小明减少了就诊次数,以适应学校和家庭生活的各种变化。限于篇幅,以下分阶段介绍前5个月的治疗。

预热阶段(第1~10个疗程)

小明在最初的疗程中表现得很焦虑。他礼貌地走进游戏房,环顾四周,坐在了一座玩具城堡前。前几次他只是盯着城堡看,不说话也不动。治疗师允许小明来主导,不强迫他做任何特定的事。

第一次会谈时,治疗师试着问些问题,但小明不回答。在治疗师提问时,他经常停下正在玩的游戏。因此,治疗师减少了每次治疗时的追踪语言,并在适当的时候加入积极的自我对话。终于,小明开始和治疗师交流,他指给治疗师看,他想让治疗师允许他在城堡里移动那些玩具和人物。在小明用手指了几次之后,他开始自己移动这些玩具。随着时间的推移,小明在游戏室越来越放松,有了安全感之后他开始尝试说话。但是,小明时常因为自己反应迟缓、难以找到合适的词语表达自己而感到沮丧。

在这一阶段的后期,小明开始和治疗师有更多的互动,他希望治疗师只通过一个蓝色的小熊木偶和他说话,接下来每次治疗时治疗师都带着这个木偶。然而,小明的语言交流仍然有限,因为小明发现说话容易使自己分心,影响自己的游戏活动。在这个阶段,治疗师要用更多的时间和儿童建立关系,因为对小明来说安全感是陌生的,沟通是有挑战性的,因此需要更长的时间来建立关系。

攻击阶段(第11~14个疗程)

一天,小明走进游戏室拿起一个娃娃,把它往墙上和地板上扔。这种行为对他来说很不寻常,因为他总是非常安静地进出房间,几乎不动也不碰任何玩具。在此游戏过程中,因为不用担心小明会伤害自己或破坏物品,治疗师保持了CCPT的非指导性语言和反思性语言。在小明表现出攻击性的时候,治疗师保持冷静,没有强迫他安静下来或是阻止他扔娃娃。小明花了整整45分钟,一边扔、踢、打那个娃娃,一边重复尖叫:"这不是你对待孩子的方式!"小明在接下来的两个疗程中继续着同样的行为和话语。治疗期间,治疗师始终坚持适度的非指导性的情感回应。

攻击—退行阶段(第15~22个疗程)

小明的攻击性行为持续了几周,且退化到婴儿的状态。每个疗程,小明都会表现出不同的行为,这些行为通常低于他实际的年龄。小明在游戏室找到了一个奶嘴,有三次治疗时他都边吸着奶嘴边游戏。他开始爬行,希望得到治疗师更多的关注。他开始"哭喊"求助,希望能被抱着去做一些事情。在家里,他开始和外祖母拥抱(这是他和外祖母一起生活的两年里从未做过的事情)。他的游戏场景包括早期生活事件,这些事件与他的生活中某个特定的时间有关,准确地说是与他表现出的婴儿行为有关。比如,小明含着奶嘴,在他的游戏中创造了一个"墓碑"的场景。治疗师从外婆处了解到,母亲在小明1岁时会带他去墓地,在那里坐上几个小时。小明的游戏开始描绘出一些事件的时间线,他的行为回到了他当时的年龄。

小明上演了各种战斗场面,如和母亲的前男友们打斗并战胜了他们,这些前男友们都曾伤害过小明和他的母亲。他还玩了很多"壁橱"的游戏,在游戏中他开始尝试面对自己对壁橱和黑暗地方的恐惧,因为他曾在幼年时期被锁在里面。在这段时间,小明的游戏大多具有侵略性,因为他是在与过去的伤痛和虐待作斗争。治疗师保持非指导性的语言,关注他的情绪反应,以帮助小明识别情绪并表达这些情绪。此外,治疗师还提供小明在治疗期间所需要的养育支持(nurturing support),并和他的外祖母一起探讨如何在家里满足这些需求。

退行阶段(第23~32个疗程)

在此阶段,小明每天都会告诉治疗师,"我有工作要做"。小明非常清楚自己在治疗期间想做什么。一天,小明嘴里含着奶嘴,看着他曾经在游戏室里扔来扔去的娃娃,然后走向治疗师。他拿出奶嘴递给治疗师,"该是小婴儿长大的时候了,这里很安全,我相信你。这是一颗钻石,我想把它送给你。"接下来的几个疗程中,小明会凭空创造一个"时光机"回到过去,用他的话来说,是去"修理东西",然后再回到现在。但是,相对于攻击—退行阶段,小明"修理东西"用了更熟练的技巧和更适合他年龄的方式。他的大多数游戏都以他玩过的电子游戏或看过的电影为基础,同时也融入了他自己的故事。比如,小明以他对游戏"我的世界"的理解来构建、修复过去事物所需要的工具。然后,小明的游戏变成了专心照顾他的"小婴儿",也就是他的毛绒动物玩具。在疗程结束时,他还会给治疗师和外祖母做饭。他开始表现出照顾别人的倾向,这是他与外祖父母一起生活以来从未出现过的现象,小明开启了自己的成长之路。在这个阶段,治疗师仍接受小明的一切选择,让小明把治疗师当作任何他需要的角色。治疗师为他提供了更多的追踪和反馈,当然还有更多积极的自我对话来提高他的个人叙述能力。

掌控阶段(第33~40个疗程)

当小明完成处理自己的需求和回顾过去那些需要重组的挑战时,他开始发展出新的技能,学会面对新的恐惧。小明开始在治疗时和治疗之外进行积极的自我对话。例如,在小明尝试新的有挑战性的任务时,他边继续完成手头的任务,边大声对自己说,"我很勇敢,我可以"。他的游戏主要展现了他发展的新技能,比如创造户外游戏、绘画、写作,以及为他人制作物品。他的眼神交流也有所改善,他更加社会化,也开始寻求社交互动。小明被邀请加入了他喜欢的棒球队,还和我谈到了他所有的朋友。他不再做噩梦,也不再害怕外面的虫子等东西,他能感知某种情绪(快乐、悲伤、愤怒等),并用语言表达出来。在家和在学校时,他不再出现攻击性行为,可以回到学校正常学习。小明开始表现出一种从未有过的自信。

下面介绍阿德勒团体游戏治疗的一个案例,说明这种干预治疗如何在现实生活中发挥作用。

阿德勒团体游戏治疗

当前问题

小桐,6岁,因为在学校的破坏性行为被送来接受心理咨询。治疗目标设定为:提高在校任务型任务的完成度,例如安静地坐着,及时完成作业,玩得开心,集中注意力,以及抑制情绪的爆发。

芳芳,7岁,父母担心芳芳过于自卑,"太害羞",没有任何朋友。治疗师对她设定的咨询目标为:和小桐在团体辅导中友好相处,增强与他人交往的意愿。

心理咨询师认为,小桐和芳芳之间行为的差异可以促使他们认识到自己的行为目的,以及他们如何影响别人,并且可以从中习得新的感觉、思维和行为模式。

团体辅导的目标是增强两个人的社交技巧,练习与他人分享权力的能力。两个孩子的父母都同意参加小组游戏治疗课程,并根据需要分别进行家长咨询。

咨询过程

第一阶段:与儿童建立平等关系

在团体游戏治疗之前,游戏治疗师首先需要与儿童建立起一对一的关系,与他们的父母进行咨询沟通。

在团体咨询的整个过程中,治疗师致力于:① 与每个儿童建立融洽的关系;② 在儿童成员之间建立起联系;③ 在儿童成员与治疗师之间建立关系。游戏治疗中,治疗师与儿童一起游戏,运用追踪、重述内容、设定界限,进行元信息传递;使用连接、抽出、阻断等团体心理咨询技术推动团体关系的建立。治疗师允许儿童分享作决定的过程,对因分享权力而导致的冲突进行引导。

在第一阶段,小桐对新加入游戏室的成员持好奇、警觉的态度,对治疗师和游戏室中的器材表现出占有欲。而芳芳则安静地坐在洋娃娃旁边,似乎正在评估周围的情况。治疗师在活动开始时说:"小桐和芳芳,你们俩过去都是这个房间里唯一的孩子。现在,我们将在一起相处。和以前一样,有时你们选择我们要做的事情,有时我选择我们要做的事情,有时你们俩会一起完成一件事,有时你们会独自完成一件事。"治疗师决定给孩子们一些时间,让他们彼此熟悉,不做任何具体指示。

在第二和第三阶段,治疗师继续致力于建立上文提到的三个维度的关系。需要特别注意的是,两个孩子要与治疗师保持着牢固的关系;另外,两个儿童之间儿童的关系也需要保持特别的注意。治疗师回顾了自己的感受,交流了从个人活动到小组活动的转变,并将孩子们彼此联系在一起:

"你们俩喜欢做的事就是涂颜色。"

"你们俩都不喜欢和玩偶蛇玩。"

"芳芳,你对小桐在做什么很感兴趣。"

"小桐,你认为芳芳是乐于助人的,因为她把那辆车交给了你。"

治疗师还让孩子们决定游戏活动的内容。最初,她允许小桐选择活动,因为:① 他在不是负责人时会变得有攻击性;② 治疗师想为芳芳营造一种安全感,如果不让小桐选择活动,他变得充满敌意可能会破坏这种安全感;③ 如果要求芳芳为他们三个人选择一个活动,她可能会感到前所未有的焦虑进而封闭自己。当孩子们之间的关系经历了各个阶段变得更加稳固时,治疗师会鼓励芳芳作出决定,并给小桐提供机会练习如何分享权力和应对失望。治疗师还分别与小桐和芳芳的父母见面,询问家庭或孩子的变化,并回答父母提出的任何问题。

第二阶段:调查儿童的生活方式

在第二阶段,游戏治疗师开始调查儿童的生活方式,并根据儿童的个人表达、团体游戏互动来对每个孩子概念化。对儿童生活方式概念化以及制订治疗方案,这在个人治疗与团体治疗中是相似的。与个体咨询相比,团体治疗可使这一过程在更短的时间内得以实现,因为与同伴的想法、情感交流、行为互动有更多展示的机会。在与同伴相处的过程中,儿童会呈现自己与他人协作、产生冲突、协调解决问题、自我安慰的方式。在此阶段,通过游戏和活动安排,治疗师可以观察到儿童的生活方式。游戏治疗师使用绘画、任务型问题解决、儿童游戏、讲故事、沙盘游戏、运动等方式帮助儿童表达自己。治疗师密切关注活动的过程和结果,以及儿童之间的互动,以确定包括家庭条件在内的儿童生活方式的不同方面。

对儿童父母的咨询通常是单独的。但是,在讨论与学校事务有关的问题时,有时对儿童的父母或老师进行联合咨询是颇有益处的。当游戏治疗师采取联合咨询时，对特定问题（例如，成员有性虐待或家庭暴力史）的保密是极为重要的。

由于篇幅所限，仅简要介绍芳芳的生活方式。芳芳的母亲是牙医，父亲是当地大学的英语专业教授。芳芳的父母对她严格，过度保护，细心，有爱心，他们十分珍爱自己的女儿，并强调孩子的勤奋和责任感。芳芳的父母是在多年备孕失败后，通过体外受精怀孕生下芳芳的。芳芳的父母经常告诉她，她是他们的奇迹孩子，他们不需要再给芳芳生弟弟或妹妹，因为芳芳像他们所能想象的那样完美。根据关键的4C理论——和他人获得联结（connecting with others）、有能力（being capable）、重要性（counting or being significant）、有勇气（having courage），透过芳芳严谨的举止和对犯错误的恐惧来看，芳芳的性格中有控制欲和优越感两个显著特征，以及缺乏勇气这一特质，这一点从她不愿尝试不熟悉的活动以及对小桐和治疗师紧张的扫视中得到证明。芳芳的错误信念是：如果她不完美，她就不够优秀；她必须赢得人们的喜爱，而且她不允许自己犯错。她认为比自己聪明、优秀、完美的人会评判她，认为他们期望她会犯错误。她还认为，只有完美的人适合生存在这个世界上，对其他人而言，世界是僵化的，不友好的，甚至危险的。她的行为旨在确保她的安全和不被别人注意。她认为，变成乐于助人和不引人注目的人，不会使别人失望，也不会被别人拒绝。

对芳芳的治疗计划包括注重鼓励强化，提供在游戏室做决定的机会，以及向治疗师和小桐表达自己的想法和感受。芳芳总会及时从治疗师那里得到建设性的反馈。治疗师通过确认小桐对芳芳改变的反应，来确定下一步的治疗计划。治疗师会模仿不完美的人，并将犯错常态化。在团体游戏活动中，芳芳有机会带头进入游戏室，并为团队做游戏决策。她的努力总能得到及时强化，在团体中常会讨论芳芳的优点。治疗师对芳芳父母进行育儿技能、心理发展的指导和帮助，以及提出适当保障的建议。例如，芳芳的父母允许女儿去朋友家玩，或者让别的小朋友来自己家过夜。父母也可以与女儿度过一段看似"愚蠢"但富有乐趣的时光。在此期间，芳芳会因为自己的创造力和幽默感而变得善于表达，并且得到父母的及时赞赏。

在第二阶段，治疗师与孩子的父母定期会面。在与芳芳父母的会面中，治疗师提供了有关阿德勒的理论，例如优越（personal priorities）、不端行为的目标、关键的4C理论，并与芳芳的父母讨论了芳芳在上述各个方面的表现。治疗师邀请芳芳的父母在这一阶段制作一个家谱图，指导父母在接下来的两周内为自己和女儿分别做两块愿景板。两周后，治疗师再次与芳芳一家见面，并进行了一次家庭活动，与芳芳一家一起回顾芳芳的愿景板。

第三阶段：帮助儿童习得洞察力

第三阶段的目的是帮助儿童习得洞察力。在团体治疗中，儿童通过治疗师和组内同伴的交流与反馈获得洞察力。当孩子互动时，治疗师会进行元信息沟通，并对孩子的情感、思维和行为进行判断。治疗师还使用指导性技术，例如编故事、制作木偶剧或创建沙盘，在儿童心情放松的情境中，帮助儿童习得洞察力。与个体游戏治疗相似，在团体治疗中，治疗师加入儿童的游戏生活，和他们一起工作，为改变提供一个令人鼓舞和有力支持的环境。

在此阶段，治疗师开展由自己指导的特定活动。治疗师决定与孩子们一起玩多米诺骨牌，以帮助他们获得了解自己生活方式的洞察力，同时对儿童的每种行为进行初步的评估。治疗师传达了芳芳担心失去、犯错误或从事新活动的恐惧。治疗师鼓励芳芳分享想法，大声表达自己的观点，交流自己的情感。治疗师组织游戏比赛，给小桐提供练习专注的机会，以得体的姿态面对获胜和失败。治疗师对小桐为获胜而作弊，对未来的规划不专心、不感兴趣，以及试图掌控比赛的欲望（改变规则，造成干扰，在比赛中途退出）进行了元信息沟通。治疗师通过鼓励、立即交流和反思，来解决儿童交流方式中存在的问题，以帮助他们朝向提高社交技能的共同目标而努力。

绘画是帮助儿童发展洞察能力的有效活动。治疗师要求两个孩子用脚趾和非惯用的手画一幅画。当孩子们在画画时因别扭而挣扎，大笑，面对自己无法流畅作画的挫败感时，治疗师做了以下几种表述：

"你们两个都因为画得很丑而快乐。"

"用不同的方法做一件事可能很困难，但它也很有趣。"

"小桐，当我提醒你不要使用你惯用的手时，你觉得沮丧。我敢打赌，你不喜欢别人告诉你这件事该怎么做。"

"芳芳，我注意到你画画时非常认真，因为你希望你画得好看。但是在这种情况下，如果你画的和你所希望的不一样时也是可以的。"

治疗师也参与了此项活动，向孩子们展示不完美的样子以及如何面对自己沮丧的情绪。她也允许孩子们轮流决定接下来玩什么。她相信通过小组活动，他们的生活方式将会呈现出来，并且她可以进行元信息交流，帮助孩子们获得洞察力这一能力。

治疗师与芳芳的父母进行见面，了解芳芳在家里和在学校的生活方式。治疗师发现芳芳对芭蕾舞和足球都很感兴趣。但是由于潜在的伤害以及这些活动会占据她的学习时间，她的父母不愿让她参加学习之外的任何一项活动。通过咨询，芳芳父母了解了"优越感"的特征，以及这个特征如何影响其育儿理念及芳芳自我概念的。他们决定让芳芳参加芭蕾舞课程，并对学习如何使用鼓励强化手段来培养女儿特长产生了极大的兴趣。治疗师针对这对父母的优越感倾向，希望芳芳父母仅仅对女儿在芭蕾课上的表现进行鼓励，而不是一味地称赞。治疗师还解释了性格内向的孩子与外向的孩子在成长过程中的区别，并消除了芳芳父母的疑虑，芳芳习惯性回避社交活动可能是她的天性所致，而不是迫在眉睫的问题所致。治疗师向芳芳父母提供了有关这些主题的文献资料和获悉途径，因为知道他们喜欢研究和了解官方信息。

第四阶段：重新引导儿童适应新的感觉、思维、行为模式

阿德勒游戏治疗的最后阶段，即重新定向/再教育，涉及儿童学习如何在不同情况

下对自己产生不同的感受,从不同的角度对事物作出与以往不同的行为反应。治疗师可以通过讲授、传达或反映情感来进行干预,要求孩子对同一件事进行两次反应,重新进行互动或重新开始解决问题。当然,治疗师还可以选择不干预,让孩子独立互动。无论选择哪种行动方式,小组成员之间的互动都可以揭示、巩固所做的改变。例如,如果一个孩子在与另一个孩子、治疗师的分享中得到鼓励和积极认可,那么这个儿童可能会觉得用这种方法做事不错,因此,他/她开始改变他/她对自我、他人和世界的看法,并频繁地使用这种行为。治疗师还与父母/老师一起评估在孩子生活中其他方面的变化,例如在家里或学校中的改变。

随着小组成员越来越多地表现出更具有建设性的思维和行为方式,治疗师的任务也就完成了。一个小组成员先于其他小组成员达到咨询目标的情况并不少见。游戏治疗师会根据临床经验,进行判断并咨询家长的意见,为尚未达到目标的孩子确定下一步的治疗方案,如家庭疗法、连续团体疗法、个人游戏疗法及其他行动方案。

在芳芳和小桐的团体游戏治疗中,治疗师经常就小桐是否愿意让芳芳决定比赛方式进行交流。她还经常讨论芳芳的决策能力是否得到了提高。治疗师请孩子们制作了一个木偶剧,游戏中会因为角色分工和角色行为产生分歧,需要经过商讨才能达成一致。当孩子们一起计划时,她观察到这样的场景:孩子们共享和验证彼此的想法,时而同意,时而产生分歧,最后得出一致性的结果。

在展示完木偶剧之后,治疗师用剧中人物来提问并引导进行了一次讨论:

"松鼠认为他知道回家的路,而兔子知道另一条路。松鼠如何决定信任兔子?"

她还和孩子交流了有关故事创编的过程:

"小桐,我注意到芳芳不想成为臭鼬时,你很生气。你曾经在同伴们没有按照自己的意愿玩游戏时就拒绝参与,但是这次,你认为芳芳与你有不同的想法是可以接受的。当你的同学和你的想法不一致时,你该怎么做?"

为了帮助芳芳认识到她在这几个星期所发生的改变,治疗师做了以下观察说明:

"当你们两个想出这个故事时,我听到你在谈论想要将这个巫师木偶也纳入其中,但后来在演出中没有使用那个木偶。我想你已经接受,不是所有事都朝着你所想的方向发展。"

在此阶段,治疗师使用了"重做"或"采取两次行动"的方法,使孩子们可以再次做特定的行为或互动。

对治疗师使用的方法做一个说明:芳芳和小桐分别制作了各自的沙盘,小桐使用了芳芳过去几次代表她妈妈的微缩模型。芳芳不假思索地将这个微缩模型从小桐的沙盘中取出,放入自己的沙盘中。治疗师说:

"嗯,我知道你真的很喜欢这个模型,芳芳。并且你经常使用它,所以你觉得这个模型就是你自己的。我想知道当你将模型从小桐的沙盘中拿走时,他是什么感受?"

小桐耸了耸肩,表示他不在乎。治疗师带着温柔的微笑,重申小桐对这一举动并不在乎,但是芳芳这样拿回沙盘模型的行为是不适当的。治疗师请芳芳"重做"活动,芳芳可以找到一种更合适的方法向小桐索要这个微缩模型。芳芳和小桐同意了。芳芳礼貌地问小桐要沙盘模型,对他俩的亲社会行为,治疗师进行了及时反馈。为了保持团结感和有意的不完美感,治疗师有时也对自己采用了"重做"策略。

治疗师与小桐的父母进行的沟通表明,不论是在家里还是在学校,小桐的行为举止都大大改善了。小桐的老师对小桐的进步感到很满意,并注意到他现在在课堂上的注意力大大提高了,课后能完成作业并能够遵守学校的各项规定。他的父母认为治疗已经成功,可以停止了。

在与芳芳的父母会面时,很明显,对孩子的最初担忧已消除,但有关家庭凝聚力和育儿愧疚感的新担忧出现了。该家庭和治疗师商定,此时家庭咨询将是最好的方案。治疗师在芳芳一家进行家庭咨询之前安排了两次阿德勒团体游戏治疗活动,以便芳芳能适应接下来的家庭咨询。

本章小结

游戏无所不在。它们可以出现在很多时候:初生婴儿的动作,学步的宝宝用湿沙子建造城堡,学前儿童把他们穿戴整齐的玩具小狗放在婴儿车里带上它去散步,学龄儿童坐在火炉旁许愿希望他们能得到美味的零食……

游戏能促使儿童在身体、智力、情感和社会化等方面得到发展,游戏也可以在很多场所展开:家里、操场上、教室里或是游戏室。游戏让儿童以自然的方式表达他们的想法、情感,探索自己和他人的关系,扮演不同的角色。游戏还是一种经历的描述、情感的调节和表达以及新想法和行为的尝试。

儿童游戏治疗起源于20世纪初期。1909年,弗洛伊德第一个尝试用游戏的情境来了解儿童的问题。但真正开启游戏治疗大门的是克莱因,他主张用游戏代替话语作为精神分析的材料。20世纪30年代,游戏治疗进入结构式游戏治疗阶段,代表人物是David Levy。20世纪50年代,在罗杰斯非指导性(non-directive)治疗理论的基础上,Virginia Axline成功地将个人中心治疗理论运用到游戏治疗中,以非指导的立场提供儿童体验成长的机会,以促进儿童的自我成长,成为个人中心游戏治疗的先驱。

针对单一理论流派不能很好地解决儿童问题的现象,当代儿童游戏治疗并不坚持某个特定的学派立场,而越来越倾向于持整合与折中的观点,游戏治疗师们可以利用各种技术,比如,玩偶和木偶游戏、沙盘游戏、讲故事、戏剧游戏以及一些用于儿童艺术创造的形式等,采用直接或间接的治疗手段,运用不同的理论流派来开展这项工作。

作为儿童的一种特殊"语言",游戏在儿童治疗中有着特殊的意义和价值:游戏可以帮助建立治疗关系,帮助儿童交流他们的想法,帮助评价与促进康复和成长。游戏是评估过程的关键,因为它使得治疗师能够理解儿童的需要、情感、冲突和恐惧,同时确认儿童投入治疗的程度。游戏能治愈儿童,因为它允许儿童释放封闭的情感,并再现创伤事件和经历。通过游戏,儿童通常能显现出问题所在并通过尝试用新行为来解决问题,最后将新学到的处理问题的方法应用到日常生活中去。

【延伸阅读】

有关游戏治疗协会(Association for Play Therapy,APT)更多信息:
https://www.a4pt.org/page/AboutAPT

更多阿德勒游戏治疗资源:

Kottman,T.,& Meany-Walen,K. K.(2016). Partners in play:An Adlerian Approach to Play Therapy(3rd ed.). Alexandria,VA:American Counseling Association.

Kottman,T.(2009). Treatment Manual for Adlerian Play Therapy. Cedar Falls,IA:Author.

Kottman,T.,& Meany-Walen,K. K.(2017). Treatment Manual for Adlerian Play Therapy(rev. ed.). Cedar Falls,IA:Author.

【推荐书籍】

Landreth,G. L.(2013). 游戏治疗. 雷秀雅,葛高飞,译. 重庆:重庆大学出版社.

Landreth,C. L.(2004). 游戏治疗新趋势. 何长珠,等译. 台北:五南图书出版股份有限公司.

Schaefer,C. E.,& Cangelosi,D. M.(2001). 游戏治疗技巧. 何长珠,译. 台北:心理出版社.

思考与实践

1. 设计一个游戏治疗室,并思考如何选择游戏治疗所需的各类玩具。

2. 如何看待游戏治疗中对儿童的种种限制?在治疗实践中应怎样更好地实施限制?

3. 实际体验一下沙盘游戏,同时思考为什么它在游戏治疗中会被许多儿童反复使用。

参考文献

［1］何长珠.（1998）.游戏治疗理论与实务.台北:五南图书出版公司.

［2］何长珠,叶淑萍.（2005）.折衷式游戏治疗之理论与实务.台北:五南图书出版公司.

［3］刘金花.（2013）.儿童发展心理学（第3版）.上海:华东师范大学出版社.

［4］梁培勇.（2003）.游戏治疗的理论与实务.广州:广东世界图书出版公司.

［5］刘焱.（2004）.儿童游戏通论.北京:北京师范大学出版社.

［6］申荷永,陈侃,高岚.（2005）.沙盘游戏治疗的历史与理论.心理发展与教育,21(2),124-128.

［7］Adler,A.（1998）.Understanding Children with Emotional Problems. Journal of Humanistic Psychology,38(1),121-127.

［8］Axline,V. M.（1947）.Play Therapy. Cambridge. MA:Houghton Mifflin.

［9］Axline,V. M.（1993）.Play Therapy. New York:The Demdom House Publishing Group.

［10］Boat,B. W.,& Everson,M. D.（1993）.The Use of Anatomical Dolls in Sexual Abuse Evaluations:Current Research and Practice. In G. S. Goodman & B. L. Bottoms(Eds.). New York:Guilford Press.

［11］Frick-Helms,S. B.,& Drewes,A. A.（2010）.Introduction to Play Therapy Research Theme Issue. International Journal of Play Therapy,19(1),1-3.

［12］Gardner,R. A.,Mutual Storytelling,M.,Schaefer,C. E.,& Cangelosi,D. M.（Eds.）(1993).Play Therapy Techniques. Northvale,NJ:Aronson.

［13］Ginott,H. G.（1960）.A Rationale for Selecting Toys in Play Therapy. Journal of Consulting Psychology,24(3),243-246.

［14］Guest,J. D.,& Ohrt,J. H.（2018）.Utilizing Child-Centered Play Therapy With Children Diagnosed With Autism Spectrum Disorder and Endured Trauma:A Case Example. International Journal of Play Therapy,27(3),157-165.

［15］Gumaer,J.（1984）.Counseling and Therapy for Children. New York:Free Press.

［16］Harris,Zella L.,Landreth,Garry L.（1997）.Filial Therapy with Incarcerated Mothers:a Five Week Model. International Journal of Play Therapy. 6(2),53-77.

［17］Haslam,D. R.,& Harris,S. M.（2011）.Integrating Play and Family Therapy Methods:a Survey of Play Therapists' Attitudes in the Field. International Journal of Play Therapy,20(2),51-65.

［18］Howe,P. A.,& Silvern,L. E..（1981）.Behavioral Observation of Children During Play Therapy:Preliminary Development of a Research Instrument. Journal of Personality Assessment,45(2),168-182.

［19］Kaduson,H. G.,& Schaefer,C. E.（2002）.儿童短程游戏心理治疗.刘稚颖,译.北京:中国轻工业出版社.

［20］Klein,M.（1932）.The Psychoanalysis of Children. London:Hogarth.

［21］Kottman,T.,& Schaefer,C.（1993）.Play Therapy in Action:A Casebook for Practitioners. Northvale. NJ:Aronson.

［22］Landreth,G. L.（2004）.游戏治疗新趋势.何长珠,等译.台北:五南图书出版.

［23］Landreth,G. L.（2013）.游戏治疗.雷秀雅,葛高飞,译.重庆:重庆大学出版社.

[24] Lambert, S., LeBlanc, M., Mullen, J., Ray, D., Baggerly, J., White, J., & Kaplan, D. (2007). Learning More About Those Who Play in Session: The National Play Therapy in Counseling Practices Project. Journal of Counseling & Development, 85, 42–46.

[25] Landreth, G. L. (1991). Play Therapy: The Art of the Relationship. Muncie, IN: Accelerated Development, Inc.

[26] Lindo, N. A., Chung, C. F., Carlson, S., Sullivan, J. M., Akay, S., & Meany-Walen, K. K. (2012). The Impact of Child-Centered Play Therapy Training on Attitude, Knowledge, and Skills. International Journal of Play Therapy, 21(3), 149–166.

[27] Meany-Walen, K. K., & Kottman, T. (2019). Group Adlerian Play Therapy. International Journal of Play Therapy, 28(1), 1–12.

[28] Piaget, J. (1962). Play Dreams and Imitation in Childhood. New York: Norton.

[29] Reid, S. (1993). Game Play. In Schaefer, C. E. (Ed.). The Therapeutic Powers of Play. Lanham, MD, US: Jason Aronson.

[30] Richard, E., Watts, Jenny, L., & Broaddus. (2002). Improving Parent-Child Relationships Through Filial Therapy: an Interview with Garry Landreth. Journal of Counseling & Development. 80, 372–379.

[31] Schaefer, C. E., & Cangelosi, D. M. (2007). 游戏治疗技巧. 何长珠, 译. 成都: 四川大学出版社.

[32] Scott, D. R., & Madsen, M. D. (2007). Filial Family Play Therapy with an Adoptive Family: a Response to Preadoptive Child Maltreatment. International Journal of Play Therapy, 16(2), 112–132.

[33] Sweeney, D. S., & Homeyer, L. E. (1990). 团体游戏治疗. 何长珠, 等译. 台北: 五南图书出版有限公司.

[34] Taylor, D. D., & Kottman, T. (2019). Assessing the Utility and Fidelity of the Adlerian Play Therapy Skills Checklist Using Qualitative Content Analysis. International Journal of Play Therapy, 28(1), 13–21.

[35] Urquiza, & Anthony, J. (2010). The Future of Play Therapy: Elevating Credibility Through Play Therapy Research. International Journal of Play Therapy, 19(1), 4–12.

[36] Yee, T., & Ceballos, P. (2019). Examining the Trends of Play Therapy Articles: A 10-Year Content Analysis. International Journal of Play Therapy, 28(4), 250–260.

第六章

儿童艺术治疗

【本章导读】

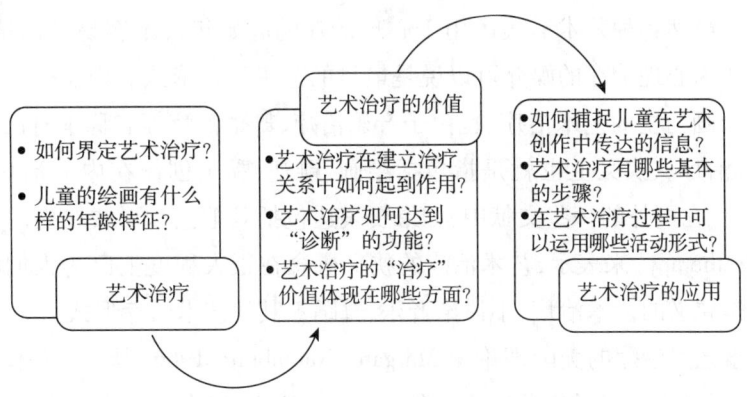

很多时候,我们不得不赞叹儿童绘画时精准、传神的表达和丰富的创造性。有人说,儿童遗传了人类原始的创造冲动(Kellogg,1967),这种创造冲动是人类的基本需要之一,它可以表现为多种艺术形式,包括绘画、写作、雕塑、诗歌、音乐和舞蹈等。的确,艺术(尤其是绘画)之于儿童,就是一种自然而然、符合天性又富有趣味的表达方式,有时更能传达语言所传达不出的"内在经验",在艺术活动中,儿童不仅能"表达自己的所知所感,还能够整理、整合自己的经验,不断建构自我"(Golomb,2011)。正因为艺术本身的魅力——帮助儿童认识世界、理解世界、与外界交流,它逐渐被运用于心理治疗。20世纪40年代,玛格丽特·纽曼伯格(Margaret Naumburg)建立了以绘画表达为手段的治疗模式,正式提出"艺术治疗"这一概念,这便是艺术与治疗结合的开端。

第一节 儿童艺术治疗概述

一、艺术治疗的界定

艺术治疗(art therapy),从广义上讲,是指运用绘画、音乐、舞蹈、雕塑等艺术形式治疗心理疾患。在具体实施时,是通过艺术媒介来实施心理治疗,让人们通过口语、非口语的表达及艺术创作的经验,去探索个人的问题及潜能,以协调解决个人内心世界和外在世界间的冲突,令两者更趋一致。从狭义上讲,艺术治疗是指以绘画艺术为主的视觉艺术形式在心理治疗领域中充当媒介时的作用过程,其目标是解决情绪冲突、减少焦虑和抑郁、洞悉心理问题、揭示人际关系系统和整合人格等(孟沛欣,2009)。

在绘画与治疗结合的过程中，差不多在同一时期，音乐治疗（music therapy）、舞蹈—运动治疗（dance-movement therapy）、戏剧治疗（drama therapy）等其他一些艺术治疗的形式逐渐兴起。虽然各种艺术形式运用于心理治疗的起始年代不容易分出绝对的界限，但运用绘画作为心理治疗的媒介可以说是最早的艺术治疗形式。由于研究者最初主要研究的是以绘画为主的艺术治疗，也由于音乐治疗、舞蹈治疗等名称本身已逐渐自成体系，因此艺术治疗从狭义上也就是指包括绘画、雕塑、黏土创作在内的治疗，英文称作"art therapy"。在国外的一些文献中，如果要表达包括其他艺术形式在内的艺术治疗总称，则用"arts therapy"来表示，艺术治疗的狭义概念在很大程度上已为人们所接受。本章所介绍的是狭义的艺术治疗，不讨论音乐、舞蹈等其他艺术治疗形式。

最早探索艺术治疗的美国理论家 Margaret Naumburg（1966）认为，艺术是无意识的窗口，治疗者可以通过解释艺术形象的象征意义和倾听创作者自己的解释来进行心理分析。

稍后的艺术治疗理论家依蒂斯·克拉玛（Edith Kramer）（1971）认为，即使不揭示和解释潜意识中的意义，表达性艺术媒介本身以及这一过程也能导致治疗性的改变。也就是说，创作过程中的一些行为同样能传达出信息并促进改变。

艺术治疗最初主要针对儿童和一些特殊精神病患者。20世纪初，精神病学、心理学和教育学领域的研究者对图画的艺术形象和象征意义产生了兴趣，随后发展出绘画投射测验，该测验根据画中是否含有某些特征或细节来确定画的意义，注重对绘画作品进行量化分析，关注人的心理问题和与病理学相关的人格特征。

此后，经过几十年的发展，艺术治疗扩展出很多种形式，包括涂鸦画、自由画、续笔画、画人测验（DAP）、动态"房—树—人"测验（KHTP）、家庭动态图（KFD）、学校动态图等，近年来还有画自画像、画一位异性、画雨中之人、画树木人格图、画"最近的问题和情感"（年龄稍大的学生）或"此时此地的感受"、画出自己的3个愿望、采用可移动剪纸画的主题壁画等测验形式。

玛格丽特·纽曼伯格和
伊迪丝·克莱默

二、儿童艺术表达的发展阶段

如果去搜集世界各地儿童的画作，你会发现，几乎所有儿童都会在同样的年纪以同样的方式画同样的东西。正如凯洛格（Kellogg）（1967）在《儿童绘画心理》中所说，儿童的艺术表达具有普遍性。不少研究者总结出儿童艺术表达的阶段性特点，其中有代表性的如罗恩菲尔德等（Lowenfeld, & Brittain, 1987）主张的涂鸦期、图式前期、图式期、同伴期、自然主义时期五个阶段；奥顿（Orton, 1997）提出的描述大多数儿童的艺术发展的五阶段：① 涂鸦阶段；② 图像阶段；③ 人像画阶段；④ 现实主义表现阶段；⑤ 自然主义表现阶段。近几年也有学者提出儿童绘画能力的发展经历了三个主要阶段：动作表征期、图形表征期和现实主义绘画阶段(刘国雄,2019)。这些观点总体来说是一致的,在此以 Orton 的五阶段为基础,综合其他研究者的总结进行说明。

(一) 涂鸦阶段(2~5岁)

大多数儿童在 15~20 个月时就开始出现无规则、无目的的乱涂乱画(董奇,陶沙,2004),这一阶段一直持续到 3~5 岁(如图 6-1、图 6-2 所示)。对于这个年龄的分界线,不同的研究有细微的差别,有研究者对中外儿童涂鸦期年龄的上下限做比较后发现,上限:国外一般为 2 岁,中国提前至 1 岁;下限:国外一般为 4 岁,中国提前至 3 岁。出现这种细微的差别,除了研究证据有限等原因之外,也可能与中外儿童各自的文化背景有关。他们一有机会就拿铅笔、蜡笔在纸上、墙上"涂鸦",或者搅泥巴、玩沙子。2~3岁时,儿童随意涂鸦开始成形;3 岁时,开始进入画轮廓的阶段,儿童会画圈、方形、长方形、三角形、十字形和巨大的"×",也有的会画看上去并不像的"人脸";3~5 岁时儿童的画中会出现一些怪圈,俗称"曼陀罗",这是画太阳、光线和最终画人像的一个很重要的开始。

儿童的涂鸦没有太多内容,也不可能让他们描述太多,但如果儿童能通过涂鸦感到舒服和愉快,或者一些有发展和情绪问题的儿童以涂鸦方式表达自己可能感到的不舒服,那么这些活动本身就是有意义的。一名家住火车道口的 3 岁男孩画了一幅涂鸦画,说这是"火车和飞机相撞",对成人来说并不像,真诚的有帮助的治疗者、教师或家长会认可他的作品,真诚地评论它并接受他说的内容,而不是哈哈大笑。遇到涂鸦的孩子,治疗者的态度是认可、鼓励和接受儿童的作品,尤其是如果过了这一年龄阶段的儿童在绘画过程中很明显地重复涂鸦,那表示儿童存在着防御心理,充满温暖、信任、支持和鼓励的治疗关系能使治疗者关注到在儿童艺术作品中反映出来的一些活动和情感。

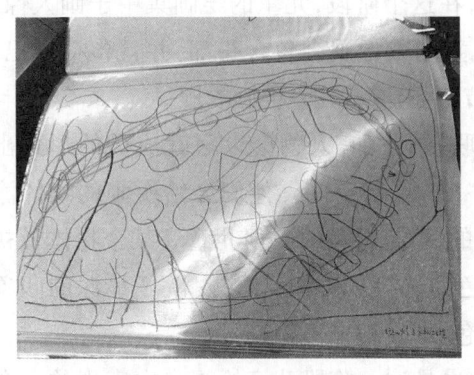

图 6-1 火车和飞机相撞

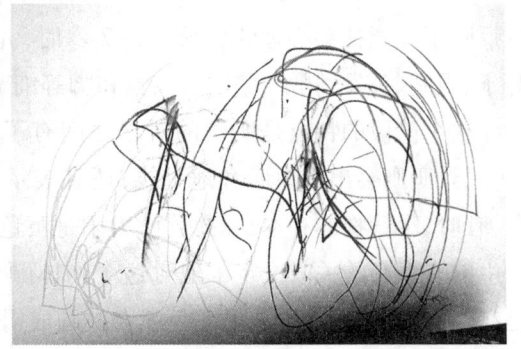

图 6-2 较随意的创作

(二) 图像阶段(4、5岁~7岁)

在涂鸦阶段后期,儿童能够根据知觉到的形状与已知物体之间的相似性去命名图形、解释形状,"解读"图形所代表的意义。儿童绘画的第二个重要里程碑是用线条表示物体的边界,也就是能画出图形。儿童最早尝试的图形表征是人类的形象,但看上去往往很奇怪,由一个圆带上胳膊和腿(经常只有腿)组成,没有躯干,被称为"蝌蚪人",国内学者认为3岁左右的儿童就能画出(刘国雄,2019)(如图6-3所示)。之后,大约4、5岁时,儿童掌握了涂鸦、模仿、造型和设计,开始画图像,这些图像是人物造型和图式的萌芽(如图6-4所示)。他们先是开始画想象中的房子和人物,5、6岁时逐渐描述自己的故事,能在一幅画中表现房子、树木、太阳、天空和孩子,也能在给定的轮廓中涂色。这时候,他们运笔更有力、更协调。

在这个阶段,儿童有能力表达他们对自身和所处世界的知觉。对处于该阶段的儿童,咨询师的作用是支持和鼓励儿童尽量自我表达和进行交流。尽管多数成人会觉得不太能理解儿童的画,但每个儿童的创造力和表达权力都需要得到细心的呵护;成人的否定会抑制创造力,"破坏"艺术作为表达中介的作用,会使发展中的儿童缺乏自信。

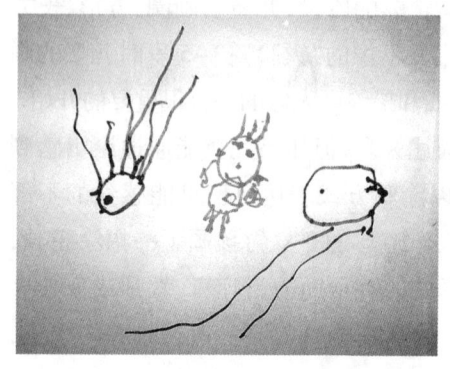
图6-3①

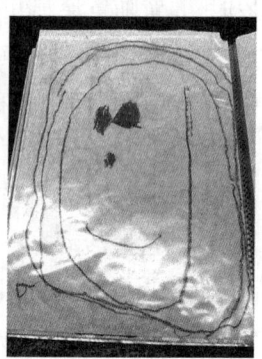
图6-4

(三) 人像画阶段(7~9岁)

Lowenfeld(1957)称这个阶段是"图式期",在这个阶段,儿童的绘画集中于画人像,这反映了儿童社会心理的成长。到7岁时,儿童的人像画会包含头部,并且包括嘴巴、鼻子、眼睛、头发、脖子、胳膊、手、腿和脚等细节特征,有些儿童会画衣服。

这个阶段的特点是所画的对象之间有了联系,比如,人物会以家庭成员的形式出现,风景画则会出现地面和地平线,还有表示"空气"的空间。他们会给所画的物体涂色,有时,尽管物体有本身的颜色(太阳是黄色的,草是绿色的),但儿童和某个物体最初产生的有意义的关联决定了他对这个物体颜色的选择。比如,如果对院子最深的印象是在烂泥里玩,那么土地的颜色就会被画成褐色,即使地上覆盖着青草。

在大小上对形象进行夸张(或强调、省略)也是这一阶段儿童绘画自由表现的一个特点,需要对此予以一定的关注,但这并不一定是不正常的表现,有时,儿童是在通过变化大小来强调某些重要事物(Cathy A. Malchiodi,2005)。

7岁左右的儿童常会对艺术失去兴趣,因为他们感觉到成人对他们不赞同,并且总是催他们要干净整洁地进行艺术活动(Kellogg,1967)。因此,儿童最需要的是一个温暖

---

① 图片来源:http://www.0-6.com/interview/boardcast.do? fld=20090701。

而接纳的氛围,让他们尽情地创造。一个真正有帮助的治疗者不会试图去"纠正"儿童的解释或者他们在艺术上所做的努力。通过接受和重视孩子们所"描绘出"的关于他们自己、关于他们的家庭以及环境的事情,治疗者能从艺术中学会理解和解释"儿童语言"。

(四)现实主义表现阶段(9~11岁)

9~11岁时,儿童对环境的表达更具现实性,喜欢以写实主义的方式来描画他们所感知到的事物,能用二维的视角描绘世界,能把物体画得富有层次感,画人物时有更多的细节,更注重衣服和性别差异。尤其是,他们会优先考虑同伴关系,Lowenfeld(1957)据此将这个阶段称为"同伴期"。他们逐渐摆脱以自我为中心的思维,开始考虑他人的思想和情感,作品经常会反映出他们如何看待自己与同伴和家人之间的关系。

这个阶段的儿童想要让绘画达到"照相机"的效果,认为描画事物、人物和环境越准确,说明画得就越好。因而,过于自我批评的孩子往往会变得气馁而放弃绘画,体验到焦虑和悲伤的情绪。作为治疗者,应当强调,"画得好不好没有关系"或者"画画没有好坏之分",因为当被要求绘画时,多数来访者会犹豫,他们担心自己画得不"好"。这个阶段,要帮助儿童关注自己的强项、价值、兴趣和信念,以及关注在争取得到同伴认可的同时获得一种主体感。这个时期的儿童最大的需要在于发现自我、肯定自我,并发展个人与同伴和集体的关系。

(五)自然主义表现阶段(11~13岁)

11~13岁时,儿童的艺术作品反映出青春前期推理的倾向、现实主义的态度和情绪性的特征(Lowenfeld,& Brittain,1987)。随着精确的视觉和空间关系的发展,儿童能够画二维或三维的东西;人物画得更精细,能记录和解释躯体活动,身体各部位都很分明;能用颜色来表达视觉印象和情感体验。

在这个阶段,儿童的智力、语言都得到了很大发展,他们关注自身正在形成的同一性,不仅希望自己被同伴群体所接纳,也希望能受到成人的尊重。而批判性态度的形成又使他们变得更加敏感,一个有帮助的治疗者会给他们创造一个自由轻松的创作环境,使他们能够自在地实验、创作和表现,自由地讨论和分享体验,并使其洞察与作品的物我关系,鼓励他们理解和处理这个阶段的情感冲突,帮助他们获得自信。

三、艺术治疗的价值

艺术治疗的价值与其原理是分不开的。图像是我们早期经验的一部分,人们的视觉理解会先于语言表达,许多前语言的思考都是图像化的,尤其是创伤经验通常以一种图像形式进行编码。朗格(Langer)(1953)认为,"有些地方靠语言的影响力是达不到的,那就是所谓'内在经验'的领域,也可以称之为情感或情绪……艺术的基本功能是将情感客观化,以便思考和理解这些情感"。随着神经认知科学更多地介绍情绪与健康、压力与疾病的关系,艺术在心理治疗方面的价值越来越得到科学研究的支持,而不仅仅来自经验。有关图像对人认知、情绪的影响,大脑和身体对绘画体验的反应,都支持艺术疗法的有效性。首先,艺术创作可以使个体通过物理方式对实际图像进行更改——在绘画或拼贴画的过程中积极地尝试、试验或练习想要的改变。研究表明,图像是身体与心灵之间的桥梁,会影响生理和情感变化的信息处理水平(Lusebrink, V. B., 2004)。大脑的许多区域都是图像形成、存储和检索的一部分,图像不仅是视觉图像,还包括其他感觉方式:听觉、嗅觉、味觉和躯体感觉(触觉、肌肉、温度、疼痛、内脏和前庭感官),身体对精神图像的反应就好像它们是真实的一样(Damasio, A. 2000)。因此,这就使得个体通过艺术创作重新建构对事件或经历的感受和反应、产生情绪和行为改变成为可能。同时,艺术创作是一种可以让脑的很多部分同时参与的体验(包括皮层活动参与的象征、决策、计划等;边缘系统参与的情感;中脑/脑干参与的感觉和动觉)。艺术活动激活了感觉记忆的表达(Steele, & Raider, 2001),边缘系统将高度紧张的情绪体验(如创伤)编码为一种感觉现实(Malchiodi, C. A., 2008)。创伤事件的感觉记忆的表达和处理对于成功的干预和解决是必不可少的(Schore, A., 2003)。为了成功地减轻一个人的创伤经历,必须通过感官手段对其进行处理。其次,艺术创作可以整合脑的两半球的功能,促使情绪、情感的言语化。当个体谈论其创作和作品时,正是将词汇与非语言的体验(右半球)联系起来(Malchiodi, C. A., 2008)。图画的出现,可以刺激个体谈论个人的经验。儿童一边画画一边谈论着情绪负荷的事件,比单纯口头表达可以说出更多经验的细节,同样也可以回忆更多关于事件的细节,并能在一个有结构的状况下传达更多的信息给治疗师(Malchiodi, C. A., 2012)。

因此,对于儿童来说,绘画、捏黏土等艺术创作是自然的感官表达方式,可以为儿童提供一个表达内心积极和消极情感的出口;这种能表达个性、创造性、独特性的有趣方式,最容易被儿童所接受和采纳。具体来说,艺术治疗有以下价值。

(一)促进积极治疗关系的建立

艺术作为一种媒介,能给治疗者提供一条理解儿童的途径,也是与儿童建立良好关系的一种特别重要的方式,尤其对于那些孤僻的、不善言辞的或者受到伤害的儿童,更是如此。

通过艺术的方式往往可以帮助治疗者打破开始的沉默,在非言语的情境下展开交流。使用图像之所以具有治疗意义是因为它降低了个体的防御机制,这种防御机制往往会降低传统会谈治疗的效率(Wadeson, 1980)。

艺术治疗有时也被作为医疗手段的一种辅助方式,用于稳定那些罹患身体疾病的儿童。有研究对骨髓移植儿童进行艺术治疗(Günter, M., 2000)。对骨髓移植的儿童来说,在隔离条件下住院是特别困难的事,他们会启动许多防御机制来应对威胁生命的情况,在心理治疗时,必须先稳定这些防御,但同时也为患儿提供表达焦虑、愤怒和绝望的机会,并配合必要的治疗。艺术治疗就是一种非常适合的医疗辅助手段。

让儿童自由地通过绘画表达他们内心深处的想法和感受,不做任何评价地无条件地接受,并视其为独立的个体和治疗过程中的同伴,这样,儿童就有可能冒着危险表露个人那些先前被认为消极的方面。冒险揭露自我是迈向正视问题、解决问题的重要一步。当孩子们在绘画中流露出他们心中的秘密时,他们可能很容易产生行为的倒退,那么治疗者在这时候提供的支持和鼓励将被儿童真切地感受到,当儿童感觉到安全可靠的关系并知道治疗者随时可以作为他们的依靠时,信任便产生了。

Günter, M. (2000)研究中的案例详见二维码,该文献中的案例运用了经典的温尼科特潦草画线技术。

(二) 评估与诊断的价值

1. 评估儿童的需要

在评估和诊断时,应该考虑到个体所有方面,也包括非言语的沟通(Moschini, 2012)。儿童通过特殊的艺术表达方式告诉治疗者一个关于他们自己的故事,他们通过选择创作绘画的过程、作品,表达积极的和消极的想法和情感。他们可以讲出一件令他们非常恐惧的往事,描述最近发生的愉快的或者烦恼的事,也可以描绘他们希望发生的或担心发生的事情。这些独特的、个人内心经验的表达,如果运用得当,就能够为治疗和评估提供有用的线索。作为评估过程的一部分,治疗者需要观察儿童绘画的颜色、信息和主题,并观察儿童在画画时的情感,密切关注他们言语和非言语的表达。只有这样,治疗者才能对儿童在画中所表现出来的冲突、需要和情感做一个初步的诊断。儿童的绘画代表了个人的倾向,治疗者需要把他们的其他所有事情联系起来考虑。本章用一个叫作冬冬的男孩的案例来说明艺术疗法是如何成为一种有价值的评估工具,来作为其他评估技术的补充的。

2. 搜集诊断信息

绘画自身并非临床诊断工具,但治疗者可以从绘画中洞察到许多与诊断相关的信息,尤其是一些标准化的绘画评价工具,常用的有:画人测验(Machover, 1949)、动态"房—树—人"测验(Burns, 1987)以及动态家庭画(Burns, & Kaufman, 1970)。需要注意的是,这些评估程序需要治疗者受过特殊的培训,知道如何管理和解释这些绘画。

画人测验(DAP) 这一程序是在 Machover(1949)验证了 Goodenough(1926)测量儿童智力水平技术的基础上发展起来的,它已成为包括绘画在内的各种投射法最为广泛使用的测验。Machover 把人像画发展为一项可以用来揭示人格特征和自我概念的技术。她的基本理论是,当被要求"画一个人"时,来访者画出的人与其冲动、焦虑、冲突、防御机制以及个体是否做出调整等信息密切相关,甚至从某种意义上说,画出的这个人就代表了来访者本人,而画纸则代表了环境。对人像画中所表达的一些特征的解释,

Moschini(2012)认为需要关注三个方面：① 结构和量化分析，这些是绘画的设计方面（如尺寸、布局、细节或强化、线条特征、阴影、色彩和整体印象）；② 形态和定性分析，这联系的是文献和研究中提到的象征和隐喻的识别；③ 在绘画完成后，来访者或被试根据要求所做的自由联想和言语陈述。这三个方面对于其他形式的绘画测验也适用，以画人测验来说，你需要关注来访者所画出的人像的结构、形态以及来访者的解释说明，比如，基于人像的总体特点(线条的特点、身体各部位整合所表现出来的动作协调性，身体各部位的比例、色调等)；省略人像画中的典型细节性特征(或大或小的脑袋或者夸张的牙齿，断手或者断胳膊，手脚、脖子等)。当然，只有对绘画作品做整体的考虑并联系情绪指针才能得出有意义的诊断。我们将在本章第三节中对人像画进行详细的说明。

动态"房—树—人"测验(KHTP) Burns(1987)在原先"房—树—人"测验的基础上融合了 Burns 和 Kaufman 所设计的家庭活动绘画测验(KFD)中的运动概念(1970,1972)发展出这样一种测验。给儿童一张A4纸，并要求他们在纸上"画一间房子、一棵树和一个完整的人，同时这个人要在做一件事情"(Burns,1987)。房子能反映家庭和家庭成员的相关信息和问题，树能表现儿童心理发展和他们对环境的感受。研究者可以通过分析儿童是否画出房子、树和人的特征，以及画中细节、比例、透视、颜色的使用，对所画形象进行定量和定性分析，以得到被试的人格特点和人际关系方面的信息。KHTP测验更有助于探索儿童生活的人际关系维度，它在儿童如何看待自身与环境以及与其他人之间的关系上提供了更多的信息。因此，有的治疗者喜欢对儿童使用"房—树—人"测验，而对成人使用画人测验。

动态家庭画(KFD) 这一技术把运动的概念引入家庭绘画。给儿童一张A4的白纸、一支铅笔、一块橡皮，并要求"画出你家庭中的每个成员，包括你自己，并画出每个人正在做某件事或从事某个活动"(Burns,& Kaufman,1970,1972)。KFD展示了一个更为清晰的有关家庭活动、人际关系及家庭成员间情感关系的画面。动态家庭绘画通过要求儿童组织画面，提供了一个分析的新维度。治疗者关注空间划分、压缩、画面顶部和底部的线条、带有下划线的人物形象、接缝和折叠的空间划分等诸如此类的"风格"化的内容。这一技术有助于确定儿童如何看待自己在家庭中的位置，也有助于理解与儿童有关的家庭问题和事务，并据此跟他们进行交流。上文说到的动态"房—树—人"测验正是在动态家庭绘画的基础上发展出来的。后来，Knoff 等人(1985)在 KFD 的启发下，编制了动态学校绘画(Kinetic School Drawing,简称 KSD)测验。

除了以上三种常用的图画工具外，近来有些实践者还运用画自画像、画一位异性、画雨中之人等来进行评估。这些投射技术因具有结构化、正式性、指代性等优势，成为获得更多信息的良好手段。这些信息可能提供一个完整的病情诊断参考依据，但使用这些评估工具时，要避免绝对化和刻板化，需要把儿童多次的艺术作品联系起来考虑，不宜从一次创作中下定论，还要与其他相关事情联系起来考虑，并考虑每个孩子的独特性。做到这一点，治疗者的专业经验是非常重要的。

(三) 帮助儿童宣泄情绪、释放压力,促进儿童成长与发展

1. 艺术创作过程本身可以帮助儿童宣泄情绪、释放压力

艺术创作过程是一个很好的情绪和压力释放途径,它让儿童有机会倾吐消极感受并重新开始。原本要跟人打架、想放火或者偷玩具的儿童通过绘画可以表达他的生气、愤怒、敌意、沮丧和拒绝,他们可以发泄掉这些情绪而不必真正在感情上或身体上伤害自己或别人。郝振君和曹燕瑛(2004)通过对10名一年级的中重度智力障碍学生进行艺术治疗,认为在治疗的过程中,参与者从一种受压的精神情绪转为深度松弛,由恐惧逐渐到充满灵感和创造力的精神状态。Singh(2001)通过绘画让经历家庭暴力的儿童表达和交流他们的想法、情绪情感和创伤,以达到治疗的目的。在许多亚洲文化中,人们不愿谈论与死亡相关的话题,有研究对6名6~12岁有父/母在临终关怀服务中的儿童进行每周一次的艺术治疗,平均持续3个月,研究表明,艺术治疗能绕开文化敏感性,帮助儿童探索悲伤的过程,包括强烈的愤怒、恐惧和无助感,增进与在世父/母的关系(Ong, G., Lau, D., Tee, I., & Neo, P., 2016)。有个案研究表明,对父母离异儿童进行的艺术治疗,能够宣泄儿童的负面情绪(如抑郁、攻击性等)、改善情绪稳定性(Han, Kyeong A, 2019; Kim, Sang-Cheol, 2015; 김유경, 2009)。对患癌症的儿童和青少年进行家庭艺术治疗,有助于促进家庭内部的开放式交流并减轻精神压力(Ortiz, J., Buttstadt, M., Richter, D., Schepper, F., & Singer, S., 2019)。半数接受手术的儿童在即将进行麻醉时会表现出高度焦虑,一项针对78例3~11岁接受全麻手术的儿童的研究表明,基于艺术疗法和小丑探望的干预措施增强了药物(咪达唑仑)在减轻患儿与父母术前分离焦虑上的作用(Dionigi, A., & Gremigni, P., 2016)。可以看出,通过艺术创作,儿童有机会重新体验过去的事件、分析当前的矛盾以及假想未来的忧虑。

当家庭发生危机时,艺术治疗运用到家庭中,也能帮助家庭成员缓解压力、化解危机。有研究将以艺术治疗为主的干预项目用于36名3~12岁母亲患有严重妇科癌症的儿童及其家庭,结果发现,66.6%的家长报告对化疗过程有了更好的了解,跟孩子之间有了更好的交流;访谈显示,该项目有助于他们做好充分的丧亲准备(Holland, C., et al., 2018)。家庭里如果有特殊的孩子(如听障儿童),父母对其进行额外的照顾,其他子女通常会被忽视,一项为失聪儿童的手足提供基于艺术疗法的日常支持小组研究发现,通过艺术治疗,成员了解到也有其他人跟自己一样,手足有听力损伤,艺术过程有助于这些孩子识别并最终说出自己的感受(Raghuraman, R. S., 2002)。

2. 艺术干预活动可以促进儿童成长,使儿童各方面得到提升

艺术干预活动对儿童各方面的提升,已经被不少研究所证实。上述对父母离异儿童进行的艺术治疗研究表明,除了宣泄情绪外,还能增加自尊、自信等积极的自我,也能改善同伴关系、家庭关系,增进对考试的积极态度,增加对未来的希望(Choi, Myeong-Ok; Gyoung, Koo Ja, 2013; Han, Kyeong A, 2019; Kim, Sang-Cheol, 2015; 김유경, 2009)。

遭遇校园欺凌的农村留守儿童参加每两周一次共6次的艺术治疗团体活动,能显著减少受欺凌的处境,且显著增加自尊水平(Yan,H.,Chen,J.,& Huang,J.,2019)。有研究对25名8~11岁的遭受性虐待的女孩实施团体艺术治疗,结果表明,能有效减轻抑郁和焦虑症状(Pretorius,G.,& Pfeifer,N.,2010)。一项针对297名8~18岁受艾滋病影响的南非儿童的艺术治疗研究显示,艺术治疗能显著提高儿童的自我效能感,并缓解孤儿的社会心理易感性(Mueller,J.,et al.,2010)。有研究探讨绘画治疗在儿童情绪障碍治疗中的作用,结果表明绘画治疗可有效改善和稳定情绪障碍儿童的情绪(贾敏,张轶杰,2012)。胡斌等人(2011)对30名有问题行为的学前儿童实施艺术治疗,发现艺术疗法对学前儿童的行为问题(品行问题、多动)有明显的矫治作用。对有学习障碍、有情绪或适应能力问题的儿童进行的艺术治疗研究表明,艺术疗法能改善这些儿童的情绪、自主意识、能力和学习相关指标(David,& Henley,2005;Freilich,R.,& Shechtman,Z.,2010)。

多年来,艺术疗法还被大量用于灾后(如地震、风灾、恐怖事件、流行疾病等)心理重建的实践中,如在日本阪神大地震灾区,设置了86处绘画心理治疗点,119名绘画治疗师直接为7 272人提供系统的心理重建服务(刘斌志,2015)。刘斌志(2015)综合国内外研究发现,艺术治疗能有效契合灾后青少年心理重建的需要,为灾后青少年提供情绪表达的渠道、疏解焦虑的空间、提升能力的途径以及心理复原的动力。艺术疗法同样被大量应用的领域还有孤独症治疗领域,有研究者综述了1985—2012年间对患有孤独症谱系障碍(ASD)的儿童进行艺术治疗的研究,结果表明,艺术疗法会增加自闭症儿童的灵活性和放松程度,提升自我形象,促进交流和学习技能。该研究认为,艺术疗法主要是缓解ASD儿童的社交和重复刻板的行为模式两大问题,典型的艺术治疗元素(例如视觉和触觉的感官体验)可以促进社交行为、灵活性和注意力的改善(Schweizer,C.,Knorth,E.J.,& Spreen,M.,2014)。新近研究应用家庭艺术治疗,证明能有效改变自闭症儿童的刻板行为(Moghaddam,K.,et al.,2016)。

此外,从2000年起,艺术疗法也被用于白血病患儿(Favara-Scacco,C.,et al.,2001)、骨髓移植儿童(Günter,2000)、脑肿瘤患儿(Madden,J.R.,et al.,2010)、脑瘫患儿(Wilk,M.,2010)、慢性病患儿(如哮喘、癫痫、肺动脉高压等疾病的患儿)(Beebe,A.,Gelfand,E.W.,& Bender,B.,2010;Carl E. Stafstrom,Janice Havlena,& Anthony J. Krezinski.,2012;McGregor,S.,& Morton,M.,2016)等有身体疾病的儿童,帮助他们减轻疼痛或身体不适,减少情绪困扰,提高生活质量。

Colwell,C.M.,Davis,K.,& Schroeder,L.K.(2005)的一项对绘画与音乐治疗干预住院儿童自我概念效果的比较研究显示,绘画干预活动在自我概念的各个维度上都使得分提高,尤其是声望维度和自我概念六个维度的总分都有显著的提高。有研究者对7个期刊上的16篇针对抑郁症人群的艺术治疗研究进行总结,发现艺术治疗的疗愈机制(也称为"治疗性因素")来自以下8个方面:自我探索、自我表达、沟通交流、理解和解释、整合、象征性思维、创造性、感官刺激(Blomdahl,C.,et al.,2013)。虽然该项研究没有特别针对儿童,但其发现的这8个疗效因子也可能对解释艺术疗法在各类儿童身上的作用机制有所启示。

可见,绘画是发现自我的一个途径。首先,对绘画材料自发的使用让儿童可以表达他们的无限创造力,他们把思想、感觉、知觉和审美融进不同的艺术媒介,创造出的作品使个体获得满足感和成就感,他们可能会花一个小时创作,而花两个小时欣赏,自信心可以因此而得到增强。其次,儿童能够在从容的绘画创作中探寻多种解决问题的办法,他们可以尝试把冲突表达出来,尝试用不同的办法来解决,而不用担心真实行为所带来的后果。

总之,通过艺术创作,儿童能够表达他们有关过去、当前以及未来事件的思想和感受;能够认识到他们不想公开承认的或者潜意识中的问题、感觉和需要;能够安全地解决冲突,培养同一性和促进个体成熟(Kramer,1979)。

第二节 对艺术作品和创作过程的解释

Rubin(1984)提出,为了有效地运用未经组织的艺术来进行交流,重要的是必须明确如何看、看什么、找什么看以及如何找到现象以外的意义。总体来说,对儿童艺术作品的解释包含了儿童对于艺术表达方式的选择、创作艺术的过程以及最终艺术作品的内容和形式。Moschini(2012)认为综合地考虑解释儿童的艺术作品具体来说包含以下成分:标准化的设备和指导语,绘画评估要考虑到发展性的问题;结构和形态方面的解释;对象征的翻译以及象征性的丰富印象;被试对艺术作品的自由联想;在临床面谈时收集到的信息。当然,要把被试基于自身对作品的理解而做出的说明和普遍象征意义的解释结合起来,也要把对儿童其他方面的了解结合起来考虑,才能达到最佳的分析效果和评估目的。本节仅仅提供一些对艺术活动的一般解释,当面对不同儿童时应当进行区别对待,在解读艺术作品时也有赖于治疗者经验和技巧的积累。

一、治疗者的策略和技巧

儿童与治疗者交流的内容大多数都是有象征意义的,解释儿童绘画的关键在于聆听儿童的"艺术话语",仔细观察他们的言语和举止,通过直觉猜测他们艺术作品的含义。

倾听 倾听儿童的"艺术话语"给治疗者打开了一扇通往儿童世界的窗户,通过这扇窗户,治疗者可以了解儿童的冲突、防御、应对风格,以及和家人、朋友、同伴的交往情况,而不用触动儿童脆弱的防御机制。"倾听"意味着既关注儿童表达的内容,如画了什么、说了什么等等,还包括表达的总体"风格",如言语表达的方式、语速、强度、重音和清晰度等。相应地,非言语表达中也透露出这种风格上的轻重缓急,儿童的神情、落笔的轻重、线条特点等等。一名16岁男孩,用重重的笔触画了一个黑色的人像,手中举起一根棍子,脸部五官模糊。在团体中男孩一直沉默,直到画出这个人像,他才用颤抖的声音说出画的这个人是他父亲,但在陈述中他基本都用"那个人"来指代父亲,他甚至不能清晰地回想出"那个人"的脸,只知道那是一张"愤怒的脸",而站在父亲对面的那个小人,他说那是一张"充满恐惧的脸"。从他的绘画和言语中我们能"听"到一个长期遭受父亲家庭暴力的孩子的控诉。

在初始会谈前尽量少获取信息,尽可能保持一个开放的态度,以倾听儿童的表达。刚开始可以对儿童说:"我对你一点儿都不了解,但你了解自己,我想你能够通过画画告诉我关于你的事情。"因此,在初始会谈时应当尽可能先跟儿童接触,而不是先跟家长交谈。

适当使用目光追随、沉默、提问、情感反应、鼓励等言语或非言语的倾听技巧,能使来访者感受到尊重、理解和关怀,能营造一种安全的、温暖的氛围,使来访者最大程度地表达自己的情感,袒露自己的过错或隐私,有效地促进咨访双方的互动。

观察 观察是在解释时的一种关键性策略。身体语言、脸部表情、手势和对治疗者的亲近等非语言交流的方式,能够显示出很多关于儿童及其冲突的信息。治疗者应当观察儿童对绘画材料有什么样的反应,选择何种艺术表达方式并如何操作,以及他们如何把各种艺术材料联系起来。此外,也应当仔细观察儿童创作过程的步骤,注意个体的节奏、速度和活力水平。这些观察都为了解儿童的当前状况提供了重要线索,尤其有助于对情绪、情感、主要的防御机制以及应对风格做出假设。值得一提的是,最近有研究发现,在艺术治疗团体中,团体成员对艺术作品的"共同观察"是艺术治疗过程中的重要元素(Shakarov,et al.,2019),因为这种共同观察给了来访者"被看见"的体验,也给了他们一个空间,可以让情绪按照缓慢的、被保护的节奏流淌。同样地,治疗者和来访儿童对作品的共同观察也相当重要。

直觉的猜测 儿童的艺术是他们在特定时刻的所想、所知、所感,画出来的是隐藏着象征意义的"片刻真实"。根据这种象征意义很容易做出各种各样的解释,这些解释都是有效的假设。通过其他治疗如游戏治疗、阅读治疗、个体咨询等搜集的有关儿童的信息可以用来印证以上这些假设。在艺术治疗过程中,治疗者的角色确实是复杂的,因为要做出相当准确的猜测,他们必须理解儿童及其所持观点。要做到这一点,重要的是与儿童共情,理解他的语言、动作、智力、情感、社会性发展、兴趣、人际关系和冲突。只有洞悉孩子的内心世界并从其他来源获得各种信息,治疗者才能提出假设或者做出有见地的猜测。而且,对与先前猜想相矛盾或证实先前猜想的其他可能性和新信息,治疗者应当始终抱以开放的态度。要确切地判断儿童想说什么往往比较困难,因为这在很大程度上有赖于他们的年龄、发展水平、过去的经历以及他们对事件的理解力。

二、对创作过程的解释

儿童对一个非结构性的绘画任务的反应在某种程度上显示出他在日常生活中应对新的不确定情境的模式,因此,关注儿童如何进行艺术活动有助于对绘画进行总体解释。根据 Edith Kramer(1979)的观点,艺术创作中的五种活动对艺术治疗过程相当重要:暖身创作,情感宣泄,防御式绘画,以画代言,形式表现。

暖身创作 指儿童为有创造性的艺术表现做准备,通常会画些线条、涂鸦、涂涂擦擦、探究艺术材料(如橡皮泥、颜料、蜡笔等)的类别和用途,但没有画出任何有结构或有象征意义的图像,他们通过检测艺术材料来找到感觉,选择自己觉得愉快的表现方式。不同的儿童在面对选择什么样的绘画材料、怎样开始绘画这些问题时会有各种不同的表现。有的儿童会表现得很冲动,胡乱抓起一把绘画材料,毫无计划和组织地乱画一通,这显示出他内心的压力;有的儿童则面对众多的绘画材料,小心翼翼地选择,生怕被批评或制止,这些行为都具有一定的原因和内在意义,对于治疗者理解绘画过程的内在含义非常重要。

情感宣泄 指倒出或泼洒颜料,敲打材料发出声音,抛扔、揉捏橡皮泥等。这些行为表明,被压抑的情绪得到了释放或者失去了控制,这是在安全的治疗环境中释放情绪的一种途径。允许儿童打翻、弄脏、浪费颜料等在日常生活中不被鼓励的行为,然后透过投射潜在的幻想,要儿童在意识层面随性发展成有结构的图像,这种方法所产生的作品往往要比他们在一般情况下画出的作品更具有创造性(Kramer,2004)。

防御式绘画 指儿童对自己的冲突和消极情绪做出防御,不做自由表达,而是刻板地临摹、描绘轮廓、重复没有新意的普通图案。对于总是以不断涂鸦、泼洒颜料呈现心理防御的儿童该怎么办呢?Kramer 认为,最重要的是接受这种行为,认同这也是一种创作形式。只有被认同,儿童才能真实投射内在影像到创作中,但这可能需要较长的时间,整个治疗过程也是缓慢而吃力的。当治疗者让儿童成功地释放了情绪后,治疗就会朝着积极的方向发展,因为对儿童来说,自我增强了,便会带来令人振奋的成就感,进而传达给治疗者,从而减少治疗者之前进展缓慢的沮丧感;如果相反,治疗者在儿童进行防御式绘画时,建议儿童采用更为结构式的画法,那么就会降低治疗过程中工作的能量和满意度。

以画代言 指来访者与治疗者之间的非言语沟通,他们以图画或模型来代替或者补充语言表达,实际上达到的是"隐喻"的效果。这是来访者和治疗者之间一种特殊的交流方式,这种交流方式随着治疗关系的发展也进一步得以完善。为了以图沟通,常出现简单的线条、图像、造型等,创作者通常必须自己说明图的含义,否则别人无法理解。

形式表现 指最终画出完整的美术作品来表达自我、与人交流,这是儿童所思、所感和所知的具有象征意义的表现方法。下面这个例子说明多多如何在头脑中想象不在自己身边的妈妈并如何通过捏橡皮泥治好妈妈的病。多多是个8岁的盲童,他妈妈因手术而住院了,他对妈妈的关心和盼望促使他用橡皮泥捏成妈妈的样子。他努力地捏出妈妈身上的重要部位,她的脸上有一张大嘴、耳朵、鼻孔和两个脸颊。他给"妈妈"捏出一头长发、身体、双臂、手指、腿和脚趾,最后将"妈妈"的腹部用两块"绷带"包扎起来。做完后,多多轻轻抚摸着这个泥人。他用包扎绷带的办法帮妈妈治病,恢复她的形象,表明了他对妈妈的担心。

儿童选择艺术表现材料的类型和他们使用材料的方式较能说明他们的个性、应对方式、情感类型和情感强度。有些儿童喜欢在画手指画时把颜料擦在自己的衣服上,弄得全身都是;有些则愿意安静地待着,尽量不使用颜料画或者手指画;有些儿童喜欢摸一摸所有的东西,探究一下每种材料的用途,或总是弄得一塌糊涂;有些则可以用相同的材料画上几个星期,他们会仔细地选用一些蜡笔、彩色铅笔或者只用钢笔和墨水。

儿童作画时的反应也各不相同。有些喜欢把所有的材料都抢到手,拒绝和其他人分享;有些儿童只选择一两种蜡笔或铅笔,不再要求更多;有些孩子精力充沛,从一个材料用到另一个材料,却哪个画面都完成不了;有些则慢条斯理、有条不紊,光是脸部的一小部分涂色常常都要花好长时间。

儿童在艺术治疗中体验到种种情感,有些儿童可能在艺术作品中表现得很拘束;有些可能画出漂亮的线条,描绘出越来越精细的形象;有些则可能为了把画好的作品隐藏起来而在上面涂颜料或乱画一气;还有些儿童的反应就像是"发洪水"那样,在这种情况下,儿童的创作是一种情感的爆发,会导致失控,比如以"情感宣泄"的形式倒出、泼洒颜料,摔打橡皮泥。鲁宾将这种现象解释为退化。

每个孩子和治疗者形成的关系都是不同的。开始,一些孩子会害羞地等着治疗者会教他们做什么,当发现没有人来教他们时,就开始自己用笔或颜料画画、捏橡皮泥,并注意治疗者是否有支持的迹象。有些孩子希望治疗者先做些什么让他们可以模仿;另一些则很投入自己的活动,并不过多考虑治疗者的参与或支持。当友好的关系建立起来,儿童感觉到环境是舒服的时候,他们往往变得更放松、更容易进行口头表达。

关键概念

防御式绘画 指儿童对自己的冲突和消极情绪做出防御,不做自由表达,而是刻板地临摹、描绘轮廓、重复没有新意的普通图案。

以画代言 指来访者与治疗者之间的非言语沟通,他们以图画或模型来代替或者补充语言表达,实际上达到的是"隐喻"的效果。

【"以画代言"的案例】

几个孩子一起做心理测验,其中有一个迷宫测验,团体中的一个小朋友开始画自己的迷宫,还说画的是一个陷阱。他在画面中间画了一栋房子和几条让人混淆的路,却没有一条路通到那栋房子。画陷阱的想法很快在团体中蔓延,才一会儿工夫,所有的孩子都开始画陷阱,还加上了魔鬼、怪兽等可怕的东西。他们画陷阱相互赠送,也送给治疗者,同时也要治疗者给他们画陷阱。这次课程开始充满焦虑,作品也越来越没有秩序。

迷宫测验引发了儿童内心最恐惧的部分。这些孩子远离家园,被局限在一栋同时发生很多事情的巨大建筑物中。在医院入口处,孩子们看到的是救护车来来去去,到处可见坐着轮椅、撑着拐杖和没有手脚的人。孩子们的周遭不断上演他们不理解的奇怪事情,他们事实上是迷失在自己内心混乱的迷宫中。

治疗者觉得应该帮助他们从迷惑的感觉中走出来,于是开始为他们画简单的迷宫,使他们玩这个迷宫时,只需面对简单的麻烦就可以安全到家。例如,有一条路通过小溪流上的断桥,但是旁边有跨过溪流的圆木让人依然可以安全过河。

孩子们都玩得很高兴。最后,每个孩子都拿到了一份简单的迷宫,然后他们也画简单的迷宫给治疗者玩,这次,迷宫都可以安全地到达目的地。最后,课程在平和的气氛中结束。这次活动并不能算是创作活动,因为所画的图发展得太快,而且图像也太基本了。但是,治疗者利用视觉象征符号减轻了儿童的焦虑并重建他们的信心。在心理上,治疗者做到了第一手的协助,并使用视觉语言与儿童的视觉图像实现了沟通。

资料来源:Kramer, E.(2004). 儿童艺术治疗. 江学滢, 译. 台北: 心理出版社. p. 74.

三、对作品形式的解释

在艺术会谈过程中,治疗者可以倾听儿童的表达以及观察艺术作品的最终形式。在解释形式时,治疗者可能要回答以下有关儿童艺术作品的问题:这是整洁的还是乱糟糟的?这是完成了的还是未完成的作品?作品是黑色的还是也有蓝色、绿色和黄色?整幅画是画在纸张的一角还是占了整个画面?是不是有些部分被遮住了或者被乱涂过?图画中有没有人物,如果有,是占很大还是很小一部分?回答这些问题给艺术治疗者提供了儿童如何思考和感受如何的重要线索。图案在纸上的位置、完成情况及和谐状况都显示出画面的构成情况。另外,儿童绘画作品的线条、大小和位置、阴影、颜色可以提示儿童的运动、智力、情感和社会性发展等情况。

线条 线条是图画的基本元素,它的长短、轻重、方向、质感都可以传递出各种信息。比如,长线条可能表示压力和忧虑,需要支持;短线条显示出焦虑或冲动;非常重的线条可能代表个体内心的紧张、焦虑不安或者攻击性,也可能代表个体武断、坚强和有雄心的人格特质;非常轻的线条可能代表个体适应能力差,也可能代表个体矛盾、优柔寡断、胆小、害怕和没有安全感的人格特质;不断改变笔触的方向可能代表缺乏安全感;断续、持续弯曲的笔画可能代表个体是慢慢吞吞、没决心的倾向,或者依赖性很重且情绪性的倾向。

大小和位置 焦虑的儿童会画很小的图像,只占可用空间的一小部分。这些画的特点是一个很小的人物站着,双脚很瘦小,难以支撑上身,整个人物被画在纸张下方的边缘。这种安排显示了儿童有强烈的不满足感和不安全感(Burns, & Kaufman, 1972; Di Leo, 1983)。相反,有安全感、适应良好的儿童创造出的形象则能通过其大小、模样和在纸张的显著位置显示出其没有焦虑的困扰。

阴影 画面中过多的阴影可能提示儿童存在某种焦虑(Machover, 1949)。儿童可能会把人物的脸部或身体的下半部分涂成暗色调。Machover 发现,有些儿童所画的人物面部明暗特别突出,这些儿童可能对青春期攻击有焦虑。Di Leo 认为,即便是黑人儿童都不会把人脸画成黑色,除非他们也有焦虑。图 6-5 中,作画者把身旁那个同伴的脸涂黑,表达自己对其总是跟着自己的厌恶和焦虑。一般来说,黄色并有光线射出的太阳如果被涂成暗色调,或者把云涂黑,这往往是不高兴的表现。在解释阴影时,很重要的一点是,要把阴影看作整个图案中的一部分,需要联系画面的其他部分来考虑。

图 6-5 作画者将同伴者脸部涂黑(朱婷婷提供)

颜色 颜色的心理学意义很早就被关注了,我们都听说过这样的俗语:"她妒忌得两眼放绿光","他是个黄毛胆小鬼",还有如西方谚语中说的,"她心头笼罩着一层蓝色的忧郁"。颜色使我们的词汇和文化更加丰富。人们已经开始全面研究什么样的颜色能吸引人的注意,以及颜色如何影响血压、如何影响产品选择等内容。虽然大多数治疗者认同颜色是分析儿童艺术形式时需要考虑的一个很重要的变量,但是有关不同颜色及其组合所代表的意义方面还是有很大分歧的。按照 Luscher(1969)的观点,深蓝色代表和平与宁静,黄色代表温暖和愉快,黑色象征着虚无感。过重的红色与愤怒有关,但是红色同样是代表活力和温暖的颜色(Kramer, 1979)。连续不断地使用黑色常常与抑郁情绪有关(Oster, & Gould, 1987)。黑色也能代表黑夜,表示需要休息(Kramer, 1979)。当然,这既要看儿童的具体情况,也要看具体的文化,有的人选择某种颜色可能只是因为没有别的颜色可用。

四、对作品内容的解释

儿童经常以掩饰的方式表达自己和自己的问题,因此鲁宾(1984)认为解释内容时应当在三个水平上加以考虑:① 表层内容,指表面的话题或主题以及抽象的观念;② 关联性内容,指在作品创作过程中和完成后画面上突出的形象和有关作品的故事;③ 潜在的或象征的内容,指被歪曲的地方,比如夸张和省略,儿童没有说出来,或它们没有被儿童的意识所察觉。

表层内容 有时也被称为"显而易见的内容",指在儿童绘画中明显表达出来的内容。举个例子来说,如果儿童画了快乐的场景,上面写有"妈妈我爱你",那么这就要按照字面意思解释(见图6-6)。图6-7是一名患轻度抑郁症的女孩画的"父亲总是训斥自己","不管我多努力,他总是不满意,总是很凶地骂我",她用蓝色的圈圈表示从父亲嘴里发出来的一串串"骂我的话",这让流泪的她感到恐惧。

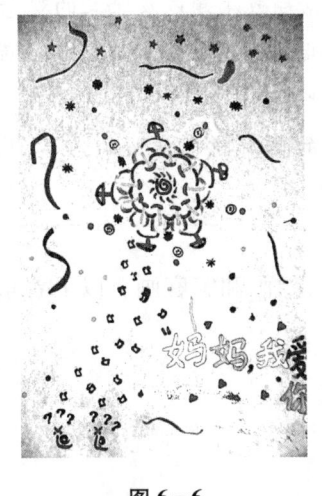

图6-6　　　　　　　　　　图6-7

关联性内容 关联性内容会在儿童关于自己作品的言语或非言语的交流中表达出来。为理解关联性内容,治疗者必须是一个很好的倾听者和观察者,能随着绘画的进展洞悉儿童的内心世界。关联性内容最好从儿童为艺术作品所起的标题或者他对作品所讲的故事来理解,比如,一个5岁儿童的涂鸦作品很难表达出他想拒绝的感觉或者他妈妈对他的前后不一的温情和爱,但当他对画做出解释说"她爱我,她恨我,她爱我,她恨我,然后她又爱我"时,他对绘画作品的这种表达帮助了咨询师做出有关作品象征意义的假设。这类内容在咨询师无法解释儿童艺术作品的意义时显得尤为重要。

象征性内容 指潜在的具有隐含意义的内容,在文学作品里常常容易看到,绘画中的象征性内容在儿童所选择的歪曲或象征手法中表现得很明显,它不一定是儿童用语言说出来的。譬如,暗淡的太阳、月亮和雨水可能与抑郁情绪有关(Burns,1987);锤子、刀子和其他危险的工具被认为是愤怒或被动攻击的表现(Burns,1982);树干上的疤痕和节孔表明儿童生活中的某种创伤,它们的位置可能表明生活中的创伤是何时发生的(Di Leo,1983;Oster,& Gould,1987)。丧亲儿童的绘画作品会以色彩、图形等象征方式来呈现自己内心对哀伤、死亡的感受。一名经历了"5·12"地震的儿童画了一幅《我的校园》,整个画纸上几乎都是一大团一大团的黑色,表达了一种对地震破坏性的恐惧。

要对象征意义进行解释,咨询师需要考虑所知道的关于儿童的每个细节,包括他在艺术创作过程中的言语和非言语的行为表现,并结合儿童的整体发展和生活经历、基于所有有用信息来解释,同时也应当以真诚开放的态度接受儿童对自己作品隐含意义的解释。一个符号可能具有普遍意义,但它的含义却又是个别的(Di Leo,1983)。如果儿童的艺术中总是出现同一个主题,那么这可能表明儿童在这个地方感觉到了冲突。要对图案给予特别注意,因为它有助于治疗者做出直觉的猜测:什么东西可能会对儿童的内心世界产生重要作用。

表层内容 指表面的话题或主题以及抽象的观念。
关联性内容 指在作品创作过程中和完成后画面上突出的形象和有关作品的故事。
象征性内容 指潜在的具有隐含意义的内容,儿童往往没有直接说出来。

有两种形式的画对儿童具有特殊的意义:人像画和家庭画。以下着重介绍这两种形式。

五、人像画

人像画是儿童一贯最喜爱的主题,当儿童经历身体、情感和社会性发展的特定阶段时,他们画人物的方式也随之发生变化,与他人的相互作用也是儿童画的常见主题。

人像画的特殊信号或情绪表露与明确的性格特征之间不一定存在一一对应的关系(Oster,& Gould,1987)。因此,不应当仅根据一个信息就做出解释,而应当综合考虑全部作品的背景所传达的内在含义。年龄、成熟度、情绪状态、社会文化背景以及其他相关的历史知识在理解儿童绘制的人像画时也起着重要的作用。

省略 儿童画中的"省略"会告诉我们一些信息:儿童如何看待自己以及自己和他人之间的关系。比如,不清楚或残缺的胳膊或手可能表明儿童在社会交往中没有自信,而双手藏在背后可能说明逃避问题;无法行走的残疾儿童常常不画腿或只画坐着的形象;在解释身体各个部位时故意省略面部特征的孩子可能有人际交往困难。但这些相关仅仅只能作为治疗者心中的假设,需要进一步从儿童的言语和非言语表达中加以证实,当然,有些信息也可能得不到证实。

夸张和缩小 缩小的形象可能意味着不安全感、退缩感和不满足感,而夸大的形象可能表明健谈和自我控制能力差。手臂过短表示退缩、不善于人际交往、压抑冲动;手臂过长则可能是一种向他人请求援助的信号;特别强调肌肉的手臂,当同时有方型的肩膀时,可能与攻击性、敌对、过度防御有关。自画像中过大的双手和双臂可能象征攻击倾向,小手可能表示儿童效能感低和缺乏自信;小脚象征基本安全感的缺失以及儿童感觉到缺乏支持和焦虑(Burns, & Kaufman, 1972; Di Leo, 1983)。把嘴画成直线可能是紧张的表现,而短而重的线条则可能意味着攻击性;如果眼睛又大又圆有威胁的意思则可能意味着有敌意或偏执(Di Leo, 1983; Machover, 1949);虎视眈眈和龇牙咧嘴的画面突出了敌意(Hammer,见 Oster, & Gould, 1987);过度的、不必要的细节或过分对称,可能存在强迫性的防御机制、理智化、强迫性。

隐藏 试图隐藏身体的某个部位或将其尽量画得最小也可以看出儿童当前存在着冲突。把手插在口袋里可能意味着儿童控制自己世界的效能感不足。经历着性方面冲突的儿童把自己画成只有腰以上的部分,或者画的脚从胸前长出来,根本不画身躯主体。

在对几百个儿童的绘画进行分析后,Di Leo(1983)发现某些象征性内容在情绪失常儿童的画中比在健康儿童的画中出现的频率高。表 6-1 中列出了 Di Leo 研究中的五个因素,以及说明象征性内容的例子。

表 6-1 在画人测验中情绪障碍的表征

没有人像的画	对人的省略可能象征着人际关系困难
分离的形象	身体各部位的分离不常见,这表明可能是性格分裂
歪曲的形象	奇特而古怪的怪兽模样常常是心理失常的儿童画的
僵直的形象	像机器人的形象表明儿童生活中情感不成熟和紧张
在画好的画上乱涂	意味着对自己或他人强烈的消极情感

资料来源:根据 Di Leo(1973,1983)的数据整理而得出的。

1. 没有人像的画

绘画中通常应该包括人像,还可以包括宠物、房子、花儿、树木以及阳光。因此,儿童省略人像的画法往往是不正常的(见图 6-8),把人脸画在其他动物如狗身上则更加不正常。

图 6-8 出自一个 9 岁孩子之手,他社会退缩严重,与同伴交往时有自闭症状。房子和树用蓝色铅笔加以突出,太阳和花朵是用红色画的。房子的门口出现了两只互相接触不到的胳膊(没有手)。树是光秃秃的,毫无生机,即

图 6-8 没有人物形象的画

便太阳和花朵的出现显示了一线温暖的希望,但整个画面表现出的却是情感的冷漠和儿童生活中有意义关系的缺失。

2. 分离的形象

分离的形象包括凌乱的画面、不像人的图形或者只画人的一小部分。绝大多数儿童会画一个完整的人物形象,即使只画人物的头部,也通常会在圆圈里面画上眼睛、鼻子、嘴等表示脑袋,而不会把五官分散画到整页纸上。身体的各部分互相分离的人物形象画是有悖常理的,表明儿童性格紊乱,或者严重心理失常。

在图6-9中,一个6岁的孩子描绘的人物形象是紊乱而抽象的。尽管没有分散到整页纸上,身体各部分却不那么好辨认。画面上没有完整的人形,脸部特征较为明显却是分散的。一颗大的心被画在其中一张脸上,且用线条围起来,小孩称这些线条为"血管"。人物的脸被孩子说成是治疗者和自己,却看不出像人的样子。人物的身体直直的,没有胳膊、腿等人的特征。

图6-9 分离的身体各部分

这张画出自一个6岁的患情绪障碍的孩子之手。左边的图像代表治疗者,中间的代表孩子本人,两张笑脸代表治疗者的两只狗,三个画着心的圆圈在治疗师和孩子之间架起了一座桥梁。

这幅作品反映出这个孩子自我形象薄弱以及对爱的强烈需求,治疗者怀疑其有母子关系方面的问题,有受虐待和被忽略的可能。虽然这孩子身体上被照顾得很好,但是很明显有情感剥夺和渴望爱的迹象。

3. 歪曲的形象

Rubin(1984)提出,在儿童的自画像中,治疗者应当同时考虑天性的歪曲或伪装的成分。有的儿童用相同年龄和性别的形象来代表自己;有的儿童更多地用伪装的方式,把自己画成一只动物、幻想中的怪兽或者没有生命的东西;还有的会用一些抽象的形式。Di Leo指出,经历着某种程度情感失常的儿童常会画一些奇特的、怪兽模样的形象;而希望借此掩饰他们的想法和情感的儿童会画一些出现在梦里或想象中的动物。诸如此类的形象表示他们头脑中的可怕的事情,通常他们自己都不愿意面对。解释这些隐含的意义对治疗者来说是个很大的挑战。

图6-10是一个9岁小男孩经常画的怪物状的形象。他在生活中遭受了很大的创伤,包括他母亲最近一次自杀,用他的话说,"妈妈病了"。他母亲嗜酒,患有某种心理疾病。小男孩跟他母亲生活在一起时经常会有一种奇怪的观念:除掉身上的罪恶。

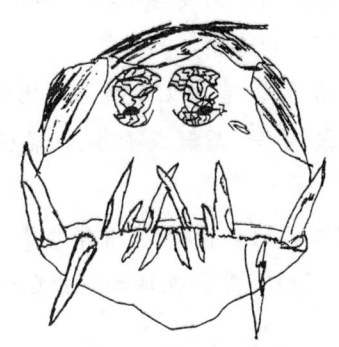 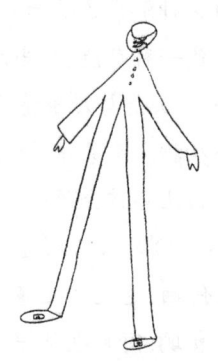

图6-10　歪曲的形象　　　　　　　　图6-11　僵直的形象

这张扭曲的人像画有怪兽的牙齿、充血的眼睛,是一个聪明的9岁小男孩画的。他母亲说,曾带他去看过迷信表演"除掉身上的罪恶"。他讲了被妖怪、吸血鬼、魔鬼和其他怪物抓住并吞食他的故事,他说这些故事都是他编的。在这些故事中,他赋予自己神奇的力量,比如会飞的能力。

图6-11是一个9岁男孩的自画像,他因为会无端地哭泣而被带来咨询。他的老师说他在班上文静而孤僻,没有朋友,不和同伴交往,躲避集体活动,喜欢幻想离奇的冒险。他画的僵直的形象和直线条的嘴巴可能表现出他的家庭关系及同伴关系很紧张。

4. 僵直的形象

直挺挺的机器人形象是儿童表达他们焦虑的另一种方式。当情感的不成熟和家庭气氛的紧张占据儿童的心灵时,他们往往会把自己和家人画成如此僵直的形象。这些儿童的动作往往比较呆板、不灵活,说明他们使用过多的防御机制来保护自己。图6-11画的是一个姿势僵硬的人,从胸前长出了很长的腿。

5. 在画好的画上乱涂

Rubin(1984)指出,儿童对于最终作品的态度很重要。治疗者需要弄清楚儿童对画的态度是羞愧、骄傲、厌恶、高兴、敌意,还是好坏情感并存的矛盾态度。如果儿童画好了一个人物形象后在上面乱涂一气的话,他们可能是在传达某种羞愧、憎恨或者敌意。若是想把作品藏起来或朝它击打,则表明儿童对自己有某种强烈的负面情绪,也许他是在说:"我不想要你看这个,因为你看了的话我是一个什么样的人你就全知道了";也可能是儿童的一种自我贬低:"我恨这个自己,看上去笨死了!"或者"它好丑好丑"。无论如何,试图涂掉自己作品的儿童需要得到帮助来克服他们对自己的消极情感。

> 【小贴士】
>
> **头脸部位传达的信息**
>
> Machover(1949)发现,人像画和作者的个性之间存在着紧密的联系。她对于人像画的这种解释已被后来许多研究者的研究所证实。需要再次提醒的是,这些推断仅仅是一种可能,应当放在整个评估的背景下加以考察。
>
> 1. 头。头是与儿童情感安全有关的最重要的器官,有些儿童画完头就等于完成了整个人物。头象征着儿童生活中成人的笑容、支持、质疑或责备,面临情感或社会问题的儿童常会画一个巨大的头。
>
> 2. 脸。脸是人与人进行交流的中心,如果没有画脸部特征,而身体的其他部位却画得很仔细,这表明儿童的人际关系可能存在困难。过分强调和突出脸部特征是幻想的表现,同时也是一种对不满足感的补偿。
>
> 3. 嘴。对嘴巴的强调会通过省略、突出、特殊的大小、形状、涂抹、明暗、替代等来表现。过多强调嘴巴可能与进食问题、辱骂、发脾气等有关,单线条的嘴巴可能代表紧张;浓墨重彩的嘴巴可能是传达侵犯之意;画出的成人龇牙咧嘴,可能表示有暴力和性虐待倾向。
>
> 4. 眼睛。眼睛被认为是"心灵的窗户",它是儿童情感生活和安全感的焦点,因为儿童从别人的眼中体验到支持与拒绝。又大又黑、突出而恐怖的眼睛表现出人物的敌意和疑惑,一般患妄想症的儿童会这样画;像珠子般小而亮的眼睛显示出怀疑。
>
> 5. 耳朵。比起省略其他部位(比如嘴巴),不画耳朵倒不是那么严重。但通过大小、形状、位置、涂抹来突出耳朵,也可能说明一些问题,比如,可能是对某些批评或社会舆论的温和回应,也可能是主动的听觉幻想(幻听)。警惕性高的、多疑的、不易相信他人的个体会特别强调耳朵,容易生气的儿童或者抵抗权威的儿童会对耳朵适当强调。

六、家庭画

儿童的家庭画表明儿童如何看待自己与家人及社会环境之间的关系。家庭画可以显示:父母如何养育儿童;儿童以什么样的性格与家人相处;儿童对自己在家庭中的位置感觉到安全的程度。家庭对孩子有着持久的影响力,儿童在家庭中学会了如何处理自己的情感并发展出对他人的同情心。因而,家庭画是儿童情感生活的有意义的表达。

Di Leo(1983)在研究的基础上提出了一些概括性的指导方针来解释家庭画(见表6-2)。当然,这些解释需要通过在咨询会谈、观察以及其他治疗活动中收集更多的信息来进一步证实。

表 6-2 解释家庭画活动中的元素

大小	最重要的人往往被画得最大且最先画
位置	儿童通常把自己画在离喜爱的父(母)亲或兄弟姐妹最近的地方
相像	儿童可能把自己画得与自己关系最亲近的人很相像
省略	在画中不画自己或某些家庭成员意味着不满足感、生气或者拒绝
分离	儿童若感到被遗弃,则不会把自己跟别人画在一起,并且最后才画自己

资料来源:根据 Di Leo(1973,1983)的研究成果。

图 6-12 在家庭中的地位

这张家庭画挂在儿童家里,9岁的来访者在画中是"皇后",她正和她喜欢的弟弟手拉着手,他是她的"皇帝"。她的两个姐姐,画中的两个妖怪,被锁在房间里,小女孩称之为"牢房"。两个姐姐的容貌被画得很丑,在她们的窗户上还画有栅条。父母很显然不在家。

大小 家庭成员在画中的相对大小可以显示儿童对其情感和态度的信息:儿童可能会把一个在他生命中特别重要的人画得非常大,这就是为什么有些父母亲的形象会被画得比从属的、没有太大关系的同伴高大得多。有的儿童甚至会说,"那是我的妈妈,她是老板"。经常打骂儿童的父母除了会被画成较高、较显眼的形象外,手也会被画得特别大。这种夸张可能显示儿童觉得这个人不友善,对自己有威胁。

位置 通常,家庭成员在画中的相对位置能提供其相互关系的重要信息。在有些家庭画中,儿童把他们自己画在父母或兄弟姐妹中最喜欢的人的旁边。在图 6-12 所画的家庭团体中,这个小孩是家里的"皇后",而她最喜欢的弟弟则是她的"皇帝";另外两个姐妹被描画成"妖怪",并把她们关在家里;父母显然不在家。很明显这不是一个亲密的家庭,兄弟姐妹间有敌对关系。画画者非常想被别人喜欢,可能别人也确实喜欢她;但兄弟姐妹间的问题很吸引她的注意。缺少父母的抚养和支持以不画父母的方式表现出来了。对两个姐姐的消极情感让她把她们画成了丑陋的妖怪,并把她们关起来。

相像 儿童常喜欢把自己的穿着或其他特征画得与他喜欢的父亲(母亲)或者兄弟姐妹比较相像。比如,有的女孩子把自己画成和她妈妈一样,身穿短裙,脚穿皮鞋。

省略 Di Leo(1983)认为,忘记画某个家庭成员说明儿童对这个成员的抵抗和排斥。儿童画家庭时没有包括所有的家庭成员,这是异常的表现。不画自己也有特殊的意义,可能表明孩子缺少家庭的归属感或可能感受不到自己对别人的价值。产生这种感觉可能是因为父母过分苛刻或没有温和地拿兄弟姐妹与自己相比。家庭画中的其他一些省略跟在人像画部分中涉及的内容相仿，包括省略手、脚、脸部特征、身躯或者身体的其他部位（见图6-13）。手是家庭画中最常见的被省略的部分，没有手，没有彼此接触或拥抱，则可能表明家人之间缺乏温情与爱。如果家庭成员没有笑容、没有脸部特征、没有嘴巴，则表明他们缺乏沟通。如果没有眼睛，他们就看不到他人的快乐或痛苦。在一张省略明显的家庭画中，儿童和其家人都应当参与咨询或治疗，以便治疗者能够帮助家庭成员更加积极地相处并学会为对方付出。

分离 当儿童因为某种生理或心理的

图6-13 家庭画中的省略

这幅家庭画的特别之处在于人物的脸部特征、胳膊和手都没有画。所有家庭成员穿着都很相像，妈妈的头发稍有不同，作画者是女孩子，她对自己的形象没有明确的界定，这些省略说明家人之间缺少沟通与交流。没有画用来讲友好或尖刻话语的嘴巴，没有画用来看到彼此快乐或痛苦的眼睛，没有可以互相安慰的胳膊。在这个案例中，治疗师需要了解这个家庭的组合情况，并评估一下成员之间的相互作用。

障碍而与父母分开时，他们通常会把这种分离在家庭画中表现出来。另外，随着越来越多的家庭破裂，孩子们的生活中多了同父异母（或同母异父）的兄弟姐妹，这些矛盾和调适在儿童的艺术作品中表现得更加明显。有些孩子用一条线把两个家庭分割开来：原先的家庭和父（母）亲另外组织起来的家庭。另一些孩子用线条把自己与有的兄弟姐妹隔开，以显示对他们有消极情感。有时作画者将不喜欢的孩子画得很丑，以区别于其他的兄弟姐妹。图6-14中，孩子同父异母的兄妹被画在一个障碍物后面，很明显他们是讨

图6-14 分离或隔开

这幅画画的是来访者的兄弟姐妹和同父异母的兄妹，障碍物的左边是孩子父亲和他现任妻子生的孩子，来访者对他们的感觉是"聪明的"和"被宠坏了的"。障碍物的右边是来访者和她的两个兄弟，她的哥哥喜欢打篮球，被称为"败家子"，与其他人隔开。他另一个兄弟擅长搭建。有趣的是绘画者把自己画在障碍物的旁边，躲开她的同父异母的兄妹，而又离隔开的哥哥较近。

大人喜欢的，他们手中的好分数和圆筒冰激凌就是证明。障碍物的右边画的是当事人自己，还有她的两个兄弟，其中一个用线条圈起来的被她称为"败家子"。

总而言之，解释儿童的艺术作品是一个复杂的过程，需要全力倾听、观察及形成有

关儿童内心冲突的假设。要有效地做到这些,治疗者必须注意艺术创作的过程和最终完成作品的形式及内容。内容包括三种类型:表层内容、相关内容(其中包括孩子对艺术作品的表述),以及有内容的象征意义(其中揭示了儿童的思想和感受,儿童不是总能意识到所画作品的象征意义,因为它们多数是处在潜意识水平)。本章后面对冬冬案例的研究将说明治疗者是如何提出儿童艺术作品中所传达的相关冲突的试探性假设的。

第三节 艺术治疗的应用

一、艺术治疗的准备

(一)选择创作材料

艺术治疗时最好在一个独立的房间内,里面有洗涤槽、围裙、画架和易清洗的桌子。如果没有游戏室,可以把材料放到一间安静的房间或办公室。如果不方便使用肥皂和水用以清洗,就不宜采用手指画。绘画的桌子一定要足够大,使儿童不会感到局促和压力。还要有几把可以移动的木凳或椅子。当然也要为习惯站立或坐在地上创作的儿童准备适当的空间,如果能有一些专门的游戏区域就更好了。

准备充足的绘画材料是开始艺术治疗的必备条件,一般情况下,要有充足的绘画材料让儿童自由选择。

纸 可以准备 A4、A3 大小的白色素描纸、彩纸,以及各种颜色的折纸。另外,旧报纸、杂志、旧画报对喜欢拼贴的儿童来说也是一种极好的材料。

笔和颜料 马克笔(各种粗细、各种颜色)、12 色或 24 色的铅笔、2B 和 HB 等型号的铅笔、蜡笔或彩粉笔、24 色或 36 色的油画棒、水彩颜料(包括调色板)、油画颜料(包括油画调色板、油画画布及油画支架)。另外,准备一些橡皮,以便儿童涂改铅笔画。

各种颜色和硬度的黏土(或橡皮泥) 随着创作的进展,剪刀、浆糊、胶水和其他任何儿童"需要"用来讲述故事的东西都应当准备好。但是这些材料(尤其是剪刀)在使用时需要注意不能给儿童的安全造成威胁。这是儿童艺术治疗中一定要注意的。

在运用材料方面,要尊重儿童个人的选择,每个儿童对艺术的表达有各自的偏好。许多儿童,尤其是年龄较小一点的,会比较喜爱手指画,为了避免孩子在水池里清洗时弄湿衣服,可以准备一些旧衬衫让孩子反过来穿。当然,这种清洗工作也是相当有乐趣的。有些儿童不喜欢手指画,因为他们怕弄脏或者不喜欢颜料弄在手上的感觉;有些儿童喜欢手指画,却不敢这么做,怕把颜料弄到衣服上而挨骂。有些儿童喜欢捏橡皮泥,因为这种材料能被扔、砸、剪和任意变形。儿童能用橡皮泥来完成在二维图画中很难完成的活动。年龄大一点的孩子希望用多种方式表达他们的创造性和情感,他们会选择颜料和刷子,或者钢笔和墨水,或者纸和铅笔。

对儿童来说,为自己的作品选择表达方式是很重要的。治疗师要相信儿童能为自己选择合适的材料开始画画,并且要把这种信任传达给儿童。虽然面对种类繁多的颜料或其他材料,要做出选择有时候的确很费劲,但哪怕是对最不愿独立的儿童,都要给他们自己做决定的机会。面对绘画材料和绘画任务,有的儿童会用眼睛看,有的会用鼻子闻,有的会试探性地摆弄,但有的儿童却无动于衷,治疗者要跟他们说清楚可以做哪些选择。比如,一名14岁的男孩呆坐在凳子上,盯着面前的绘画材料足足有3分钟,一声不吭,这时候治疗者就对他说:"你愿意用水彩笔画,还是用油画棒画?你可以临摹,也可以自己创作,你愿意选择哪种呢?"于是他做出了自己的选择,他愿意用油画棒自己画。

(二) 开始艺术治疗的注意事项

艺术治疗开始时至少要考虑以下几个注意事项。

(1) 准备一个进行艺术治疗的独立空间。

(2) 把艺术治疗变成儿童治疗中的一个自然的组成部分。在与来访儿童第一次接触时,就要向他以及他的父母或者老师介绍这一疗法及其价值。

(3) 始终要让儿童清楚地明白,虽然这一疗法是通过艺术创作的形式进行交流和表达的,但与有没有艺术天分无关,也就是说,画得好不好不重要。

(4) 要申明,绘画作品会得到保密,未经儿童本人同意,不会给他人看,包括父母和老师。如果作品被用于研究或出版,要隐去孩子的真实姓名。

(5) 要考虑艺术作品的保存问题,是留在咨询室还是让儿童带回家?留在咨询室存档会比较好,因为这样可以作为进一步治疗的参考和评价,但保存这些作品需要特定的场所,也需要一定的空间。

二、艺术治疗的过程

玛格丽特·纽曼伯格认为实施艺术治疗主要有两个步骤:一是帮助来访者投入艺术创作中去,让他们尽可能自由地表达内心世界,使无意识冲突呈现在作品中;二是治疗者和来访者一起探索是什么阻碍了来访者的正常生活,探索所发现的冲突的意义,形成对冲突的语言表达。Kahn(1999)提出通常运用艺术治疗应该包括初始阶段、探索阶段、行动阶段,这三个阶段既可能在一次治疗中全部经历,也可能需要多次治疗,需因人而异。Rubin(2005)认为,在绘画治疗的过程中儿童探索自己面临的问题会经历以下九个过程:试探(testing)、信任(trusting)、冒险(risking)、交流(communicating)、面对(facing)、理解(understanding)、接受(accepting)、应对(coping)、分离(separating)。综合这些对绘画治疗过程的划分,我们可以将儿童绘画治疗过程分为初始阶段、探索阶段、行动阶段、结束阶段,在各个阶段会涉及 Rubin 所说的相应的关键步骤,以下着重从程序的角度介绍治疗者/咨询师/心理辅导老师是如何操作整个绘画治疗过程的。

(一)初始阶段

艺术治疗初始阶段的目标是与儿童建立良好的治疗关系,给儿童介绍艺术作品作为沟通的媒介。许多儿童通常会觉得自己不被接受,因此治疗者尤其需要注意为儿童提供一个接受的、不做评判的和理解的环境。

在完成一些管理性的介绍后,可以鼓励儿童通过绘画来介绍自己,常用的活动形式有涂鸦画、自由画、续笔画、即兴表达等。绘画指导语应是开放式的,有些指导语因为反映儿童的一些问题,因此要让儿童觉得安全才可以用。合适的指导语可以包括:请画出你自己;用画讲一个故事;画出一件最近发生的令你不开心的事,并画一些你希望有的改变……有时候,治疗者也可以要求孩子给治疗者画像,因为来访孩子会观察这个来帮助自己的成人的各种特点和行为,治疗师从画中可以了解孩子"是如何看待心理医生和治疗过程的,并根据这些信息建立与儿童之间的相互信任关系";当有的孩子尤其是年龄稍大的儿童,一开始不太愿意画画或者羞于画画时,治疗师也可以建议他从涂鸦开始(Cathy,2005)。

治疗者对艺术活动要表现出兴趣和好奇。在初始阶段,打断和过分的干预不利于建立良好的关系,像"说说你画的是什么"这样的话已经足够了。初始阶段,治疗者接受来访儿童所有的举动是非常重要的,哪怕是充满敌意或者有着防备心理的举动(Linesch,1988)。治疗者的交流要依赖于艺术创作活动,分享艺术传达出来的信息要适合来访者的进度。

在这个过程中,治疗者要传达这样一个信息:在绘画治疗中,作品没有好坏之分,怎么画都没有关系。

明明,男,5 周岁零 5 个月。幼儿园老师反映明明在班级里很"特别",说话很稳重,像个"小大人",总是像成人一样分析问题,且语速不急不慢,跟他说话,他经常能找到理由来反驳,并且在听完童话故事后,他都会说"这是假的"。老师几乎没有见他哭过,即使被批评了也从来不哭,只是固执得不说话。明明认字很多,知识面比同龄孩子广很多,绘画水平在班上是较好的,讲起故事来落落大方,舞蹈动作很协调,在幼儿园表现很能干。但是在有些事情上,明明却显示出和平时表现很不协调的退缩、谨慎和紧张,比如:老师请小朋友用拼插玩具搭建一个机器人的时候,他不像别的小朋友那样欢天喜地地开始摆弄玩具,而是面对着一堆材料,不敢去使用和创造,过了很长时间,始终没有搭出一样东西来,等他看到边上的小朋友搭好了,才会模仿着用两个玩具拼在一起搭建一辆小汽车,然后就不会再尝试别的了。

明明的这种成人化的表现和似乎有些退缩的行为，引起了老师的关注，所以决定让心理辅导老师跟他做一些交流。下面是他们第一次接触时的对话(节选)。

心理辅导老师：明明，听张老师说，你很喜欢画画，今天我们来画一个人好不好？我想请你在这张纸上画出你自己，能试一试吗？

(明明开始在A4纸上画起来，大约画了30分钟，见图6-15)

图6-15

心理辅导老师：你画的是谁？

明明：我自己。

心理辅导老师：你在干什么呢？

明明：我在外面照相。

心理辅导老师：能跟我说说你画的脸是什么样子的吗？

明明：不知道。椭圆形的。大大的脑袋，废话多(满不在乎的表情，声音提高了很多)。

心理辅导老师：废话多？从这张画里面可以看出来吗？

明明：你看我嘴巴还叽叽哇哇讲的，牙齿上还有颗小蛀牙。

心理辅导老师：还有呢？你长得什么样子？

明明：有汗毛。你看我这里是空空的(指着自己的脑门，再指画上的额头)。

心理辅导老师：那你的脸为什么是黄黄的？

明明：因为阳光照在我脸上，就很温暖，我躺在那里晒太阳的。

总体来说，明明给人的感觉是阳光快乐的，但他对自己的描述，"大大的脑袋，废话多"，"嘴巴还叽叽哇哇讲的"，似乎像是成人评价的一种内化，而且从画面的形态上分析，这张画上有一些细节似乎被过分强调了，比如：毛发，一根一根被仔细地、整齐地刻画，这种着重描画的毛发可能显示了个体的焦虑；凹形的嘴巴，非常大，可能预示着口唇依赖，且言语方面有些问题；鼻孔的刻画非常明显，这是在同龄的儿童画中不常见的，可能显示了原始的攻击性；耳朵用了好几层笔触，这种过度的强调可能表明个体对批评敏感。当然这些只是对明明的一种假设，需要在后续接触中进一步了解。

（二）探索阶段

如果说儿童在治疗的初始阶段是对治疗者和治疗环境进行探索,那么当他感觉到治疗者和治疗环境是安全的时,就会逐渐与治疗者建立起信任、安全的关系,之后,他就愿意在治疗者的带领下,开始探索情感、想法和行为。这一阶段的目标就是逐渐加强儿童在探索问题时的自我表达,可用的指导语具体如下。

（1）"画一幅画来表示你为什么要来这里。"
（2）"画出别人眼中的你和你眼中的自己。"
（3）"画一幅画表示出你家人的沟通情况。"
（4）"画出你想象中的学校生活。"
（5）"画出和朋友在一起时的你,然后画出独处时的你。"

当儿童画完作品后,咨询师的第一个问题一般可以是:"跟我讲讲你的画。"在问其他问题以让儿童做更深的探索前,要给儿童足够的时间以发表他们自己的看法。然后再问他们作品中反映出的但没有解释的问题。这一阶段也可以把所画的作品同过去的作品做比较,讨论相似之处和不同之处。咨询师可以这样提问:"跟我说说你画的这个形象。""你画的这个人在想什么？做什么？他有什么感受？"或者"这幅画表达的是什么心情？"

在这个阶段中,儿童一般会经历 Rubin 所说的"冒险""交流""面对"这几个过程。在治疗室中"冒险"揭露先前被自己所压抑的想法和情感,这个过程需要时间,有时进展很慢,甚至有反复。治疗者与儿童的交流要立足于绘画活动,分享绘画中所传达出来的信息要适合儿童的进度,如果儿童表现出防御性的行为,有可能表示治疗进度太快了。为了建立信任,使儿童能冒险面对内心的恐惧,就要找到对治疗者和儿童双方都有意义的交流方式,很多交流可以在象征水平上完成。"面对"自己问题的过程会比较痛苦,会面临逃避和阻抗,要理解这个过程中儿童的防御机制,尊重他们的需要并保护他们,尤其是对于处在青春期的儿童来说,防御是他们一切态度的本质,其中隐藏着不安全感和对依赖的深深恐惧。因此,不要轻易破坏儿童的防御机制,当然在必要的时候,也就是儿童陷入防御反应找不到出路时,治疗者是可以帮上一把的,比如,当儿童在纸上一遍遍乱涂,纸都快被戳破了,这时候就该处理儿童的防御行为,让他意识到并掌控内心因为无助或者没有能力而产生的冲突。

下面是心理辅导老师与明明第二次接触时的对话(节选)。

心理辅导老师:明明,今天老师还想请你画一幅画,这幅画里面必须要有房子、树和人这三个内容,好吗？

明明(突然从很兴奋的状态,变得很紧张):老师,我不会画人,怎么办？（但据明明的老师反映,他的绘画水平在班上是较好的,而且上次已经画过他自己的头像）

心理辅导老师:明明不用担心,老师只是想多了解一下你,你想怎样画就怎样画,画得好不好没有关系,好吗?

(明明点头,他从笔袋里挑选了一支黑色的水彩笔,把笔帽插到笔的后面,开始在 A4 纸上画起来,他先在纸下方画了一条线,用黑色水彩笔涂色,从右边开始,左右平涂,然后把纸推远一点,上下来回涂。一半黑色涂好后,换了一下纸的方向,又从左边开始上下涂,来回上下左右平整地涂黑色,持续了将近 10 分钟,非常专注和认真,然后逐一画树干、树洞、树枝、叶子,给树干涂咖啡色,接着画房子、人,画好这些突然若有所思)

明明:哎呀,我这里没有画门,怎么办?

心理辅导老师:添上去?

明明:不用。我在这里画一个秘密通道,也可以通到房子里的。

(然后明明继续给门涂色,画了蓝色的云、双色的太阳,然后把自己的名字写在反面,完成作品,整幅画一共花了 36 分钟,见图 6-16)

心理辅导老师:你画的是什么?

明明:我的家园。

心理辅导老师:你的家园是什么样子的呀?

明明:蓝蓝的天空。

心理辅导老师:还有呢?

明明:微笑的太阳。

心理辅导老师:还有呢?

明明:门口还有几十棵大树。

心理辅导老师:几十棵大树的呀? 那你画了几棵?

明明:只画了一棵,因为纸太小画不下了。

心理辅导老师:还有吗?

明明:每天都有不一样的白云。

图 6-16

心理辅导老师:为什么每天都不一样呢?

明明:因为老天爷每天在画不一样的画,所以画纸就变成白云了。你看这个白云像车子。别看我的房子没有门,还有一个秘密通道,在大树的旁边。

心理辅导老师:为什么要画秘密通道呢?

明明:因为我忘记画(门)了。秘密通道是可以通到房子里的通道。

心理辅导老师:这个人是谁呢?

明明:我,我在喊我的好朋友。

心理辅导老师:哎,下面有很多黑黑的是什么?

明明(声音有点激动):那是地,地上有很多黑黑的大石头堆在一起。

心理辅导老师:你怎么知道地底下是大石头呢?

明明:因为我画的是石头小路。

心理辅导老师:那这个人怎么不是站在地上呢?

明明:因为我怕这个脚画到地底下。

心理辅导老师:如果脚画到地底下会怎么样呢?

明明:就变成大坑,不是小路了。

心理辅导老师:脚到地底下就变成大坑了啊?

明明:脚到地底下就变成了软软的泥巴了,啪嗒一下人都没有了。

心理辅导老师:如果人到了泥巴底下,会怎么样呢?

明明:就会死掉了,没有水分死掉了。

心理辅导老师:你这棵树是什么树?

明明:一旦枯萎就会变香的树。

心理辅导老师:枯萎了还会变香啊?

明明:是的,上面还有松鼠洞呢。还有一个被啄木鸟啄过的洞。

心理辅导老师:怎么会有这个洞呢?

明明:因为曾经有些小虫子钻到树里了。

心理辅导老师:想象一下如果你是这棵树,啄木鸟是一个人,你觉得是谁呢?

明明:清洁工。

心理辅导老师:为什么啊?

明明:因为清洁工会帮助清理。

心理辅导老师:那你小时候是谁帮你洗澡的呀?

明明:我不知道。

心理辅导老师:现在谁帮你的呀?

明明:我爸爸。

心理辅导老师:那你妈妈呢?你小时候妈妈帮你洗澡吗?

明明:不帮我。

……

明明对心理辅导老师比较信任，在第二次会谈中就用绘画讲出了自己的故事，甚至表露出一些压力。这幅画让人特别注意到的是，明明用近三分之一的时间画了黑色的、厚厚的地面，并且强调脚不能着地，否则就会死掉，"死""枯萎"这些与死亡相关的字眼给人印象深刻，有没有什么事情让他紧张或担心，甚至害怕？还有，他刚开始忘了画门，缺失门可能表示在允许别人接近方面存在困难，而当他意识到后，又刻意补了一个"秘密"通道，他张开双臂在喊好朋友，甚至很用力地倾斜身子，画面上却没有朋友的身影，这让人感觉他煞费苦心地在对人开放，也许结果并不是那么理想，不过这也只是一种总体印象，对于人际关系的信息，咨询师没有及时追问，有些遗憾，不过带着假设在后续的会谈中获取信息也是允许的，如果可能的话，在探索阶段也可以让明明有更多的言语和非言语的表达。

在这次会面后，心理辅导老师想约见明明的母亲，于是跟明明商讨。当明明听到老师想见妈妈时，非常警觉，央求老师告诉他什么事情，他能不能一起到办公室去。心理辅导老师跟他说："明明，老师想请妈妈来帮我整理图书，还想把你画的画给妈妈看看，因为你画得非常棒。"明明的表情突然变得很紧张，他坚决不同意让妈妈看画，并且反复强调："我妈妈不知道的，我妈妈不知道的，不要给她看，好吗？"心理辅导老师马上抱紧他，轻声在他耳边告诉他："好的，别紧张，我为你保守秘密，不让妈妈知道，好吗？"并且马上在他小脸蛋上亲了一下。明明突然放松下来了，说："好吧，要不你给她看看吧。"脸上露出了笑容。

在与明明母亲的会谈中得知，明明的父母自己开公司，小时候明明由妈妈带，上幼儿园后妈妈比爸爸更忙，因此爸爸陪得多些，但主要由奶奶带。在妈妈口中，明明"很敏感，有点紧张，脾气很犟，不听话"，有时妈妈生气会打他，但还是没用，"他很烦，一天到晚在说话，什么都要说，什么都要问，有时候我很烦的时候，就会说他，这么多废话！""他坐不住，在家一会儿玩这个玩具，一会儿又玩那个玩具，一点都没有耐心，注意力也不集中，而且算术很差。"妈妈还说明明很胆小，连滑梯都不敢上，但喜欢玩僵尸游戏，每次看到僵尸把脑子吃掉，晚上就会哭很长时间，但还会要求买僵尸游戏的书看，越害怕越看。妈妈还说明明"很好强，看到别的小朋友会认很多字，他就坚持每天认字，现在已认识很多字了"。

在看到明明的画后，妈妈也觉得疑惑，她也注意到了一大团黑色，说他就是一直很喜欢黑色，在家里画画，有时候全部要用黑色画，有次要画伞，结果画了一大团黑色。有时候穿衣服也要穿黑色。

妈妈还反映明明有尿频的毛病，半夜不叫他上厕所就会尿床，她略带愤怒地说这是明明爸爸的遗传，而爸爸和奶奶"就是不肯承认"。

谈到明明可能对"死亡"有恐惧，妈妈提到今年过年时带明明回老家，有个明明只见过一次的老奶奶去世了，但明明却哭得特别伤心，出乎大人的意料。

（三）行动阶段

行动阶段是儿童发生改变的阶段，这一阶段的目标包括继续自我表达，整合应对技术以及找到适合新的行为方式的问题解决策略。改变发生的关键就在于，来访者在对现实的不断探索中，能用全新的方式理解自我和环境。

在行动阶段，儿童一般会经历 Rubin 所说的"理解""接受""应对"这几个重要的过程。儿童从觉察到自我的难以应对、充满矛盾到能够接受的地步需要花较长的时间，完成这样一个过程后，之前潜藏的过度焦虑便消除了。

改变是一个逐渐发生的过程，但往往到后来会以一种创造性方式令人刮目相看，这种创造性的方式就像镜子一样，反映出复杂的内在平衡机制。Kramer（2004）认为，这种平衡是通过升华（sublimation）的过程达到的。

这个阶段的绘画指导语要帮助来访者树立改变的目标并建立可以达到目标的行为模式。比如：

（1）"画一画你希望发生的也确实发生了的改变，哪怕这一改变只发生了一点点。"

（2）"画一座桥，表明你现在的位置，还有，当咨询结束时你将会在什么位置。在你前进的道路上碰到了什么困难？克服困难需要做出什么样的努力？"

（3）"画出你从咨询开始到结束的这个过程。"

（4）"画出从现在开始的15年里你的样子，在这段时间里你需要达到什么目标。"

如果是团体艺术治疗的话，还可以包括儿童自愿向同伴展示自己的画，并让同伴相互讨论每一幅展示的作品。以"作画""解释画""听取他人对画的理解"三个过程，促进当事人的"思考—生产—回顾—对照—反省"等一系列思维过程（闫俊，崔玉华，2003）。

继续看明明的案例。

在妈妈离开学校后，心理辅导老师又跟明明讨论了他的画和他的故事（节选）。

心理辅导老师：你妈妈今天来了，你高兴吗？

明明：当然呀，我特别高兴！

心理辅导老师：如果你希望妈妈做一件事情能够让你更加开心，你希望妈妈做什么呢？

明明：我希望妈妈多陪陪我。

心理辅导老师：对了，妈妈告诉我，过年的时候，你回老家了，有一个奶奶死了，你很伤心是吗？

明明：嗯，是的。奶奶允许我吃葡萄。奶奶死了，谁能让我吃葡萄呢？（说到这里，明明很伤心，眼睛都开始红了）

心理辅导老师：哦，那奶奶走了，还可以有其他人允许你吃葡萄的，对吧？

明明：对呀，还可以有其他人，爷爷也可以允许我吃葡萄的，对吧，老师？

心理辅导老师：嗯，就是啊。你说树上有一只小松鼠住在里面，是吗？

　　明明：嗯，是的，不过它现在决定，暂时不要住在里面了。

　　心理辅导老师：你还害怕掉进泥土里会死掉的，对吧？

　　明明：嗯，老师，不过泥土会变得越来越干的，如果是水泥地，我就不会害怕。它现在已经变硬了。我都忘记在那个上面画一条棕色的线，那就表示水泥地，我不害怕。

　　虽然只有三次面谈，但从已有的信息来看，我们可以大致勾勒出这样一个儿童的形象：聪明伶俐，好强，好动，能说会道，进入第一个"叛逆期"，由于初次近距离接触死亡，因此产生了对死亡的关注与恐惧；受家人尤其是母亲负面评价的影响，明明对自己也有一些明显的负面评价；虽然总体来说，明明的生活很阳光，但他渴望得到他人的肯定和陪伴，尤其是来自母亲的陪伴，他缺乏足够的情感依恋和安全感。

　　这次对话中，明明对画上的内容做了新的叙述，他让松鼠走出树洞，他让泥土变干变硬，甚至变成水泥地，人在上面可以不用害怕会掉下去，这是故事的新发展，而它的背后是明明情绪的变化。值得一提的是，上面会谈中提到小松鼠和泥土的那些对话，就是我们在上文说到的"立足于绘画活动"的交流，这就是在象征水平上完成的交流，对治疗者和儿童双方都有意义。对治疗者来说，易于与儿童沟通；对儿童来说，则有着改变的意义。更有经验的治疗者可能会将这种象征水平上的对话继续深入下去，既然明明说自己忘记画一条棕色的表示水泥地的线，那如果能让他把这样的改变重新画出来，则对他而言就会有更大意义了，而这种做法正是一种"以画代言"。如果能在象征水平上将对话深入下去，可能会涉及明明发展性问题的更多方面。

（四）结束阶段

　　治疗过程所蕴含的事实就是它会结束。结束往往是一件困难而令人痛苦的事情，因为它会使人回想起以往的一些分离体验。因此，要尽可能地向儿童做出提示，这样才能令人满意地终止治疗工作。跟早先的分离一样，结束治疗意味着成长与进步，但同样也意味着一种丧失。通常儿童会对决定他们结束期限的成人有一些愤怒，即使这个儿童不再抑郁，他也会在结束快到来时感觉不安。

　　事实上，绘画治疗的整个过程都是涉及分离的——将事实与幻想分离、将现实与想象分离，以及从更深层意义上来说，将儿童本身与导致困扰的冲突和问题分离。

　　来访者常常通过意义发生变化的形象来表达对结束的感受，例如涂鸦。有些儿童甚至干脆就不再使用材料，转而把精力集中在玩具或者室内其他物品上，以重建他们的防御心理，并为离开治疗者做好准备。

三、常见的艺术治疗活动

　　以下是一些适用于儿童的个体和团体治疗技术。其中，有些技术可以被用于亲子团体治疗,有些则适合作为青春期阶段儿童团体治疗指导计划。治疗者可以把这些技术用于自己的理论框架内或作为整体治疗的一部分。在运用每项技术时要考虑治疗者的技能和来访者的需要。咨询和治疗的方法要在完全了解儿童及其发展水平的情况下灵活运用,这需要治疗者依靠专业经验来选择最适当的技术。

(一) 理解自我

技术:随意画(涂鸦)。

材料:纸、水笔或者铅笔。

指导语:鼓励儿童放松,在纸上随意画线条或者涂鸦,在他觉得画完时停止。

目的:这个活动对建立良好的治疗关系很有价值,这是用图像自由表达的有趣而安全的方式,可以让儿童表达那些不愿与人分享的内心自我。

技术:自由画。

材料:纸、铅笔、钢笔、蜡笔、颜料、彩色笔和马克笔。

指导语:鼓励儿童自由表达自己,不要"设计"图画。

目的:可以显示来访者的当前问题、防御机制和优势所在。

技术:续笔画。

材料:画有一些简单线条和形状的纸。

指导语:鼓励儿童在已有形状的基础上完成绘画,使其成为一个完整的图案。

目的:这项技术可用于团体咨询,以此鼓励成员表达自我;或者在个体咨询中作为一种鼓励儿童表达自己思想和情感的方式。

技术:情感类词语。

材料:纸、铅笔、钢笔、蜡笔、颜料、马克笔和彩色笔。

指导语:治疗者规定一个表示"情感"的词语(如爱、恨、愤怒),来访者用画来描绘这个词,儿童也可自己想出某个情感词语。

目的:展示来访者的内心情感,并打开讨论的缺口。

技术:情感面具。

材料:纸、颜料、鸡蛋、硬纸盒以及各种废料。

指导语:选择一种情感,做一个面具以表达这一情感。

目的:这项制作提供了讨论和体验重要情感的机会,也为唤起儿童生活中重要情感的体验提供线索。

技术：问题和感受。

材料：各种绘画材料。

指导语：让儿童画出最近的"问题"或"感受"。

目的：这项技术用在年龄稍大一些的儿童身上，有助于他们认识到自己的情感并在绘画或讨论中（或这两个过程中）表达出来。

技术：三个愿望。

材料：各种绘画材料。

指导语：要求儿童画三五个愿望。

目的：这些画可用来讨论愿望是否可实现，为了达到长期目标要实现什么样的短期目标。这项活动要在团体咨询中进行。

技术：即兴表达。

材料：各种绘画、颜料画、雕刻的材料。

指导语：儿童选择以下一句或多句陈述来描绘并加以讨论："我是……""我感觉……""我有……""我做……"。

目的：这项技术是儿童向他人和自己表达情感的方式。

技术：绘画讲故事游戏。

材料：钢笔、铅笔、蜡笔、马克笔和彩色笔。

指导语：治疗者先在纸上画一条简单的线条，要求儿童在此基础上画上细节，使之成为一幅画，然后再问儿童一些问题（如"这是发生了什么事"之类的），随后要重复这个过程直到画面按顺序能够组成一个故事。

目的：这项技术可增强儿童对可选择的情感和行为的意识，并鼓励想出解决问题的更合适的方法。

（二）理解自身与他人的关系

技术：家庭泥塑。

材料：黏土。

指导语：鼓励儿童用黏土捏出他的家庭（包括重组家庭或者大家庭）。这个捏成的"家庭"可以是儿童目前所生活的，也可以是他所希望的。

目的：因为形象可以移动，因此可以获得有关家庭动态事件和思维过程的信息。

技术：家庭树形图。

材料：纸和马克笔。

指导语:要儿童画一个家庭树形图,把家庭成员放入其中,鼓励儿童列出所有成员的年龄、自己与各个成员之间的关系和情感。

目的:这项技术有助于了解儿童如何理解自己在家庭中的位置。他可能遗漏某个家庭成员,或把自己画得离最喜欢的成员(如父母)最近。

技术:房屋设计。

材料:白报纸和蜡笔。

指导语:治疗者画一幅房屋设计图,要求儿童指出家庭成员的位置和他们正在做的事情。

目的:这项活动可以洞察家庭成员的角色以及儿童如何讲述自己的人际交往环境。

技术:有裁剪出的可移动人物的主题壁画。

材料:壁画纸,素描纸,剪刀,蜡笔,彩色笔或记号笔,遮蔽胶带(指作画或喷漆时盖住不需颜色或油漆部分的护条)。

指导语:儿童把剪下的画贴到群体壁画上,描述一个幻想的主题。咨询师可以以类似的话开始:"假如我们在学校里,老师不在,让人代课,班上学生会怎么样?""我们旅行到了一个遥远的星球上,我们会干些什么?这个星球会是什么样子的?"

目的:全体成员或者治疗者可以提供很多幻想的情景,以提出任何与团队有关的东西。主题可能包括分离、挫折、宽容、合作以及与同伴的关系等。

这部分所提到的技术只有在充分尊重儿童个性和需要的前提下才有疗效,这些技术不能随意或单独使用,而是应整合到某个周密的治疗计划中加以运用,任何方法的选择和安排,还有绘画活动的选择,取决于特定儿童或团队的需要。"如果给予足够的行动自由,儿童会向治疗者显示出他们什么时候准备好了从某种活动中受益。"(Denny,1976)

(三)防疫期间的绘画小游戏

新型冠状病毒肺炎疫情来袭,让全国乃至全世界民众笼罩在紧张的氛围中,儿童也同样经受着冲击,长期的居家隔离,可能无形中使原本朝夕相处的伙伴内心有了距离,也可能让无法喘息的亲子关系变得一触即发,不少儿童可能会出现恐惧、烦躁、焦虑、退缩、沮丧、愤怒等负面情绪。这里整理了一些在防疫期间可以跟儿童一起互动的绘画游戏,不管是家长、心理咨询师还是儿童工作者,都可以在适当的时候使用,以帮助儿童缓解压力、更好地适应环境。当然,在专业人员的指导下[1],这些绘画活动也能用于疫情以

---

[1] 这里要提醒的是,如果在对有创伤的儿童进行危机干预时,运用绘画技术一定要有专业的指导。比如,日本芦屋生活心理学研究所所长、原阪神大地震心理志愿总指挥高桥哲教授在为汶川地震心理志愿者进行培训时曾强调,距地震发生后不足一个月还不适合采用绘画疗法对灾后儿童进行心理辅导。这并非说绘画疗法不好,而是时机未到。正确做法是,当孩子的生活安定后,再让他们回忆地震时的场景,才有助于释放内心恐惧情绪,而这往往需要一两年的时间(转引自徐培晨,2010)。

外的危机干预工作中。

- 神奇的画笔(王纯,2020)

这个训练可以让孩子们直面生活中的冲突或问题,并寻求解决办法。

(1)假如我有一只神奇的画笔,可以画出我的烦恼或困难,它是什么样子的?

(2)给画的图起个名字,一幅图代表一个问题。

(3)假如这支神奇的笔可以点石成金,我希望刚才画的图变成什么样子?

(4)在我的周围,有谁可以帮助自己完成这个愿望?

- 心的支撑(王纯,2020)

这个活动可以帮助青少年处理心灵深处那些不愿明说的情结或创伤,寻找内在和外在的资源,提升内在的效能感。

(1)把红色彩纸对折,剪出一个心形。

(2)把心形的尖向下,在中央画一条横线,把心分成上下两部分;沿对折线把上半部分画一竖线,把心形分成三部分。

(3)在这三部分上分别写出1~3件令自己伤心、气愤、痛苦的事。如果感觉不够安全,不想把事情很清楚地写出来,也没关系,可以用符号代表。

(4)把A4白纸横向对折,分别在左右两部分画上自己的左手和右手的轮廓图。

(5)在轮廓图的左手各个手指上写出当自己遇到伤心、气愤和痛苦的事时,可以寻求支持的外在资源。

(6)在轮廓图的右手各个手指上写出当自己遇到伤心、气愤和痛苦的事时,自己拥有的能力和心理品质。

(7)把刚才制作的心形贴在A4白纸的中间。这样就会有一双手捧着一颗心的感觉。

- 涂色或者涂鸦

研究发现,在给定的复杂几何图形中涂色,能帮助人们降低焦虑。因此,曼陀罗涂色被用于静心解压,可将以下图片打印出来进行涂色。

如果打印条件有限,也可以在空白纸张上进行以下活动。

(1) 用左手拿起一支笔(铅笔、水笔或任何随手可以找到的笔),闭上眼睛,在纸上随意画线条,直到你觉得画好为止。

(2) 睁开眼睛,看一看你的线条,它们交叉的部分有什么样的图形凸显出来?

(3) 从画笔中挑选你喜欢的颜色,给你所看到的凸显的图形涂色。

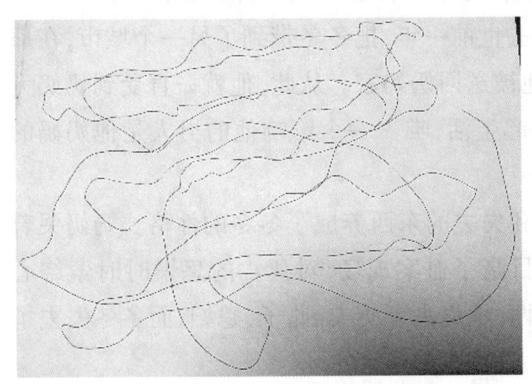

(4) 如果你没有彩笔,也可以用铅笔涂。

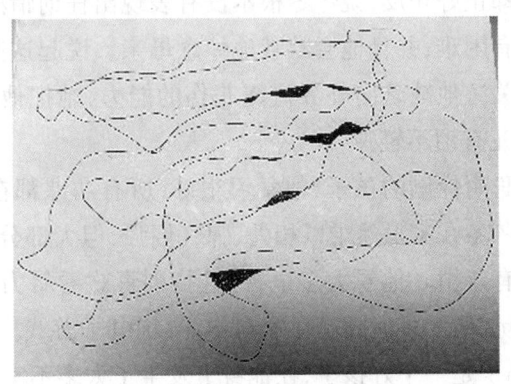

四、案例解析

【案例分析】

情况介绍 冬冬小时候住在爷爷奶奶家,5岁那年,冬冬跟家人一起外出,途中遭遇车祸,冬冬的爷爷、叔叔、姑姑以及同车许多人都当场死亡,冬冬和奶奶被救活。用奶奶的话说,小冬冬目睹了这么多人"在他眼前死掉"。

家人说冬冬的父亲常酗酒,在冬冬周岁时就抛弃他离家出走了。他母亲也有很长时间的酗酒历史,后因自杀而死。据亲戚说,冬冬的母亲自杀过多次,可能最初是因为找不到工作而消沉的她非常迷信,总有魔鬼附身的奇怪念头。她们说,冬冬受到了迷信中"把魔鬼赶跑"仪式的影响。他对于怎么被带到这个仪式上的情况回忆不起来,但奶奶说从他母亲把他带到另一个城市就开始了,她说自那时起,冬冬就一直做噩梦。

9岁的冬冬童年的大部分时间是由奶奶像母亲一样照顾他的,但他妈妈为了要"惩罚"奶奶,硬把他从奶奶身边带走了。妈妈去世前一年,把冬冬带到了另一个城市,在那儿他转过三次学。在妈妈自杀的三周前,他被送回奶奶家。从此,他就一直受到奶奶无微不至的照料。他多数时间是跟女性在一起生活,唯一一个影响他的男人是他奶奶的弟弟,这位舅公曾试图花时间跟他在一起。

与冬冬奶奶的会谈 正是儿时的创伤和失去的东西养成了冬冬的性格。奶奶哭着讲述了冬冬童年无法形容的恐怖经历:他目睹了血案现场,对死亡的恐惧时时萦绕心头。她讲了许多她和冬冬生活中失去的东西,她失去了丈夫、儿子、媳妇;而冬冬失去了爷爷、父亲和母亲。

他奶奶说,当冬冬得知母亲的死讯时,他并没有表现出很激动的情绪,但他确实哭了。而她的侄女说的却正好相反,说冬冬根本没有表现出任何情感,也没有哭。冬冬表达感情尤其是愤怒时有困难,并且他会默默地悼念母亲。说起这些,两个女人的话是一致的。似乎奶奶并不关注他缺乏向外界流露悲伤的能力,她把他的不哭看成坚强的表现,用她的话说是"男儿有泪不轻弹"。

奶奶说冬冬是个聪明伶俐的孩子,他学习很好,所有功课都在班里名列前茅,普通话也说得非常流利。冬冬在家虽然难以相处、脾气倔强,但大部分时间他还是能与人合作并遵守纪律的。她有点担心他看太多电视,且特别喜欢看暴力电影和电视节目。他偶尔也会和邻居一起玩,但大多时间是在家写作业、玩电子游戏。奶奶说他们的关系非常亲密,而且说他的孙子是一个好孩子,在他身上发生了太多不幸。

老师的报告 冬冬的班主任最先提出冬冬需要外界的帮助,因为他对于不久前母亲的自杀一点反应都没有。老师说他是一个非常聪明的孩子,想象力很丰富,在班上没有发现他有任何问题,如果有就是他看上去非常安静,很内向。老师觉得他没有朋友,其他小孩不跟他玩是因为觉得他有些怪,他老讲一些外星人和宇宙的事情,他自称能够看到在人们周围有"能量圈"。因为他对母亲的死没有情绪反应,老师有些担心,所以建议他来咨询。

早先的评估 针对母亲自杀危机的反应,冬冬先前在一名咨询师那儿做过咨询,并完成了一个心理状况评估:没有特别记载健康或发展方面的问题,没有精神疾病史,而他母亲有精神病史,包括嗜酒和抑郁,还有几次自杀经历。冬冬被迫忍受奇怪的迷信仪式的精神虐待则有详细的记录。当时心理状况的评估表明,冬冬的思维过程是有条理、符合正常逻辑的。然而,因为他说能看见外星人、飞碟和围绕在人周围的光环,所以对他思维的内容有所疑问,测试者怀疑可能是错觉和幻想。

当前存在的问题 当被问及寻求咨询的原因时,冬冬的家人说出了很多担忧,主要问题是冬冬对他母亲的死没有任何情感上的反应。他没有哭,也不显得悲伤,过了三个月,"他看上去很奇怪,一点都不受母亲去世的影响"。他们提到冬冬从不公然愤怒而是以微妙的方式表现在行为上,且小心地不被别人发现。他们注意到他会对暴力感兴趣,喜欢看恐怖的电视节目。他的想象力活跃,能虚构故事说自己有超能力,看到来自宇宙空间的怪兽。他那些奇特的故事让他显得很怪,因此同伴孤立他。他讲一些荒诞的故事,比如外星人和宇宙怪兽,他说想拥有超能力,比如会飞的能力。

与冬冬会谈 第一次会晤,咨询师花了一些时间来了解冬冬,并和他做游戏。冬冬是一个非常聪明并且能说会道的孩子,喜欢画画。他说他学习很好而且觉得"这很简单"。当他说到他的愿望是要变得很大、很强壮且有超能力时,他开始画一个怪兽(见图6-17),他说那是他在梦里见到过的。

冬冬这幅恐怖的画占了整整一页 A4 纸。头很大,脸部特征表现得淋漓尽致、栩栩如生,细节的刻画显示出他丰富的想象力。

图6-17 冬冬画的怪兽

冬冬用一支墨水笔慢慢地、细心地画怪兽的头,画的时候很少说话。他勾勒细节的时候,下笔很重,特别是画牙齿时。牙齿很多、很恐怖,表现出攻击性(这一点他在后来的对话中有所补充)。对嘴的强调意味着冬冬易于言语攻击或对自己进行言语攻击(在本案例中前者更有可能)。

怪兽的眼睛很有警惕性,刻画得很细致。乌黑的大眼睛显示出敌意与怀疑,并且强调了浓浓的眉毛,看上去脸上透出一股谨慎。耳朵很大,每个耳朵上刺了一把刀。冬冬提到他相信妈妈的死是他的错,如此夸张的耳朵可能表明这个孩子对批评很敏感或者他正遭受较严重的幻听。在与冬冬及其奶奶的会谈后,这一点得到了证实。

冬冬在怪兽的头上画了一小撮头发,还有一些看起来像从头后面长出来的东西,使这个动物看上去像个魔鬼。这可能是他对妈妈想除掉魔鬼的理解。这个怪兽没有脖子,既然身体其他部分没画,不画脖子也不算奇怪。

总的印象是,这个怪兽代表了冬冬的恐惧和他意识到的周围环境的险恶和恐怖。所有对冬冬健康发展产生威胁的因素没有立即显现出来,但可以设想:那些"除掉身体中的魔鬼"的情感虐待增加了他的恐惧、罪恶感或不适。

以下是冬冬的一些感受,这些似乎影响了他的想法、情感和行为。

"世界是个可怕而危险的地方。"
"我不相信别人能让我免受伤害,因此我必须依靠我自己。"
"保护自己的唯一方式是自己有超能力。"
"妈妈离开我是因为我不是一个好孩子,那一定是我的错。"
"别的小孩不喜欢我,因为他们不理解我。"

从开始的假设中,我们可以明显看出,冬冬在一堆问题中挣扎。他仍然为失去母亲而悲痛,而且正受到十分痛苦的情感折磨。每当他想到他母亲自杀是因为他时,他就有罪恶感,所以他创作那只怪兽和其他野兽来处理他的问题。他逃到一种幻想的生活中,这使他的罪恶感得到些许解脱。他甚至有可能曾经希望母亲别再折磨他,而现在愿望成真了。因此,他觉得自己的愿望是母亲自杀的原因,这些无疑已经成为一个小男孩心中可怕的负担。

为了应对他的罪恶感、愤怒和恐惧,冬冬发展出了丰富的幻想。他仍然没有接受他母亲的死,因为没有哭,所以他认为自己很坚强。他宣称自己有超能力,比如会飞。这就是他逃避他的不适感受的做法。他讲一些离奇的故事来避免跟别的小孩交往,让自己觉得比他们聪明。

下面是考虑了在与冬冬及其奶奶的会谈中所收集到的所有信息后给出的初步诊断。诊断的依据是《美国精神病诊断与统计手册》(DSM 第四版, APA, 1994)的多轴诊断。

诊断印象:

轴1:(临床障碍,其他需要注意的临床情况);
　　带混合情绪症状的适应障碍(302.28)排除:创伤后应激障碍;
轴2:(个性障碍、智力缺陷)延迟;
轴3:(一般病理问题)无障碍;
轴4:(心理社会和环境问题)失去母亲(自杀);
　　失去爷爷;
　　受害于情感虐待;
　　目睹车祸惨案;
轴5:(对功能的总体评价)GAF=65。

治疗者需要帮助冬冬明白他不用为妈妈的死而自责,而是妈妈生病了。妈妈酗酒的信息在这里会有用的。他需要有机会表达自己痛苦的想法和感受,并走出自己创造的幻想世界。既然冬冬有丰富的想象力,那么艺术和游戏是最佳的治疗方式。

为此,冬冬被安排参加一个艺术治疗的门诊活动,在那里接受每周一次总共12次的会谈。治疗者在治疗时将:① 帮助冬冬感觉到治疗关系是安全的;② 鼓励冬冬通过艺术或游戏表达他的感受;③ 帮助冬冬将当前的感受和过去的经历联系起来;④ 帮助冬冬去发现一些在思考、感受和行为上的更为健康的方式。冬冬的一部分治疗将在有其他儿童参加的团体艺术或游戏治疗中进行。他奶奶将尽可能地参加治疗,并鼓励他更多地和身边其他的小孩玩。冬冬在学校和社区的活动也会得到鼓励。如果预计的治疗阶段结束时冬冬没有明显好转,那么他将会继续接受下一个疗程的12次治疗。

需要特别指出的是,虽然以上我们从咨询与治疗的视角介绍了艺术治疗的过程、活动和案例,但正如我们在第二版前言中所说的:"治疗"的目的不仅是可以用来在临床上帮助"治病",更重要的是可以帮助儿童更好地"发展",不管是什么样的儿童,如果能用适合他们的方法,帮助他们做出一些有利于身心发展的改变,这便达到了"治疗"的最终目的。因此,虽然正式的艺术治疗需要有空间、材料、设置等方面的准备,但用艺术疗法的方式帮助儿童发展、促进儿童改变,可以在日常的情境下发生。

四次绘画游戏

(呈现了在日常情境中妈妈和女儿用艺术的方式互动的过程,对亲子互动甚至心理咨询都很有启发。)

以画代言

(本章笔者在一次儿童绘画心理实践应用论坛上的发言,呈现了一些在咨询、日常情境等与儿童的互动中进行心理健康促进工作的案例。)

本章小结

以绘画表达为手段的艺术治疗是一种哪怕刚刚进入咨询领域的新手都能使用的技术,它能使治疗者更好地了解儿童及其家庭,并理解他们要带儿童来咨询的问题所在。绘画疗法在以下三个方面有用(尤其是在结合其他疗法时):① 与儿童建立治疗关系;② 在咨询中帮助儿童识别和宣泄情绪、释放压力、解决冲突;③ 可以促进儿童在自我表达、问题解决能力和自信方面的成长,因此绘画治疗已被日益广泛应用。绘画活动可以通过提供一种有趣的但却是无危险的方式来建立治疗关系,这对信任关系的建立非常关键。在信任的氛围下,儿童能够表达他们内心的想法和感觉。连儿童自己都不知道的潜藏的冲突常常可以在儿童的绘画作品中显露出来。在创作过程中显现的言语的和非言语的线索对解释同样重要。另外,绘画是评估儿童在治疗中显示出来的优势的一种途径,也是检测儿童治疗进展的一种途径。

儿童在这个有趣的绘画过程中能够认识到自身问题所在并试着战胜困难。除了关注儿童当前的冲突,治疗者可能会评估儿童总体性格上的优势和劣势以及应对方式,对随后的治疗可做一些规划,并尽可能促进儿童的全面成长和发展。过程、形式和最终的绘画作品为治疗者理解儿童的情绪、情感、冲突和应对方式提供了重要线索。

除了自由绘画之外,还有许多正式的评估测量方法,但这些需要特殊的培训和专业的解释技术。无论是结构性的任务还是自由绘画,对儿童的绘画应当以试验性假设的形式来做出解释。要知道,这些假设也许能被其他的数据证明,也许不能被证明。对于儿童的绘画作品,应当联系所了解的有关儿童及其家庭的其他信息来理解,而不是孤立地看待。

要深入地掌握艺术治疗需要特殊训练和技巧。其实,运用艺术作为治疗的手段比较容易上手,因此即便是咨询领域的新手也不妨一试。本章介绍了一些比较常用的绘画活动和技巧,这些艺术活动可以作为更好地了解儿童及其家庭的参考途径,帮助儿童改变和成长。

作为学习者需要注意如下几点。

(1)绘画对儿童来说是有趣的活动。不要用一些自作主张的问题和建议来破坏这一活动。

(2)如果你不懂画的含义,请让儿童给你解释一下。

(3)在任何绘画活动中,要让儿童邀请你参加,当被邀请时,要充满热情地参与进去。

(4)允许儿童尽可能地表达创造性,如果儿童想要在手指画上搞出脚印的话,要尽量允许他们这样做。

(5)如果分配合理,和儿童一起做一些清理工作也是相当重要和有趣的。

【延伸阅读】

对艺术治疗广义和狭义的界定以及儿童艺术治疗的发展历史,具体可参见:

陶琳瑾.(2010).儿童艺术治疗.南京:江苏教育出版社.

对儿童艺术的心理学解读,可进一步参考:

Golomb, C. (2011).心理学家看儿童艺术.石孟磊,等译.北京:世界图书出版公司.

想对投射测验做进一步了解,请参见:

葛明贵,柳友荣.(2010).心理学经典测验.合肥:安徽人民出版社.

吉沅洪.(2010).图片物语——心理分析的世界.上海:华东师范大学出版社.

吉沅洪.(2017).树木—人格投射测试(第3版).重庆:重庆出版社.

想进一步了解如何对人物、树木进行定量与定性的分析,以及如何使用指导语,可参考:

Moschini,L.B.(2012).绘画心理治疗——对困难来访者的艺术治疗.陈侃,译.北京:中国轻工业出版社.

【推荐书籍】

Arnheim,R.(1998).视觉思维——审美直觉心理学.腾守尧,译.成都:四川人民出版社.

Kramer,E.(2004).儿童艺术治疗.江学滢,译.台北:心理出版社.

Malchiodi,C.A.(2005).儿童绘画与心理治疗——解读儿童画.李甦,等译.北京:中国轻工业出版社.

Malchiodi,C.A.(2012).Handbook of Art Therapy,(second edition).New York:Guilford Press.

Rubin J.A.(2005).Child Art Therapy(25th Anniversary Edition).Hoboken:John Wiley & Sons,Inc.

Buchalter,S.I.(2006).艺术治疗实践方案.孟沛欣,等译.北京:世界图书出版公司.

陆雅青.(2009).艺术治疗——绘画诠释:从美术进入孩子的心灵世界.重庆:重庆大学出版社.

王纯.(2020).心灵智慧:疫情下儿童青少年心理调适指南.南京:江苏人民出版社.

严文华.(2012).心理画外音:跨越10年的心理咨询个案.上海:华东师范大学出版社.

思考与实践

1. 尝试对你所感兴趣的某个绘画测验工具做进一步的了解,找一个你的"来访者",体验这一工具在搜集信息方面的作用,并与同学分享你的感受。

2. 选择1~2个艺术治疗的活动形式,做自我体验,与同学分享和交流。

3. 在具体的咨询实践中尝试运用绘画艺术治疗,并总结收获。

4. 请思考如何减少来访者对于"不会画画"或"画不好"这样的顾虑。

参考文献

董奇,陶沙.(2004).动作与心理发展.北京:北京师范大学出版社.

Golomb,C.(2011).心理学家看儿童艺术.石孟磊,等译.北京:世界图书出版公司.

郝振君,曹燕瑛.(2004).低年级智力残疾儿童美术艺术治疗的初步尝试.中国特殊教育,47(5),27–30.

胡斌,胡冰霜,艾松松,陈月竹,陈青.(2011).绘画艺术治疗对学前儿童行为问题的矫治.现代预防医学,38(22):4602–4603+4608.

贾敏,张轶杰.(2012).绘画治疗在儿童情绪障碍治疗中的作用.临床精神医学杂志,(2),60–61.

Kramer,E.(2004).儿童艺术治疗.江学滢,译.台北:心理出版社.

刘国雄.(2017).儿童发展.北京:科学出版社.

Malchiodi,C.A.(2005).儿童绘画与心理治疗——解读儿童画.李甦,等译.北京:中国轻工业出版社.

Moschini,L.B.(2012).绘画心理治疗——对困难来访者的艺术治疗.陈侃,译.北京:中国轻工业出版社.

孟沛欣.(2009).艺术疗法——超越言语的交流.北京:化学工业出版社.

王纯.(2020).心灵智慧:疫情下儿童青少年心理调适指南.南京:江苏人民出版社.

徐培晨.(2010).儿童灾后心理创伤治疗的艺术支持方法——以绘画疗法为核心.艺术百家,117(8),258–260.

Beebe,A.,Gelfand,E.W.,& Bender,B.(2010). A Randomized Trial to Test the Effectiveness of Art Therapy for Children with Asthma. Journal of Allergy and Clinical Immunology,126(2).

Blomdahl,C.,Gunnarsson,B.,Guregard,S.,& Bjorklund,A.(2013). A Realist Review of Art Therapy for Clients with Depression. The Arts in Psychotherapy,40(3),322–330.

Buck,J.N.(1978). The House-Tree-Person Technique. Los Angeles:Western Psychological Services.

Burns,R.C.(1982). Self-Growth in Families:Kinetic Family Drawings(k-f-d) Research and Application. New York:Brunner/Mazel.

Burns,R.C.(1987). Kinetic-House-Tree-Person drawings(K-H-T-P):An Interpretative Manual. New York:Brunner/Mazel.

Burns,R.C.,& Kaufman,H.S.(1970). Kinetic Family Drawing(KFD):An Introduction to Understanding Children Through Kinetic Drawings. New York:Brunner/Mazel.

Burns,R.C.,& Kaufman,H.S.(1972). Actions,Styles,and Symbols in Kinetic Family Drawings. New York:Brunner/Mazel.

Colwell,C.M.,Davis,K.,& Schroeder,L.K.(2005). The Effect of Composition(Art or Music)on the Self-Concept of Hospitalized Children. Journal of Music Therapy,42(1),49–63.

Damasio,A.(2000). The Feeling of What Happens. New York:Putnam.

Denny,J.M.(1976). Techniques for Individual and Group Art Therapy. New York:Schocken Books.

Di Leo,J.H.(1983). Interpreting Children's Drawings. New York:Brunner/Mazel.

Dionigi, A., & Gremigni, P. (2016). A combined Intervention of Art Therapy and Clown Visits to Reduce Preoperative Anxiety in Children. Journal of Clinical Nursing, 26(5-6), 632-640.

Favara-Scacco, C., Smirne, G., Schilirò, G., & Cataldo, A. D. (2001). Art Therapy as Support for Children with Leukemia During Painful Procedures. Medical and Pediatric Oncology, 36(4), 474-480.

Freilich, R., & Shechtman, Z. (2010). The Contribution of Art Therapy to the Social, Emotional, and Academic Adjustment of Children with Learning Disabilities. The Arts in Psychotherapy, 37(2), 97-105.

Goodenough, F. L. (1926). Measurement of Intelligence by Drawings. New York: World Books.

Günter, M. (2000). Art Therapy as an Intervention to Stabilize the Defenses of Children Undergoing Bone Marrow Transplantation. The Arts in Psychotherapy, 27(1), 3-14.

Henley, D. (2005). Attachment Disorders in Post-Institutionalized Adopted Children: Art Therapy Approaches to Reactivity and Detachment. The Arts in Psychotherapy, 32(1), 29-46.

Holland, C., Hocking, A., Joubert, L., McDermott, F., Niski, M. D., Thomson Salo, F., & Quinn, M. A. (2018). My Kite Will Fly: Improving Communication and Understanding in Young Children When a Mother Is Diagnosed with Life-Threatening Gynecological Cancer. Journal of Palliative Medicine, 21(1), 78-84.

Kellogg, R. & O'Dell, S. (1967). The Psychology of Children's Art. New York: CRM Random House.

Kramer, E. (1971). Art as Therapy with Children. New York: Schocken Books.

Kramer, E. (1979). Childhood and Art Therapy. New York: Schocken Books.

Langer, S. K. (1953). Feeling and Form. New York: Charles Scribner's Sons.

Linesch, D. G. (1988). Adolescent Art Therapy. New York: Brunner/Mazel.

Lowenfeld. V. (1957). Creative and Mental Growth(3rd ed.). New York: Macmillan.

Lowenfeld, V., & Brittain, W. L. (1987). Creative and Mental Growth(8th ed.). New York: Macmillan.

Lusebrink, V. B. (2004). Art Therapy and the Brain: An Attempt to Understand the Underlying Processes of Art Expression in Therapy. Art Therapy: Journal of the American Art Therapy Association, 21(3), 121-125.

Machover, K. (1949). Personality Projection in the Drawing of the Human Figure. Springfield, IL: Charles C Thomas.

Madden, J. R., Mowry, P., Dexiang Gao, McGuire Cullen, P., & Foreman, N. K. (2010). Creative Arts Therapy Improves Quality of Life for Pediatric Brain Tumor Patients Receiving Outpatient Chemotherapy. Journal of Pediatric Oncology Nursing, 27(3), 133-145.

Malchiodi, C. A. (Ed.). (2008). Creative Interventions with Traumatized Children. New York: Guilford Press.

Malchiodi, C. A. (2012). Handbook of Art Therapy(second edition). New York: Guilford Press.

McGregor, S., & Morton, M. (2016). Art Therapy with a Child with Pulmonary Hypertension. Archives of Disease in Childhood, 102(6), 593-593.

Mueller, J., Alie, C., Jonas, B., Brown, E., & Sherr, L. (2010). A Quasi-Experimental Evaluation of a Community-Based Art Therapy Intervention Exploring the Psychosocial Health of Children Affected by HIV in South Africa. Tropical Medicine & International Health, 16(1), 57-66.

Naumburg, M. (1966). Dynamically Oriented Art Therapy: Its Principles and Practice. New York: Grune

& Stratton.

Ong, G. , Lau, D. , Tee, I. , & Neo, P. (2016). Supporting Grieving and Bereaved Children with Art Therapy. Journal of Pain and Symptom Management, 52(6), e68 – e69.

Ortiz, J. , Buttstadt, M. , Richter, D. , Schepper, F. , & Singer, S. (2019). Family Oriented Art Therapy for Children and Adolescents with Cancer and Their Parents in the Acute Care Setting. Onkologe, 25(6), 529 – 539.

Orton, G. L. (1997). Strategies for Counseling with Children and Their Parents. brooks/cole pub co.

Oster, G. D. , & Gould, P. (1987). Using Drawings in Assessment and Therapy: A Guide for Mental Health Professionals. New York: Brunner/ Mazel.

Raghuraman, R. S. (2002). Art as a Cathartic Tool for Siblings of Children with a Hearing Loss. American Journal of Art Therapy, 40(3), 203 – 209.

Rubin, J. A. (1984). Child Art Therapy: Understanding and Helping Children Grow through Art (2nd ed.). New York: Van Nostrand Reinhold.

Rubin J. A. (2005). Child Art Therapy (25th Anniversary Edition). Hoboken: John Wiley & Sons, Inc.

Schore, A. (2003). Affect Regulation and the Origin of the Self. Hillsdale, NJ: Erlbaum.

Shakarov, I. , Regev, D. , Snir, S. , Orkibi, H. , & Adoni-Kroyanker, M. (2019). Helpful and Hindering Events in Art Therapy as Perceived by Art Therapists in the Educational System. The Arts in Psychotherapy.

Singh, A. (2001). Art Therapy and Children: A Case Study on Domestic Violence (Order No. MQ59350). Available from ProQuest Dissertations & Theses A&I. (304720667). Retrieved from https://search.proquest.com/docview/304720667? accountid = 15753.

Stafstrom, C. E. , Havlena, J. , & Krezinski, A. J. (2012). Art Therapy Focus Groups for Children and Adolescents with Epilepsy. Epilepsy & Behavior, 24(2), 227 – 233.

Steele, W. , & Raider, M. (2001). Structured Sensory Intervention for Traumatized Children, Adolescents, and Parents. Trauma and Loss: Research and Interventions, 1(1), 8 – 20.

Wadeson, H. (1980). Art Psychotherapy. New York: John Wiley & Sons.

Wilk, M. , Pachalska, M. , Lipowska, M. , Herman-Sucharska, I. , & Jastrzebowska, G. (2010). Speech Intelligibility in Cerebral Palsy Children Attending an Art Therapy Program. Medical Science Monitor International Medical Journal of Experimental & Clinical Research, 16(5), CR222 – 31.

Yan, H. , Chen, J. , & Huang, J. (2019). School Bullying Among Left-Behind Children: The Efficacy of Art Therapy on Reducing Bullying Victimization. Frontiers in Psychiatry, 10(40).

第七章

儿童阅读治疗

【本章导读】

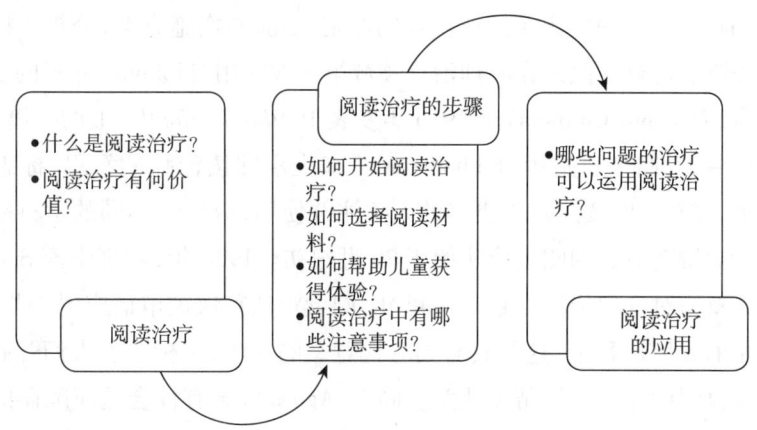

书籍、诗歌、游戏和其他艺术形式被用来表达人们的喜、怒、哀、乐,它们帮助人们思考和行动已经有数个世纪了。人类古老的文明早已证明了书籍能够提高人们的生活质量。底比斯图书馆的正门上方镌刻着"灵魂康复的良药"的铭文,这句话极好地概括了书籍的价值。长久以来,人们利用图书和故事来培养阅读的爱好,满足求知的欲望,进而提高生活质量,因此,利用书籍进行心理治疗也就不足为奇了。"阅读治疗"(bibliotherapy)这个词来源于希腊文"biblion"(意为"书")和"therapeio"(意为"治疗")。阅读治疗又被翻译成阅读疗法、书目疗法、读书治疗等,在中国台湾地区被称为"读书疗法"。这种方法最早开始于西方,直到20世纪90年代,国内都鲜有相关内容及研究介绍,但近些年来,阅读治疗越来越多地被广泛应用于儿童心理辅导与治疗,并显示出积极的成长与疗愈效果。

第一节 儿童阅读治疗概述

一、阅读治疗的界定

人们很早就认识到了阅读的保健和辅助治疗作用。中国汉代学者刘向说:"书犹药也,善读者可以医愚。"然而,真正将阅读作为一种治疗方法应用于临床的最早开始于美国。一般认为,美国著名内科医师本杰明·拉什(Benjamin Rush)是已知的第一位正式开展阅读治疗的医师,他在1810年提倡精神病院除了轮椅,更应该给病人提供有益于治疗的读物来减轻病人的压力。有关阅读治疗研究的第一篇论文是由约翰·高尔特（John Minson Galt）撰写，并在1848年的美国精神病学年会上宣读的《论精神病患者的阅读、娱乐和消遣》。文中提出了阅读治疗的原则、功能与实施方案，分析了病人类型以及适合他们阅读的材料。但是在心理治疗领域第一次使用"bibliotherapy"的是塞缪尔·罗瑟斯（Samnel Mechord Crothers）于1916年发表于 *Atlantic Monthy* 上的一篇文章（高文凤，2004）。此后，人们才开始用"bibliotherapy"来表示阅读治疗的意思，标志着阅读治疗的正式诞生。随后，阅读疗法被更多的人关注并使用，应用于不同的学科领域与研究中。而以儿童为研究对象的阅读疗法始于20世纪初。1928年，心理学家Starbuck出版了第一批以儿童为对象的指导书目。1946年，阅读疗法首次被申请应用于儿童，在阅读疗法帮助儿童的发展历程上，这是具有划时代意义的一步，它标志着人们开始真正从实践的角度来探讨阅读疗法怎样帮助儿童。同年，Agnes以患有社会适应障碍的儿童为研究对象，证明了使用阅读治疗帮助孩子的可行性，公布了阅读疗法适用于儿童的第一份案例研究报告。此后，面向儿童的阅读疗法研究就进入了一个理论与实证研究并行的发展阶段。

随着对阅读疗法研究的深入与多样化，不同学者从不同的角度对其进行定义与理解。Morris-Vann（1979）最先把阅读治疗称为"指导性阅读"，并特别指出这一疗法的优点在于它是一种技术，可以帮助儿童正视自己的情感问题并将其合理要求宣泄出来，这种宣泄可能朝向他人，也可能朝向自己。在一个阅读治疗程序中，儿童自己做出努力，亲自阅读、倾听、讨论、解释，并且表达出自己的体会，最后整合到自身。熟练者（教师/咨询师）主要起补充作用，扮演支持者的角色。Hynes（1986）提出一个广义的定义，他把阅读治疗描述为"人们在对文学作品尽可能共享的基础上发展出某种技能，借助于此，治疗者与参与者之间能建立良好互动"。按照Hynes的观点，阅读治疗可以利用所有形式的作品，而不仅仅局限于一些特殊的短文、自传、生活史和私人日记。这个定义比较适用于中小学的儿童心理咨询，咨询师或教师可以最大限度地利用学校图书资料，通过开展各种阅读活动帮助儿童。Shechtman（1999）认为，阅读疗法是阅读者自己能够从阅读的材料中提取对自身有利的信息，从而在没有治疗师的情况下，自己解决自身问题的一种治疗方式。国内学者王波（2005）认为，阅读疗法就是以文献为媒介，将阅读作为保健、养生以及辅助治疗疾病的手段，使自己或指导他人通过对文献内容的学习、讨论和领悟，养护或恢复身心健康的一种方法。比较被普遍认可的界定是1961年《韦氏新国际英语词典》第3版中"bibliotherapy"一词的两条释义："A.利用选择性的阅读辅助医学与精神病学的治疗；B.通过指导性的阅读，帮助解决个人问题。"

由于阅读治疗取材方便、方法灵活，因此可以被广泛运用于各种治疗情境，包括如家庭、学校、诊所和医院等各种场所。事实上，阅读治疗是第一种被心理治疗者和咨询师使用的治疗技术，他们想要借此来评估来访者最隐私的感受。在20世纪三四十年代，阅读治疗也曾被广泛应用于精神病医院（Gumaer，1984）。Pardeck等人（1993）总结该领域的研究时指出,阅读治疗在中小学的心理咨询师、心理学家、精神病学家和处方医生中都得到了广泛应用。同时,Pardeck 也发现,越有经验的治疗者在咨询和治疗中越有可能把阅读治疗作为一种技术来使用。

根据 Hynes(1986)的观点,在临床和教育中运用阅读治疗有三个基本的不同点:① 咨询师或治疗者的角色和作用不同;② 来访者的特性不同;③ 治疗过程的目标不同。临床医师通常承担治疗者的角色,去治疗面临各种问题并想"变好"的来访者。在教学情境中,辅导老师更可能像一位团体的领导者,这位领导者与想达到教育目标或自我实现的学生讨论各种各样发展中遇到的问题。阅读治疗也具有预防的特殊作用。在学校情境下,阅读治疗可以用来发现学生的问题,使学生加强其应对技能,并在问题发生之前加以预防。

本章把阅读治疗作为一种技术进行介绍,可以使精神健康从业者帮助儿童理解和应对各种各样的发展性和适应性冲突。图书是一种非常有价值的治疗工具,可以用于个体、小团体或大团体的儿童心理辅导,这将取决于儿童表现出来的心理冲突类型。教师和父母也可以通过阅读帮助儿童获取知识、表达情感和解决问题。阅读治疗暗含了在自我实现过程中康复和成长的潜能。

二、阅读治疗的价值

Gumaer(1984)在一篇评论阅读治疗的文章中总结了四位研究者的工作,并且得出结论:图书能够推动儿童的社会化,帮助儿童理解人类的行为;检查并澄清儿童自己的态度和价值观,使儿童关注自我觉察,认清并解决问题,感到轻松并拥有快乐。下面笔者总结了阅读治疗的价值,见图 7-1。

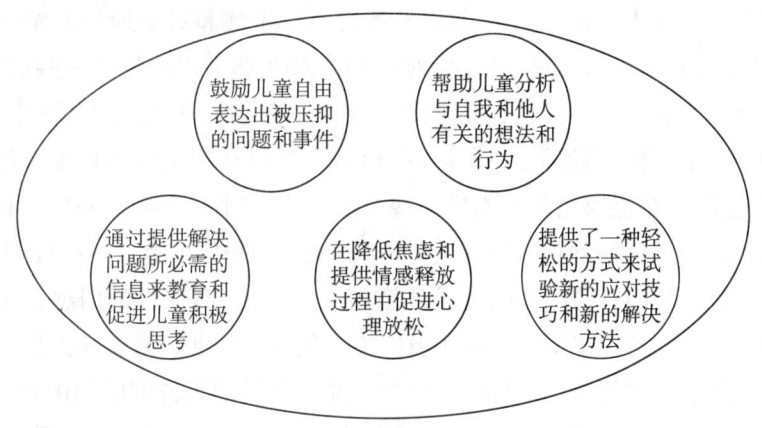

图 7-1 阅读治疗的价值

(一)鼓励儿童自由表达出被压抑的问题和事件

在心理治疗流派和技术的应用方面,人们常常会考虑到儿童这个群体的特殊性。

一般来说,对于成人,传统的心理治疗大都是通过谈话方式来进行的,病人可以在与咨询师建立了良好的关系后尽情地谈论自己的问题,从而减轻压抑和痛苦。而对于儿童来说,由于种种原因,谈话并非最好的途径,如有些儿童由于语言发展能力受限,无法流畅地表达自己的想法和烦恼,咨询师不能获得有效信息;有些儿童认为通过谈话来表达会很无趣;等等。精神分析取向的治疗者认为,儿童会用压抑和拒绝(否认)的防御方式去处理创伤性事件,因而,很多困扰儿童的事件常常压抑在他们的意识之下无法表达,不为人知,由此产生的不良情绪无法得到及时有效处理。当图书与困扰儿童的事件形成一个完美的匹配时,儿童就有可能挖掘出造成自己焦虑的被压抑的冲突;而最有意义的是,有的儿童在讲出他们过去压抑的秘密时会感到轻松。

(二)帮助儿童分析与自我和他人有关的想法和行为

儿童受认知发展水平的限制,对自己的觉察能力是有限的,或者说他们的自我认识水平不高,无法全面客观地评价自己,但是儿童读物却可以成为一面镜子,让他们更好地看到自己、了解自己,从阅读材料中的主人公身上发现自己的影子,更好地成长。当儿童能够倾听并认同某个故事中的主人公的思想和行为时,他们也就能够检查自己的想法和行为。某些儿童对自己思想的检查是不可观察的,而有些儿童则会与治疗者分享他们的领悟。无论哪种情况,儿童都会受益。

(三)通过提供解决问题所必需的信息来教育和促进儿童积极思考

有些话题孩子很难有机会与成人讨论,成年人也不知道如何开口与他们谈一些诸如死亡之类的敏感或禁忌话题。儿童想了解生和死的秘密,就可通过图书来获得相关信息。有大量的儿童读物详细地讨论过此类话题,如《獾的礼物》《爷爷的西装》《天蓝色的彼岸》等。书中描述了有些遭受生命威胁的孩子的感受和反应。当然,在讨论这些话题时要选择正确的书和合适的时机,要做到这一点,需要对儿童的认知发展水平有全面详尽的了解。如果人们缺乏对儿童的了解而不分年龄和对象地与儿童谈论有关话题,可能会伤害儿童幼小的心灵。反之,对于很多对儿童难以启齿的一些话题,如果能够选择到合适的儿童读物将能达到非常好的效果。有些父母离异的儿童常感到自卑,认为自己和他人不一样,感到低人一等,甚至仇恨父母,认为父母不再爱自己。对于有这样想法的儿童,如果能够给他们提供一些合适的儿童阅读材料,儿童就可以从其他人身上学习到处理类似问题的更为合理的方法,促使他们积极思考,改变自己原有的不合理认知和想法。再比如有些心理困扰是儿童羞于启齿的,有关性的困惑就是其中典型的例子。造成这个问题的主要原因是我国传统文化体系长期以来禁锢人们对性的认识和了解,将之妖魔化、神秘化,必要的、科学的性生理和性心理方面的知识和教育一直缺乏,使得大多数青少年在青春期性发育成熟到来时出现的正常困惑无法得到有效解决。因此,图书在解除性困惑方面具有不可替代的作用。

(四)在降低焦虑和提供情感释放过程中促进心理放松

阅读治疗的一个主要优点是,儿童发现其他儿童也有同样的感受和类似的经历时,焦虑会得到缓解。这种认知降低了问题儿童特有的孤独感和隔离感,并提升了安全感和幸福感。因此,治疗者在实施阅读治疗前必须充分了解儿童的成长经历、心理状态及情绪困扰,选择或设计有针对性的治疗读物,通过阅读与自身经历和情绪相似的儿童故事,帮助其重新建立起安全感和认同感。

(五)提供了一种轻松的方式来试验新的应对技巧和新的解决方法

因为儿童能够阅读各种话题的书,他们也能够运用想象力尝试用新的方法来解决旧的问题。通常,解决不同问题的内心过程较为私人化,儿童不与任何人分享这个过程。儿童通过阅读不仅增进了知识,使身心愉悦、放松,而且获得另一种好处,即儿童可以把这种独特的问题解决技能带入成年期。

第二节 阅读治疗的步骤

阅读治疗作为一种主要用于康复治疗的方法,就像所有其他疗法一样,更多取决于儿童与治疗者之间的关系。在建立了一种温暖而信任的关系之后,治疗者需要评估儿童的心理冲突,比较个体或团体治疗哪种方式更合适。治疗者更多地了解儿童并预习作品有助于将儿童与书籍进行匹配,一个很好的配对将会帮助儿童体验认同、宣泄和领悟,这些体验对于儿童的问题解决、成长和改变是必需的。

一、建立治疗关系

正如其他咨询活动一样,咨询者首先需要为儿童创设一种温暖而信任的氛围。在前面的章节中探讨过的一些诸如无条件接受、坦诚、共情和信任等前提条件同样可以应用于阅读治疗。为了与儿童建立一种治疗性的伙伴关系,治疗者必须深入了解儿童的个人发展情况,必须意识到并理解儿童的想法、情感和行为。这种投入意味着治疗者能真诚地关心儿童和他们的问题。除了这种意识外,治疗者还必须把他们的理解和关心与儿童进行交流,这对于治疗者成为一个有效的倾听者和能意识到儿童的感受、价值观和目标来说是必需的。通过有目的地倾听话语及了解其含义,治疗者才能进入儿童的世界,并通过儿童的眼睛看这个世界,儿童和治疗者之间的这种关系是随时间发展而逐步形成的。

二、评估冲突并选择咨询治疗策略

治疗者首先必须确定某种冲突是一种存在于所有儿童中的普遍发展性问题,还是只有少数人经历的情景性冲突;同时,尤其重要的还要确定问题是不是一个需要立即解决的关键问题(参看本章第三节"瑞安的个体治疗案例");评估问题的严重性和对儿童综合功能的影响程度也是相当重要的;最后,治疗者需要确定这种冲突是需要个别的还是团体的辅导,或者是否可以在一个大团体的活动中解决。给儿童造成强烈影响的创伤性事件往往应当在个体治疗活动中处理;小团体讨论可以应用于讨论几个孩子共同关注的问题,成员包括在年龄和发展水平上接近以及经历过相同类型问题的儿童。

冲突潜伏期的儿童可能更喜欢在一个同性别的团体中活动。治疗者可以在对每个孩子都有所了解的基础上决定谁可以加入这个群体中。大团体读书指导活动也是一种很好的选择,在这种群体中儿童能够谈到普遍发展问题,如亲情、友谊或价值澄清等。

三、 选择阅读材料

选择书籍就是为儿童寻找"完美匹配"。除了考虑儿童的冲突类型之外,这种匹配还涉及儿童的阅读水平、年龄、性别和发展水平。另外还需要考虑的因素是儿童的个体能力、天资和他的应对技能。治疗者可以充分利用个体的兴趣和特殊才能,通过设计额外活动,如绘画、戏剧和其他一些艺术表现形式来增强阅读治疗的效果。

大多数治疗者同意这样的观点:了解儿童、认清儿童的冲突及预习文学作品这三个要素,对选择合适的作品实施阅读治疗至关重要。

(一) 了解儿童

阅读治疗像所有其他的治疗介入一样,依赖于治疗者的知识,这种知识包括儿童一般发展的需要和能够促进或阻碍儿童健康成长的特殊冲突。除了考虑儿童的年龄、性别和发展水平之外,阅读治疗者也需要评估儿童的人格优点和弱点。在儿童与书之间进行"完美匹配"时,阅读治疗者需要考虑儿童的经验、情感、兴趣、天资和技能。因为儿童的阅读兴趣明显地与他们的年龄和性别相关,最好是选择书中主人公与儿童的性格特征相似的书。一个曾经遭到叔叔性骚扰的 8 岁小姑娘很难在一个曾经遭到父亲虐待的男孩的故事中找到共鸣。这种错误匹配会使儿童困惑,并且会严重地削弱故事的治疗效果。

了解儿童的阅读爱好、能力和注意广度也有助于治疗者选择合适的读物。例如,在美国曾经出版过一部叫作《儿童情感问题处理指导》(Dinosaurs Divorce, et al., 1986)的书,这本书通过对一个严肃主题的幽默描绘启发年幼儿童,帮助儿童对离婚给他们造成的一些问题进行自然而又不失坦诚的讨论。当然,了解儿童对冲突的认知以及评估他们的应对能力能够帮助治疗者选择正确的书籍和最佳的治疗模式。大部分儿童所面临的普遍发展问题能够在团体中处理;当面对强烈的个人冲突,如被虐待或父母酗酒时,则需要个别辅导。

(二) 认清儿童的冲突

儿童正常发展的过程并不是一帆风顺的,经常会面临各种冲突。即使是适应良好的儿童也会出现倒退,重新出现旧问题。儿童的冲突类型分为发展性冲突和情境性冲突。一般情况下,发展性冲突是在当儿童试图征服一定的发展性任务而受到阻碍时发生的,其中大部分的发展性冲突都能自行解决,不会对儿童的发展造成严重后果。年幼儿童所经历的一般发展性问题包括如何与父母、兄弟姐妹和睦相处,了解并控制自己的情绪,学会与同伴游戏和分享,平衡自由的愿望与服从的需要,消除早期发展阶段中过于独特的行为(如乱发脾气、吮吸拇指、噘嘴)。到一定年龄之后,儿童还要学会与异性同伴相处、澄清个人价值观和态度、如何看待变得更加独立等这些问题。

情境性冲突,如儿童遭受虐待和被忽视、家庭暴力、父母离婚或再婚、失去亲人等,这些可能对儿童的健康成长和发展构成更为严重的威胁。这时,治疗者需要帮助儿童获得某些与这类冲突有关的问题的洞察力,并且使儿童通过阅读获得解决问题的能力和体现在作品中的其他更为广泛的技能。

(三) 预习文学作品

阅读治疗者必须对儿童文学作品有所了解,尤其要熟知与儿童发展和情境性冲突有关的文学作品,并且在应用于阅读治疗和向父母、老师或儿童推荐之前,花时间读一下这些书。Pardeck等人(1993)提出,治疗者应该选择那些真实地描述问题、列出一系列不同的方法并且说服力强的图书。Morris-Vann(1979)建议,治疗者要觉察到书中所表达的冲突,也要觉察出作者的倾向。他建议,在选择文学作品时,要注意三点:首先,选择短故事比较好,因为易于阅读和回忆,而且可以"花最少的时间,读最好的书";其次,彩图多的书能提高读者的兴趣,是阅读治疗的极佳选择;最后,选择适合儿童阅读水平的图书很重要,因为独立阅读水平与指导性阅读水平是不一样的。治疗者在开始时可以寻求老师或班主任的帮助,以确定儿童的阅读能力,并向图书管理员询问不同儿童读物的适宜阅读年龄。如果一本书超出了儿童的独立阅读水平,最好把书的内容读给儿童听。

基于以上三点,治疗者就可进一步选择合适的书籍。很多不同类型的书都可以用于咨询中,以下是几类常用的书籍。

短故事或小说 小说描写了一种特殊的冲突,常常伴随着焦虑,这是阅读治疗的最佳选择。通过独自阅读或听别人读,儿童能够认同虚构的人物,并对这些人物的困境表现出同情。同时,儿童也可以相应产生领悟和自我理解,在儿童与治疗者之间形成一条信任的纽带,通过同情虚构人物,儿童能更好地理解和解决自己的冲突。

自传或其他非小说类纪实文学 有些关于面临各种问题的儿童的非小说文学读物也是很好的,这类书籍和文章在国内已经有很多,比如被收养、照顾脑瘫或孤独症儿童等。若纪实文学与儿童读者的性格特征和情况非常吻合,儿童就能认同故事中战胜冲突、困难或阻碍的主人公。当然也要注意到，带有文学色彩的纪实性文章也有可能会使儿童对自己处理类似事件的能力产生不切实际的期望。

自助书 长期以来受成人读者喜爱的自助观念现在在一些国家中已经开始出现在儿童文学中。譬如在美国曾经出版过一本用来帮助儿童不再吮吸拇指的书，书名即为《不再吮吸手指》(David Decides, 1985)，因为这本书包括了自助书的所有基本要素，所以它可以用于治疗有类似问题的儿童。遗憾的是，国内目前还没有出现这类书籍供读者使用。

童话故事 虽然近年来由于大众媒体的过分渲染，国内的许多童话常常包含了一些暴力和模式化的内容，但我们还是应该看到童话仍然是儿童学习解决问题的一种喜闻乐见的方式。童话以简明的手法描写了影响儿童的一些困扰和恐惧，譬如黑暗、陌生人等。童话总是能够提供一种方式让儿童利用他们丰富的想象力去解决自己现实生活中的问题。

图画书 儿童最喜欢看的书是只有极少数文字描述却有大量生动彩色图片的图画书。这类书通常反映了主人公的思想和情感，儿童可以根据自己的经验去解释，把他们自己内心的情感和感受投射到书中的人物身上，从而使自己便于以一种没有威胁的方式缓解内心的冲突。同时，这类书为儿童提供了一种安全的方式，使他们可以在个体或团体治疗中自然地讲述自己的故事。近年来，图画书备受亲子教育家推崇和青睐，认为亲子共读就应该从图画书开始。其实，儿童心理治疗师也常常用这类书作为安抚情绪的媒介。《笼中男孩》的作者托里·海顿(Torey L. Hayden)视图画书为治疗"失语症"的有效工具之一。当托里面对年龄仅有15岁却已经有8年没有开口说过话的男孩时，直觉反应就是"讲图画书给男孩听"，通过这种方法，让男孩见了他时不再害怕得躲到桌底下，不再抱着桌腿发抖。在这个治疗中托里并不刻意接近男孩，只是将图画书放在他俩中间，然后一页一页慢慢念。托里惊讶地发现：男孩认识字，眼睛会随着他所念的位置移动；更重要的是，男孩的情绪平缓很多，不再抱桌脚，不再发抖。治疗时间到了，故事书还没有念完，男孩子流露出还想听的眼神。托里知道，他们已经建立起"互相信任"的关系了。

6岁小男孩凯凯也遇到了心理问题：离开亲生母亲，父亲再婚。家庭中的长辈有意无意地在凯凯面前称新妈妈为"坏女人"，无形间，凯凯就把"新妈妈是坏女人"的词语凑在一起了。这时候，除了亲情的温暖和关怀外，如果加上图画故事书的关怀和引导，就不难帮助凯凯走出心理阴影。所以，图画故事书能提供读者一些生活中没有过的经验，引导读者以不同的方式看待生活，帮助他们释放紧张的情绪，并创造自我价值。

儿童歌谣 儿童歌谣是口语文学，是语言音乐化的作品。儿童歌谣简称"儿歌"，有些可以唱，有些可以念，还可以搭配相应的动作，可能是在儿童日常生活中自然产生的，也可能是成人的创作。由于儿歌的内容与儿童的日常生活息息相关、密不可分，所以这种文学体裁对儿童心理的治疗作用是可以理解的。当儿童接触儿歌时，能够立刻对它产生兴趣,由于儿歌自然的音韵,很容易使儿童感受到儿歌的音乐和节奏,并且儿歌作为儿童与儿童、儿童与成人的一种特殊的沟通方式,在某种程度上可以帮助治疗者了解儿童的沟通状况和沟通能力。

自 1928 年出版了第一批以儿童为读者对象的指导书目后,国外关于阅读治疗选书的原则和标准研究一直很活跃,阅读疗法书目研究已成潮流。书目设计的主题广泛,针对性强,获得途径便利。并且书目经由专家验证,开列过程严谨、科学。书目研究社会影响显著,在英美国家,儿童图书出版商纷纷加入阅读疗法的行列,出版图书的目的似乎就是列入阅读

儿童绘本读物

疗法清单。国内虽然研究起步较晚,但也取得了可喜的进展。最早对儿童读物选择、每类读物特点及各年级儿童特点进行探讨的观点见于 1999 年台湾学者王万清出版的专著《读书治疗》。2008 年汶川地震后,台湾大学图书资讯学系陈书梅发起了针对灾区儿童的"送儿童情绪疗愈绘本到四川"活动,遴选出 50 本绘本图书,分为情绪、儿童形象、生命历程、人际关系、家园等五大主题,涵盖了 21 个心理困扰问题。在此基础上,陈书梅于 2009 年 12 月出版了《儿童情绪疗愈绘本解题书目》,堪称第一本有关儿童情绪疗愈绘本的本土性中文解题书目。广东东莞图书馆受其启发,于 2010 年 2 月召开"儿童绘本导读专家审读会",之后推出《儿童绘本导读书目——心灵成长系列》,并且于 2012 年出版了《心灵成长图画书导读》,根据儿童身心健康发展的内容来选目,分为情绪管理与发展、适应能力发展、人际关系发展、人格发展等板块,以帮助家长根据不同年龄段的儿童身心发展需要来选择相应主题的读本。王万清(1999)总结了国外阅读治疗书目的内容,将可供选择的书籍分为六个主题。

1. 关于"成长"

这类书籍涉及所有儿童在成长过程中都可能经历的环境和人际关系问题。儿童问题一般都与新生儿的出生、与弟弟或妹妹的关系、被家庭爱和保护这些事情有关。除了他们的家庭外,儿童忙于搞清楚自己是谁,以及怎样去适应外部世界。像成人一样,他们渴望友情、爱和尊重,渴望作为他们自己而被接受。

当前已经有很多与这个主题相关的一些书目,如《大人为什么要做这种事》,共 5 册,系列名称为"画说性"。这套书融合了心理学和医学的观点来谈论性问题,用漫画方式对生命成长过程进行深入浅出并富有理性的描述。再如《宝宝是从哪里来的?》,当幼儿问爸爸妈妈自己是从哪里来的时候,得到的答案常常是"从垃圾堆里捡来的""从石头缝里蹦出来的"等回答,其实是因为很难说清楚、讲明白。这本书很适合亲子、师生互相沟通有关性器官、受精、妊娠、分娩等过程,图解较充分,值得参考。这些书对儿童的一些好奇问题的解答生动而有趣,成人也不会很尴尬。另外,儿童自我成长的一个重要方面是关于幼儿自我认同的。比如《小猪变形记》中的小猪总觉得自己不幸福,一会儿装扮成长颈鹿,一会儿装扮成斑马……但他不是摔跤就是被倒挂在树上。之后,他终于发现做回自己的小猪才是最快乐的。儿童在阅读这本书的过程中很容易对照自己,最终

克服自卑心理,懂得做自己最幸福。

2. 关于"普遍发展问题"

儿童在成长和发展过程中需要与人合作、与他人建立关系。在完成这些目标时有可能遇到困难,对他们的思维、情感和行为带来消极影响。尽管这些潜在的问题通常达不到需要治疗的程度,但父母、老师和咨询师需要帮助儿童处理发展性困难,帮助他们以健康的方式继续成长发展。有关这类主题的阅读治疗书籍可用于预防和发展性的咨询。如《彩虹鱼》中的彩虹鱼非常高傲,它身上漂亮的亮片令海底其他鱼类羡慕,可彩虹鱼很孤单,没有朋友。后来他决定将漂亮的鳞片与其他鱼儿分享,得到了比美丽的外表更珍贵的友谊。这个故事情节对于不懂得分享的孩子具有启发作用,通过阅读反省自身问题,向彩虹鱼学习分享、学会合作。

3. 关于"理解父母和家庭"

这类书涉及不同类型的家庭,以及儿童在适应这些家庭时遇到的一些困难,对于今天的儿童治疗者来说,帮助儿童理解和应对发生改变的家庭结构和生活安排是必须首要实现的。

就如在前面章节中讨论过的那样,现在许多在家庭中成长的孩子,对于像 Leave It to Beaver 这样的美国20世纪50年代的情景喜剧缺乏理解。即使是描述混合家庭的电视剧,如 The Waltons,也倾向于掩盖一些不同的家族群体所固有的矛盾冲突。实际上,儿童生活在不同的家庭结构中,例如,有养父母、离异父母、单亲家庭、继父母、同性恋父母或者是无家可归的儿童。他们需要明白,别的孩子也生活在类似的环境中,在任何一种类型的家庭中生活都有利弊。与此类主题有关的书,比如《我的爸爸叫焦尼》,讲述了一个离异家庭的孩子与爸爸相处的快乐时光。即使夫妻分开了,但如果双方对孩子的爱没有减少,孩子依然会觉得很幸福。这就很适合给单亲家庭的父母和孩子阅读。Pehrsson(2007)等的研究表明,阅读疗法非常适宜于对父母离异的前青春期儿童进行干预。

4. 关于"童年危机"

这类书籍涉及儿童受虐待、药物滥用、暴力、慢性疾病和死亡等方面,为澄清儿童的许多困扰提供帮助。

21世纪的儿童面临着各种各样的危机情境。许多危机有着久远的历史,如儿童受虐待;其他的,如校园暴力或者艾滋病是相对较近期才出现的。在所有影响儿童的危机中,最具破坏性的是儿童受虐待,这是造成许多长期问题的根源,咨询师和治疗者几乎每天都会遇到这类问题的咨询。儿童受虐待与其他危机有直接联系,如父母滥用药物和家庭暴力等。家庭内部针对儿童的暴力会延伸至学校、邻里和街区,影响到每一个人。这部分的书单涉及了暴力危机以及体现在死亡、自杀和疾病上的损失危机,包括艾滋病。Pardeck(1990)的研究详细列举了可以在阅读疗法中使用的适当的儿童读物,以及如何用儿童文学帮助受到虐待的儿童。这些读物中都有可信的人物或被虐待的情形。比如根据实际案例编写的 Margaret's Story,主人公玛格丽特被住在街对面的邻居实施了性虐待，玛格丽特不敢告诉她的父母，因为邻居告诉她不要告诉任何人。后来玛格丽特意识到邻居对她所做的事是违法的，应该报案。*Michael's Story* 中迈克尔的父母总是让他对自己感到难过，因为妈妈骂他胖，爸爸骂他傻。在学校打架之后，迈克尔有了和一个社会工作者谈话的机会，治疗师帮助他处理了愤怒和悲伤。这些读物教给儿童如何看待和处理被虐待或性侵，增强他们的自我保护意识。为了预防此类事件的发生，我国国务院妇女儿童工作委员会于2015年组织专家编写了一套"预防儿童性侵害系列读物"，如《我是女孩》《我是男孩》等，教孩子们如何保护自己的身体。

5. 关于"残障儿童""学习障碍儿童"

这类书籍涉及儿童可能遇到的身体上、精神上、情感上和学习上的障碍，主张关注这类儿童的"强项"，挖掘他们的潜能。这些书强调的是儿童有障碍的能力。许多故事描述了有着视觉或听觉损伤、脑瘫、脊柱裂、唐氏综合征和智力缺陷的儿童。注意力缺陷与多动障碍是童年期最常见的一种障碍，这个书单中包括了许多这方面的书，还包括了一些学习障碍方面的书和关于各种类型的精神疾病方面的书。这些书使儿童获得了关于不同类型的障碍的信息，也帮助儿童找到了求助和处理的方法。如《箭靶小牛》讲述了一个出生时外貌就很另类的孩子，在著名声乐家的鼓励赞赏下，最终从自卑中走出，走向灿烂未来的励志故事，很有感染力。

6. 关于"阅读治疗"本身

这类书告诉儿童，当他们去看心理医生时会发生什么，咨询师若能在等候室里备有这方面的书籍则会对儿童相当有帮助。

四、帮助儿童获得体验

儿童阅读治疗的展开，开始于儿童阅读咨询师提供的文学作品，然后被阅读材料所吸引，将自己的看法和情感投入书中主人公的经历中去，与主人公的角色合二为一，通过这个过程释放自己的情感，对自身的问题有新的领悟和认识，并且找到适合自己解决问题的方法，达到心理治疗的目的。在对阅读治疗机制的种种探索中，比较有影响的是以弗洛伊德为代表的精神分析学派。该学派将上述过程归纳为阅读治疗的"三把钥匙"：认同、净化和领悟。这"三把钥匙"其实是帮助儿童在阅读或倾听故事时首先获得各种体验，在此基础上帮助儿童洞悉他们自己的思想、情感、价值观和行为，使儿童通过与书中人物产生共鸣而获得领悟，做出有利于化解冲突和改变态度或行为的决定。

（一）认同

认同，又称共鸣，就是有意识地或无意识地将他人的特征归因于自己而获得感情上的支持。因为认同，儿童可通过阅读满足自己的某些愿望，这些愿望平时受到"超我"所代表的社会道德、教育规范以及个人"自我"的压抑、否定和禁锢而无法实现和满足，进而出现心理冲突和焦虑。在阅读过程中,有些作品中存在的那些人所未知的、隐含的内容恰好可以使儿童得到替代满足,产生令人愉快的身心体验。如果儿童和书匹配得好,儿童就能与书中的主人公及其家人、朋友产生共鸣。如果儿童与主人公有很多相同的特点,如年龄、性别、种族、情感和困扰,儿童就会把自己想象成故事中的人物。这种认同的结果就是,儿童开始间接体验故事中人物的动机和冲突。通过阅读作品产生认同是阅读治疗的主要目标之一,包括提高儿童读到别人的困扰时意识到自己问题的能力,同时培养他们在脑中预演解决方案而不受干扰的能力。

由于认同,儿童开始分享故事中人物的动机和冲突,而且故事中人物的经历也会成为他们个人经历的一部分。儿童认同故事中的人物,通过这些人物想象自己也经历着相同的情感、思想、决策和行为。这个过程对于宣泄和领悟是必不可少的,而宣泄和领悟最终会带来问题的解决和积极的改变。儿童能够想象出可供解决的方案,就像故事中的人物那样去解决问题和冲突。

(二)宣泄、净化

净化主要是指儿童在欣赏文学作品时,与作品中的人物发生了心灵契合和沟通,情绪得以调节和慰藉,进入了有所排解或解脱的情感状态。儿童产生认同共鸣后,他们就能够体验到情感宣泄。这种心理上的放松通常发生在故事中的人物解决他们的冲突时。当人物成功时,儿童的紧张情绪也同时缓解了,就像儿童身临其境体验了这种成功一样。另外,儿童逐渐领悟人物的体验,并认识到自己的冲突是可以被理解的。当紧张的情绪在其他条件下得不到缓解时,从某种意义上说,作品鼓动的情感宣泄就是一种自由的体验,允许儿童有表达的机会。儿童紧张情绪的缓解为澄清和领悟铺平了道路。

(三)领悟

领悟是指儿童在经过认同、净化后,对阅读对象所蕴含的深层含义有了思考。一旦有所领悟,儿童的境界突然间得到了升华,有一种豁然开朗、醍醐灌顶的美好感觉。通过认同和宣泄,儿童逐渐了解自身的思想、情感和行为,也能更清楚地了解别人的行为。儿童通常在孤独时发展出这种自我觉察。领悟发展的中心是儿童再体验书中人物经历的能力。通过阅读,儿童能更客观地分析自己的问题,通过同感把情感、思想和活动投射到书中人物身上;儿童能够从精神上进一步远离自己的困扰,并且集中注意力于书中所描写的这些内容,这些使得儿童对书中人物的问题与他们自己生活中的关系有一个深刻的认识,并对自己的冲突有了领悟和理解。这样的分析常常使儿童对自我有了更好的觉察,并对自我与他人的关系有更深层次的理解。领悟使儿童改变了对世界的感知,并增加了更多富有成效的行为。

(四)问题解决

阅读治疗允许儿童"看到解决问题的方法,却没有烦琐的语言、对抗和解释,所有的策略对于成功的治疗来说都是关键性的"(Pardeck,J. T. ,& Pardeck,J. A. ,1993)。儿童在治疗者的帮助下,首先能够与书中有类似困扰的人物产生同感,看到人物是如何解决问题的,最后意识到自身问题可能的解决方法。这是阅读治疗的关键阶段,也是疗效最终能否得到体现的阶段。问题的解决和态度、行为上的改变是一个渐进的过程,依赖于领悟的发展。这个过程不能太快,并且要求治疗师在治疗过程中的所有阶段都要与儿童建立起融洽而相互信任的关系,了解儿童,并理解其冲突的性质;在书与儿童之间达成"完美匹配",并且给儿童时间让他们间接地体验书中人物的动机和冲突。态度或行为的逐渐改变是可观察的,如同儿童发展领悟力一样,通常需要很长一段时间。

五、评价阶段

儿童阅读治疗的效果评估有多种方式与途径,心理测试量表的结果呈现相对客观,除此之外,还可以从以下几个方面综合评估阅读治疗疗效。

首先,治疗对象自己的感觉和体验是评估疗效的一个重要来源。从平时与儿童的接触中,治疗师会及时关注他们的点滴变化和进步,孩子们会说"我比以前开心多了""我已经很久不发脾气了""我睡觉比以前香了"。这些情绪和躯体的表现是疗效显现的直接证据。

其次,来自他人的反馈,比如亲人、朋友、治疗师的反馈。在治疗过程中,因为治疗对象的特殊性,未成年人的监护人主要还是父母或其他家人,这就要求治疗师经常与他们沟通,从交流中收集儿童改变的支持性材料,以便评估治疗的效果及存在的问题。

再次,是社会功能的积极改变。在评估阶段,由于个性差异,儿童的改变有些比较外显,比如主动地表达;有些则比较含蓄,孩子内心觉察到改变带来的快乐,但不喜欢或不好意思说出来。这就需要治疗师特别细致地观察儿童细节的变化,捕捉非言语信息包含的丰富含义。不管表达与否,如果儿童的现实社会功能确实有了改变,就是疗效显著最有力的证明。

同时,治疗师在每次治疗中要做好治疗记录,每次治疗结束后还要补充治疗细节、反省治疗环节。如果对治疗不太肯定或遇到问题,要及时与其他治疗师沟通交流,或者寻求咨询督导。有些做法非常值得推荐,比如,在儿童阅读治疗过程中定期邀请专家对治疗工作开展案例讨论,提供治疗思路,治疗师也可以倾诉自己的烦恼。这对治疗师个人的心理维护与自我关照相当必要。

总之,儿童阅读治疗实践中要全面收集各种信息,力求对治疗评估做到全面、客观、合理。因此,阅读治疗实施过程其实就是帮助儿童产生认同、投射、移情、净化、比较、洞察与应用的心理历程,在问题的设计中应配合此原则,循序渐进,减少儿童的恐惧,使其分享自己的看法,从而得到净化与提升洞察力,改变对困难情境的反应。

六、阅读治疗的注意事项

(一) 大声朗读

对儿童实施阅读治疗,治疗者必须认识到所安排阅读的内容,对大多数儿童而言应该是可以理解的。选好的读物,治疗者要大声地对孩子朗读。有一点应该注意,如果我们面对的是一个年幼的儿童,那么他通常没有阅读能力,或者面对的是一个问题儿童,那么他的阅读能力通常会很糟糕。

阿巴斯诺德和萨瑟兰德(Arbuthnot, & Sutherland, 1972)在他们的经典著作《儿童和图书》(*Children and Books*)中,从教育的观点出发提出了大声朗读的价值。下面的一段话与针对儿童的阅读治疗同样具有密切的关系(王波,2007)。

作为一名老师,如果她对小说人物的困境表现出理解和同情,那就潜在说明她对班上的儿童的困境也会表现出理解和同情。如果她表现出语言活泼、形象清新,就说明她是一个非常有个性的人。孩子们对老师的话积极反应,就说明他们对老师产生了信任。一旦双方的互信建立起来,孩子们就会发现克服紧张是一件很容易的事。

在治疗者和儿童之间拉起一根信任的纽带,这对保证治疗效果是非常有帮助的。大声朗读为在儿童和治疗者之间建立信任关系提供了机会。

治疗者在将一本书用于治疗之前应该先阅读一遍。在提前阅读时,应注意作者的风格、书中的人物性格、不常用的词和短语、插图等。在大声朗读给孩子们听之前,治疗者应该有大声朗读给自己听的想法。提前阅读有助于治疗者在实际朗读时留意重要的词、关键的标点符号。治疗者应该认识到声调、语气和朗读的速度对成功地向儿童进行阅读治疗都是十分重要的。

(二) 观察反应

大声朗读时,治疗者应该意识到此时可以从儿童身上观察到不同的反应。孩子们可能会自然而然地产生反应,敏感地沉浸在故事当中。听完这个故事,孩子们会批评或称赞故事中的人物,甚至会对故事中的人物做出价值判断。孩子们会表达出愤怒、快乐、嫉妒、安慰等反应。对所有这些反应,治疗者应该给予鼓励并如实记录下来,这对于完成治疗过程和成功地解决孩子们面临的问题都是十分重要的。

(三) 后续治疗活动

在开展阅读治疗时,治疗者通常只需要大声朗读图书和观察孩子们的反应。如果所选的图书能够引起孩子们的兴趣,大多数情况下,孩子们容易产生反应。这种反应会通过孩子们的评论和他们的脸部表情表现出来。然而,有一些孩子,需要更多的鼓励才能对朗读的内容有更多的反应。治疗者需要通过一系列的后续治疗活动来推动阅读治疗过程。后续治疗活动鼓励孩子们运用运动技巧、认知能力和语言技巧。举例来说,超过4岁的孩子可以把书中提到的房子、人物、动物和其他东西画出来。同样地,角色扮演也是一项有效的活动,它可以帮助孩子对那些用语言表达不出来的问题做出反应。

年幼的儿童经常会根据故事中描述的关键事件和活动的图片或照片,创造出拼贴画和能够运动的东西,积木、拼贴画对帮助孩子们理解故事中人物的思想感情也是很有效的。

制作木偶也是儿童在读完故事后表达感受的方法。纸袋、短袜、小箱子都可以作为制作木偶的原材料。在孩子们设计木偶的面部特征时,应该帮助他们记住他们希望表现的人物的性格特点。

写出对故事的感想,通常适用于年长的儿童,也可以作为一种后续治疗活动用于年幼的儿童。但对于年幼的儿童,让他们简单说出对于故事中人物和环境的感受就可以了。儿童可能希望给故事中的人物写信,或者为故事创作一个不同的结局,这些活动都使故事更加个人化。

治疗者应该认识到,包括艺术创作、角色扮演、写感想在内的后续活动都可能是一种对故事中的人物和情境表示认同的方式。儿童参与故事当中,可能是带来治疗变化的一个有利因素。

第三节 阅读治疗的应用

随着阅读治疗被越来越多的人所认识,阅读治疗的应用也越来越普遍。并且在实际的应用过程中,阅读治疗的疗效也被证明是有效的。它的应用具体可以分为两个方面:临床治疗和教育发展。另外,根据儿童问题的性质、问题的相似性等,在实施具体阅读治疗的时候可以选择采取个体阅读治疗或小组阅读治疗。

一、临床治疗应用

最近几年,阅读治疗被越来越多地应用于心理治疗中,在最近的调查中,Adams 和 Pitre(2000)发现68%的治疗者会使用阅读治疗,这与以往的调查一致(Starker,1988)。有丰富经验的治疗者(具有10年以上的治疗经验)较之一般治疗者,更倾向于在阅读治疗中使用自助类图书。另外,有很多治疗者推荐图书给病人,以提高传统治疗的效果,并通过这种形式培养病人的独立性(Adams,& Pitre,2000)。同时,较之传统的治疗方式,阅读治疗也被视为节省而又有效的治疗选择,因而受到更多研究者的关注。除了以上的研究应用,阅读治疗在临床上的实际疗效得到了更多治疗数据的支持(Gould,& Clum,1993;Marrs,1995)。这些治疗研究表明阅读治疗或其他的自助性治疗,如果正确使用,可以达到中度到高度的治疗效果。其应用领域很广,几乎对所有的神经症和部分的精神病患者都具有辅助治疗的效果。

（一）抑郁症

有关抑郁症的阅读治疗研究比较多,几乎所有的治疗计划都是基于认知或行为疗法,同时大部分的研究表明阅读治疗能够帮助不同年龄的抑郁症患者。Gould 和 Clum(1993)根据自己的三个实验,发现阅读治疗的效度是 0.74。而 Cuijpers(1997)通过分析以往的研究,发现其整体治疗的效度是 0.83。Stice(2008)等将 341 名高抑郁症青少年随机分配到 4 种条件,6 个月后随访,发现阅读疗法显著减少了抑郁症状。

（二）焦虑

Felder(2003)等对 24 名 2~10 岁患儿及其母亲在手术期的恐惧与焦虑进行了阅读治疗干预。结果显示,阅读疗法能有效减轻患儿及其母亲的焦虑。Rapee(2006)等将 267 名临床焦虑的儿童及其父母随机分配到 3 种条件,结果表明,阅读疗法组的阅读治疗效果好于等待组。揭康丽(2016)采用团体绘本对 20 名有焦虑问题的小学生实施阅读治疗,效果显著。

（三）惊恐障碍

目前很多治疗者将阅读治疗运用于惊恐障碍的治疗,并取得了令人满意的效果(Ghosh,& Marks,1987;Gould,& Clum,1993)。除了一般的放松性的文学作品外,许多治疗家都推荐使用 Clum(1990)的《对付惊恐障碍——一种非药物的焦虑治疗方法》。这本书由于其显著的疗效而成为治疗惊恐障碍的阅读材料首选。

在方法探索上,研究者注意将其他的方式糅合进来,如音乐、舞蹈等,另外,他们也注意比较阅读治疗和传统治疗的疗效。如 Greg(2005)将其与电话咨询治疗进行比较。他比较了三种状况:单独的阅读治疗、阅读治疗配合电话咨询、单独的电话咨询。结果发现阅读治疗配合电话咨询的疗效最让人满意,而单独的电话咨询效果最差。

除了上述的临床应用,有研究者开始把阅读治疗作为进食障碍、强迫障碍以及自杀行为的干预手段。

二、教育发展与行为矫正

随着儿童积极心理咨询治疗观的提出与不断发展,人们逐渐改变了对儿童心理干预的基本理解,从以症状与问题为目标、以评估技术和治疗手段为主要手段、侧重如何"治病"和"解决问题"的思维转向理解儿童心理问题发生的背景和原因、关注挖掘儿童潜力及利用儿童自身资源、以预防为目标的心理咨询,真正体现"以儿童为中心"、用儿童喜闻乐见的方式更加积极主动地开展心理助人工作。这种转变在儿童阅读治疗实践中的体现是:根据儿童需要设计阅读材料,阅读治疗融入心理教育,扩大阅读治疗对象,正常儿童也可以参与发展性的阅读治疗活动,比如可以针对儿童自我概念发展、生命教育等主题开展有针对性的阅读治疗实践。

(一) 精神病患者的孩子

Barnes(1996)发现儿童在很多方面会受到患精神病父母的影响,他们自己有更大可能发展为精神病患者,因为儿童在面对家庭的不幸时是非常脆弱且缺乏调节能力的。由于父母患病,这些孩子都存在不同程度的尴尬、行为退缩以及焦虑,而阅读书籍则可以作为一种保护个人隐私的、不具威胁性的途径来帮助他们。通过阅读治疗教给他们应对技巧,给予鼓励并且为他们树立患病父母所无法树立的榜样。Tussing 和 Valentine (2001)将研究对象聚焦在精神病患者的孩子身上,并且通过实验检验阅读治疗作为一种治疗形式的功效。他们深入分析了 11 部儿童读物,根据 Sargent(1985)的研究成果,提出四条标准用以分析这些作品:① 能够提供有关精神病的常识性知识;② 能够介绍代理父母的标准并能涉及其他方式的家庭抚育(收养、亲戚抚养等);③ 能够提供应对父母疾病和自身痛苦的信息;④ 能够涉及健康的同伴关系和利于儿童顺利成长的家庭环境。通过作品分析,Heidi 和 Deborah(2001)肯定了阅读治疗的积极意义。

(二) 不良少年的行为纠正

近年来,研究者发现说唱(rap)音乐在儿童中非常流行,而 rap 音乐又不同于其他的流行音乐形式,它是采用诗歌形式的一种说唱音乐,可以说 rap 音乐本来就是文学与音乐的结合形式。Edgar H. 大胆地尝试将阅读治疗、音乐治疗与 rap 音乐结合起来,创造了一种新的治疗方法"Hip-Hop 治疗"(HHT)。在 Edgar H. 的研究中,他们选出了 6 首具有积极意义的 rap 音乐,将其作为一种接近青少年的方式,然后对歌词进行集中的讨论,并鼓励青少年认同歌词描写的内容,并通过创作、表演 rap 音乐等形式,使其内化,最后获到了令人鼓舞的实验结果。

(三) 儿童死亡概念教育

咨询师、治疗者和教育者等人都一再声称应坦诚地和儿童讨论死亡问题,而不是回避。Smith(1989)就如何使用文学作品阐述死亡问题提出了自己的指导方针。Teets (1997)进一步指出在死亡教育中使用互动治疗技术。Jeffrey 等人(1998)利用阅读治疗,采用父母讲故事和讨论的形式,帮助儿童理解和应对死亡问题。当孩子对死亡产生恐惧或疑虑时,建议成年人和孩子一起面对死亡问题,让孩子用健康的心态去理解它。下面是一些具体的建议。

> 告诉孩子,如果哭能让他觉得舒畅一点,那就哭吧!大人在难过的时候也会哭的。
> 找个适当时机,用浅显的词语,清楚地让孩子明白亲人或宠物死去的原因。
> 耐心、体贴地倾听孩子悲伤情绪的表达。
> 化悲伤为回忆,回忆和死去的人共同拥有的美好时光。
> "为什么有人还没有老就死了?""会不会再发生大灾难?"如果孩子这么问,你可以很肯定地回答:"这是少见的例子,这些人因为意外或得了特别的病才死去,爸爸妈妈

(或孩子重视的亲人)都不会有事的。"

宠物死了,孩子的哭闹,不表示"再买一只"。有时候他只是要你抱一抱,安慰他几句,多陪他说说话,或听他说话。试着让孩子知道你了解他的感受,了解死的不仅仅是一只宠物,而是他挚爱的好朋友。

放下手边工作,多陪伴孩子,这是最有效的慰藉。

问题解决的阅读治疗设计

在心理辅导领域,解决问题是指个人解决问题的技巧和过程。下面列举一个用阅读治疗方式帮助儿童学会解决问题的程序设计。

问题解决的程序

书名:《爸爸去哪儿了?》

作者:五味太郎

出版者:新星出版社

出版时间:2014年

故事大纲:

小宝和爸爸去百货公司,小宝专心地玩电动玩具,不知什么时候爸爸走开了。小宝在人群中依据爸爸的特征开始寻找。

分析:这个故事适合发展儿童解决问题的程序

1. 认同

小时候,常会因专注在某件事上,或受到某些事物的影响,或是父母的不小心,使得自己与父母走散了。

2. 净化

当小宝发现与爸爸走散了,该怎么办?心中的着急是不言而喻的,因此,作者改变观点,让读者学习以爸爸走失了的心情来应对,促使孩子能和故事中的主角一起认真地找爸爸。在寻找的过程中,一次次地误认、一次次地失望,终于在手扶梯上与爸爸相遇。终于找到了爸爸,一直紧绷的情绪也放松了下来。

3. 领悟

小宝虽然心中着急,但仍然很镇定地寻找他认为走失的父亲,最后终于找到了父亲,并体会到亲人在身边比任何玩具都重要。除此之外,在这篇故事中所出现的自信、镇静、勇敢及勇于尝试的特质,使儿童在无形中了解它们是解决问题的必要特质。

问题设计:

1. 投入

故事中的主角发生了什么事?

2. 认同

(1) 你会不会和小宝一样,因为专注于某件事而忽略了周围发生的事情?

(2) 当小宝看不见爸爸,他认为爸爸走丢了,你同意吗?

(3) 你喜欢小宝吗?你觉得他是一个怎样的人?

3. 投射

(1) 发现爸爸不见了,如果你是小宝,你会怎么做?

(2) 小宝在寻找爸爸的过程中,发现自己认错人了,心理感觉如何?

(3) 找到爸爸后,小宝感觉如何?

(4) 找到小宝后,爸爸感觉如何?

(5) 当小宝一次又一次找不到爸爸,你心里感觉如何?

(6) 当你读到小宝看见爸爸时,你想到什么?感觉如何?

4. 领悟

(1) 如果你是小宝,在寻找爸爸的过程中,你觉得在那时候什么对你最重要?

(2) 如果你像小宝一样,发现爸爸走丢了,你会怎么做?

(3) 小宝找到爸爸后,当爸爸说我们再到玩具部买玩具吧,为什么小宝说:"我已经找到我要的玩具了!"

(4) 小宝找爸爸的方法是什么?

5. 应用

(1) 你有走失的经验吗?当时你是怎么处理的?

(2) 用小宝找爸爸的故事,改写你的经验。

三、个体治疗案例①

家庭情况:瑞安,9岁,一个和母亲在一起生活的独生女。母亲28岁,母亲的男朋友托伊18岁。瑞安的父亲一年前死于吸毒过量。瑞安的母亲报告说,瑞安跟她的外祖母非常亲密,但不常去探望她的祖母,因为瑞安的母亲不喜欢她以前的婆婆。瑞安的母亲说,瑞安尽其所能地讨好她的新男朋友,甚至叫他"爸爸"。瑞安的母亲认为瑞安仍然处在对她父亲的死的调整中,并承认这种调整适应得"有点慢",而且她也不能很好地适应学校。

表现的问题:瑞安由于在过去的半年里学习成绩突然下滑而被送来接受咨询。对瑞安来说阅读一直很困难,瑞安四年级的老师说她对学校没有一点兴趣,而且也不做任何努力去改变自己的现状。她的老师也很担心,因为她总是很悲伤。自从父亲死后,瑞

---

① 本案例摘自 Pardeck,J. T.,& Pardeck,J. A. (1993). Bibliotherapy: A Clinical Approach for Helping Children. Landhorne. PA: Gordon & Breach Science Publishers. p. 12.

安变得安静和退缩了,依恋老师而不愿与同学交往。老师说,瑞安最近来学校的时候常常不洗澡、不换衣服,同学们都不愿接近她。

咨询会谈:瑞安第一次来访时,老师对她的不讲卫生和沮丧之情感到很难忍受。刚开始瑞安不笑,但当他们玩一个棋类游戏并交谈时,她看起来很喜欢来自咨询师的温暖和关注。

下面介绍的是第三次会谈,瑞安同意让咨询师读故事给她听。

咨询师:瑞安,很高兴今天见到你!在今天的时间里你愿意跟我们一起做些什么特别的事情吗?(给孩子一点主动权,让她决定选择使用哪种物品)

瑞安:你可以给我读一本书吗?

咨询师:当然可以。你想听哪本书?

(瑞安选择了《我不能说出来》,可能是封面上那个漂亮的姑娘吸引了她的眼球,也可能是那行小字"关于儿童性虐待"吸引了她)

瑞安:我可以坐在你的旁边吗?

咨询师:当然,当别人读书时这是最好的位置。

(咨询师开始读这本文字优美的书,瑞安满意地坐在她的旁边。很显然,孩子喜欢这种温暖和关心)

(故事详细描述了安妮的父亲如何触摸她的私密部位。安妮曾三次试着告诉她妈妈这个事实,但是她妈妈对此不予理睬,甚至让她觉得不愿与父亲待在一起是种罪恶。安妮开始向海边一只白鸽倾诉她的感受)

(瑞安叹了口气,但是什么也没说。读到这里,咨询师猜测瑞安可能像安妮一样,是性虐待的受害者。于是她让瑞安选择是否继续听下去)

咨询师:还愿意让我继续读下去吗,瑞安?

瑞安:是的。(轻轻地)我想知道安妮是怎么做的。

(咨询师读到了故事中的妈妈希望父亲去找一份工作,但是警告安妮不许再说那件事,否则父亲会生气而离开她们。这使安妮产生了恐惧,她再一次向读者讲到她的父亲对她做了可怕的事情,而且她开始尿床、做噩梦。这时瑞安说话了)

瑞安:那样的事发生在我身上。(这代表了很多种意思。可能是说她也尿床或者是她也做噩梦,也可能是她妈妈的男朋友对她进行了性虐待)

咨询师:在你身上发生了一些事情,让你像安妮一样感到恐惧?(重新陈述,以便澄清问题)

瑞安:是这样的,我受到了极大的惊吓,导致我妈妈总是说她不喜欢托伊不去工作,而且我也不喜欢他和我待在一起而让妈妈去工作。(瑞安的反应更加证实了咨询师对性虐待的猜测,咨询师暂时把尿床和梦魇的问题放到后面,关键是让瑞安谈谈性虐待的问题)

咨询师:你不想与托伊单独在一起,是因为他有像安妮的父亲一样的行为。

瑞安:是的。(声音很轻,几乎听不见)

咨询师:托伊伤害了你,你又不敢告诉你妈妈事实。

瑞安:是的,是的,他真的伤害了我,我不能告诉妈妈,那样他会打妈妈,而且她仍然喜欢他!

咨询师:托伊伤害了你和妈妈,虽然是以不同的方式。我们来谈谈他是怎么伤害你的。

瑞安:他等我妈妈上班以后,进到我的房间,说要给我盖好被子……他摸我的背……把睡衣拉到我的脖子上,摸我的全身。(开始抽泣)

咨询师:(咨询师等着孩子,直到她能够继续)很久以来你一直受到伤害,现在你告诉了别人,这很好。

瑞安:不止这些……(抽泣)他……

咨询师:他做了其他更加伤害你的事。

瑞安:是,是,有时他把他的手指放进我的嘴里,我尖叫哭泣。他说如果我说出去他会杀了我。(抽泣)

咨询师:(等待,让孩子把受到的伤害和愤怒释放出来。在咨询师采取必要的步骤来保护她和她的妈妈之前,最好让孩子完整地讲出她所经历的恐怖事情)

咨询师:你保守着这个秘密,因为你害怕托伊会杀死你或者你的妈妈。

瑞安:(点头)是。(抽泣)有一次……(欲言又止)一次……我不能说。

咨询师:好吧,没关系。如果你想说,可能它也需要被说出来。(孩子冒出了另一个问题,希望有人能让她做出解释。相信孩子对建立信任是重要的。通常孩子不会在像性虐待这样严肃的事情上撒谎)

瑞安:好吧……一次,托伊拍了一段录像……

咨询师:在他伤害你的时候,他把这段情景拍了下来?

瑞安:(抽泣)是的……我不想去学校,但是妈妈非让去。你认为她知道吗?(遭受性虐待的孩子通常担心的一个问题是学校里的每一个人都会知道性虐待的事情。他们常常觉得自己很脏,因而故意忽视个人卫生。"你认为她知道吗?"当瑞安这样问的时候她就进入了另一个领域。许多受到虐待的孩子都会怀疑他们的父母是知道事情真相的,但却不能够保护他们不受伤害,或者更糟的是,他们的父母对虐待视而不见。现在的首要问题是她的妈妈了解多少)

咨询师:你是在问我,你妈妈是否知道有那段录像?(咨询师猜测瑞安非常担心她妈妈对虐待的事实知道多少,而且害怕妈妈可能已经看到那段录像了)

瑞安:是……

咨询师:你是怎么想的?你认为妈妈知道了吗?(努力去弄清孩子的感受)

瑞安:我不知道……有一次我听到他们在吵架,听到妈妈说"如果你再碰她,我就让你进监狱"。

咨询师:所以你认为你妈妈已经知道发生了什么,却没有让他离开。

瑞安:是,因为她害怕他会打她!他已经这样做很多次了。有一次他说他会在进监狱之前杀了她。(孩子现在陷入了一件可怕的事情里面,就是如果施虐者受到惩罚,她害怕他真的会威胁到她和妈妈)

咨询师:因此,即使你妈妈知道发生了什么事情,至少是知道了一点点,她也不敢把托伊赶走。

瑞安:是的,这都是我的错。(抽泣)

咨询师:瑞安,你没有一点错。你只是一个孩子。这是成年人做的,他应该受到指责,而不是你。(偏离事实,受虐待儿童通常会因为发生在自己身上的事情而责备自己)

瑞安:我知道……我只是猜想。

咨询师:瑞安,由于托伊以这样一种恶劣的方式伤害了你,所以我必须把这样的事情告诉那些保护孩子的机构。还记得吗?当第一次开始我们的谈话时,我说过,如果你真的受到严重的伤害,我必须告诉别人。

瑞安:记得。

咨询师:好,这算是一次。现在,我去告诉那些保护孩子的机构,这样,你和你的妈妈就不会再次受到伤害。(按照美国的法律和心理咨询治疗专业守则,在这起案例中,咨询师有权而且必须通知有关当局或警察。咨询师必须了解正确的呈报程序,而且必须在儿童保护机构的工作人员到来之前保护好孩子。官方有权知道谈话的所有内容,包括那盘录像带)

(瑞安又开始轻轻地哭泣)

咨询师:瑞安,你还在担心着一些事,是什么?

瑞安:我会离开我妈妈吗?

咨询师:我不敢确定,但是通常发生这种事情的时候,孩子是与妈妈或奶奶待在一起的。(提到奶奶时,孩子的泪脸上露出一个微弱的笑容)离开你们家的是托伊。(尽可能真诚地回答孩子所有的问题,让孩子觉得有的成年人是能够信任的)

咨询师:你不需要再把你的感情隐藏起来。任何时候你都可以跟我说任何困扰你的事情。(孩子没有机会表达她经受的严酷考验的所有细节,也没有机会表达所有的她受伤害和愤怒的感情。让孩子知道她仍然有很多其他的机会去表达,对孩子来说是有益的)

瑞安:好的,即使我会跟奶奶生活在一起,我也会来看你的。

咨询师:我会很高兴看见你。(一个充满安慰与支持的拥抱)在我们等待地方儿童保护组织的人的时候,你愿意玩一个有趣的游戏吗?

瑞安:好的。

四、团体治疗案例

(一) 小团体治疗案例(专门团体活动)

在处理像父母离婚、与父母分离这类特殊的童年危机的讨论小组中,图书阅读可以以多种不同方式来加以利用。在这里,书籍可以为儿童提供服务,也可以被利用作为一种相对比较安全的方式,去协助儿童探索内心世界和过去的经历。多数父母都希望能帮助自己的孩子渡过这段艰难时期,而且也希望自己的孩子参加到这样的小组中。在学校教育活动和其他各种辅导或治疗团体中都可以实施这样的训练。它既可以作为个别训练的一部分,也可以作为帮助儿童应对特殊事件的专门团体活动的一部分。在训练一开始的时候,咨询师和治疗者就可以通过书籍来激发讨论,并使每个人都参与进来。

一个六年级的小团体案例[①]

下面是一个讨论关于7个六年级小学生组成的团体的例子,这些学生最近都经历了家庭破裂。在处理涉及离婚事件的儿童小组辅导中,美国有两本比较有针对性的书可以在治疗中使用:《离婚手册:孩子和家庭的向导》(Ives,Fassler,& Lash,1985);《变化的家庭:孩子和成人的向导》(Fassler,Lash,& Ives,1988)。第一本书处理离婚本身的过程——恐惧、分离、法律问题、伴随家庭破裂而产生的情感。第二本书处理许多类似的事件,但是增加了当离异的父母有了新的男朋友或女朋友或再婚时必要的调节措施。

关于讨论聚焦于离婚和分离的积极或消极面,治疗者在《离婚手册》中选择一段作为开始讨论方式的指导语:"有些时候分离是一件很难讨论的事。要告诉别人自己的爸爸妈妈不住在一起了,绝非易事。"接着,咨询者问道:"你们还记得一些关于你的父母离婚或分开的事情吗?"

儿童1:太难了。当我爸爸和妈妈分开时,我几乎死掉了,我根本不知道会那样糟糕,可能我并不知道所有的事。

儿童2:我爸爸和妈妈总是在打架。我不喜欢爸爸回家喝酒,然后跟妈妈打架。

儿童3:爸爸开始不回家时我就担心会有不好的事情发生。他生我的气,因为我忘了把垃圾带出去。

咨询师:你们有的提到父母在分开前打了很多架,而且有些小朋友担心是因为他自己的错。还有其他人也担心是因为自己而导致父母离婚的吗?

儿童4:有的,一旦狗弄得乱七八糟,我也忙得忘了去清扫的时候,爸爸就对我叫喊。

[①] 本案例摘自 Geraldine Leitl Orton. (1997). Strategies for Counseling with Children and Their Parents. Cannon University. 下面的几个案例也是摘自该书。

我和妈妈哭着,他走了,没有回来。

咨询师:你认为这是你的错误?

儿童4:是的,如果我做了我答应要做的事情,他就不会走了。

咨询员:很多孩子都有这样的感受。如果他们做了这个或做了那个,离婚就不会发生了。这本书讲的是孩子不会导致离婚,孩子也没有能力维持父母在一起,你们同意这个观点吗?

儿童1:我原来以为我能够使他们在一起,但是我错了。他们离婚之后,我们有一次都去参加一个婚礼,我爸爸邀请妈妈跳舞,我妈妈说,"噢,孩子,我们将会复合",但是这根本没有发生。

儿童6:是我的错才使他们离婚的,我奶奶这样说的,所以我知道。

咨询师:你奶奶这样说的时候肯定伤害了你。

儿童6:是的,我感到很悲伤,因为在关于我的问题上他们争吵了很多次,我猜是我做了很多坏事。

咨询师:我们知道的事情,你的奶奶可能却不知道。其实,孩子不会导致离婚,孩子也没有能力维持父母在一起。

儿童5:如果不是我的错,爸爸也可能会回来,我们又能够在一起了。

儿童7:我也那样做了。我希望我们能够重新在一起,但是当妈妈把她的新男朋友带回家时,一切结束了。

儿童4:爸爸和苏结婚时,我不喜欢她,她也不像妈妈。

咨询师:父母再婚时,很多事情都改变了。关于父母离婚时产生的不良情绪我们已经讨论了很多。那么,离婚或再婚有好的方面吗?

儿童6:嗯,没有争吵了,而且现在的妈妈跟我们玩的时间也多了。

儿童3:是的,现在没有那么糟糕。我仍然必须得打扫我的房间,有时候我忘记了,但是妈妈不会朝我喊叫。我认为我不会喜欢一个继父。

儿童2:我的新家庭非常棒。我有两个哥哥和一个姐姐,而且圣诞节时我得到了更多的礼物。

儿童7:礼拜六见我爸爸时,我们吃了很多好吃的,而且我想要什么他就会给我买什么。

咨询师:听起来好像父母离婚了有快乐的时候,也有悲伤的时候。下一次我们将会讨论更多的关于这两方面的事。

(二) 大团体活动案例

书籍也可以用在大团体活动中用来解释成长和预防一些事件的发生。这种特殊的大团体的指导性活动目的是让孩子们参与进来讨论那些他们平常体验过的情感,以便帮助他们去应对。咨询师通过要求孩子们在团体中讨论那些他们感受到的爱、自豪、高兴和得意的事情,以营造舒适的感情氛围作为基础,然后咨询师引导团体讨论一些不太愉快的感情,比如恐惧、生气、沮丧、失败感、嫉妒、羞耻感。每一个咨询师都有自己独特的促进讨论的方式,也能以多种创造性的方式使用书本。儿童能够认同此书,有的咨询师可能想要完全依赖它;有的咨询师则可能想用它作为一个起点,让儿童决定讨论朝哪个方向进行,当儿童探索出解决各种情感的方式时,再回到书本上来。这种活动类似于我国中小学学校进行的心理健康教育课。

25个二年级儿童的大组活动(一堂心理健康教育课)

下面这个案例是学校咨询师和二年级某班中的孩子们讨论情感,这个班上有25名学生。关于这个问题,《儿童的感情世界》一书讨论了令人舒服和不舒服的两种感情。

咨询师:今天我们将讨论两种情感——积极的和消极的。积极的情感是爱、快乐、自豪感和安全感。这些情感使我们感到舒适和快乐。闭上眼睛,通过想象去完成"当……时,我感到快乐"这样的句子。

儿童:妈妈给了我一个拥抱。

咨询师:这是一种伟大的感情,你可以称作"爱"。(咨询师可以在黑板上写出"爱"这个字,并在它周围画一圈心形)其他人可以告诉我什么时候你感到被爱吗?

儿童:当我的小狗舔我的脸时。

咨询师:对,这是个很好的例子,其他人呢?

儿童:当奶奶做蛋糕时。

咨询师:有很多关于爱的很好的例子。有人能想想当你为自己感到自豪时的情景吗?就像你说"哇,这件事我做得很棒"时。

儿童:当我在作文课上得了满分时。

咨询师:这是个很好的例子,其他人呢?

儿童:当我洗碗一个碗也没有打碎时。

咨询师:很好。

儿童:当我考试考得很好时。

咨询师:好。那么当你得到60分或一个更低的分数时,你的感受会怎么样呢?

儿童:很糟糕……我哥哥就是这样。

咨询师:如果你考试不及格,你认为你会怎样呢?

儿童:被打屁股,我哥哥就是这样。

咨询师:你还可以做些什么呢?

儿童:把事情做好点。

儿童:向妈妈求助。

咨询师:这些都是好主意。书上说,如果你更加努力,不断尝试是最好的办法。当你输掉一场游戏或比赛或得到一个糟糕的分数时,这些建议是有用的,最重要的是你自己不能放弃。你要相信自己能够做到!

咨询师:我们刚刚谈论了失败时的感受。有时我们会有其他的感受,比如当对某个人真的生气时。可以讲些你们生气时候的例子吗?

儿童:当我同座位的同学拍我的头时,我生气了。

咨询师:当孩子们生气时,他们会做些什么呢?

儿童:他们哭泣,叫喊……

儿童:他们摔东西……就像李明。

儿童:他们破坏玩具和书本……

咨询师:有时小孩非常生气时会伤害自己和其他人。你们认为这是一个好的方法吗?

儿童:是的,如果你同座位的同学打扰你,就打他。

儿童:不,你会伤害到别人的。

咨询师:有没有其他的方法让你发泄出你的愤怒,但是不会伤害到别人?

儿童:告诉老师。

儿童:如果某人使你生气就告诉妈妈。

咨询师:告诉其他人你生气了,这个做法很好,还有其他的做法吗?

儿童:如果你的同学让你生气,那么就跟她讲道理,这是妈妈说的。

咨询师:好办法! 讲道理比打架好,因为这样你不会受到伤害。

儿童:是,但是他先打我的。

咨询师:有时候孩子不懂得怎样去处理他们的感受。这本《儿童的感情世界》介绍了处理不愉快感情的四个步骤,让我们来看一看。第一个步骤是正视,问问自己"我感受到了什么";第二个步骤是接受,试着去了解自己为什么会这样去感受;第三个步骤是决定怎样去做,决定你需要采取什么样的行动使自己感觉好些;第四个步骤是行动,按你所决定的去执行。

咨询师:我们来假设,你现在感觉到很孤独,家里没有人陪你玩。怎样做你才能感觉好点呢?

儿童:你应该去你阿姨家里玩。

儿童:叫别人来跟你玩。

儿童:跟你的妹妹或弟弟玩。

咨询师:这些都是不错的方法。与其坐在那里哭或者一直感到很孤独,不如做一些事情会更好。今天我们的讨论结束了,但是你们学到了很多处理感情的好办法。记住那四个步骤,下一次我们会讨论其他种类的感情。

五、 儿童危机与创伤心理的阅读治疗设计

儿童在成长过程中有可能会遭受伤害、经历不幸与痛苦,包括人为的伤害,如被虐待、被侵犯,也可能遭遇各种自然灾害,如地震、传染病等。面对因为灾难带来的失去亲人、失去朋友的巨大生命和精神伤害,儿童懵懂而不知所措,一些心理问题和疾病逐渐显现。灾难所导致的日常生活稳定性与秩序感的失衡,会使部分儿童陷入心理与情绪的悲伤、愤怒、焦虑与疏离,逐渐发展为更为严重的创伤性哀伤与创伤后应激障碍。儿童的这些心理创伤有些不能自愈,需要心理干预,而且是长期的干预。人们尝试各种心理引导活动帮助心理受到创伤的儿童,而阅读疗法作为心理援助的一种辅助方式也逐渐被应用到儿童危机干预与创伤心理辅导中。比如美国发生"9·11事件"与卡特里娜飓风以及中国2008年汶川地震后,治疗师通过阅读治疗帮助危机中的儿童,都取得了良好的效果。曾庆苗(2009)以汶川地震后的危机干预工作为例提出了开展灾后阅读治疗的思路。

根据 Doll(1997)在《面向青少年的阅读治疗》一文中提出的有关注意事项,曾庆苗初步建立了阅读疗法在灾区青少年中的实施模型(见图7-2)。该模型将实施主要分为四个阶段:灾区青少年阅读需求研究、阅读疗法书目开发、阅读疗法实施、阅读疗法疗效评价等。

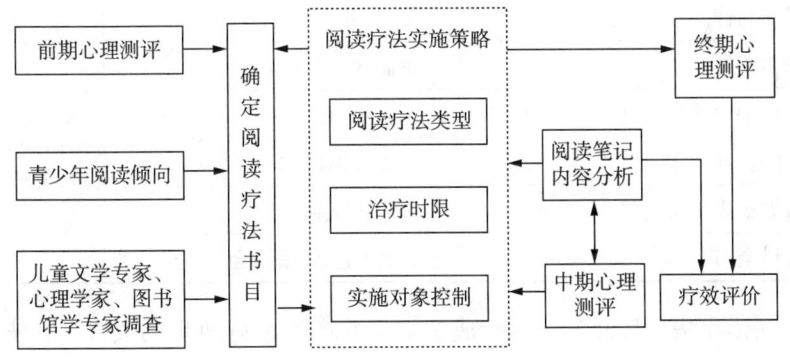

图7-2　阅读疗法实施模型

前期准备阶段,在图书的选择上,充分结合儿童的阅读能力与阅读习惯,保证儿童喜欢读、读得懂,并可以获得知识。治疗师在对儿童实施阅读治疗前必须接受系统专业的培训,包括儿童心理学的学习、沟通技巧的学习等。另外,前期准备阶段还要辅导儿童填写阅读前的心理测试量表,了解每个儿童当前的心理状况和心理问题,才能有的放矢。在此基础上,治疗师结合每个儿童的特点,选择适合儿童的图书和方法。交互式阅读疗法很适合儿童心理创伤的治疗。可以采取打电话、定期会面、布置家庭作业、集体讨论等,及时获得儿童的阅读反馈。根据危机干预和创伤辅导的相关理论,崔凌洁

(2018)设计了一个处理14岁女孩创伤心理的阅读疗法书单(见表7-1)。

表7-1 阅读疗法书单

序号	书名	作者	目标
1	好好哭吧	葛伦林·特威德(丹麦)	第一阶段:解释死亡,寻找类似遭遇,释放情绪
2	爸爸的围巾	阿万纪美子(日)	
3	一片叶子落下来	巴斯卡利亚(美)	
4	童年	高尔基(苏联)	
5	苦儿流浪记	埃克多·马克(法)	
6	中国第一套儿童情绪管理图画书	特雷西·莫罗尼(新西兰)	第二阶段:认识现状,学会情绪管理,适应环境
7	我的感觉系列	康娜莉雅·史贝蔓(美)	
8	原野上的小屋	宫越晓子(日)	
9	儿童生活智慧培养丛书	哈珀利特·科尔(印)	
10	做朋友吧	松岗达英(日)	
11	绿山墙的安妮	露西·莫德·蒙格玛丽(加)	第三阶段:建立自信,学会自我保护
12	勇气	伯纳德·韦伯(美)	
13	女生日记簿	乐多多(中)	
14	女孩自我保护图画故事书	孩之宝公司(美)	
15	成长与性	胡萍(中)	
16	积木小屋	加藤久仁生(日)	第四阶段:积攒温暖,重塑人生
17	蔷薇别墅的小老鼠	王一梅(中)	
18	爱的教育	亚美契斯(意)	
19	假如给我三天光明	海伦·凯勒(美)	
20	百科全书	《百科全书》编委会	

其中,阅读疗法书目开发是治疗成功实施并产生良好效果的关键。在灾区的特定背景下,书目的选择应综合考虑儿童心理测评、儿童阅读倾向以及心理学、儿童文学、图书馆学等领域的专家建议再确定。

阅读治疗实施阶段需要治疗者联系阅读材料与儿童开展对话,设计问题。关于阅读治疗中到底如何提问,Schrank(1982)提出如下步骤及问题设计方法。

回忆或讲出故事的大概内容。包括"故事中发生了什么事?谈论的是什么?"等。

确认故事中主角的感觉。包括"主角做了什么事?他感觉如何?你怎么知道他会那样想的?"等。

确认儿童是否有与主角相似的状况。包括"你曾经有过相同的问题吗?你曾经有过与主角相似的感觉吗?"等。

探寻结果。包括"主角的行为有没有发生改变？他还尝试了其他什么办法？"等。

归纳结论。包括"这个故事给了你什么样的启示？你赞同主角的做法吗？如果是你,你会和他有不一样的做法吗？如果你和主角一样,遭遇相同的问题,你会有一样的做法吗？"等。

在具体操作过程中可以根据实际情况选择自己喜欢的问题设计方式。

在结束阶段,通过测试了解治疗前后的变化,检验阅读治疗的成效。

2020 年初开始的新冠肺炎疫情再次对灾难中儿童心理危机干预工作提出了新挑战,治疗者需要继续探讨、研究阅读治疗在儿童灾后心理重建中的运用思路、方法与技术,进一步拓展阅读疗法的应用领域。美国"9·11事件"后,治疗者们在几年间就陆续编写了很多用于阅读治疗的读物,如 September 11,2001(Santella,2002)、《改变美国的一天》(Wheeler,2002)、《美国遭受攻击》(Marquette,2003)、《理解 9 月 11 日》(Frank,2002)、《恐怖袭击》(Anderson,2004)等,表现出对儿童的积极关注和专业人的担当。期待经历地震、新冠肺炎疫情等重大灾难的治疗师们能创作出更多适合儿童危机干预与创伤处理的阅读治疗读物。

本章小结

通过阅读来治疗是一项古老的艺术,而且这种形式一直延续到了今天。因为阅读是自然而愉悦的,对于儿童了解自己的情感、思想和行为非常有帮助。阅读疗法可帮助一个儿童达到意识的更新、理解自我和他人,并提供一种释放郁积情感和解决冲突的方式,强调了儿童在间接经历故事中的情景时的问题解决能力。通过这种方式,儿童可以得到更多的启发和思考,应用问题解决策略找到一种解决办法。当然,有些问题是儿童不能独自解决的。在这种情况下,阅读疗法能够帮助儿童处理那些不能够改变的事件,例如父母一方去世。

在实际生活中,书籍可以帮助儿童讲出那些对他们来说太过痛苦以致不愿讲出来的事情。因为阅读疗法可以与其他治疗技术结合起来,儿童常常把他们的思想和感情在一系列后续活动中表达出来。艺术活动、讲故事、写作、角色扮演和其他创造性的后续活动策略鼓励儿童用他们的动机、认知和口语表达能力去提高他们的自我意识和自我理解。产生领悟的讨论是阅读治疗通常包括的一个部分,可以帮助儿童澄清和理解他们自己的情感、思想和行为。

书籍也可以作为团体讨论的中介,这个讨论的主题可能与儿童自身的生活相关。在这种方式下,后续讨论变得私人化并与团体中的儿童个体相关。通过认同和投射过程,儿童能够根据故事情节将其与自身情况相似的事件联系起来。

阅读治疗是儿童治疗者必备技术中的一种。它与发展性咨询框架很吻合,可以用来帮助儿童克服在成长中遇到的一般问题。阅读治疗在预防中发挥着独特的作用。书籍能够提供有价值的信息,提供更多的可采用的处理方法,帮助阻止一些发展中的问题。作为一种治疗方法,阅读治疗对于有的儿童来说,可能就是打开了一扇了解自我的窗户,这是其他治疗模式所不能提供的。因此,在西方,阅读治疗是受到众多实践者青睐的一种方法,可适用于几乎各类儿童。

拓展资源

【推荐书籍】

陈书梅.(2009).儿童情绪疗愈绘本解题书目.台北:台湾大学出版中心.

邱鸿钟.(2017).文学心理与文学治疗.广州:广东高等教育出版社.

王波.(2014).阅读疗法.北京:海洋出版社.

王万清.(2003).读书治疗.广州:广东世界图书出版公司.

熊剑锐,梁丽珍.(2012).心灵成长图画书导读.北京:中国人民大学出版社.

思考与实践

1. 联系实际谈谈如何根据儿童差异选择合适的儿童阅读治疗材料。
2. 针对儿童可能出现的某一问题,设计一套阅读治疗方案。

参考文献

曾庆苗,李桂华,刘艳.(2009).阅读疗法在青少年灾后心理重建中的运用思路.图书馆,(6),35-37.

崔凌洁.(2018).阅读治疗儿童心理创伤的文献分析与实践探讨.四川图书馆学报,226(6),86-88.

高文凤,宫梅玲,王连云,刘云,姜倩,郑澄碧,等.(2004).50名大学生阅读治疗前后SCL-90评定初步分析.中国心理卫生杂志,18(6),418-420.

宫梅玲,徐海军,雷菊霞,张洪涛,刘文国,楚存坤.(2017).童年创伤引发的抑郁障碍阅读疗法书方分析及配伍.大学图书馆学报,35(3),36-45.

李健,杨秀真.(2000).阅读疗法研究进展.中国行为医学科学,9(3),81-82.

刘斌志.(2014).论阅读疗法在震后灾区青少年心理重建中的运用.图书馆,(5),102-106.

刘斌志.(2014).灾后心理重建中阅读治疗的域外经验与本土探索——以地震灾后青少年为例.图书馆建设,(6),53-57.

卢胜利,眭密太.(2007).我国 15 年来心理障碍阅读治疗干预研究综述.大学图书馆学报,(2):51-55.

吕辉.(2012).诗歌疗法的理论与应用研究(硕士学位论文).南京:东南大学.

万宇.(2006)."阅读治疗"概念之辨析.图书馆杂志,25(9),14-17.

万宇.(2010).阅读治疗在小学阶段的探索性实践——南京市钓鱼台小学的应用实例.图书馆杂志 29(10),39-43.

王波.(1998).图书疗法在中国.中国图书馆学报,(2),79-86.

王波,傅新.(2003).阅读疗法原理.图书馆,(3),1-12.

王波.(2004).阅读疗法的类型.大学图书馆学报,(6),47-53.

王波.(2005).阅读疗法概念辨析.图书情报知识,(2),98-102.

王波.(2014).阅读疗法.北京:海洋出版社.

王力.(2009).阅读疗法的哲学和心理学分析.浙江科技学院学报,(6),128-130.

王万清.(2003).读书治疗.广州:广东世界图书出版公司.

魏明霞,魏毫娜,黄凌雁,等.(2009).阅读疗法对住院患儿心理干预的研究.齐齐哈尔医学院学报,30(15),1909-1911.

吴淑玲.(2001).绘本与幼儿心理辅导.台北:五南图书出版公司.

吴伟,聂卫红.(2011).试论少儿图书馆开展儿童阅读治疗.图书馆论坛,31(5),163-165.

徐晓晨,栗莉.(2019).针对情绪障碍儿童的"绘本阅读疗法+奥尔夫音乐疗法"阅读疗愈实践研究,晋图学刊,(1),51-56.

杨双琪,王景文,黄晓鹂.(2018).我国儿童阅读疗法发展与内容研究.晋图学刊,(2),45-49.

袁宗金.(2014).基于人本主义取向辅导情绪障碍儿童的两种策略.南京晓庄学院学报,(3),35-41.

张丽娜.(2016).浅谈绘本阅读疗法与中小学心理辅导.教育与装备研究,(8),30-32.

张赟玥,徐恩元.(2009).我国面向儿童的阅读疗法研究述评.图书与情报,(2),16-20.

张赟玥.(2008).试析国外阅读疗法帮助儿童的发展历程.河南图书馆学刊,28(5),46-48.

诸佳男.(2010).基于读书治疗的绘本阅读对儿童情绪智力的影响研究——以小学四年级为例(硕士学位论文).金华:浙江师范大学.

祝振媛.(2010).阅读疗法在儿童创伤心理治疗的应用初探.晋图学刊,(1),36-39.

Adams, S. J., & Pitre, N. L. (2000). Who Uses Bibliotherapy and Why? A Survey from an Underserviced Area. The Canadian Journal of Psychiatry, 45(7), 645-649.

Agnes, S. M. (1946). Bibliotherapy for Socially Maladjusted Children. Catholic Educational Review, 44, 8-16.

Berns, C. F. (2004). Bibliotherapy: Using Books to help Bereaved Children. Omega Journal of Death & Dying, 48(4), 321-336.

Branch M L S A. (2007). Gone but Not Forgotten: Children's Experiences with Attachment, Separation, and Loss. Reclaiming Children & Youth the Journal of Strength Based Interventions, 16(3), 41-45.

Brown, L. , & Brown. M. (1986). Dinosaurs Divorce: A Guide for Changing Families. Boston. MA: Little. Brown.

Burke, & Angela. (2009). Gifted and Grieving: Why It Is Critical to Offer Differential Support to Gifted Kids During Times of Loss. Gifted Child Today, 32(4), 30 – 37.

Carney, K. L. (2004). Barklay and eve: The Role of Activity Books for Bereaved Children. Omega: Journal of Death & Dying, 48(4), 307 – 319.

Charles, A. C. (2004). Pet Loss in Death-Related Literature for Children. Omega: Journal of Death and Dying, 48(4), 399 – 414.

Cuijpers, P. (1997). Bibliotherapy in Unipolar Depression: A Meta-analysis. Journal of Behavior Therapy & Experimental Psychiatry, 28(2), 0 – 147.

Cynthia, A. B. , & Dale, E. P. (2008). Use of Bibiliotherapy in the Treatment of Grief and Loss: A Guide to Current Counseling Practices. Asultspan Journal Spring, 7(1), 32 – 43.

Felder-Puig, R. , Maksys, A. , Noestlinger, C. , Gadner, H. , & Topf, R. (2003). Using a Children's Book to Prepare Children and Parents for Elective Ent Surgery: Results of a Randomized Clinical Trial. International Journal of Pediatric Otorhinolaryngology, 67(1), 35 – 41.

Orton, G. L. (1997). Strategies for Counseling with Children and Their Parents. Cambridge: Wadsw-orth Publishing.

Gumaer. (1984). Counseling and Therapy for Children. New York: Free Press.

Hynes-Berry, M. (1986). Bibliotherapy: The Interactive Process. Boulder: Westview Press.

Ives, S. , Fassler. D. , & Lash. M. (1985). The Divorce Workbook: A Guide for Kids and Families. Burlington. VT: Waterford Books.

Jennifer, L. H. , & Philip, C. K. (2002). Showing You Can Do It: Homework in Therapy for Children and Adolescents with Anxiety Disorders. Journal of Clinical Psychology, 58(5), 525 – 534.

Johnson, & Joy. (2004). Historical Perspectives and Comments on the Current Status of Death-related Literature for Children. Omega: Journal of Death & Dying, 48(4), 293 – 305.

Koehler, & Katrina. (2010). Grief Bibliotherapy and Beyond for Grieving Children and Teenagers. Death Studies, 34(9), 854 – 860.

Morgan, J. P. , & Roberts, J. E. (2010). Helping Bereaved Children and Adolescents: Strategies and Implications for Counselors. Journal of Mental Health Counseling, 32(3), 206 – 217.

Morris-Vann, A. M. (1979). Once Upon a Time... A Guide to the Use of Bibliotherapy. Oak Park. MI: Aid-U Publishing Co. .

Moulton, E. , Heath, M. A. , Prater, M. A. , & Dyches, T. T. (2011). Portrayals of Bullying in Children's Picture Books and Implications for Bibliotherapy. Reading Horizons, 51(2).

Pamela A. Kramer, & Gail G. Smith. (1998). Easing the Pain of Divorce Through Children's Iiterature. Early Childhood Education Journal, 26(2), 89 – 94.

Pardeck, J. T. , & Pardeck. , J. A. (1993). Bibliotherapy: A Clinical Approach for Helping Children. Landhorne. PA: Gorgon & Breach Science Publishers.

Pardeck, J. T. (1990). Children's Literature and Child Abuse. Child Welfare, 69(1), 83 – 88.

Pehrsson, D. E., Allen, V. B., Folger, W. A., Mcmillen, P. S., & Lowe, I. (2007). Bibliotherapy with Preadolescents Experiencing Divorce. Family Journal, 15(4), 409–414.

Pehrsson, D. E. (2007). Fictive Bibliotherapy and Therapeutic Storytelling with Children Who Hurt. Journal of Creativity in Mental Health, 1(3), 273–286.

Rapee R. M., Abbott M. J., & Lyneham H. J. (2006). Bibliotherapy for Children with Anxiety Disorders Using Written Materials for Parents: A Randomized Controlled Trial. Consult Clin Psychol, 75(5), 436–444.

Rohen, Noelle Aimee. (2003). AnalysIs of Efficacy and Mediators of Outcome in Minimal-Contact Cognitive Bibliotherapy Used in the Treatment of Depressive Symptoms. Dissertation Abstracts International, Section B: The Sciences and Engineering, 63(10B).

Rycik, Mary Taylor. (2007). Teachers' Use of Text to Deal with Crisis Events. College Reading Association Yearbook, 28, 112.

Shechtman Zipora. (2006). The Contribution of Bibliotherapy to the Counseling of Aggressive Boys. Psychotherapy Research, 16(5), 645–651.

Shechtman Zipora. (1999). Bibliotherapy: An Indirect Approach to Treatment of Childhood Aggression. Child Psychiatry & Human Development, 30(1), 39–53.

Starbuck E. D. (1928). A Guide to Literature for Character Training. Tualatin: Norwood Press, 14–55.

Starker, & Steven. (1988). Do-it-yourself Therapy: The Prescription of Self-help Books by Psychologists. Psychotherapy Theory Research & Practice, 25(1), 142–146.

Stice, E., Rohde, P., Seeley, J. R., & Gau, J. M. (2008). Brief Cognitive-behavioral Depression Prevention Program for High-risk Adolescents Outperforms two Alternative Interventions: A Randomized Efficacy Trial. Journal of Consulting & Clinical Psychology, 76(4), 595–606.

Tussing, H. L., & Valentine, D. P. (2001). Helping Adolescents Cope with the Mental Illness of a Parent Through Bibliotherapy. Child & Adolescent Social Work Journal, 18(6), 455–469.

Wilson, R. B. E. (1928). A Guide to Literature for Character Trainingby Edwin d. Starbuck; Frank b. Shuttleworth. The Elementary English Review, 5(7), 224.

第八章

儿童行为治疗

【本章导读】

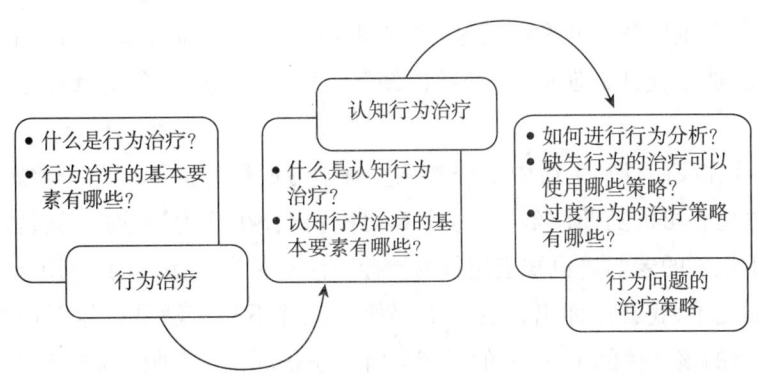

在现有的各种主流专业治疗技术中,行为治疗历史悠久,堪称经典。从早期行为主义发展至今,已经经历了百年历程。虽然这项治疗一直饱受诟病,但也始终被广泛应用,尤其在儿童心理治疗中备受欢迎。其中最主要原因,与行为治疗能够精准和有效地消除各种困扰儿童的行为问题有关。到目前为止,还没有任何其他技术可以替代行为治疗的这项功效。本章对行为治疗加以探讨,希望读者能够从中体会到,在儿童心理治疗中,有针对性地协助孩子们解除具体行为困扰,对于帮助儿童走出心理困境是非常重要的。为了帮助读者了解行为治疗的全过程,我们首先介绍了行为治疗的一些基本概念、发展历程,包括经典行为治疗和认知行为治疗的要素;同时,介绍了行为治疗中必须涉及的行为分析方法;在此基础上,进一步针对缺失行为和过剩行为,探讨了其中一些主要的治疗技术以及相应的应用案例。受篇幅所限,本章只是对于行为治疗在儿童心理治疗中的应用做了比较概括性的讨论,想要深入学习和掌握这门专业技术,还需要系统和专门学习与行为治疗相关的基础课程。

第一节 儿童行为治疗概述

一、行为治疗的界定

在当今的儿童心理卫生服务中,行为干预以及认知行为干预是两种主要的理论取向。大量研究表明,使用外显和主动的治疗方法,可以增加儿童适应性的行为,减少适应不良行为。从20世纪50年代和60年代的行为矫正开创以来,这个领域的发展有目共睹。20世纪60年代随着认知疗法和理性情绪疗法的诞生和发展,认知矫正也运用到了对儿童的治疗中。20世纪八九十年代,认知和行为疗法的理论与技术相辅相成、不断融合,在儿童心理治疗的应用领域不断拓展。如今,行为治疗和认知行为治疗已经被有效地用来治疗范围广泛的儿童期问题,这些问题包括焦虑、抑郁、对立违抗行为、进食障碍、学业不良、遗尿、遗屎、强迫、社交技能缺陷、注意力缺陷与多动障碍、恐惧症、品行障碍。

行为治疗在我们日常生活中十分常见。对学习成绩好的学生给予奖励,在行为治疗中,叫正强化。司机随便闯红灯,警察对司机罚款,在行为治疗中,就是惩罚。实际上,即使目不识丁的老奶奶也知道用行为治疗方法对付自己淘气的、不用功学习的小孙子。"作业做完了,我就让你出去玩。"老奶奶可能并不知道她是在运用行为治疗的技术。学习溜冰的孩子摔倒了,一旁的母亲会将孩子扶起来,鼓励他继续练习下去。将个体暴露于曾经使他产生恐惧的情境中,在行为治疗中是降低恐惧的一种基本策略。

行为治疗的目的之一,是消除习得的非适应的或不良的行为习惯。因此,著名的行为治疗家沃尔普(Wolpe,1982)将行为治疗定义为:使用通过实验而确立的有关学习的原则和方式,克服不适应的行为习惯的过程。人格心理学家艾森克(Eysenck,1952)也曾对行为治疗下过定义,他提出不适应行为可以分为两类:一类是行为表现的过剩,如酗酒、过度吸烟、吸毒、赌博、性变态、强迫思维等;另一类是行为表现的不足,如缺乏社交技能、焦虑、恐惧等。艾森克认为,按照学习理论,行为治疗实质上是一个非常简单的过程:在条件化的行为反应过剩的情况下,治疗就是要消退这些反应;而在条件化的行为反应不足的情况下,治疗就是要建立那些缺失的刺激—反应之间的联系。

行为可以是公开的,也可以是隐蔽的。通常行为治疗应用于了解和改变公开行为,也就是那些可以被他人观察并记录的个体行动。但有些行为是隐蔽的,不能被其他人实际观察,只能被有这种行为的人自己观察和记录,比如恐惧或焦虑时的生理反应,此外还有认知。认知作为一种内隐行为是个体隐匿性的语言或想象反应,因此同样可将改变认知作为行为治疗目标,增加适应性的认知,减少适应不良的认知。改变认知的主要方法包括认知重构和认知应对技能训练,前者指以适应性认知取代导致问题行为的适应不良的认知,后者指教授和学习新的认知以促进期望行为产生和增加,同样是学习过程(Miltenberger,2015)。

行为治疗与其他心理治疗的区别在于:行为治疗是以心理学中有关学习过程的理论和实验证据为基础的。行为治疗家的某些工作与其他类型的心理治疗家是共同的,如收集病人的有关情况。但是,只有当治疗师是在实际使用来自学习原理的方法时,才能称得上是在进行行为治疗。使用这些方法的目的在于,削弱和消除非适应行为,或建立和加强适应行为,或者二者兼而有之。虽然许多人将行为矫正和某一特定形式的治疗联系在一起,但是事实上行为方法包含许多不同的干预技术。

随着着眼于个体内在思想的认知疗法的不断发展、行为疗法与认知疗法不断互相影响和融合,产生了认知行为疗法。20世纪90年代以来,以"正念"(mindfulness)、"接纳"(acceptance)和"价值"(value)为核心概念的疗法,包括正念认知疗法、辩证行为疗法等兴起,并在儿童和青少年心理治疗方面进行了成功探索(Lenz, & Del Conte, 2018)。如果将基于学习理论的行为疗法称为"第一代行为疗法",那么认知行为疗法则可被称为"第二代行为疗法",而与正念相关的疗法可被称为"第三代行为疗法"(Hayes, 2004)。由于第二代和第三代行为疗法内容相当丰富,而且许多仍处在不断发展完善当中,本章仍以介绍基于学习理论和行为分析的"第一代行为疗法"在儿童心理治疗领域的应用为主。

二、行为治疗的发展历史

由于对传统精神分析模式的不满,心理治疗中出现了行为治疗方式。缺乏经验支持或缺乏研究基础是行为治疗对内在心理取向的精神分析治疗方式的批评。1952年,艾森克发表了一篇题为《心理治疗的效果评价》的论文,该文指出,我们现在还没有任何证据足以表明,心理治疗比病人不经任何正式治疗的自发缓解或恢复有着更大的效果。艾森克的尖锐批评引起了当时心理治疗界中各种观点的激烈争执,人们对精神分析一直表现出的盲目崇拜开始动摇了。在这项开创性的工作中,艾森克注意到,其他任何治疗方法都不会像心理治疗一样有各种各样的结果。因此,艾森克认为,传统心理治疗方式是无效的,因为缺乏外显的学习,或者缺乏行为的成分。

自从艾森克的文章发表以来,出现了许多关于治疗有效性的研究。虽然这些资料并不能证明艾森克最初的断言——"不治疗是同样有效的",但是,这些资料确实支持了他的论点,即强调学习和认知重构的行为改变的治疗技术优于将焦点仅仅放在情感的领悟和表达上的传统治疗方式。

推动行为干预走到研究前列的是班杜拉(A. Bandura)1969年出版的《行为矫正原理》一书。在此之前,行为主义遵循着一种相当单维的模式——假定人的行为被动地对环境提供的强化物或惩罚物进行反应。这种范式的一个例子是斯金纳(1971)的表述:"不是人对世界产生作用,而是世界对人产生影响。"虽然许多人发现通过运用强化和惩罚能将老鼠训练到从事相当复杂的行为是非常有趣的,但是,治疗者发现这样的方式没有什么吸引力,尤其当和复杂的人类打交道时。幸运的是,班杜拉(1969)揭示出了人和环境的关系是高度交互作用的。"人,远远不是被强制性的环境所统治的,运用他们特有的反应方式,人可以在构造他们自己的环境中发挥积极的作用。"研究确证了儿童(包括成人)通过观察别人而形成了许多行为。他进一步用事实证明,学习新行为并不总是依赖于强化物的出现或消失,儿童经常内隐地提供他们自己的自我强化。他断定许多适应不良行为是通过这种方式学来的。例如,儿童的攻击行为,可从父母、媒体、同伴提供的攻击示范模式中得到解释,也可从这些行为带来的常见正性结果中得到解释。例如,儿童可以理所当然地效仿从成人那里观察到的言语性攻击示范模式。

1977年,班杜拉的经典著作《社会学习理论》出版,其中,他在人—环境交互模型基础上增加了认知成分。班杜拉指出,一个人如何解释事件会显著影响事件的结果和行为。对儿童来说,相信或者期望某种行为将会有某种后果实际上就会有明显的作用。举例来说,一位学生在家里不停地发牢骚,因为他相信这样做将会给他带来他想要的东西。因此,行为后果不仅是人与环境影响之间复杂的相互依存关系作用的结果,而且还包含认知因素。在此基础上,产生了认知行为治疗。

阿尔波特·班杜拉

班杜拉认为行为由内部力量和外部力量共同决定,但是,行为既非由单一力量决定,也非由两种力量简单叠加决定。他提出了相互决定论概念:奖励和惩罚之类的外因与信念、思维和期望之类的内因都是一个相互作用的影响系统中的一部分,这一影响系统不仅影响行为,也影响系统中的其他部分。简单说,系统中的每一部分——行为、外因和内因彼此互相影响。

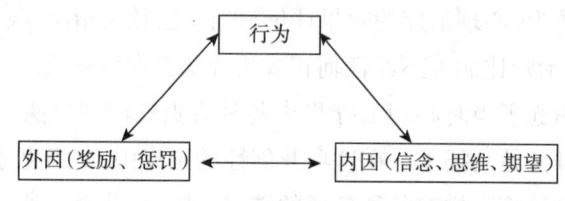

图 8-1 班杜拉的相互决定论模型

第二节 行为治疗的要素

理解行为治疗的要素,是有效实施行为治疗的必备基础。行为治疗的要素包括经典行为治疗中的一些基本要素和基于认知行为治疗发展起来的核心概念。

一、经典行为治疗中的一些基本要素

行为治疗主要基于学习理论。学习理论有许多不同的范型,因此,以学习理论为基础的行为治疗技术所采取的理论途径各不相同。这些途径主要有刺激—反应、操作学习、模仿学习以及认知观点。无论是何种行为治疗技术,在临床中一般都倾向于采用更为精确的实证方法,具体包括以下方面。

(1) 用客观的和可操作的行为术语描述治疗程序。

(2) 选择靶行为作为治疗目标,并设定测量行为改变的方法。

(3) 注重决定行为的现实原因,而不是它的历史原因。

(4) 以可观察的行为作为评价治疗效果的标准。
(5) 依赖实验研究,从中引申出假设和治疗技术。

采用操作性条件反射的理论基础,行为治疗的目标是增加出现较少的适应行为,或者减少过度的不适应行为。在许多情况下,治疗者会同时运用这两个方面进行治疗,即用更多适应行为替代过度的不适应行为。操作性条件反射有四个基本要素:正强化、负强化、惩罚和反应代价。虽然行为治疗中运用到许许多多的技术,如塑造、暂时隔离、过度矫正,但是,总的来说,这些技术均包含在这四类基本要素中。

强化 凡是在某种行为发生后,所跟随的结果能使该行为频率增加或维持的过程都是强化。强化分为两类——正强化和负强化。

惩罚 凡是在某种行为发生后,所跟随的结果能使该行为频率减少或消失的过程都是惩罚。惩罚同样分为两类——正惩罚(通常意义上的惩罚)和负惩罚(反应代价)。

(一) 正强化

正强化是指在一个行为之后出现一个特定的后果,从而使行为增加。这个导致特定行为增加的后果即为正强化物,相反,不能使行为增加的后果就不是强化物。正强化物一般应该是一种令人喜欢的事件或物品,但是,对一个孩子有显著强化作用的事件(和妈妈购物),对另一个孩子可能是惩罚(购物的过程很无趣)。以此类推,经常被认为惩罚的事情(因为在课堂上讲话而被赶到了走廊)也许被某些儿童看成正性事件(有机会逃避课堂学习)。因此,正性强化物的定义性特征是因为它的出现而导致行为频度增加。

(二) 负强化

负强化是指移去了厌恶事件之后,行为反应增加。如果在某个反应之后移去了某个事件,反而增加那个反应,那么,那个事件就是负强化物。例如,每当孩子开始练习钢琴之后,父母就会停止唠叨,那么唠叨就是一个负强化物。再譬如,如果学生在考试中能取得95分以上成绩,那么他就可以不用再做接下来布置的作业。所有这些例子均包含移去或减少厌恶刺激(父母反复唠叨、学校作业)。

(三) 惩罚

与正强化相对应的是惩罚。惩罚与减少行为有关,当行为出现时通过操纵厌恶刺激或不愉快的刺激可以减少行为发生,不过正如前面提到过的,一些看上去是厌恶刺激的东西,也许对某些儿童来说是正性的,因此,只有仔细地分析后果是如何影响行为的(增加或减少行为的出现),才能确定事件是强化的、惩罚的还是中性的。例如,在超市购物时,父母反复用言语指责年幼孩子从货架上拿东西。父母告诫越多,孩子越没有规矩。最后,在失望中,父母允诺,如果孩子停止拿东西,可以让孩子买一件东西。如何分析这个行为呢?虽然父母认为斥责是惩罚孩子,但是孩子的负性行为(要东西和拿东西)实际上是增加了,因为惩罚(斥责)并未坚持,最后出现了强化物(买一件东西)。毫无疑问,儿童掌握了要东西和拿东西(负性行为)最终会得到好处(买一件东西),父母不知不觉中强化了孩子不守规矩的行为。

(四) 反应代价

当一个行为出现时撤销或移去正性事件,从而使行为减少,称为反应代价。撤销正性事件的结果是压制或减少先前反应重复出现的可能性。为了激活反应代价,首先,必须通过决定什么使行为增加,来识别出正性强化物;然后,这些正性强化物需要做成儿童乐意接受的形式。当一个人希望减少的行为出现时,正性强化物被拿走,此时出现的就是反应代价。让我们回到超市购物的案例,强化要东西和拿东西行为的最好的替代做法是:① 父母在进入超市之前明确期望的正性行为是什么;② 弄清楚当正性行为出现时,儿童非常想要作为奖励的东西是什么(个性化的正性强化物);③ 描绘出不应该出现的不适应行为是什么;④ 指明当儿童表现出不期望的行为时,什么正性强化物将会失去(反应代价)。鉴于此,父母也许会对孩子说:"我希望你在我后面静静地走,管住你自己的手(正性行为),如果做到的话,在购物结束时,你可以挑选购买一件物品(正性强化物);如果你要东西或拿东西(不适应行为),在下面的购物时间内,我将把你放在购物车里,不可能买任何东西(反应代价)。"当然父母必须将这些具体规定执行到底。如果有两个孩子,他们的行为表现必须分别对待。比如,洋洋确实表现出了适当的行为,而鹏鹏要东西或乱拿东西,此时,鹏鹏必须立即被放到购物车内,而且失去了他的食品选择权(反应代价),洋洋可以继续跟在父母后面走,而且购物结束时可以选择一件东西(正强化)。这样的话,洋洋的适当行为被强化了,而鹏鹏通过观察和示范(社会学习),很快认识到(学会)什么是期望他做的行为。

二、 基于认知行为治疗的一些要素

认知行为治疗是行为治疗范式的一种扩展。在行为治疗方式上加上认知成分,许多由于儿童错误信念导致的复杂行为可以成功得到治疗。咨询师不需要在行为治疗和认知行为治疗之间进行选择。实际上,两种方式互相补充,经常同时应用。虽然有些研究证据表明认知行为治疗也许能产生更为长久的行为改变,但是认知行为治疗比行为治疗更加费力和耗时。在实践中最好是将认知行为治疗和行为治疗两种方式看成协调起作用的,而不是以一种方式排斥另一种方式。

虽然认知行为治疗有许多技术,但是,很多依赖于来访者的思辨式讨论能力、假设—演绎推理能力、逻辑分析能力和抽象思维能力在年幼儿童的具体形象思维阶段并不适合。适合于年幼来访者的认知行为治疗技术有示范学习、行为练习、反应预防和自我监控。对于年龄较大的儿童和青少年，可以选择其他认知行为治疗技术和已经成型的具有循证依据的方案（Szigethy，Weisz，& Findling，2014），如针对青少年焦虑的"应对焦虑的猫"项目（Podell，Mychailyszyn，Edmunds，Puleo，& Kendall，2010），针对儿童创伤后应激障碍的"聚焦创伤的认知行为治疗"（Cohen，Berliner，& Mannarino，2010）。此外，儿童青少年的团体认知行为干预也具有成效（Donovan，Cobham，Waters，& Occhipinti，2015；肖玉琴等，2019）。元研究发现，认知行为疗法对青少年的效果好于较小的儿童（Durlak，Fuhrman，& Lampman，1991；Weisz，Weiss，Han，Granger，& Morton，1995）。随着网络的发展，研究证明儿童特别是年龄较大的儿童可以适应基于网络和移动设备应用的认知行为干预方式并能从中获益（Podina et al.，2016；Vigerland et al.，2016）。

（一）示范学习

示范通常用来教儿童学会更适应的或亲社会的行为。严格的行为治疗方式采用渐进塑造技术，而示范给儿童提供了一个机会，使儿童可相当快地掌握新的而且复杂的反应。示范不仅可以获得新的技能，而且可以减少恐惧反应。正如班杜拉（Bandura，1969）所说：

通过观察适当榜样的行为表现，一个人能够掌握复杂的反应模式；通过见证经受痛苦或愉快体验的人的情感反应，可以观察性地习得情绪反应模式；通过观察榜样对恐惧对象的接近行为，并且没有导致增加恐惧和回避的任何恶性后果，可能替代性地消灭恐惧和回避行为。最后，通过观察有影响力榜样的行为，能够提高并且社会性地调节习得良好反应的表现。

影响示范学习效果的因素很多，通常情况下，年龄相仿、性别相同，而且威信高的榜样提供行为示范，示范技术所起作用会更佳。现实生活中的榜样所起作用大于电影或电视中的榜样。多个榜样和在多个不同情境进行示范，其作用好于一次性示范。来访者参与到示范过程中，称为参与性示范，它会产生更加长久的行为改变。

示范技术对治疗恐惧和焦虑十分有效。例如，甜甜是一个6岁的女孩，她害怕水。一些个人经历的事情，或者是观察学习经历的事情，使甜甜认为水是危险的。她的恐惧非常强烈，以至于不能在学校草坪上的喷水管子旁边走过，也不能单独靠近游泳池。童童是甜甜最好的同龄朋友，不害怕水，被选来作为示范者。首先，当童童在学校的"小水池"里玩耍时，治疗者便和甜甜一起旁观。渐渐地，治疗者鼓励甜甜靠近"小水池"，并提供支持，诸如握手，正性的归因陈述如"你是一个勇敢的女孩"。鼓励童童也给甜甜示范正性陈述。甜甜向"小水池"每移动一次，治疗者、甜甜的父母和其他重要的家庭成员都给予鼓励和支持。

这个技术的重要特征是，逐渐提高榜样接近行为的强度。当甜甜克服了她的恐惧，童童有步骤地示范越来越困难的行为,包括:坐在游泳池的池边上,在池子的浅水端台阶上戏水,逐渐在齐腰深的水里自由移动。甜甜和童童一起参与每一步难度不断提高的接近行为,这是一种参与示范。这种示范学习的样例,不仅结合了认知行为治疗的观察学习的要素,而且结合了行为强化技术以及系统脱敏技术。

(二)行为练习

掌握一种新行为,观察学习常常是不够的。对于伴有矫正性反馈的结构性学习来说,行为练习可以令行为学习效果更好。

和示范一样,行为练习的目的是增加适应性行为。例如,在治疗儿童排泄障碍时,治疗方法是让儿童练习恰当的如厕行为。教儿童注意适时的身体运动,练习控制膀胱括约肌以控制尿的滴流。再譬如,对患有考试焦虑的年龄大一些的学生,模拟测验的经验、反复准备以及几次正式的练习(包括走到测验教室并且坐在课桌前)构成行为练习的内容。行为练习治疗过程中治疗者须在场,当出现困难时,给予矫正性的反馈,对于正性努力,给予强化。只有当期望行为的所有主要成分已经教过,而且成功地进行了练习之后,儿童才可以尝试真实情况下的行为。

(三)反应预防

认知行为治疗处理过度反应或适应不良反应的核心是来访者认识到改变的需要。在反应预防中,适应不良行为不允许出现。这种认知行为技术可以在儿童同意的情况下实施,也可以在不同意的情况下实施。但是,如果儿童赞同特定的行为是不被期望的并且应该被消除,或者允许有影响力的他人干预自己的适应不良反应,这种技术的效果要好得多。据此,反应预防唯一的目标是消除功能失调的行为,用一个更为适合的反应替代不良行为,优于简单地消除不良行为。

斌斌,10岁,患有强迫症,被反复和持续的有关细菌的观念所折磨。尽管他努力忽略或压制这些观念,但依然无法摆脱。为了抵消这些思想,斌斌反复洗手。他洗手过于频繁以致皮肤疼痛和擦伤。虽然斌斌知道洗手是疼痛的,并且令人不快,但是,由于洗手可以短暂地抵消他的恐惧,所以洗手这个行为一直持续着。

治疗者讨论了斌斌有关细菌的强迫观念的不合理性质,指出了减少焦虑和洗手之间的联系。虽然这种"洞察"是有意义的,但是,斌斌的焦虑和仪式性动作并没有减少。为此,治疗者建议,斌斌只能在监督下有限制地使用盥洗室。只有在负责监控斌斌洗手的成人陪伴下,斌斌才允许使用洗手间。如果斌斌不必要地洗手或者过度频繁洗手,负责监控的成人可以关掉水龙头,并且阻止他进一步洗手。为了替代洗手行为,治疗者指导斌斌将手紧紧地握在一起,直至焦虑消去。因此,适应不良行为可以通过消退技术迅速消除,而且可以用较少强迫性的动作来替代。

(四)自我监控

自我监控或自我指导技术通常适用于年龄较大的儿童,这是一种重视调节认知定向的认知行为治疗技术,其策略是帮助儿童调控自己的行为反应。自我监控可以成功应用于增加正性行为或减少适应不良行为。无论哪种情况,来访者需要在自我控制的任务中担当主动角色。这种治疗方式的基本策略包括主动解决问题和自我改变计划设定。具体的技术有每天记录行为的频度和时间、运用反复自我陈述、避免过度关注不愉快事件、对成功自我强化以及有效地处理失败。治疗者对自我监控技术的帮助在于下列几个方面:使适宜的问题解决起来更容易,促进真实的自我改变,演示有效的自我陈述,行为日记的监督来确证来访者的顺从和诚实。

第三节 行为分析方法

行为分析,又称行为功能分析(简称 ABC 分析),是行为治疗中的一个重要环节,也是实施行为治疗前必须经过的一个基本工作程序。在这个过程中,治疗者经过对个案的行为分析,从而确定该个体行为问题的性质,并明确选择何种治疗策略。

在实际实施行为治疗中,治疗者根据行为分析的结果,制订出相应的治疗计划。

一、ABC 分析

ABC 分析是指在进行行为治疗前对环境中和行为者本身的影响或控制问题行为的因素做系统分析。它的主要理论依据,也就是行为治疗的基本理论假设,即适应性和非适应性行为都能够通过学习而获得。因此,行为缺失能够用学习程序来补偿,行为过剩能够用学习程序来消除。但是,在可能有效地制定治疗措施之前,治疗者需要对患者的问题的具体细节做细致的调查研究,这样才能做到对症下药。行为功能分析就是这样一个调查研究的过程。

(一) 靶行为 B

靶行为 B(behavior),就是行为治疗的目标行为。在 ABC 分析中,重点放在一个人在某一情境中究竟做什么上,而不是放在对他的总体性态度的推测上。换句话说,对患者行为反应的评估应集中在他的问题行为中与情境有关的细节上,包括持续时间、强度、频率和广泛性等方面的信息。与情境有关的行为,也就是我们所说的靶行为,它有时也被称为情境特异性行为。

(二) 先行事件 A

先行事件 A(antecedents),指诸如其他人的手势和面部表情之类的刺激,这种手势和面部表情暗示着随后将发生的靶行为。越来越多的行为治疗师开始注意到,环境条件是决定行为的一个重要因素。在考虑靶行为的先行事件时,我们应该区别那些诱发非适应的情绪或自主神经系统反应的刺激和那些诱发非适应操作性行为的刺激。在对付诸如焦虑和抑郁那样的非适应的情绪反应时,行为治疗师的工作所依据的假设是,某种外界刺激诱发了患者的情绪反应。

(三) 后果 C

后果 C(consequences),代表行为之后发生的事件。我们大多数的日常行为,不论是适应行为还是非适应行为,在很大程度上是被它们所带来的结果所维持的。在考虑某种行为结果是否会给行为者带来"好处"时,该行为后果的出现时间是一个重要因素。对靶行为有强化作用的常见的正强化物是患者生活中举足轻重的人物对患者行为的反应。赞同和表扬都属于这类强化。在某种情况下,简单注意也可以成为很有分量的强化。例如,一个孩子拒绝服从父母或老师的命令,父母或老师对孩子的这种行为大为恼火,他们虽然在批评或责骂孩子,但同时也将他们的注视给了这个不服从命令的小家伙。孩子的抗拒行为可以因此而得到强化。

(四) 确定靶行为及其因果关系

ABC 分析往往能识别先前事件和后果是如何使适应不良靶行为得以持续的,同样也可以识别出为什么先前事件和后果没有增加所期望的行为。所以,ABC 分析可以导致恰当干预策略的认识。

从行为治疗的观点来看,靶行为是一个因变量,随着其他自变量的变化而改变。在治疗阶段,重点是改变后果,以致靶行为要么增加,要么减少。对于改变行为的后果来说,它必须随着行为的发生而改变。让我们回到先前讨论的超市购物案例。首先,ABC 分析(A=购物,B=拿东西和要东西,C=选择食品)表明拿东西和要东西行为被奖励了。但是,如果儿童安静和顺从,会发生什么呢?如果父母忽略这种正性的和适当的行为,这种行为很快就会消失。同样,每次家庭购物时,不管其行为怎样,儿童都得到强化,那么其后果就没有区别性,适应不良行为就会保持下来。

二、明确治疗目标

行为治疗和认知行为治疗都需要明确积极的、以行为术语来定义行为分析的最终目标。虽然可能分步或同时实施,但是,它们都是指向特定治疗目标的。这些目标可以指向特定行为障碍的时间长度、严重程度及范围广度等方面。

例如,一个患有慢性进食障碍的儿童,以行为术语陈述其治疗目标时可以包括:① 消除贪食和导泻;② 躯体不满意度下降;③ 个人效率和能力增加;④ 身体自尊感增强。这些目标可以通过实施进食障碍调查表和多维自我概念量表测量达到。还有一个量度是分析儿童日常自我监控日志,其中上面有关于进餐情况、锻炼时间、贪食发作次数的记录、导泻次数的记录。比较治疗前后的结果将会检验干预的有效性。

为进食障碍患者选择的治疗目标是根据特定行为问题而定的,并且是经验驱动的(最佳的实践模型)。以往的研究表明,提高儿童个人知觉的能力,并且帮助他认识到自己身体外表的正性特征,会减少对流行的社会文化习俗的接纳,显著降低他对自己身体的不满,这样就会导致贪食和导泻的减少。为了达到这些最终目标,所使用的中间阶段的策略有:① 制订一个包括中等程度的每日练习方案和有规律的一日三餐计划;② 尽快消除导泻行为;③ 主动地解决问题,其中包括识别和认识到社会文化对苗条过度的追捧,客观评价同伴对体重控制的压力;④ 减少贪食行为。和最终目标一样,所有中期治疗策略也应该测量,以确认治疗的效果。这种设计治疗目标的方法同样可以适用于其他的儿童障碍。

三、治疗评价

评价贯穿于整个治疗过程,治疗者应该常常检查治疗干预的效果。如果治疗策略不能达到所期望的行为改变,则需要重新评估影响行为的因素(ABC分析)。有些治疗方案的失败,是由于错误理解了行为的影响,通过仔细检查,治疗者可能识别出持续产生影响的情境。例如进食障碍的来访者,其同伴不停地称赞其苗条,假如这种强化掩盖了行为技术,贪食和导泻就会持续。这样的话,需要实行结合同伴参与的备选策略。

此外,行为治疗者主张治疗目标和策略应该受到客观和精确的评价。虽然从来访者、教师或父母那儿听到干预"似乎"正在起作用而令人鼓舞,但是,无偏见的评估才能检验那些结论是否确实合理可靠,也才能帮助识别出那些需要修改的治疗策略。总之,要注意避免凭印象做出判断。只有实施了系统和客观的评价,治疗才是较为成功的。

第四节 缺失行为的治疗策略

在实施了 ABC 分析之后,治疗者明确了靶行为,并且制订出相应的改变靶行为的系统治疗计划。根据治疗计划,治疗者需要选择对应的治疗策略。通常行为治疗策略可以概括为两类,即针对缺失行为的治疗策略和针对过度或过剩行为的治疗策略。以下分别加以讨论。

正如前文列举的案例所说明的那样,行为治疗和认知行为治疗采用了许多策略,设计这些策略的目的在于,儿童行为问题不外乎可以被理解为两类:行为缺失或者行为过剩。譬如,恐惧黑暗可以被理解为一种缺失行为,即在行为上不能进入黑暗场景;而挖鼻孔或骂人则是过剩行为,简单理解就是这种行为是多余的或者是不该发生的适应不良行为。为此,实际临床治疗上的方法也可以相应被分为两类:要么增加缺失行为,要么减少适应不良行为。在这种情况下,行为必须可以观察而且可以明确定义。另外,将很少出现的缺失行为作为靶行为,还是将焦点放在过度行为上,在两者中做出决定也是重要的。往往行为缺失和行为过度处在相同行为连续体的两端,如未经许可过度地发言和不发言。一般来说,强化所期望的行为比努力消除不期望的行为要更好。如果没有关于适应行为的积极指导,那么一个适应不良行为往往被另一个适应不良行为所替代。这一点符合人们在日常生活中的看法,即教一个人去做什么,而不是教他不去做什么。同样地,努力增加缺失行为要比试图忽略一个行为具有较少强迫性,而且有更多正性作用。

一、增加缺失行为的策略

增加缺失行为的方法包括已经讨论过的正强化、负强化、模仿、行为练习以及自我监控,还有塑造法、契约法、代币法等。

如果能清楚地确定某行为属于来访者的能力范围之内,也就是如果来访者想选择这样的行为的话,他们会表现出那个行为,那么,契约法、代币法和自我监控策略是有用的;如果来访者很少或者从不出现某种行为,那么塑造法、模仿法和行为练习十分有帮助。例如,对于缺乏膀胱控制能力的遗尿儿童,经验表明最好的治疗方式就是行为练习:儿童喝上大量的水,练习每小时在有尿壶的椅子上小便,这种练习是正性练习,同时配合夜间用警报床垫装置(bell and pad)训练。遗尿蜂鸣器是由带有传感器的垫子组成。这种带有传感器的垫子放置在儿童内衣里面,并且和手腕或肩上的小蜂鸣箱连接。当儿童尿湿了,蜂鸣器会响起,儿童就醒来。用这种方式,儿童恰当的排尿行为得到强化,如果在训练中儿童依然弄脏衣服则需要让他自己更换,以此作为惩罚。使用这种训练,儿童被教会了正确的行为,而不是简单地因为错误行为受惩罚。下面就几种常用行为技术略加详细说明。

(一) 塑造法

行为塑造法是一种程序,用来形成个人目前还没有的行为,即个体从不会到一步步学会一个新行为的过程。它是从强化一种与最后新行为稍微接近,且其出现率比零次出现率稍高的反应着手,连续强化最接近新行为的反应并消除前一个较接近这个行为的反应,从而最终建立起这个新的行为的过程。

塑造法是将期望的行为分解成较小单元的序列成分,其中最简单的成分必须是在来访者行为能力所及的范围内。治疗者逐渐提高行为要求,通过强化越来越接近靶行为。例如,如果某个儿童患有严重分离焦虑,治疗者首先强化儿童:当主要照料者到其他房间时,儿童可以待在厨房里;然后在房屋的距离范围内逐渐增加分离时间。紧接着,进一步强化儿童在屋外玩的时间,先是没有照料者在场,然后要求儿童在成人监督下在学校操场或社区公园玩,直至最后在没有照料者出现的情况下玩耍。

日常生活中,家长和教师常有意或无意地运用塑造法来培养儿童的许多良好行为,它在儿童行为改变和矫正技术中占有很重要的地位。例如,1岁左右的婴儿学会走路,大人往往从孩子能独立行走一步或两步的距离开始,重复训练直至其能走完一定距离的路,并对每一次的正确行为给予强化;然后进一步增加孩子独立行走的距离,如走完三步或四步的距离,并给予强化。依次逐步地增加行走的步数,五步、六步、七步……最终婴儿独立行走的动作技能形成。

正确实施行为塑造法必须注意下列原则。

1. 观察需要帮助的儿童

对于需要帮助的儿童,他的什么反应出现得最频繁?它的先行事件和行为后果(环境因素)是什么?注意可利用的反应类型和持续时间等变量。根据观察到的资料,考虑一下塑造的最终行为目标是否能从儿童现有的行为反应中衍生出来。

2. 确定具体的目标行为

根据观察,可以得出朝向最终目标的第一步应该是什么。塑造的第一步是要清楚地确定最后需要达到的行为,应该明确指出该行为的所有特征,如行为发生的次数、行为表现的形式、行为的强度等,另外也应说明行为出现或不出现的条件。例如,学喊"妈妈"的孩子的目标行为可确定为:见到妈妈时,能正确、大声地喊"妈妈"。

3. 设计塑造步骤

塑造过程中,在进行下一个行为单元时,儿童必须已经掌握现有行为单元。后一个行为单元比前一个行为单元更接近目标行为。每个行为单元之间不能差异过大,以致儿童无法完成,导致塑造失败;但是又不能差异太小,否则进展过慢,过于费时。总的来说,一个行为单元的掌握应该有助于下一个行为单元的学习。在儿童还没有掌握前一个行为单元时,不能进行新的行为单元训练,否则容易导致出现前一个行为已消退,而新的行为又没有建立起来的现象。如果不能确定何时让幼儿进入下一个行为单元,一般可使用经验法来判断,即目前训练十次中有八次以上正确,便可进入下一步训练。

4. 选择一个合适的起始行为

在塑造程序中,由于目标行为起初并不可能发生,所以必须先强化一些与目标行为相似的行为,这时就需要确定一个起始行为。这个起始行为应当是有时能发生,以便进行强化;同时这个起始行为还必须与目标行为相似。我们选择起始行为的重要前提是,必须了解儿童在当时已具有的行为水平,然后通过强化它,一步一步地从起始向目标接近。准备阶段应考虑,以起始反应为开端,列出通向目标行为的连续相似行为。所选的起始行为应是在观察期间曾经发生的。如果目标行为是一连串复杂的活动,而且设计的程序最后能将这一系列行为串联在一起,则起步只能成为一个特定的序列性活动。在执行程序期间,起始行为或随后的训练行为要根据儿童的练习情况不断进行修改。

5. 正确地进行强化

在每个起始反应发生时应立即给予强化。任何一步都不能强化太多次,但也不能强化不足。如果一个连续接近的行为经过长时间的强化和重复以致变得过度牢固了,那么新的接近性行为就会很难再建立起来。如果儿童停止反应,即不再执行规定的行为要求了,那么原因可能是塑造程序步调不恰当或者强化物失效了。就此应采取如下措施:检查强化物的有效性。如果儿童显得注意力不集中或表现出不感兴趣、厌烦时,那么步子可能太小或太快了。除此之外,塑造过程中,还必须仔细观察儿童的行为,及时调整不恰当的行为程序,如变化步子太小、加速或减速,甚至考虑是否需返回到程序中的某一个步骤,再重新进行塑造训练等。

一个塑造程序的成功,其关键在于执行训练之前要明确所要塑造的目标行为和执行程序的起始行为,塑造的步子大小、步调快慢要控制得当,并依据儿童的反应情况及时加以调整、修改,只有这样才能保证该疗法的成功。

行为塑造法可用来增加行为的数量、力量和强度,可矫正儿童的孤僻、行为障碍、语言障碍等问题行为。行为塑造法在儿童智力发展中起着非常重要的作用。

(二)契约法

契约法也是正强化技术的一种形式。利用这种形式,治疗者与儿童一起讨论儿童的行为目标是什么,如果达到了目标,儿童应该得到什么样的强化物。例如,为帮助儿童减肥,治疗者与儿童一起规定,如果儿童在一周内减轻体重1公斤,就记2分。儿童如果能挣到10分,治疗者就给儿童一个奖励,作为强化。

契约法可用于处理亲子关系等问题。双方订立契约,明确规定一方对另一方的要求,以及会给予何种奖励。例如,做父亲的可以与儿子订立一个"契约",儿子晚上做家庭作业,如果解对了五道数学题,就允许用剩下的时间看电视。表8-1是一张行为契约表的样例。

使用契约法应注意以下几点。

(1)明确儿童的靶行为。与儿童订立契约时,要特别注意任务的具体性和小步子原则。例如,要求孩子"保持室内整洁"是不适当的任务,应该要求"把所有的衣服叠好,放在规定的地方"或者"起床后,立即把被子叠好"。

(2)确定契约执行的时限。如一周内减肥1公斤,或者连续三天每天做对五道题。

(3)对儿童的奖励应经常变化,但每次奖励的量要少,以保持他的兴趣。

(4)需要规定契约没有执行时,如何处理,采用何种惩罚。

(5) 应该严格认真地履行合同的规定。

表 8-1　行为契约表

我制定本行为契约的目标有：
第一阶段的行为目标是： 如果达到该目标我将得到的奖励是：
第二阶段的行为目标是： 如果达到该目标我将得到的奖励是：
……
我将用以下的方法记录我的目标行为：
我将通过如下方法管理我的环境：
×××将对我的行为进行监督，具体实施办法如下：
签字 当事人：　　　　　　　　　　日期： 监督人：　　　　　　　　　　日期：

（三）代币法

代币法也称代币管制法（token ekconomy），是在儿童出现目标行为（期望行为）时，立刻给予一种"标记"或代币加以强化，然后再将"标记"或代币换取各种优待的一种行为矫正方法。

此处所谓的代币,是一种在内部流通的类化制约强化物,其优点主要有:① 可在目标行为出现时立即发放,适当时间兑换,在反应与强化物间建立一个较长时间的延缓桥梁;② 在任何场合均可根据行为表现增减代币;③ 可奖励一连串行为动作,不因给奖励而终止;④ 可选取最喜欢的强化物,避免对强化物失去兴趣或引起饱厌现象;⑤ 对不良行为则扣回其一定数量的代币作为惩罚,此法较体罚或暂时隔离优越。

实行代币法时需要注意的原则有以下几个方面。

(1) 确认目标行为。在实际生活中,选择有价值、希望被矫正儿童所要增加的一个以上的良好行为作为目标行为。

(2) 确定代币或"标记"。如五角星、小红旗、印花、代币券、塑料筹码等可以作为标记。它们可以马上利用并具有象征性的意义,可以随时方便地发放且不易被复制,不具有其他实用功能,只能在行为矫正交换系统中使用。

(3) 选择代币兑换的强化物。所谓代币兑换的强化物,就是以代币换取的物品或服务,如食物、娱乐权利等。选择时,既要考虑其强化价值,又要考虑经济价值。

(4) 建立兑换规则。如完成何种动作和目标行为可以得到多少代币,出现某种不良行为罚多少代币,多少代币换取某一种物品或服务等。代币兑换规则必须制定得合理,并指定交换的时间和地点等。

(5) 当儿童出现目标行为时,立即以代币强化,适时兑换其需要的奖赏,否则代币奖酬价值将很快失效。

不过,代币制也有一定的不足之处。如实行时,在代币制上花费的时间与精力较多,大多自然环境下不能为所需要的良好行为提供代币,这限制了代币制的使用。

(四)间歇强化法

间歇强化法是一种不定期的,而不是每次都对所发生行为进行强化的方法。间歇强化法可以同时用于正强化和消退的目的,间歇强化法既可用于增加行为,也可用于减少行为,且使用得当,效果比正强化法和消退法更好。主要有以下四种强化方式。

1. 固定比例强化

固定比例强化是指只有当儿童做出的反应达到所要求的特定次数时,该反应才能得到强化。例如,规定儿童每节课必须举手发言两次,才能得到一颗小红星。固定比例强化在应用时还有一个特点,就是在一次反应得到强化后到下一次反应再发生之间,会有一个停顿时间,即行为出现率会表现出暂时锐减,随后再回升。这是因为儿童知道下一次反应并不能马上得到强化。

2. 可变比例强化

可变比例强化是指每次强化所要求的反应数目不是固定的,而是在不可预测地变化着。例如,在课堂上儿童举手发言,有时举一次手就能立刻获得发言机会,有时要举三次或四次手才能得到一次发言机会。但为了得到强化,儿童还是积极地举手。可变比例强化由于每次强化所要求的反应数目不确定,儿童不得不持续地做出行为反应,以求强化。可变比例强化比固定比例强化更优,可变比例强化与固定比例强化均优于连续强化。在实际应用中,选择哪一种强化程序要视目标行为而定。固定比例强化比可变比例强化更为常用,因为它便于操作。无论是可变比例强化,还是固定比例强化,都可用来训练新行为。

3. 固定时间间隔强化

固定时间间隔强化是指需要强化的行为在前次强化后,经过某段固定时间,再次发生时就给予强化。在现实生活中,有关使用固定时间间隔强化的例子有很多,如期中考试或期末考试,学生知道什么时间或间隔多长时间进行。许多行为可通过固定时间间隔强化来改进或改变,如对一个经常不好好做作业或一边做作业一边玩或做作业速度很慢的儿童来说,可以规定一个较短的时间间隔来矫正,使儿童几乎没有玩的余地。如告诉儿童,必须在 10 分钟内把全部的计算题做完才能出去玩。

4. 可变时间间隔强化

可变时间间隔强化是指在一次强化发生以后到下一次强化发生之前,两者之间的时间间隔围绕一个平均值不可预测地进行变化。可变时间间隔强化在两次强化之间没有停顿,行为者无法预测行为发生在什么时候才能得到强化,所以行为者只有一直保持或从事所要求的行为,因此适用于一些持续性行为的训练。

可变时间间隔强化可用于固定时间间隔强化不适用的持续行为的建立和强化。如一位母亲希望孩子能安静地玩,但又不能一直监视孩子,可通过一个计时钟,运用可变时间间隔强化,在孩子不可预测的时间里,检查是否正在从事所要求的行为。同样,可变时间间隔强化还可以强化儿童在课堂上认真听讲、保持安静等良好行为。可变时间间隔强化也可用于训练或改进行为,如练钢琴、练书法,学会耐心地等待、看书、思考等良好行为。

表 8-2 四种间歇强化及其优缺点

	具体安排方式	举例	优缺点
固定比例	只有做出的目标行为达到所要求的特定次数时,才给予强化结果	小明每洗五次碗(固定比例),妈妈就给他买一袋他爱吃的薯片(正强化结果)或取消他十点前上床睡觉的禁令(负强化结果)	儿童获得强化物的数量与目标行为的表现次数有关,可促进儿童迅速地表现该行为。但是,随着强化结果的获得,会出现短暂的"停顿",儿童倾向于"休息"。要求的次数越多,给予的强化结果越大,"休息"的时间越长。如果要求的次数超过了儿童的极限水平,那么就会导致目标行为的中断

续表

	具体安排方式	举例	优缺点
可变比例	每次强化结果出现前所要求的目标行为出现的次数不同	小明妈妈不固定地给小明爱吃的薯片（正强化结果）或取消他十点前上床睡觉的禁令（负强化结果），有时他洗一次就给他买，有时洗七次才给他买（可变比例）	儿童不能预测需要的次数，因此强化结果出现后儿童几乎不倾向于"休息"，并且儿童的行为不容易减退
固定时间间隔	只要目标行为发生，每两次强化结果出现的时间间隔固定	只要小明洗碗了，妈妈会每个星期三（固定时间间隔）给小明买薯片（正强化结果）或取消他十点前上床睡觉的禁令（负强化结果）	儿童能预测时间间隔，因此倾向于长时间的停顿，并尽量少地表现目标行为。这样的安排不适合用来增强计次的目标行为
可变时间间隔	只要目标行为发生，每两次强化结果出现的时间间隔不固定	只要小明洗碗了，妈妈会随意确定（可变时间间隔）给小明买薯片（正强化结果）或取消他十点前上床睡觉的禁令（负强化结果）	儿童不能预测需要的时间，因此强化结果出现后儿童几乎不倾向于"休息"，并且适合于增强持续性行为，如认真看书、练习乐器等

运用间歇强化应注意的问题有下列几个方面。

（1）选用的程序应适合目标行为，即程序最终要达到的行为。前面介绍过的四种间歇强化程序并不都适合每种行为，每种程序都有其长处和局限。必须根据行为的性质和特点，仔细加以选择；必须尽量选择便于操作的程序，最好把训练计划告诉被矫正的儿童，使他们能了解将要进行的程序。

（2）利用合适的工具和材料，以便更精确、更方便地对行为进行强化。一般来说，训练开始时，强化的次数要多，以维持良好行为的出现，开始可以采用连续强化方法。之后，强化次数逐渐减少。总的趋势来看，间隔的时间趋向越来越长。值得注意的是，每一阶段必须有足够长的时间使行为得到巩固，然后再进入下一程序或阶段。千万不要使程序递增过快。

（3）选择的间歇强化类型不合适，可导致不良行为的形成。如边做作业边玩、做作业速度慢、分心、多动等行为，可能就是不恰当地运用了固定时间间隔强化程序导致的。如果在运用固定时间间隔强化程序的同时向儿童提出一定的要求，或者改用可变时间间隔强化程序，可能就不会产生以上这些不良行为习惯了。

（4）消退法的不连贯应用，不属于间歇强化，相反可导致不良行为的加剧。如某父母对发脾气的孩子一开始时不予理睬，但经不住孩子长时间的吵闹，最终屈从于孩子，暂时满足孩子所提出的要求。本来想用消退法消除儿童的不良行为，结果却对儿童的这种不良行为进行了间歇强化，非但不能消除它，反而加强了这种行为的持久性。

一般来说，间歇强化所形成的行为很难消退，所以运用间歇强化程序或消退程序训练和矫正行为时要十分小心。

二、消除过度行为的策略

与治疗行为缺失一样,有许多方法可用于消除过度行为或者不期望的行为。常见治疗过度行为的方法有差别强化、暂时隔离、过度矫正、消退等。下面简要介绍几种方法。

(一) 差别强化法

在儿童治疗中,差别强化法(differential reinforcement,DR)是最不具有强制性的,最适合树立新的期望行为,同时可用于消退不适应的过度行为。与焦点放在适应不良行为不同,治疗者强化不协调的正性行为。因为两个行为不相容,引发正性行为将导致忽略负性行为。

例如,一个8岁男孩浩浩被诊断为对立违抗性障碍。父母对浩浩感到生气,因为他经常发脾气,与成人争辩,拒绝服从要求,故意骚扰他人。在与浩浩的家长商量后,治疗者决定,首先要消除的行为是争辩。ABC分析表明,父母和老师往往强化他的争辩行为,视觉上注意他,与他进行言语性沟通,当他出现争辩时经常以争辩回应。进一步分析发现,事实上,浩浩的父亲在他安静和顺从时从不关注他。

所以,治疗者有针对性地实施DR干预技术。指导浩浩的父母和老师,只有当浩浩表现出服从要求时,才给予视觉和言语关注,并且强化这种行为;当浩浩争辩时就忽略他。"忽略"是指当浩浩表现出不协调行为时,成人不要与浩浩有社会性交流,避免与他有目光接触,必要时,当浩浩坚持争辩时,将他一个人留在房间里。但是,当浩浩服从要求时,成人给予正强化并且主动关注他,目光接触、微笑、点头、正性评价,如"谢谢你""我喜欢你的合作""你是一个很棒的孩子"。因为这些强化和关注行为也许不是浩浩父亲能力范围之内的,所以浩浩父亲需要充分的训练、促成、模仿,并且得到治疗者和浩浩母亲的强化。

应用差别强化的注意原则有以下几点。

(1) 识别问题行为的强化物,如浩浩争辩行为的后果是什么。实施DR时,要撤销起强化作用的强化后果。

(2) 确定需要强化的行为。在DR中消除不期望的行为,同时发展期望的行为,需要确定我们将要对什么行为进行强化,如浩浩的服从行为。

(3) 选择适合的强化物。与其他技术相似,强化物的选择主要根据对儿童的吸引力。在行为之后,什么后果即强化物可以引起儿童行为反应的增加,可以通过观察得出。

(4) 强化时间的选择。在整个过程中对强化进行编排分布,譬如,是先强化多、后强化少,还是先强化少、后强化多,可以根据间歇强化的原理实施。

(二) 暂时隔离法

减少或消除不适应行为的另一个方法是暂时隔离(time out),即在一个特定时间内,将儿童从一个可以获得强化的情境移到非强化的情境。暂时隔离最好的做法是将儿童置于另一个房间,如果这样做不可行的话,让儿童面朝墙坐在椅子上。

暂时隔离是当儿童出现某种不良行为时,及时撤除其正在享用的强化物,并将儿童暂时转移到另一个情境中去,暂时隔离必须注意以下几点。

(1) 暂时隔离法最好与正强化技术结合使用。消除不良行为后,即时强化好的行为。

(2) 应监视孩子在暂时隔离的房间里干什么,但不要让孩子知道有监视。隔离室可以采用单向玻璃设施,以便随时观察儿童在室内的反应,防止发生意外。

(3) 隔离时间:建议暂时隔离时间长度为每一岁一分钟(如 1 岁的孩子暂时隔离时长 1 分钟,2 岁孩子则可以 2 分钟)。必须在暂时隔离阶段的最后 15 秒保持安静。如果不这样的话,暂时隔离应该继续,直到完成 15 秒钟的安静时间。总的来说,在开始阶段,暂时隔离时间可以短一点;然后,逐渐加长。如果使用相反程序,效果不好。

(4) 在送孩子进隔离房间或放孩子从隔离房间出来时,以及隔离期间,父母或老师应该避免与儿童进行目光接触或其他社会性交流,不要对他们的行为表现有任何强化。

(5) 利用隔离的这段时间,让儿童静下来,使其了解被隔离是因为自己的行为表现不被喜欢,从而促使其改变这种不良行为。

(6) 隔离前,应该注意儿童是否存有利用某些行为来达到被隔离而不做其不喜欢做的事的倾向。如果孩子在干一件他不爱干的事,千万不要用暂时隔离法对付他在活动中的不良行为。

(7) 孤独症儿童很喜欢单独活动,隔离室不可能成为惩罚的强化物,对孤独症儿童实施治疗时,一般改用其他行为矫正方法。有自伤行为的儿童不能单独进隔离室,以免发生危险。

(三) 过度矫正法

过度矫正是矫正适应不良行为的另一个策略。过度矫正由恢复和相关行为的正性练习两部分组成。恢复是指如果个体的行为给环境带来了损害,该行为者必须将被损坏的环境恢复原貌。一个孩子把家里弄脏了,母亲要求他把家里收拾整齐,要他扫地、擦桌椅,把家里打扫干净。正性练习指的是该行为应该积极练习,以维护环境清洁,使环境的面貌比以前更好。如上例中的母亲要求孩子把家里打扫得比被他弄脏前更干净,而且要求他把家外的楼梯也扫干净,把垃圾倒出去。再如,某儿童偷东西,过度矫正要求将偷来的东西归还回去,并且将适当数量的津贴(比方 50 元)捐给慈善机构。

过度矫正可以是两方面的矫正。第一,恢复原状的矫枉过正法。让儿童将搞乱的环境恢复到原来状态,甚至要求比原状更好。如将地板搞脏,则要求他打扫干净,甚至把整个房间的地板打扫一遍。第二,阳性实践性矫枉过正法。不是针对行为与环境,而是对儿童行为进行训练。如偷东西,除了归还偷来的东西外,还需要训练儿童如何正面地做出行为表现。

过度矫正法是一种惩罚形式,主要用于克服儿童一些不受欢迎的坏习惯。在其他的行为治疗技术不宜或不便使用的场合,该技术有独到的应用价值。使用过度矫正法应注意以下事项。

(1) 在不良行为出现后,应尽早使用。

(2) 应该使儿童的恢复和正性练习活动为自己带来好处。例如,把自己的房间打扫干净,儿童感到愉快。

(3) 只有对愿意合作的儿童,才能使用该技术。

(4) 在儿童进行恢复活动时应少量强化。

(5) 在使用该技术时,观察儿童是否表现出其他不良行为。

(6) 在正性练习阶段,应给予适当强化。

(7) 要求儿童进行过度矫正的次数应尽可能地多,并且在多种情境中应用该技术,以利于强化的产生。

(四)消退法

消退法是通过削弱或撤除某不良行为的强化因素来减少该不良行为的发生率。一般常用漠视、不理睬等方式,达到减少和消除不良行为的目的。

操作方法:治疗前,找出导致不良行为或情绪问题的强化因素,然后消退这种强化因素。例如,一个21个月的婴儿,每当父母将他放在床上,他就大哭大叫、发脾气,所以父母要在床旁陪一两个小时,直至睡着为止。显然,父母陪伴是该幼儿大发脾气的强化因素。

治疗方法:让父母漫不经心地把他放在床上,告诉他不再陪伴,然后离去,置发脾气于不顾。如此,第一晚哭闹50分钟,第二晚就缩短到15分钟……第七个晚上吵闹完全消失。

运用消退法矫正儿童行为时,必须注意下列几方面的内容。

(1) 消退不良行为的同时,如能对良好行为进行强化,可以取得较好的消退效果。如针对幼儿园中某儿童不好好午休,与别的孩子说话的行为,教师应该不理睬在午睡时讲话的孩子,而把注意力集中在那些安安静静午休的孩子身上,走过去看看他们,表示关注。

(2) 应当严格控制消退行为的强化物。换言之,在使用消退法时,必须确保在被消退的该项行为之后,不呈现任何正性强化物,否则消退法多数会宣告失败。

(3) 执行消退程序时,物质环境、有关人物的角色扮演以及言语等都必须妥善安排,使各种强化物对消退的不良影响降至最低限度,以利于良好行为的形成。

消退技术实施的要点包括如下几个方面。

(1)除去的刺激应该是对行为者有强化作用。例如,有的孩子对听故事并不感兴趣。如果教师或父母对这样的孩子的不老实睡觉行为用取消听故事的机会加以消退的话,往往会失败。

(2)在消退的开始阶段,不良行为可能会更多地出现,但坚持下去,就会有效果。消退有时需要较长的时间,有时对某一个不良行为需要连续采取消退法,该行为方能消退。

(3)对自我伤害行为或攻击性行为,不宜用消退技术,因为消退往往需要很长时间。

消退是彻底消除行为强化物。消退与惩罚不同,主动惩罚负性行为,简单地说,消退意味着忽略负性行为,撤除所有强化物,这里的强化物可能也就是行为结果。做到这点是十分困难的,因为许多强化物不是治疗者所能控制的。让我们回到偷窃案例上,如果儿童50%的时间可以受到控制(不可能是全部),那么,仍然还有一半的时间受到了不应有的强化。儿童很快认识到有时犯罪确实要付出代价。此外,消退并不一定立即引起反应减少。如果某品行对他人或对儿童是危险的,那么等待这种品行慢慢减少是不可接受的。

消退在一段时间的训练之后可能会出现反弹,儿童在没有强化的时候会表现出更多负性行为。在这种情况下,治疗者需注意控制。

第五节　行为治疗方法的应用

以下是一个行为治疗的综合案例。

一、初始会谈

婷婷是一个4岁的女孩,最近与她1岁的弟弟亮亮相处困难。在与婷婷父母的初始会谈中,她父母具体谈到,婷婷不愿意和亮亮分享玩具或自己的东西。当要求她与弟弟一起分享玩具时,婷婷拒绝,并表现出发脾气、将玩具扔向亮亮等不满情绪。许多次婷婷用玩具击中了亮亮,用手扇亮亮耳光,将亮亮推倒。另外,婷婷经常要求父母只和自己在一起,外出散步时将亮亮留在家里。这些是相对新近发生的行为。6个月之前,婷婷一直向别人吹嘘关于她弟弟的事,努力帮助父母照顾她弟弟,拿水杯或者尿布,换衣服,尽力安慰哭闹的弟弟。但是,当亮亮开始独立走路和说话时,婷婷出现了负性的反应方式。

初始会谈后,要求婷婷父母一周时间内每天写日记,记录婷婷和亮亮之间正性和负性的交往情况,包括天数,相互交往之前发生了什么事情,谁在场,婷婷和亮亮表现出了什么具体行为,父母是如何反应的。因为婷婷上的是一周三次的学前班(亮亮没有),所以,婷婷父母书面同意,并和学前班老师联系,要求老师写类似的日记,记录婷婷和同伴的交往。另外,预约整个家庭的一次会谈,并且要求带上一些婷婷喜欢的玩具。这次会谈目的是证实问题行为。

二、与家庭会谈

在第二次会谈中,首先,婷婷被邀请来和治疗者一起做游戏,母亲、父亲和亮亮均不在场。在这段时间里,婷婷健谈、友好,并且能恰当地分享玩具,没有攻击行为表现。当告诉她亮亮将一起来做游戏时,婷婷要求不允许亮亮参加,并开始收拾她的玩具。当治疗者将亮亮带进来时,婷婷将她的玩具放在自己身后。此时,治疗者从游戏箱中拿出其他的玩具,开始和亮亮玩游戏,忽略婷婷。在2分钟后,婷婷走近,要求治疗者和她转移到另外一个房间,"不带亮亮"。当治疗者建议她一起玩游戏,而不是到另外一个房间时,她开始哭了,并且离开了办公室。没有人努力劝她不要离开。大约15分钟后,治疗者回到接待室,邀请父母与婷婷一起和亮亮玩。婷婷拒绝了,所以,亮亮、母亲、父亲和治疗者一起在办公室玩游戏,而婷婷一个人坐在接待室,会谈到这里结束。

三、评估

一周以后,治疗者对父母和学前班老师完成的每天日记进行了评估,ABC分析表明,婷婷负性行为主要的先前事件(A)是亮亮的出现。也就是,当亮亮睡觉时,婷婷和邻居的孩子玩游戏时,与学前班同伴一起做作业或玩游戏时,以及和父母交往时,她的行为适当。婷婷的负性行为(B)包括:哭泣、与父母争辩,以及对亮亮打、推、扇耳光,将玩具掷向亮亮。婷婷负性行为的后果(C):父母劝诫她"对弟弟好一点",将她带到另一个房间,花费"单独的"时间和她在一起,使"她平静下来",而且和她讨论"为什么她要那样做"。相比起来,当婷婷和亮亮和睦地玩游戏时,父母常常没有任何反应。

ABC分析结果清楚表明:治疗应该是改变父母关于婷婷对弟弟行为的反应。目前,婷婷适应不良行为的后果是父母的关注和言语交往增加,而且不幸的是,适当行为一直在被忽略。于是,治疗者会见了她的父母,和他们讨论了这些观察结果,说明实际上他们强化了负性行为而忽略了正性行为。在商讨中,父母反思了他们的劝诫、讨论,以及将婷婷移到另一个房间作为"惩罚"的方式。父母表示他们没有主动强化婷婷与亮亮分享的行为,因为"这是期望她做到的"。

四、治疗目标和实施

在这次会谈过程中,父母是合作的,并且表示愿意对婷婷尝试不同的策略。他们和治疗者一道提出了对婷婷的治疗目标:增加和亮亮的分享行为,消除所有针对亮亮的攻击行为。为达到这个治疗目标,他们实施了下列中间治疗策略:① 每次当婷婷自发地与亮亮分享玩具和自己的东西时,在冰箱门上的一张统计表上贴一个"☆";② 当父母提出和亮亮一起分享的要求,婷婷做出迅速而没有抱怨的反应时,给予言语强化;③ 每次婷婷哭泣或力图争辩时,从视觉和言语上忽略她;④ 每当婷婷试图或者已经对亮亮打、推、扇耳光或者投东西时,立刻实施暂时中止。根据婷婷的年龄,暂时隔离持续 4 分钟,单独待在自己的房间,规定最后 15 秒钟保持安静。最后,当婷婷在她的统计表上总共有了 10 个"☆"时,她可以兑现成 30 分钟的"特殊"时间,也就是她可以选择与爸爸或妈妈一起活动而没有亮亮参与。婷婷选择的活动可以是阅读故事、看电视、制作爆米花以及在院子里玩游戏等。在这里,治疗技术包括了代币法(☆)、正强化(言语的)、消退(忽略)、暂时隔离。

这些策略通过使用父母记录的日志每天得到监控。治疗者每周检查一次日志。干预措施效果较好,两周结束时,婷婷的自发分享行为增加了 75%,即时的非抱怨行为增加了 45%,对亮亮的攻击行为减少了 90%。但是,婷婷的哭泣和试图争辩没有明显减少。因此治疗方案进行了改变,指向减少哭泣和争辩的行为技术从消退调整为暂时隔离,还有给予适当行为更积极的评价。另外,因为自发分享行为和对父母要求的即刻反应有明显进步,所以,接下来是在代币法和言语强化法中增加对其行为的要求。最后,由于攻击行为被认为有害的和无法容忍的,因此,像开始计划的一样,继续使用暂时隔离技术。鉴于此,治疗师指导父母做到以下几点:① 每当婷婷哭泣、力图争辩,或出现攻击行为时,按指导要求使用暂时隔离方法;② 每当婷婷表现出自发的分享行为时,就继续在统计表上放一个"☆",但是,这次兑现成"特殊时间"的要求是 15 个"☆";③ 每当婷婷迅速地做出分享行为,但仅仅是随机(偶然)的一种反应时,就给出非言语强化——点头、微笑、竖起大拇指。将这些做法的变化仔细地解释给婷婷听,强调她对弟弟的行为是如何得好。

五、治疗结果

这些变化在保持婷婷的适应行为和减少不适应行为上取得了成功。这个方案继续实施,逐渐去除连续的非言语强化和代币法,直至达到治疗目标,即攻击行为完全消失,自发的分享行为明显增加。到治疗的最后阶段,父母仅是随机地对婷婷的适应的交往行为给予强化,使用暂时隔离技术对付哭泣和争辩行为,一个月仅仅两到三次。

本章小结

儿童的行为治疗方式是基于行为上的焦点问题,采用明确指定的治疗方法,以及客观的治疗有效性评估。这种行为治疗可应用于许多不同的情境,解决广泛的不同问题行为。在这个治疗过程中重要他人(父母、教师、同伴)的主动参与是必需的,且与来访者经常相互交往的人对治疗成功也有重要影响。行为治疗技术几乎不可能在治疗者的办公室里实施。治疗者只能通过直接对来访者日常照料和教育负责的人才能发挥广泛的作用。在缺失行为的案例中,这些人可以演示、强化以及帮助在自然环境下进行行为训练,因此促进了治疗推广到实际生活中。这些在来访者生活中重要的人物可以在过度行为发生时识别它们,并且立即采取旨在发展较适应行为的后果事件。总之,来访者生活中重要人物的参与是有效治疗的核心要素。

拓展资源

【延伸阅读】

如果对行为治疗在日常生活和教育情境中的应用感兴趣,可参见:

昝飞,张琴.(2014).特殊儿童的问题行为干预——实例与解析.北京:中国轻工业出版社.

吕静.(1997).儿童行为矫正.杭州:浙江教育出版社.

林正文.(1998).儿童行为的塑造与矫正.北京:北京师范大学出版社.

【推荐书籍】

Miltenberger,R. G.(2015).行为矫正——原理与方法.石林,等译.北京:中国轻工业出版社.

伍新春,胡佩诚.(2005).行为矫正.北京:高等教育出版社.

昝飞.(2012).行为矫正技术(第二版).北京:中国轻工业出版社.

Martin,G.,& Pear,J.(2007).Behavior Modification:What It Is and How to Do It (8th edition).Pearson Prentice Hall.

Szigethy,E.,Weisz,J. R.,& Findling,R. L.(2014).儿童与青少年认知行为疗法.王建平,等译.北京:中国轻工业出版社.

思考与实践

1. 思考儿童行为治疗所适用的范围及其对儿童的哪些问题可能更加有效。
2. 尝试对日常生活中经常遇到的儿童行为问题进行 ABC 分析。
3. 针对儿童可能出现的某一问题,设计一套完整的行为治疗方案。

参考文献

张雨新.(1989).行为治疗的理论和技术.北京:光明日报出版社.

郑晓边.(1990).儿童行为障碍与矫正.南宁:广西科学技术出版社.

陶国泰,等.(1999).儿童少年精神医学.南京:江苏科学技术出版社.

魏金铠,等.(2002).现代儿童心理行为疾病.北京:人民军医出版社.

赵怀安,王双华,于连玉.(2002).行为疗法矫治儿童咬指甲68例随访观察.中国行为医学杂志,11(4).410-410.

罗俊周.(2005).示范疗法在儿童哮喘吸入治疗中的作用.实用医院临床杂志,2(2).58-59.

Miltenberger,R. G.(2015).行为矫正——原理与方法.石林,等译.北京:中国轻工业出版社.

Szigethy,E.,Weisz,J. R.,& Findling,R. L.(2014).儿童与青少年认知行为疗法.王建平,等译.北京:中国轻工业出版社.

肖玉琴,赵辉,文凤,路浩,刘英斌,杨波.(2019).认知行为团体矫正对未成年犯暴力风险水平的影响.中国临床心理学杂志,27(1),201-205.

Eysenck,H. J.(1952).The Effects of Psychotherapy:An Evaluation. Journal of Consulting Psychotherapy,16(5),319-324.

Bandura,A.(1969).Principles of Behavior Modification. New York:Holt Rinehart & Winstein.

Bandura,A.(1977).Social Learning Theory. Englewood Cliffs,NJ:Prentice Hall.

Cohen,J. A.,Berliner,L.,& Mannarino,A.(2010).Trauma Focused CBT for Children with Co-Occurring Trauma and Behavior Problems. Child Abuse & Neglect,34(4),215-224.

Donovan,C. L.,Cobham,V.,Waters,A. M.,& Occhipinti,S.(2015).Intensive Group-Based CBT for Child Social Phobia:A Pilot Study,46(3),350-364.

Durlak,J. A.,Fuhrman,T.,& Lampman,C.(1991).Effectiveness of Cognitive-Behavior Therapy for Maladapting Children:A Meta-Analysis. Psychological Bulletin,110(2),204-214.

Hayes,S. C.(2004).Acceptance and Commitment Therapy,Relational Frame Theory,and the Third Wave of Behavioral and Cognitive Therapies. Behavior Therapy,35(4),639-665.

Kazdin,A. E.(1978).History of Behavior Modification:Experimental Foundations of Contemporary Research. Baltimore:University Park Press.

Kazdin,A. E.(1995).Scope of Child and Adolescent Psychotherapy Research:Limited Sampling of Dysfunction,Treatments,and Client Characteristics. Journal of Clinical Child Psychology,34(2),125-140.

Lenz, A. S. , & Del Conte, G. (2018). Efficacy of Dialectical Behavior Therapy for Adolescents in a Partial Hospitalization Program. Journal of Counseling & Development, 96(1), 15 – 26.

Podell, J. L. , Mychailyszyn, M. , Edmunds, J. , Puleo, C. M. , & Kendall, P. C. (2010). The Coping Cat Program for Anxious Youth: The FEAR Plan Comes to Life. Cognitive and Behavioral Practice, 17(2), 132 – 141.

Podina, I. R. , Mogoase, C. , David, D. , Szentagotai, A. , & Dobrean, A. (2016). A Meta-Analysis on the Efficacy of Technology Mediated CBT for Anxious Children and Adolescents. Journal of Rational-Emotive & Cognitive-Behavior Therapy, 34(1), 31 – 50.

Skinner, B. F. (1971). Beyond Freedom and Dignity. New York: Free Press.

Vigerland, S. , Lenhard, F. , Bonnert, M. , Lalouni, M. , Hedman, E. , Ahlen, J. , . . . Ljótsson, B. (2016). Internet-Delivered Cognitive Behavior Therapy for Children and Adolescents: A Systematic Review and Meta-Analysis. Clinical Psychology Review, 50, 1 – 10.

Weisz, J. R. , Weiss, B. , Han, S. S. , Granger, D. A. , & Morton, T. (1995). Effects of Psychotherapy with Children and Adolescents Revisited: A Meta-Analysis of Treatment Outcome Studies. Psychological Bulletin, 117(3), 450 – 468.

Wolpe, J. (1982). The Practice of Behavior Therapy. New York: Pergamon Press.

第九章

父母咨询

【本章导读】

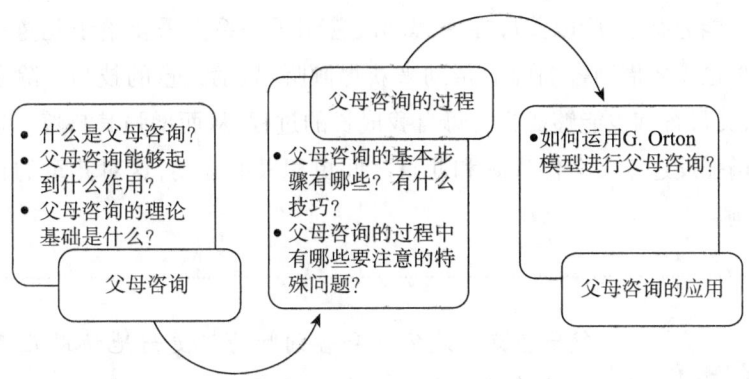

做父母是一项伟大而艰巨的工作,父母不仅是孩子生活上的照顾者,更是儿童发展专家,是爱、接纳、道德和价值观的传递者,是让孩子知道何时该坚强和公平的强大训练者,是能够擦干泪水亲吻伤痛的教育者,是能够辅导孩子语文、数学等任何科目家庭作业的老师,是能够抚慰受伤心灵的心理医生,是仲裁家庭冲突和意见分歧的和平使者……但假如上述这些期许父母都做不到,家庭中充满了压力,又该怎么办呢?

帮助父母是儿童咨询师的一项重要任务,不论是亲生父母还是继父母、单亲父母、祖父母或任何其他承担抚养角色的人,都需要专业的帮助。当然,完成这个任务是很困难的,没有人——包括专业人员或者专家能够代替父母完成所需要做的事情。父母在每时每刻对每个孩子所做的一切都很重要。基于以上观点,本章从一个比较现实的视角出发,帮助父母和孩子强化相互之间的天然亲子关系。

第一节　父母咨询概述

一、父母咨询的界定

父母咨询是父母和咨询师为了更好地协助儿童成长而进行的平等互动和相互合作的过程。父母咨询并不是仅仅帮助父母解决他们自身的个人问题(婚姻或者社会适应问题),更多是为了通过这种互动来促进儿童的成长和发展;通过加强亲子关系减少孩子的问题行为,促进父母与儿童之间的积极交流,并且提升父母在儿童教养中的技巧和信心。这种介入的焦点在于改善和加强孩子和父母间的关系,促进父母对孩子的理解和接纳。除此之外,父母在咨询师的协助下一起帮助儿童承担起自己的责任,使儿童明白自己行为的结果及其对他人包括对家庭的影响。

因为儿童能力有限,所以父母在理解和改善亲子关系上需要给予儿童一些适当的协助。但父母也需要借助咨询师的帮助来获得倾听、鼓励儿童的技巧。除了提供协助和鼓励之外,父母咨询也能够成为父母自我成长的过程,从而增强其自尊。这种父母自尊和自信的增强反过来又会促进其和儿童之间更积极的互动,这对儿童的行为会有非常积极的影响。

父母咨询 是父母和咨询师为了更好地协助儿童成长而进行的平等互动和相互合作的过程。目的是通过这种互动来促进儿童的成长和发展;通过加强亲子关系减少问题行为,促进父母与孩子间的积极交流,并且提升父母在儿童教养中的技巧和信心。

二、父母咨询的价值

父母咨询鼓励父母用温暖和接纳的方式与儿童建立关系,一方面对儿童的行为发展产生积极的影响,另一方面也促进整个家庭的健康和谐。帮助父母一方或双方改变家庭环境,常常比纯粹影响儿童的咨询更加有效。虽然这种方法减少了咨询师和儿童个别会见的时间,但这种做法的实践效率却得到了提高。通过这种帮助父母的过程,咨询师可以:① 充分地倾听和关注父母所担心的问题;② 探索父母和儿童间交互作用的合理和不合理之处;③ 帮助父母从儿童的角度理解亲子关系;④ 通过改变消极的方面来加强相互关系;⑤ 帮助父母提高抚养孩子的自信和能力。

一般情况下,父母很少有机会了解到子女的愿望和担忧,却常常会被并不完全理解其处境的好心人错贴标签或者给出不当"建议"。平等且郑重地对待父母是咨询师帮助他们合理协助儿童成长的重要步骤。当父母因积极促进儿童的发展而感到被尊重和有价值时,他们就能够更好地谈论和检查其自身的消极方面。鼓励父母去体会儿童的感受,能够帮助他们发展如何改善和加强亲子关系的洞察力。有了新的洞察力,更多积极的行为反过来就会反映在儿童行为的积极变化上。父母因此有了能当好父母的自我效能,这又进而增强了他们的能力。根据 Schaefer 和 Briesmeiste(1989)的研究,这种父母行为上的改变效果会持续甚至在正式的咨询结束之后也会长久保持。

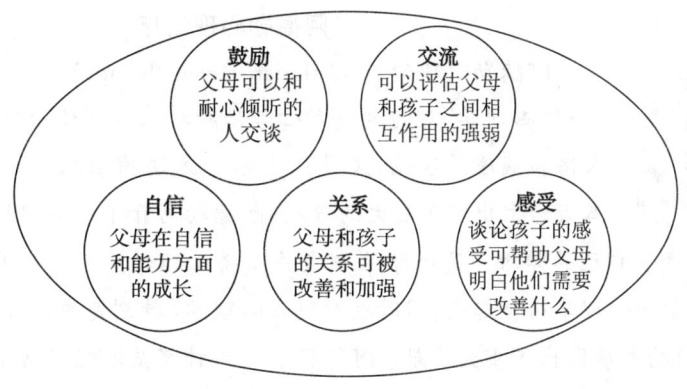

图 9-1 父母咨询的价值

第二节 父母咨询的理论基础

奥地利心理学家阿德勒的个体心理学理论是父母咨询理论的来源和基础。阿德勒理论的基本假设是:所有行为都有一个意图或目标,而且在社会群体中个体行为(包括儿童)都是由"为重要的事情而努力"所决定的。这种努力代表"朝着完成目标以获得独特身份和归属的方向前进"(Dinkmeyer,Dinkmeyer & Sperry,1987)。后来的许多研究都支持阿德勒的这种观点。按照阿德勒的观点,最初,个体试图征服产生于儿童期的"无助感"和对成人依赖的"自卑感"。这些"自卑感"与其被看作消极的,还不如被当作一种动力。正是由于这种"自卑感",儿童从一个基本上比较劣势的位置出发,通过努力掌握他们自己的世界来不断进行补偿。在孩子克服"自卑感"的过程中,有些曾经被压抑的问题便会随之浮现出来(Dinkmeyer,Pew,& Dinkmeyer,1979)。

阿德勒疗法采取整体观来理解个体独特的生活方式。这种生活方式是指儿童已经发展起来的,帮助他们理解和应对环境的基本信念。这些信念会影响儿童对事件的知觉和与其他人尤其是家庭成员的交互作用方式。"这种生活方式开始于在家庭这个戏院中与父母、兄弟姐妹所共同演出的戏剧的过程。"(Dinkmeyer,Pew,& Dinkmeyer,1979)

[人物故事]阿德勒

根据 Dreikurs 和 Grey(1968)的观点,如果父母没有认识到孩子归属的愿望或者不允许孩子通过协作等好的行为来满足这种基本需要,那么孩子就可能形成错误的目标,从而导致各种程度的错误行为。行为不良的孩子往往缺乏自信,他们错误地认为,他们的行为只是满足自己被接纳需要的一种手段。

阿德勒心理治疗

阿德勒心理治疗（Adlerian Psychotherapy）是基于阿德勒的"个体心理学"理论的一种心理治疗技术。个体心理学既是一种人格和病理学理论，又是一类治疗方法的基础。由于在一些基本概念上出现了巨大的分歧，阿德勒离开了弗洛伊德的"精神分析学会"，创立了自己的学派。这个学派一直关心将心理学应用于医疗实践，并且首次将社会学和心理学结合起来，同时也对现代心理学（特别是自我心理学和存在主义心理学）的发展做出了重大贡献。阿德勒不认为神经症有性的方面的原因，主张将人看作一个整体，而不是一些驱力或本能的聚合体。他提倡结合每个患者的社会环境来考察患者，注重于人际交往和观察患者为追求优越目标与意义的努力。他认为，决定行为的既不是遗传也不是社会环境，而是人以适应的、创造性的方式对社会环境的反应倾向。阿德勒提出了"创造性的自我"和"生活风格"的概念，认为患者是为自己负责的。在治疗过程中，治疗者要揭示患者生活的价值和前提，搞清患者的生活风格。治疗者不仅向患者说明他的认知"错误"，而且要引导患者做出对社会有益的行为。为了努力创造一种学习氛围，治疗者常常以鼓励和乐观主义影响患者，通过分析和例证使患者能根据社会利益建立新的生活哲学。阿德勒治疗者采用十分多样的方法（包括心理剧和艺术疗法）帮助患者解除痛苦和改变生活风格。所有方法的一个共同点是强调社会交往和社会贡献，患者对社会越感兴趣，他的自卑感便越少。因此，帮助患者增强社会隶属感是这种治疗的一个基本任务。阿德勒心理治疗已被用于精神病院、学校、收容所、矫正中心等精神卫生机构，适用于神经症、精神病和性格障碍的治疗。这种心理疗法也被用于没有疾病和症状，只是希望获得个人成长的正常人。

一、儿童的行为不良是有目的的

阿德勒相信儿童的行为都有一个目的，这个目的是与他们被接纳和赞许的需要一致的。儿童首先尽量遵从并做出社会可接受的行为，然后，当这些行为不再起作用时，他们就想用行为不良来达到他们的目的。在本质上，孩子的归属和被接受的愿望是如此强烈，以至于他们会做任何对他们有用的事。Dreikurs 和 Soltz（1964）把所有孩子的行为不良分为四种，每一种都对应不同的目的：注意、权力、复仇和退缩。虽然这四个目的在严重性上是依次递增的，并且反映出一种气馁的增长程度，但是儿童并不一定会发展所有目的。

（一）注意

寻求注意的行为对儿童来说很常见，所有儿童都想被注意。儿童在成长中很自然地找到了许多获得注意的方法——有的是高兴,有的是发脾气。

所有儿童在他们成长的过程中,特别是在学前阶段,都能自动获得这些寻求注意行为的技能。这些寻求注意的行为通常会出现在小学阶段,随后,当儿童在家庭和同龄群体中找到了安全的位置,寻求注意的行为会逐渐消失。但是,那些不能通过积极方法满足他们过分的注意需要的儿童,还会继续用一些不良行为来吸引父母和老师的注意。这些儿童可以按照主动和被动、建设性和破坏性这两个维度来加以区分。① 主动的建设性注意寻求者常常是成功的学生或"好孩子",他们的目标是保持成人对自己的注意而不是与他人合作。儿童做出成就是为了获得注意,但是,这是用他们所没有意识到的各种积极方式达到的,一般容易获得来自父母、老师和伙伴的积极反馈和褒奖。② 被动的建设性注意寻求者会显示出像害羞并缺乏自信这样的特征,但他们往往是用安静的方式寻求注意。这种儿童常常过分自觉和有吸引力,被认为是用狡猾的方式来获取父母和老师的帮助。③ 主动的破坏性注意寻求者是最让人费心的儿童。这种儿童可能是通过卖弄、伤害别人,或者问一些没完没了却又毫无意义的问题来寻求注意。这种儿童常被贴上"班级问题学生"的标签,几乎令每个人都感到讨厌。④ 被动的破坏性注意寻求者的行为表现与主动破坏者相反,他们的表现可能是懒惰、爱提出过分要求甚至经常操纵他人。这些儿童的行为更隐秘,他们时常迫使他人为他们做事。父母可能受害而掉入陷阱,心甘情愿地被儿童操控,不断地跟在他们后面捡东西、伺候他们,甚至为他们做家庭作业等。

父母对具有主动的和被动的破坏性注意需要的儿童经常都是用唠叨、责骂、提醒、诱哄、教训、惩罚或提供服务来做出回应。这些行为在短时间内满足了孩子的注意需要,但是很快孩子就会恢复原样。结果,父母常常感觉受挫、疲惫甚至愤慨,如此循环往复。因此,对于不断寻求过分注意的孩子的父母而言,需要外界帮助来检查自己在对待孩子行为时的反应,并对孩子的积极行为给予更多的关注。因为孩子行为背后的信念是"只有在得到你的关注时,我才有归属感"。这时父母可以给予孩子主动的、鼓励性的回应,把孩子的行为引向建设性行为。给孩子一个对大人有帮助的任务,比如给在厨房捣乱的孩子提供一些豆角,教他学着择菜;做孩子意想不到的事,如给孩子一个大大的拥抱;设置特别时光,定期陪孩子;约定一些无言信号,避免给孩子特别服侍;避免喋喋不休,而是采取行动;面对孩子的一些行为,可以关切地把手放在他肩膀上;给予孩子安慰,表达对他的信任;停止哄劝,站起来,拉住孩子的手,带其去洗漱间洗脸,挠挠她的胳肢窝;说出你的爱和关怀等等,都是满足孩子注意的积极有效方法。

(二) 权力

从儿童发展的角度来看,儿童大约在2岁时,学会了说"不"。这时儿童开始学习用主动的或者被动的方式来挑战成人。积极主动寻求权力的儿童会通过争论、反驳、不断地违反规则、耍性子发脾气或者反抗来挑战成人。而被动的儿童通常则会用更隐秘的方式,包括固执、懒惰、健忘等行为来为权力而战。

通常,如果儿童试图通过合作的方式获得别人的接纳却没有成功,那么他们就会产生过分的权力和控制需要。当成人导致儿童参与"权力斗争"时,便强化了儿童的信念:权力是重要的且值得追求的。儿童可能会认为,如果权力不那么重要,为什么成人如此拼命地去获得权力来控制他们?

有关权力斗争的一个典型例子就是"上床时间的争斗",在为上床时间而争斗时,父母变成了愤怒者,儿童努力抵抗,斗争往往愈演愈烈。有些父母发现自己最后会乞求儿童去上床睡觉。在一场哭闹之后,一些父母屈从了,允许儿童待下去直到他们想上床睡觉或者就睡在沙发上直到父母去睡觉。在一些极端的情况下,父母只好跟孩子一起早早上床。在任何情况下,如果父母屈从于儿童的眼泪和脾气,就等于告诉儿童他已经在上床时间的争斗中胜利了。

按照阿德勒的观点,尽管儿童能够不时地取得胜利,但在整个战争中还是失败的。儿童虽然能想出非常有创造性的办法藐视父母和老师,然而,在和其父母经常而严厉的权力争斗后,儿童常常感觉受到了惩罚,在家庭内寻求接纳的目标被击败,无力用实际的行动去控制形势。最终的结果是,儿童在整个战争中失败了。

在这种情况下,父母需要获得帮助以避免和他们寻求权力的儿童陷入冲突。父母需要检查孩子行为不良的目的,且找到稳固、公平和持久的方法去应对情况,避免卷入权力斗争、争论或者在儿童的需要面前屈从。父母要主动从权力之争中退出来,让双方都有时间冷静,然后再按照下面的一项或几项去做:承认你不能强迫孩子做任何事,并请孩子帮助你一起找到对彼此都有用的解决方案;召开一个一对一的解决问题的家庭小会;引导孩子建设性地使用他们的权力;让孩子参与问题的解决;决定你自己做什么,而不是试图让孩子做什么;设定特别时光;提供有限制的选择;让孩子把他们的问题放入家庭会议的议程上;说出你的关爱;等等。父母必须引导和认可正确的行为,帮助儿童通过合作而不是违抗以在家庭中获得接纳。

(三) 复仇

那些感到被惩罚、无望、没有力量维护其地位的儿童,可能会因遭到父母拒绝或自认为在父母眼中无足轻重而强烈地想要复仇或报复。一些儿童报复父母和看护者的方法可能包括破坏财物,例如在墙上乱涂乱画,打碎妈妈最喜欢的物品,打破玻璃窗甚至放火等;也可能是企图伤害他人的行为,包括偷东西、打父母,在极端的情况下,导致严重的伤害甚至死亡。儿童也可能用更消极的报复方法,包括易激惹、威胁、行为异常、离家出走和退缩等。

儿童的报复行为有轻有重,他们并不总是清楚自己行为不良的目的。大多数孩子的报复行为只是为了让其父母和老师伤心;但是,实际上这些做法同时也可能会让他们自己感到非常伤心。这时父母不需要还击,要从报复的恶性循环中退出来。保持友善的态度,等孩子冷静下来;猜测孩子因为什么受伤,去表达同情和理解;坦诚地告诉孩子自己的感受;进行反应式倾听,启发式提问:"你看起来很伤心,能告诉我发生什么了吗?"如果对孩子造成了伤害,可以采取三步走的策略:先承认(recognize)——"我犯了一个错误",再和好(reconcile)——"我向你道歉",最后解决(resolve)——"让我们一起来解决问题"(简·尼尔森,2009)。

(四)退缩

退缩是一种严重不自信的表现形式。儿童可能利用退缩行为作为保护,这样就可以减少对他们的期待和要求。因为儿童不参与活动,就不必冒失败的危险。这种不良行为的目标可能是为了避免搬起石头砸自己的脚。企图显示其退缩的孩子可能在学校里不能集中注意力,不能完成家庭作业,并拒绝其他人提供帮助。总而言之,这些儿童尽量让自己表现失败,以使人们确信他们的确是失败的。甚至有些成绩好的儿童未能交出作业(许多儿童其实已经完成作业了,就在书桌里)或者故意不完成任何需要完成的家庭作业,也是他们迫使老师证实他们感觉的方法,那就是他们是做不了优秀学生的。由于不断表现出的这些行为,他们常被视为"问题儿童"。在这个阶段,这些孩子已经被简单地放弃,且被认为是行为不良的,也有可能形成他们"从来就不够好"的印象。为了帮助孩子去战胜退缩和获得更多自信,这时父母可以多花一点时间陪伴孩子,把孩子所做的事情细分到能体验成功的每一个简单具体环节中,向孩子演示他可以照做的小步骤;安排一些小成功,借此肯定孩子的任何积极努力,即便是一些微小的成功也不要放过;同时,多关注孩子的优点,放下对孩子的完美主义的期待。只要能够持之以恒,不放弃努力,就一定能够取得收获。

阿德勒认为孩子的行为不良是由于不自信所造成的,应该通过暗示他们在其天生的能力里就暗含有自尊来鼓励其成长。所以,阿德勒理论取向的咨询师相信惩罚对发展中的孩子是有害的,因而他们更喜爱用鼓励和赞扬来达成自然而合理的结果。

岸见一郎(2018)作为日本阿德勒心理学会认定的心理咨询师,在《不管教的勇气——跟阿德勒学育儿》一书中提到,父母无法代替孩子去生活,但能够帮助孩子鼓起勇敢面对生活的勇气。要想建立良好的亲子关系,必须平等地对待孩子。同时要清楚地认识到孩子并不是为了满足父母的期待而活。书中还提到批评并不是改变孩子行为的好方法,一来没有人喜欢被批评,二来批评会带来负面影响。可以从以下三个方面来看待批评。① 受到父母关注,是孩子的重要需求。当孩子规矩做事得不到回应时,就会故意做一些被批评的事,以获得关注。② 有些孩子做错事,不是故意,而是不知道自己的行为需要改正。这时,父母要做的不是批评,而是耐心解释。③ 批评在当下见效快,并非真的有效,而是因为孩子害怕父母。久而久之,这种顺从会使孩子逃避批评,做事消极,变得懦弱。除了批评,岸见一郎认为也要让孩子避免依赖表扬,避免一旦得不到表扬,孩子便不好好做事了;同时,也需要让孩子明白,不是所有人都会对自己好言好语。当孩子做出良好行为时，可以用肯定和鼓励当下具体行为的方法，说"谢谢……"。比如，一个好动的孩子在电影院看电影时很安静，可以贴在他耳边悄悄说："谢谢你这么安静，这样别人也能开心地看电影，大家都会觉得你是个很懂礼貌的孩子。"这样能让孩子获得对他人的贡献感。如果孩子能从一个行为中获得贡献感，就不会再做让家长头疼的事了。

二、让儿童适当承担行为的后果

受到卢梭自然主义理念的影响，阿德勒理论认为儿童自己有能力健康有效地成长，所以应该允许孩子自己去体验和感悟他们行为的结果。正面鼓励和对个人行为后果加以感悟这两种方法比用惩罚的方法更能够激励孩子朝正确的行为发展。举例来说，当美玲因为把自行车忘在人行道上而丢失时，她妈妈没有特意地责备她，因为美玲已经知道了她不负责任行为的自然后果。结果，她将被激励朝更负责任的行为发展，因为她不可能总是得到免费的新车。再如，孩子发现晚回家的后果是只能吃咸菜，而吃不到早回家时有的红烧肉，这个结果通常足以促使孩子以后会设法按时回家。这里需要特别提醒注意的是，由于自然结果的发生并不是父母刻意安排的，所以对于某些可能会带来危险后果的行为，必须注意及时制止。例如不能为了让孩子体验电击的自然后果而允许孩子把刀叉塞在插座里，合理的结果应该是建立在对家庭日常规范的理解和服从上。

那些能够体验自己行为后果的孩子会在责任、做决定和竞争中自然成长。自然而合理的结果都会帮助孩子内化对于自己和他人的责任感，而这些通过惩罚是不能达到的。纪伯伦说过，孩子"因你而来，却不属于你"，父母给了孩子生命，却不能代替孩子过一生，当然也不能决定孩子的人生。面对挫折和失败时，父母要帮助孩子学会习惯对自己负责；换言之，如若父母对孩子的行为横加干涉，其后果往往适得其反：一方面，它会破坏亲子关系；另一方面，一旦发生问题，孩子会习惯性地把责任转嫁给父母，而孩子则无法成长；不仅如此，干涉孩子的人生，也是父母不信任和不尊重孩子的表现（岸见一郎，2018）。父母认为孩子无力承担失败的想法只会成为孩子自我发展的限制，从而阻碍孩子的成长。所以从发展的角度看，父母应该做的和所能做的主要是支持和陪伴：帮助孩子靠自己的判断来决定人生，而不是替他们做决定。

三、儿童在家庭中的地位感影响其心理和行为

儿童拥有成员地位的第一个社会群体就是在家庭内，家庭对孩子的人格发展有着深远影响。儿童社会兴趣的发展首先是通过看护者和婴儿之间形成的早期依赖关系，随后是通过家庭环境形成的。在这个过程中，儿童会遵循朝着成长和合作的路线发展，

因为他们需要归属、寻求接纳和追逐社会群体的所有积极方面的基本需要。

儿童在成长中受到所必须面对的种种生活方式的影响,包括父母和孩子相互作用的家庭模式,以及孩子在家庭集体中的地位等。此外,儿童的行为还会受其对于在家庭中的地位的主观感觉及其父母和兄弟姐妹对这个儿童的反应的影响。如果家庭环境是足够健康的,而且孩子的感受是准确的,他们就会继续沿着积极路线成长,从而发展适当的行为,比如容忍、尊重和合作。然而,如果孩子的家庭环境不好或者家庭环境不能满足孩子对于爱、接纳和赞许的需要,孩子便可能偏离积极的成长路线,走向消极的方向,导致行为不良和不能适应环境。

每一个家庭成员的个性特点、家庭成员间的情绪组合、兄弟姐妹的性别、他们的年龄差异和家庭的大小都是家庭群集的要素(Dinkmeyer, Pew, & Dinkmeyer, 1979; Sherman, & Dinkmeyer, 1987)。为了明白孩子的独特个性和生活方式,我们有必要熟悉家庭动力和孩子在家庭中的地位。根据阿德勒的观点,孩子的出生顺序对于他们的生活风格模式的发展是很重要的,某些目标和行为可以归因于是独生子、老大或是老二和最小的孩子(赫根汉,1986)。例如,老大可能比最小的孩子具有更多的竞争力和责任感。虽然某些特征与孩子在家庭中的出生顺序有关,但孩子往往是在对其出生顺序的主观感觉基础上发展他们的独特态度和行为的。

即便是兄弟姐妹也经常会对他们的家庭生活有明显不同的感觉,因为"没有任何两个孩子诞生于相同的家庭环境中"(Dinkmeyer, Dinkmeyer, & Sperry, 1987)。同一个母亲在不同孩子的眼里也可以是完全不同的,譬如老大觉得母亲是个严厉苛责的人,而最小的一个孩子又可能觉得母亲非常温暖和慈爱,这跟孩子在家庭中的地位感关系密切。伴随着家庭环境的改变,儿童也会有不同的体验。当父母越来越老,他们可能在对儿童的管教方面变得更有经验或者更加松懈,家庭经济状况也可能向好或坏的方向变化,有些时候,家庭还需要应对某些变故,如慢性疾病或者某一位家庭成员的亡故等。除此之外,还可能有新成员加入进来(继父母或祖父母),或者因为离婚或死亡,儿童可能和单亲父/母一起生活。所有这些变化都会影响到每个儿童对他们自己在家庭中角色的感受。

根据德雷克斯(Dreikurs, 1958)的观点,每个儿童都会在家庭群体中寻找属于自己的"最恰如其分的位置";一个儿童可能通过成为最好的人来适应,而另一个可能是通过成为最差的人来适应。在这个过程中,孩子不是被动地接受家庭的影响,而是积极而有创造性地忙于改变他的环境,"训练"其兄弟姐妹和"培养"其父母。

相应于和他们相互作用的人的情况,儿童在家庭中能够担当许多不同角色,而且每个儿童对于这些角色的感觉是十分不同的。在男孩子众多的家庭中的唯一的女孩可能把自己看作"爸爸的小心肝""妈妈的帮手"和"我兄弟们喜爱的出气筒"。孩子和家庭成员间交互作用,以及在家庭中的积极的或消极的感受对孩子自我感觉的发展有着强大的影响。孩子对家庭环境的感觉,包括氛围及其在家庭中的地位,会影响孩子的行为和态度模式。

四、父母教养方式影响儿童的心理和行为

孩子的态度和价值观是家庭氛围的体现。许多好的家庭氛围为儿童应对生活提供了适当的榜样,虽然父母并不是在每件事中都是完美的,但是儿童仍感觉在被家庭、兄弟姐妹和伙伴的接受中长大,继续过着幸福的生活。许多儿童虽然有消极的家庭环境(酗酒者家庭、寄养者家庭甚至孤儿院),但却依然成长为幸福的人。也许因为他们能够把注意力集中在和家庭成员相互作用的积极方面,因而他们不会把他们的家庭氛围看作消极的。在这些例子中,孩子们察觉他们自己被爱和被接纳,而不介意其父母的处事风格。

德威(Deway)在总结消极的家庭氛围时,提出了12种不适当的父母教养方式。然而,因为家庭态度和价值观变化相当大,而且儿童对其被接受和拒绝的反应程度不同,消极家庭氛围并不总是对孩子有不利的影响,而是在很大程度上依赖于孩子看待其与家庭成员交互作用的质量和他们在家庭中的地位。

以下通过不同的例子描述了12种父母教养方式导致的消极后果,因为家庭的独特性,经常很难把这些家庭成员的互动简单地归为一类,所以在实际情况中,父母教养方式可能会有重叠。

专制 在一个专制的家庭氛围里,父母会持有"按我说的做,但是不要按我(做的)学"的比较霸道的态度,且他们需要孩子无条件地服从他们。这种类型家庭中的孩子知道他们的父母之间通常表现一致,且这些孩子常有良好的态度和行为表现。但是,他们会倾向于比较容易焦虑,可能是一种隐含的对那种总是得顺从的养育方法的愤恨。这种父母教养方式的困难在于父母不能永远告诉孩子怎么去做,而且对自己也毫无要求。这种父母不能帮助孩子获得自律,这使得好的行为往往只是一种刻意的表面文章,当这些孩子决定反叛时,他们会出现严重的行为不良。

D先生是这个家庭里不可争论的头儿,且是能够决定纪律的人。当D夫人想控制其孩子的时候必须按她丈夫的意愿去做,在某种程度上可以说他也控制了她。当孩子奇奇做错了事,D夫人说"等你爸爸回家收拾你!",这总是使孩子很害怕,虽然D先生并不是一个残暴的人。儿子奇奇总是服从他父亲的命令,因为他怕父亲。然而,后来他开始反叛,试着离家出走,且有一次因为和一群十几岁的朋友一起偷车牌而被逮捕。

压制 在这种家庭中孩子没有表达其思想和感受的自由。例如,小男孩不允许哭,小女孩不能打架和表示愤怒。家庭总保持着控制,和专制家庭相似,在家庭中观点的表达必须经过父母的同意。这些孩子很早就学会了隐藏自己的情绪,这常使他们在家庭之外很难表达他们在关系方面的感受。由于孩子常常不被允许表达感受,这使得家庭

看上去不太和谐。

P先生和夫人有一个女儿,从外表上看,他们生活美满,在一座大城市里,有自己的大房子、两辆汽车,夫妻俩都是年薪几十万的高收入者。他们从不公开争吵,参加孩子学校和社区的各种活动,全家经常在周六出去游玩。然而他们的女儿小丽在13岁生日前得了厌食症,从此他们的美丽世界被粉碎了。小丽决定控制她生命中唯一能够控制的东西,她拒绝吃任何东西。事实上这个家庭并不像他们外表表现出来的那么完美,彼此间缺少温暖和亲情。家庭成员把他们对彼此的感觉深埋起来,而不是公开地进行讨论。对于小丽来说,一个重要障碍就是她不能与家人分享自己的感觉。

拒绝 虽然绝大多数父母爱他们的孩子,但是许多人很难用无条件的方式来表达爱。在这些家庭中,父母常常有表达爱和情感的困难,没有把情感和爱变成可接受的行为。许多成长在拒绝家庭氛围中的孩子,感觉不到被爱和被需要。为了回应这种被拒绝感,他们关心获得家庭中的注意和权力,并因此变得气馁和行为不良。对于孩子来说,不论是用报复还是简单的放弃来赢得父母的感情都是不得已的。

莎莎生活在一个单亲家庭中,一直和妈妈一起生活,直到去年她妈妈死于癌症。她被告知要跟她的亲生父亲生活在一起,一个她一无所知的男人和他的妻子。当莎莎到她的新家时,她父亲和他的妻子已经有了一个自己的孩子。莎莎突然和一个异母弟弟一起生活,开始感到很难适应新环境,她也不能使她的新家庭高兴。她的成绩开始下降,她也不愿做要她做的家务事,这一切使家人感到失望。她常被父母拿来与她的弟弟做比较,并因而受到责难。

轻视 大多数生活在不断责备中的孩子有习得性失败体验。如果孩子在父母眼里从没做对过任何有用的事情,他们就会变得怀疑人生的价值,对世界有不信任感。像"你怎么这么笨"或者"你这个不争气的孩子"这些话常常变成自我实现的预言。

S先生和S夫人有个儿子,家里经济比较富裕。S先生有酗酒的问题,而且他在儿子的成长上没花什么时间。大多数情况下他和儿子之间的交流就是告诉儿子他怎样"坏"和"没有出息"。许多次S先生带他的儿子驱车路过一个离他家不远的工读学校。每当这时,S先生总会警告他的儿子,如果他不"好起来",他将要被送到工读学校里学习。不止一次地发生这样的事,父亲停下车,迫使其儿子(8岁)滚出去,然后开车走了,把被吓坏的孩子扔在了工读学校门前。他开了一圈(大约五分钟后)才回来接孩子。几年后,当孩子13岁时,他真的进了工读学校。

高标准 大多数父母想让他们的孩子过上比他们更好的生活。他们想让孩子受到更好的教育,有一份更好的工作,生活在一所较大的房子里。困难在于持有不现实的高标准的父母往往使孩子陷入大量焦虑和压力中。有着极端高标准的父母可能会对考了97分回家的孩子说:"这个成绩还算马马虎虎,但是如果你学得更努力些,你应该能得个

100分!"总是提高要求会使孩子感到很泄气,甚至在当他已经成功的时候,他也会感觉他好像失败了一样。

A先生和A夫人是一对普通的父母。他们都只读完高中就工作了,他们想读大学但因无法负担学费而放弃。不过,后来他们有了比较稳定的工作,而且过上了不错的生活。当他们在学校时,自我感觉学习成绩还算不错。现在他们有了一对双胞胎孩子,他们想让孩子们实现他们没能实现的愿望,考上大学。为此,他们要求孩子好好学习,上大学,读研究生,且拥有更专业的职业。他们不断给孩子压力,让他们所有的考试都要得到100分。在双胞胎中,有一个孩子非常聪明,也很用功,大多数时候基本能够满足父母的期望。另外一个孩子则表现平平,为了躲过父母的过高要求,他甚至经常采取欺骗的手段,但有时仍然不能达到其父母高不可及的标准。为此,这两个孩子都充满了对失败和未来的恐惧。

不和睦 在不和睦的家庭中,父母经常会发生争吵,有时甚至上升为暴力。在这样的家庭气氛中,孩子学到了权力是重要的,控制别人总比被别人控制好。孩子常常被惩罚而不是被纪律约束。因为惩罚过于随意,很多又比较缺乏理智、不稳定和相互矛盾。在这种情况下,儿童常常成为父母转嫁愤怒的工具。有时孩子受惩罚只是因为他们的所作所为出现在了错误的时间和地点,而不是因为他们真的做错了什么事情。

V先生和他的夫人成长在暴力家庭。V先生有一个酗酒的老父亲,而且其父亲年轻时经常对其母亲施以暴力。作为一个男孩,V先生尽力去保护他的母亲,常常在这个过程中挨打。他在愤怒和缺乏爱的环境中长大。V夫人的父亲也是酗酒者,她从小被父亲带着一起喝酒。她在成长中知道自己漂亮和聪明,但感觉孤独和不安全。当V先生和V夫人结婚后不久,V先生开始重复儿时所痛恨的暴力和酗酒,并逐渐沉溺其中。他们家成了"战场",他们用争吵和打架来处置夫妻间的不同观点。他们8岁的儿子现在已经因为打架、偷同学的午餐费和在男卫生间的垃圾篓里放火而被学校心理咨询师多次约请进行谈心。

不一致 不一致的父母教养方式给孩子带来许多焦虑和困惑,他们不知道怎样做才能得到父母的赞许。他们总是"在等待另外一只鞋落下来",总在怀疑是否最近的错误会带来惩罚或者他们是否能逃过惩罚。这种孩子因为在生活中"无组织无纪律",在成长中也显得缺乏自控能力和动机,不会关心别人。他们很难把别人的需要放在自己的需要之前,且经常以自我为中心,以至于他们在处理人际关系上有很多困难。

张女士是一位有四个孩子的母亲。她有一个儿子(10岁),来自她的第一次婚姻,一对双胞胎女儿(7岁)生于第二次婚姻,一个3岁儿子是和她现任丈夫生的。张女士在当地一家餐馆做工,而她的丈夫因为工作原因只有在周末时才能回家。张女士承认她唯一能控制的孩子就是那个最小的儿子。她说当孩子行为不良时,她用纪律来约束他们,但是有时她被大孩子们弄得很疲劳,所以她让他们自己去"一决雌雄"。当她丈夫在家时,他有时会为打架和在学校表现不好而严厉地惩罚这些孩子。老师抱怨这几个孩子都比较焦虑、多动,对学校安排的学习任务根本不当回事儿。他们不断地寻求别人注意,而自己却又不能集中注意力。看起来好像他们永远不能满足,如果学校晚会上供应小吃,他们总是想尽可能地多拿,而不考虑班里其他的孩子。结果,他们几乎没有朋友。

唯物质　在唯物质的家庭中,金钱就是一切,孩子用他们的所有物来定义自己的价值。家庭的信仰是"钱可以买到快乐",孩子们学到的是,物质的东西比家庭和朋友重要得多。父母经常把买礼物作为他们对孩子表达爱的方式,把大量时间、注意和热情放在他们孩子身上的唯一东西是金钱或昂贵的衣物等。父母用这种他们所知道的仅有的方法来表达情感,保护他们自己的利益。他们会自豪地说,"我能为家庭和孩子买昂贵的东西,因为我是成功的"。

马先生是一家大公司的总裁,他有一个妻子,一个可爱的儿子和一座豪宅。无论何时马先生外出做生意,他都会为他的孩子和妻子带回许多昂贵的礼物。他为自己不能花更多的时间陪孩子感到抱歉,但是他说他需要用大量的钱来保持"他们已经习惯的生活方式"。马先生的儿子小强是一个敏感的孩子,他对爸爸的成功表示骄傲。他邀请其他同龄男孩来自己所住的豪宅里玩,但是孩子们大多去过一次就再也不登门了。小强在学校里体验着失败,他已经被诊断为学习障碍。他害怕他不能像他爸爸一样成功和富有,他不断地担忧。

过度保护　父母的过度保护,在处处帮助其孩子的同时,其实无形间也促成了孩子的无助和依赖。通过总是为孩子做事,父母的行为事实上是告诉孩子他们没有能力为自己做任何事。这个信息对自尊的影响是十分消极的。过度保护的父母阻碍了孩子做决定的能力,潜移默化地鼓励他们依赖别人的意见和建议。按照阿德勒的观点,通常父母,尤其是母亲,需要感觉到被需要,因此通过为孩子做所有的事促进这个循环。然而,过度的依赖常常引起憎恨。父母不能总是为他们的孩子提供庇护,因此,这种情况下成长的孩子,可能在成人后还在寻找依赖其他人。

桑先生和夫人有一个儿子小明,是在桑夫人42岁时生的。小明现在8岁,桑夫人已经50岁。桑先生在两年前55岁时死于心脏病。桑夫人很溺爱她的宝贝儿子。她无微不至地侍候小明,每天早晨设计他穿什么,安排他的早餐,且把饭送到小明的卧室,以便他可以边看动画片边吃饭。当他浪费时间和玩耍时,她不得不一次次提醒他去穿上衣服。他的堂兄每天来接送他上学。桑夫人帮小明做家庭作业,有时甚至替他做,这是因为等小明自己完成作业会更使她筋疲力尽。桑夫人说,她宁愿自己做小明的那些困难而讨厌的作业,因为她可以更快更容易地做好。桑夫人既感到被需要,又感到厌烦。

怜悯　怜悯是一种消极的父母教养方式，在一定程度上它贬低和剥夺了孩子自己努力的机会。儿童会因为怜悯的语气或评论变得畏缩，因为他们知道这就暗示着他们不能做某些事情；也暗示着施舍同情的人不知何故优于被同情的人。为其孩子"感到可怜"的父母所说的话与过度保护的父母一样，所做的行为会令儿童产生消极的感受。孩子可能开始为他们自己感到可怜并放弃他们完成某些事的努力，从而放弃了来自成功的美好感觉。所有这些都会对孩子的自尊、自信和自立有消极的影响。

瑞年生下来就大脑中风，肖先生和肖夫人总是对他有如此多的痛苦而感觉愧疚。他们为他感到难过，期盼能够通过一些行为来弥补瑞年的痛苦和全家的心痛。当肖先生和夫人几年前离婚时，肖夫人变得整日被瑞年和他的残疾困扰着。由于离婚后他们得到了一笔财产，从此，他们便放弃了所有学习生活的努力。瑞年因为学业成绩下降而退了学，开始沉迷于电脑游戏。去年瑞年的母亲不幸去世后，没人再来怜悯他了。

无望　许多时候，贫穷、失业和充满暴力的居住环境会引起悲观气氛的蔓延。在这种环境下长大的孩子常看不到出路，因此他们走了同样的路——并不是因为他们喜欢这样的生活方式，而是因为他们从来不知道还可以过上其他不同的生活。父母常感到非常泄气，因为他们的生活境遇，总是觉得自己不能鼓舞孩子拥有更好的生活。

小利是个农村女孩。小利父母18岁时就结婚了，没读过几天书，为要儿子，共生了四个孩子，最后一个是儿子。全家只靠几亩地生活，母亲体弱多病，不能干重活，家庭全靠父亲一个人支撑，加之孩子多，又都需要上学，因此家中经济十分拮据。家庭条件虽苦，小利还是坚持上到了初中，她在学校成绩很好，假期尽量帮助父母干些农活，并到集市上卖些鸡蛋之类的农产品以补贴些许学费。可是就在小利初三时，父亲得了重病，一病不起，看病需要花很多钱，因此供不起四个孩子上学了。小利和两个妹妹不得不辍学，她和大妹妹承担起了家庭的全部责任。本希望通过读书改变贫困的梦想破灭了，孩子们又走上了父母的老路，整个家庭又陷入无望之中。父母已经开始打算把三个女孩早点嫁出去，以让最小的儿子多读几天书。小利开始变得抑郁、沉默寡言、孤僻。

牺牲者　在牺牲者的家庭氛围里，父母对未来感到悲观和无望，这也是在无望家庭气氛当中的父母所感受到的。然而，牺牲者家庭中父母应对这种悲观的方法是使孩子成为父母所有目标的牺牲品。除了感觉无望和泄气，孩子可能被困在一种与父母的相互依赖之间，或者是一种憎恶的关系中。对于抚养的感激驱使孩子必须为父母做出牺牲和付出代价。

马小曹在5岁时就表现出学习电脑的天分，他父母决定让他上电脑课。马先生和夫人依靠他们的收入刚刚能过活，因此为了小曹的电脑课程学费和学习时间的付出是一个相当大的牺牲。他的父亲每天早上6点起床坐车送他去上课。同时，小曹在围棋学校里学习围棋,他父母又要跟他一起去参加学习,支付各种学习费用。电脑装备总是要配置的,小曹全家用他们仅有的假期到大城市用他们仅有的一小点积蓄去买他们能买的东西。当小曹上高中时,他突然决定不参加电脑学习班了,父母让他成为电脑专家的梦想破灭了。从那天起,他父母不断提醒他,直接或间接地表示他们牺牲了那么多,却最后还是让他们失望。

现代社会中,随着家庭生活方式的变化,传统的教养方式逐渐淡出,父母失去了通常的凌驾于孩子之上的权威。Glenwick 和 Mowrey(1986)发现,即便存在权威的话,这种权威也只能存在于双亲家庭,在单亲家庭中几乎看不到它的存在,可能是因为单亲家庭中孩子感受不充分和被压制。当成人权威形象和孩子之间的界线变得模糊的时候,父母开始和孩子作为"伙伴"进行互动。因此,除了上述 12 种教养方式之外,又出现了另外一种所谓"与父母成为伙伴的家庭"。

与父母成为伙伴的家庭　这种家庭氛围最常见于离婚造成的单亲家庭中,这种家庭中的代际界线已经混乱了。在这种家庭里,单身父母很容易放弃父母的角色,而成为孩子的伙伴(通常在 9~13 岁最为明显)。在 Glenwick 和 Mowrey(1986)的研究中,他们发现孩子被那种常常逃避做决定和承诺的妈妈当作密友。母亲(或父亲)可能在各种各样的个人问题(比如该和哪个男人约会)上寻求孩子的意见,而且把成人的问题和困扰告诉一个无助于他们做任何事的孩子。这种关系有时导致了角色的颠倒,在这种形式下,孩子通过实践父母的支持和教育需要而照顾父母,担当起成人的责任。这种情况常会在孩子心理上还没有完全准备好,而且他们自己的需要还没有得到充分满足之前,就迫使他们提前进入了成年期。结果,这样的儿童会出现逃避责任、攻击行为、退缩、逃避、放纵自我、对父母的要求过于顺从或者拒绝以及学业成绩不稳定等问题。虽然这种情况过去认为在西方国家比较多见,但是近几年来,由于国内的许多家庭把独生子女当作父母之间解决冲突的中介等,迫使孩子卷入更加成人化的讨论中,这种问题也变得更加普遍起来。

莎莉,9 岁,父母离婚后跟随妈妈生活。自从她三岁时爸爸离开她们,莎莉就成了她妈妈最好的"伙伴"。她们像姐妹一样,莎莉的妈妈把她视为自己生活的补充,她俩无话不谈,甚至谈论男孩、衣服和性。莎莉很聪明且善于言辞,给人的印象是她远远超过 9 岁年龄。尽管她很有才智,但在学业上却很糟糕,她四年级时几乎读不下去了。她妈妈早上很难起床,因此每天要到很晚才能开车送她去学校,为此,她早上经常迟到。莎莉想,那是因为她妈妈病了。她的确每天吃止痛药。后来,莎莉看起来也病了,经常感到头痛,她想她是爱上一个住在附近的 13 岁男孩了。

从以上对于不同家庭氛围的分析,不难看出,孩子在家庭中的地位感和家庭氛围对于塑造儿童的行为方式和态度倾向是非常重要的。理解这个事实,对于我们合理面对多子女和独生子女家庭的教养方式很有启发作用。早期的压力和责任对于儿童可能未必是一个坏事情,相反,这些特别的职责可能帮他们获得一种成就感。类似地,孩子们如果觉察到他们是被爱的,他们就能经常战胜消极的环境,成长为有责任感、关心他人和成功的人。

第三节 父母咨询的过程

对儿童进行咨询和治疗的焦点不是仅关注孩子的问题或者父母的抱怨,而是寻求改善和加强亲子关系的方法。

一、父母咨询的基本步骤

阿德勒把通常意义上的咨询治疗分解成为四个阶段:① 建立关系阶段;② 行为动力学评估阶段;③ 咨询过程的洞察阶段;④ 重新定向阶段(Dinkmeyer, Dinkmeyer, & Sperry,1987)。为了更好地完善针对父母进行的咨询,进而能够带来孩子行为上的变化,本章将对此进行适当介绍。

(一)建立关系阶段

建立关系是指在咨询师与父母之间建立起一种合作关系,使得双方有可能确立共同的可接受目标。在这种温暖和关心的气氛下,一种特殊的结盟形成了,这使咨询师和父母可以密切合作,从而带来孩子行为上的变化。在这种关系中,当父母讨论在亲子间相互影响中他们内心最深处的思想感受和行为时,咨询师一方面尽量专心倾听;另一方面,咨询师要尽力作为一个普通人与父母打成一片,正像我们所有其他人一样,在每天的日常人际关系中体验欢乐和挫折,并把这种共情和理解传达给父母,帮助父母感受到价值和被尊重。在传达尊重的过程中,咨询师支持父母为改善亲子关系所做的探索和努力。

(二)行为动力学评估阶段

这一阶段包括探索亲子关系的强度。咨询师探索父母对孩子的看法和孩子与家庭间的相互影响。咨询师要及时而温和地鼓励父母以一个更客观的方式对待孩子,并检查父母与被确认为需要咨询的孩子和家庭中其他成员之间的关系。咨询师和父母共同着手这种探察,因为他们都处在认识父母和孩子间的互相影响的过程中。这常常可能是父母第一次考虑这种相互影响。

(三)咨询过程的洞察阶段

在这一阶段,咨询师帮助父母理解他们和孩子之间的关系可能怎样影响孩子的当前行为。其中一种有助于促进这种洞察力的方法就是把父母带回他们自己的童年,让其探索他们与自己父母间的关系。通常,当父母检查回顾他们自己的童年感受时,他们能更好地理解孩子。用这种方法,他们能够看到亲子间怎样的相互影响可能鼓励滋长了孩子的不良行为。

(四)重新定向阶段

这是父母检查关系的环节,并且应将注意力集中在孩子的长处而不是行为问题上。咨询师通过给予鼓励促使父母发展和完成行为或态度选择。咨询师必须有一种能够改变局面的信心,然后应该鼓励父母朝这个方向努力。重新定向阶段不能急于求成,这个阶段的转变是一个缓慢的过程,父母需要不断地被鼓励才能看到这个阶段顺利结束的希望。此外,当孩子的反应开始有所改变,并在改善与父母的相互作用后没过多久,可能又会发生消极行为或其他退化现象。这可能会让父母感到非常泄气,家庭咨询与治疗需要非常重视这种倒退现象。其实,重要的是要理解适当的倒退也可能是正常的,只要注意保持父母的适当自信和胜任的感觉,孩子就能够最终逐渐好起来。

二、咨询技巧

本章所讨论的咨询技巧,特别是针对咨询关系技巧的讨论主要依据卡尔·罗杰斯的"以人为中心"理论。在20世纪40年代早期,罗杰斯建议咨询关系应建立在温暖和敏感的基础之上,那将可以使来访者更能够自由地表达他们的思想感受。他所建构起来的这样一种以当事人为中心的模型后来成为指导各种咨询过程的基础和关键成分。撇开不同学派的理论倾向来讲,这种理念确实是为所有人际关系建设提供了一个非常有建设性的指导。罗杰斯(Rogeas,1957)认为促进关系的人际尺度是和谐(真诚)、无条件的积极关注(尊重),后来Carkhuff(1969)又补充了共情,包括注意、反应、个人化、最初的帮助技术等。师从罗杰斯的卢森堡博士(2009)提出非暴力沟通(NVC Nonviolent Communication)的概念,也被称作"爱的语言",这种沟通方式不再条件反射一般简单粗暴地对待他人和自己的感受和愿望,它有四个要素:观察、感受、需要和请求,四者构成了非暴力沟通的重要模式。如果把这个模式简单化,用一个可以模仿学习的方式表达,这就是:"我观察到……我感觉……是因为……我希望你……"的句式。这个句式的重点是尽可能地呈现所观察或感受到的事实,并且避免评论。印度哲学家克里·希那穆提说过"不带评论的观察是人类智力的最高形式"(卢森堡,2009)。通常我们看到一个人的行为发生时,习惯于给出评判和分析而非陈述事实本身,例如孩子打翻了杯子,我们通常不会就事论事地说他打翻了杯子,而是说:"你怎么总是这样毛手毛脚的,做事一点儿都不靠谱。"将观察和评价混为一谈,会使人们更容易选择批评,进而引发情绪甚至攻击反应。所以在父母咨询中,咨询师虽然经常一眼能看出孩子的问题是由父母引起的,但也不应直接说出来,以免让父母感觉受到指责和批评继而产生抗拒心理,并因此难以接受咨询师的建议。在这种情况下,咨询师可以在陈述事实的过程中,通过比较委婉的表述,让父母逐步领悟到其对孩子行为和态度的正确与错误之处。比如,当父母说"这孩子情商和智商都很低,真的不知道该拿他怎么办"的时候,咨询师可以不需要直接做出反驳,而是在倾听和共情父母带有情绪的倾诉后,从自己对孩子观察的角度进行陈述,帮助父母领悟到,对于"这孩子情商和智商都很低"的看法,其实是他们自己长久以来形成的偏见,而且这种偏见已经影响了他们和孩子的关系以及孩子的发展。更重要的是,借助父母咨询中的这种对话,可以逐步让父母改变以往惯常进行批评性评价的习惯,帮助父母在日后与孩子的交流中更习惯使用"基于事实陈述"的沟通方式。

在本章中使用了"以人为中心"的沟通技巧,包括倾听和注意、反应感受、共情理解、澄清、概括、面质和自由回答,从而使当事人更容易进行自我探索。除此之外,本章还讨论了直觉猜测、阐释和鼓励等阿德勒理论的技巧。阐释可以被看作澄清的一种形式,而不是寻找发现某些隐藏的秘密,咨询师借此确定父母在试图表达什么和是否理解亲子关系的重要性。直觉猜测是咨询师对来访者在表达或暗示什么的一种暂时假设,帮助父母谈论他们可能只是暗指的事情。

(一) 倾听

真正的倾听比一般所谓的仅仅"听"要包含更多的含义,它需要理解和把握讲述者的内容、感受和意图。积极的倾听也是对父母表达他们的思想和感受的有力鼓励。懂得如何倾听的咨询师能够全神贯注于父母所说的每一句话,以至于不会受到其他外部影响的干扰。他们有能力对父母所传达的信息做出反应,并且能清楚地传达他们正在注意对方。倾听和注意可以帮助咨询师理解父母所表达的言语或非言语信息,这种理解是直觉猜测和释义的要素,如果咨询师不能明白父母说了什么,就不能解释其中的意思。

(二) 对感受做出反应和表达共情

共情表达指咨询师通过倾听去努力理解当事人,并且和他们分享这种理解。这种共情包括捕捉当事人感受的本质并做出系统的反应,这是一种传达对体验和伴随这些体验的行为的理解反应(Egan,1994)。对体验的反应是一种包含于表达共情理解中的技巧,这可以让来访者知道他已经被注意到和被理解了。在对父母的咨询中,这种反应技巧可以帮助父母确认和理解那些影响他们与孩子沟通的问题。此外,它也是一种检查咨询师对父母所说的话的理解是否准确的方法,如果咨询师对父母的感受把握不准确,父母会在共情过程中对咨询师进行更正。因此,把共情作为交流的技巧,可以有效提高父母的觉察和自我理解能力,以便咨询沟通的进行。下面是一个共情的例子。

母亲:那个老师从工读学校打电话给我,抱怨我儿子又打架了。然后他说,"你想不想让我给他戴上手铐,把他带来听电话",我真不知道如何回答他的话。

咨询师：听起来好像你感觉害怕和无助。

母亲：确实——我很害怕，以为他们打算去铐上他。我甚至不知道他做了什么，我也不知道该说些或做些什么。

（三）直觉猜测

作为探索和发现过程的一部分，咨询师必须在某种程度上是一位侦探。父母可能有某些关于孩子的想法和感受，却不能或不愿意用语言表达出来。父母常常感到太多的内疚并否认他们对孩子的某种感受。可能他们不喜欢这个孩子，他们希望这个孩子表现出的问题能够消失。有时，父母在他们的孩子那里看到了他们不喜欢的自己的特点和行为，或者他们在孩子身上看到的特点和行为使他们想起了其他一些他们所不喜欢的亲人（如奶奶、外公等）。结果，父母因为这些特点而拒绝了孩子，但自己却不承认。父母常常掩饰他们的真实感受，这就需要咨询师用所谓直觉猜测来揭示父母试图说什么。这种咨询技巧是一种对解释特定行为的特别有用的辅助手段，如果咨询师能够猜测到并反馈给父母甚至他们自己都不能接纳的东西，这时咨询就打开了洞察之路。

母亲：有时，我在想如果没有任何孩子，生活会怎样。

咨询师：你是在想如果不必处理你儿子的一些问题会怎样。

（四）澄清

当咨询师试图理解父母是在谈论关于其孩子和他们自己的处境的时候，倾听技术就再次发挥作用了。咨询师还需要倾听话外之音，并且用某种方式做出反应以表示他们理解了父母的处境。澄清不仅仅是重述内容，而更多是对父母所说的话的一种重新加工。咨询师把这种重新加工的叙述呈现并回馈给父母，以达到简化和理解含义的目的。澄清是一种技巧，它可以帮助父母继续自我探索，并且能够加深父母和咨询师之间的互动了解。

父亲：军军在学校总是打架。这个学校的领导每天打电话给我，威胁说要把他开除。这是他最后一次机会，我不知道如果他被开除将会发生什么。

咨询师：你担心的是，如果军军不能控制自己不打架，他将会发生什么。

（五）面质

如果要让父母得到必要的成长并更好地理解他们和孩子之间的相互影响，咨询师就不能总是同意父母对事件的解释。咨询师必须面质父母所说的和当他们与孩子在一起时所作所为的不一致之处。如果咨询师已经和父母建立了良好的关系，温和的面质将可以鼓励父母继续获得对他们的行为的洞察力。结合前面的谈话，向父母提供扼要的反馈是一种面质形式，可以帮助来访者集中精力，然后继续前进。

父亲：我希望和我儿子间有更好的关系，但是我们似乎没有任何东西可以讨论。他只是回答我的问题，但不跟我谈话。

咨询师：你看起来很失望，因为你儿子不和你分享他的思想和感受。会不会是你不和他分享你的想法和感受的缘故呢？

（六）释义

释义是一种非常有用的咨询技巧，是发展洞察力的要素。通过释义，咨询师试图精确察觉父母在努力表达什么，并把理解的意思再解释给父母听。这是一个必须慢慢来做的过程，只有在咨询关系中建立了大量的协作和信任后才能实现。释义的准确性通常依赖于咨询师的技巧。咨询师在直觉猜测上的技巧越多，释义就会越准确。作为学习者应该经常使用释义，当你的释义不准确时来访者会给你反馈。在咨询中对于释义技术的要求可以随着时间而自然出现，不可操之过急。如果咨询师是一个好的倾听者，且已集中精力搜集信息和观察来访者的行为，释义就会自动出现。

母亲：每次学校打电话来，我都很惊慌。我想他们要把我儿子开除了，因为他们管不了他。我还能做什么？我又不能去学校和他在一起。

咨询师：你对可能要发生的事情感到害怕，感到在阻止事件的发生上很无助。

（七）鼓励

鼓励并帮助个体认识到利用他们自己力量的价值，并让他们认识到他们有权利做出决定和选择。当鼓励被应用于父母咨询时，它主要针对亲子关系的力量，使父母感到他们能够利用这些力量克服弱点。当父母在咨询中出现了平时经常感受到的那种泄气和不胜任时（这种感受在无效的父母教养中经常可以见到），鼓励可以帮助对抗消极体验，且使其进入改变的阶段。

根据 Dinkmeyer 和 Sperry（1987）的观点，鼓励可以用在咨询过程中的各个阶段。在建立关系阶段，鼓励可以让父母知道他们全身心和平等地参与咨询过程的重要性。在其他阶段，鼓励用于给予力量和通过鼓舞个体觉察到自己的价值而促进变化。鼓励渗透并作用于咨询过程的每个方面。

父亲：军军在学校总是打架，但在家里是友爱和体谅人的。

咨询师：让我们探索一些你们和军军相互影响时有助于他在家友善和体谅人的积极方法。

三、需要注意的特殊问题

"我不知道你会怎样想我" 一些父母在初次和咨询师接触之前会有自卑感。他们在咨询时可能会这样表达感受，"我不知道你会怎样想我。现在我不得不来，并承认我是个很糟糕的母亲"。

父母向老师、咨询师、心理学家和其他的学校人员进行咨询时的忧虑是真实的，主要表现为下面一些情况。

（1）父母认为学校老师会把他们当作社会地位和智力较低的"二等公民"。

（2）父母憎恶被叫到学校来听关于他们孩子的负面报告。他们觉得这些报告是对他们自己的否定评估。

（3）去学校经常让父母体验不愉快的记忆。

（4）通过专业的学校心理咨询师来帮助父母，更加增强了父母的自卑感。这种专门的帮助使父母感到很迷惑并感到受挫，认为"这个心理学家才需要看精神病医生"。

（5）某些专业人员提供给父母的一些积极的建议，常常被父母认为是不切实际的。

实际上，父母希望和某些人讨论他们的孩子，这些人能与他们建立友好关系，能接受他们，能用朴实的语言和一些常人能接受的理论与他们讨论。父母希望获得更多关于培养孩子的专业知识，但是他们也想听到一些关于他们做法的肯定评价。从这个意义上讲，父母希望进行平等的交流，把他们的经验与咨询师的建议相结合。所有这些问题咨询师都需要慎重考虑和认真对待，这将对父母咨询工作的成功有很深的影响。

"这就是咨询师所做的" 许多父母第一次和咨询师的接触常常是在学校里。因此，一种和学校咨询师在一起的积极的或消极的体验经常影响父母对咨询价值的感受。当父母和学校咨询师之间有一种温暖和信任关系时，他们就更有可能接受各种治疗安排。因为这种治疗安排过程可能使一些父母感到有顾虑（如担心自己的孩子有精神病），咨询师需要谨慎对待。咨询师的积极合作会帮助父母去除关于治疗安排的错误概念，也会减轻父母的忧虑，并能使接下来的治疗更顺利。

学校咨询师的合理介入，能够提供给父母一种对咨询程序和学校的积极看法。父母将会因此而逐渐认为学校对自己是有帮助的，并把这种关于学校的积极态度传达给自己的孩子。最后，一种和咨询师之间友好相处的积极体验也会给其他人造成重要影响，特别是当学校很小的时候。受到热情欢迎的父母很可能与他们的朋友交流这种积极感受。通过这种方式，其他父母就更愿意寻求学校咨询师的帮助，咨询工作也因此而可能得到更多人的认同和支持。

"我做不到了" 从事儿童工作的咨询师和治疗者对孩子的健康和幸福负有责任。他们对父母和其他监护人的作用在于帮助他们改造孩子的家庭生活环境，以帮助孩子战胜当前的问题，并回到健康成长和发展的道路上去。

知道自己专业的局限，是保持高水平的职业作风的重要前提。这意味着咨询师知道何时该拒绝服务并指点来访者到别处接受咨询。如当儿童咨询师认识到孩子的父母需要借助专业人员来协助解决婚姻方面的问题时，咨询师需要指点父母到专门的成年人咨询师那里去。

除了缺少知识和技巧之外，一些咨询师和孩子及其父母之间的价值冲突，也会干扰咨询师有效工作的能力。根据 Dougherty(1992)的研究，价值冲突是普遍存在的，需要用直接的、专业的和非防御的方法来处理。咨询师需要清楚自己的价值和需要，并且避免把自己的价值观强加于人。

如果因为训练、经验或价值观冲突等原因,一名咨询师不能和孩子的父母一起工作,那么他就应该正视这些限制,并且指点父母到其他能帮助他们的专业人员那里去。

"你做家庭访问吗?" 随着近年来我国社会服务事业的迅速发展,许多不同专业人员,包括社会工作者、护士、教师、咨询师和心理学家都开始为儿童和家庭提供支持和服务,以满足孩子的社会、心理、教育和健康发展的需要。对于亲子咨询服务,需要特别注意以下问题:① 父母通常是最关心孩子生活的人;② 如果给父母提供知识和技术支持,父母能够对孩子做出更积极有效的反应;③ 如果要父母对孩子的需要反应更敏感,他们自己的情感和需要必须首先得到满足(Roberts et al.,1991)。

为了达成这个目的,儿童咨询师除了在学校或其他专业场所提供咨询服务外,还需要经常深入到儿童家庭中去开展活动。其实大多数家庭还是欢迎一位温暖和易接纳的咨询师的家访的。家庭访问减少了家庭去咨询约见时面临的许多问题(如工作安排、照看孩子和交通问题),并且让父母能够控制会见。在他们自己舒适的家里,父母常感觉放松,足可以谈论他们所担心的事。除此之外,咨询师可以观察家庭结构,帮助父母洞察他们可能希望改变的行为态度。

应邀去某个家庭是一种特权,因此,在家庭访问时同样应该遵守在其他环境下对儿童父母的有礼貌行为。咨询师应该始终遵守约见规则,注意守时,如果约见必须取消的话,应该提前打电话通知父母。

Roberts 等人(1991)预测,家庭访问服务将会成为未来儿童咨询工作的重点。

第四节 父母咨询的应用

本节提供了一个完整咨询过程的实例,包括如何评估父母与孩子的交往,洞察他们的改变,以及如何做出行动。案例摘自 G. Orton 的研究报告(Geraldine Leitl Orton,1997)。个案是一名叫小杰的小男孩,这个孩子存在大便失禁的问题。在这个案例中,解决问题的重点是改变小杰的家庭环境,而不是直接改正孩子的行为本身。

虽然父母咨询是为了帮助小杰战胜其大便失禁的问题,但焦点在于亲子关系的改善,而不是小杰的问题本身。咨询过程的每一步都说明了小杰的母亲怎样表达她对于小杰的想法和感受,检讨她和小杰之间每天的活动方式,帮助她发展对孩子的共情,寻找孩子的长处,并且寻求改变他们关系的方法。

一、小杰的案例

小杰是一个9岁的快乐男孩,穿着清洁、整齐。因为他生日偏小,所以他显得小于9岁。在第一次会见中,他看起来有点紧张,但是很快就好了,并开始谈论他的家庭和他在学校最喜欢的东西。他友善而愉快,关系很快就建立起来了。小杰没有提到他的大便失禁问题,也没有提到他学业上有困难的事实,并且咨询师也没有提起。小杰谈到阅读和算术是他喜爱的科目。他谈到假期和他父亲一起放风筝,和他的双胞胎弟弟一起玩。他说有时他弟弟干涉他的事情,但不是经常的。他说有时"喊叫"使他紧张。当咨询师鼓励小杰说出到底是哪种喊叫时,他迟疑了一下,说是"学校里的孩子喊叫"。他没有提到他的母亲。

以下是小杰个人的一些背景信息。

家庭 小杰与他父母及一个双胞胎弟弟(9岁)一起生活。父母彼此性情相似,小杰和父亲之间关系亲密。小杰的母亲在一家商场当营业员。

身体发展和健康记录 小杰的健康记录显示他的身高和体重都没有达到标准。他戴着厚厚的近视眼镜。他的听力在正常范围内,且学校的医学检查记录显示没有明显的生理缺陷。在学校医生的建议下,为小杰做了一次身体检查,他的大便失禁不是器质性的原因造成的。

学校发展 小杰的阅读处在同年级水平以下。虽然他已经读三年级了,但是他的阅读水平仅仅相当于一年级学生。在韦氏儿童智力测验(WISC)中,小杰的操作得分比语言得分高得多,这帮助解释了他阅读困难的一部分原因。

老师的评语 小杰的长处是他的友善、快乐和他与同班同学能友好相处。需要注意的问题是他兴趣狭窄、比较贪玩和不爱学习,他的学习成绩一直比较差。

存在问题 小杰是被老师安排去见学校咨询师的,因为他最近两个多月来出现了大便失控的问题。身体检查已经排除了器质性原因。据老师说小杰会在课桌前大便,并且不知道报告,直到被其他学生和老师发现。据老师说,小杰为此很尴尬。校医报告说第一次小杰打电话给他母亲时,她在电话里责备他,并拒绝来接他。

小杰的老师还说,小杰在班级中有夸大其词的倾向。他总是说他有很多的宠物,比其他人所提到的都多。老师说小杰描述的是事实上根本不存在的宠物。

咨询策略 小杰的母亲会见咨询师两次,谈论她对儿子的一些担心。在初次会见期间,小杰母亲倾吐了她的感受,她的怨气好像已经压抑了很长时间。倾诉完之后,咨询师试图把她的注意引向小杰的长处。然而,"问题"已经使他们的关系蒙上了阴影,小杰的母亲在会见期间总觉得他一无是处。

在第二次会见期间,母亲探索了她和小杰之间的深层关系,倾诉了甚至对她自己来说也是长期被隐藏起来的想法和感受。在这次会见中,咨询师要求小杰母亲把小杰作为一个人来描述，而不是作为她的儿子。这对她来说是很困难的，因为正像大多数父母一样，她从来没有把儿子当作一个有优点和缺点的人来审视过。她只把他作为儿子来看待，是自己的一个延伸。这种方法帮助小杰的母亲探索了她和儿子之间非常消极且聚焦于"他的问题"的相互作用。

虽然父母通常深爱他们的孩子，但是这种爱常常不是没有条件的。在这个案例中，小杰母亲就不喜欢儿子的许多行为，她很难把做事的人和行为本身区分开来。在努力帮助小杰的母亲认同和共情于她儿子的过程中，咨询师注意到小杰母亲自己有不愉快的童年经历。下一步包括帮助小杰母亲找到关于小杰的一些积极的、能够被用于建立他们之间良好感觉的桥梁的东西。用这种方法，小杰的母亲在咨询师的帮助下系统地陈述了一些她认为能够改变她和儿子之间关系的方法。

咨询用了六周的时间，小杰的症状消除了。咨询师对小杰母亲进行了一次追踪会见，鼓励她继续建立一种和儿子之间的积极关系。

二、实例模型：一次和小杰母亲的会谈

绝大多数父母都是爱他们的孩子的，为了和孩子建立一种和谐的关系，他们往往愿意做任何事情。然而，许多父母不知道怎样达成这种关系，他们可能需要局外人帮助他们更清楚地看到他们的行为和孩子的行为。在这种情况下，咨询师可以提供一个更客观的视角，因为他们处在独特的位置，可以帮助父母发现方法以改进自己的弱点和改善亲子关系。

G.Orton（1997）在阿德勒模型基础上进行修改，创造了一个全新的模型，用于帮助父母改善他们和孩子间的关系。这个模型引导咨询师按程序一步一步地进行，具有普遍应用性（见图9-2）。本案例咨询也使用此模型进行。

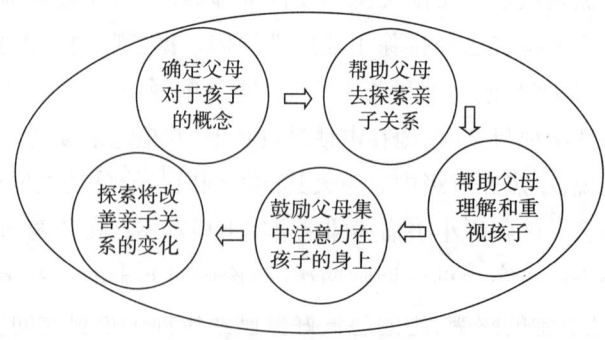

图9-2 父母个体咨询模型

G.Orton认为这个模型适用于所有父母，而不只是有问题孩子的父母。它可以应用在学校、私人诊所或其他专业机构所进行的预防教育和咨询治疗中，用于发展和增进亲

子关系。

(一) 确定父母对孩子的概念

第一步,咨询师要从父母那里寻求他们关于孩子的概念。咨询师的任务是了解父母把孩子视为怎样一个人,而不是视为儿子或女儿来对待的。有时这对父母来说比较困难,虽然他们对孩子非常熟悉,但是他们常常不能把他当作独立自主的人来看待。在治疗中,父母被要求以一种不同的视角来看待孩子。下面的例子是一些引导,可以帮助父母在不感到被威胁的情况下完成这一任务。

引导1:告诉我以一个母亲(父亲)的眼光看到的关于小杰的一点事情。

引导2:如果小杰是其他人的孩子,比如是你一个朋友的孩子,你该如何描述?

在上述任何一个引导下,咨询师可以帮助父母开始以客观的眼光看待孩子。下面是一个实例。

咨询师:如果小杰是别人的孩子,比如是你一个朋友的孩子,你会怎样描述他?

母亲:嗯,就像是说我女友的孩子,是吗?

咨询师:是的。

母亲:而且他的行为像现在他和我在一起时一样?

咨询师:是的。

母亲:像一个需要许多爱的小男孩……而且需要比他现在得到更多的关注。我想他表现得好像他认为任何人都不需要他,而且我想他认为他需要比现在得到更多的关注。

咨询师:你提到他像一个需要更多的爱的男孩。

母亲:我认为他像一个婴儿……我的意思是他对我来说表现得比9岁小……

咨询师:我明白。

母亲:我从不会说他的行为是9岁。我想他觉得他没有得到他应该得到的那么多的爱——或者没有得到他应该得到的那么多的东西——不只是爱……还有关注、玩具和任何东西。

在这一点上,母亲对孩子的概念是他是一个需要很多东西的小男孩,相对他的年龄来说还不成熟。母亲被儿子对她的需要所困扰,不能确定她是否满足了儿子的爱和关注的需要,她猜测她没有。

在这个个案会谈中,父母需要一个说出这些感受的机会,以便于他们能够理解孩子,洞察他们是怎样影响他们和孩子的关系的,除此之外,父母需要一个安全的地方可以让他们把想法和感受告诉别人,因为许多想法和感受太过于敏感而不能在朋友群体中暴露。

通常,父母是孩子行为的最好观察者,他们能够为咨询师提供线索,这能帮助咨询师评估父母和孩子间的关系。咨询师需要传达给父母,他们关于孩子的知识是有价值的和必需的。没有这种特殊的父母—咨询师关系,咨询将很快失去价值,而且将无法对孩子的行为产生积极影响。

(二)父母感受的表达

为了明白亲子间的关系,咨询师需要了解父母对孩子的表达有何感受。下面的对话是与小杰母亲会谈的继续。大量的关系存在于小杰母亲和咨询师之间,而且这位母亲已经等待了很多年,希望有人能够帮她改善她和儿子之间的关系。直觉上,小杰母亲知道自己的有些做法和感受是错误的,但她不知道是什么。

在下面的对话里,小杰的母亲探索了她对小杰的感受。

咨询师:你说小杰需要许多关注。可能是一些什么原因使一个孩子会表现成这样呢?

母亲:我不知道……我觉得我给了他和另一个孩子(指他的双胞胎兄弟)同样多的关注……我尽力对他弟不表现出任何比我给他的更多的爱……我想我爱他,就像我爱他弟弟一样。

咨询师:你认为你爱他和爱他弟弟一样。(停顿)你确信吗?

母亲:噢,有时我不知道。我知道我不确定,因为如果我考虑到某些事在他身上发生,我就不能容忍…但是有几次,当这个孩子逼迫我,直到我……噢噢……非常猛力地摇他,而且如果我那么做了,我想我会忘了停下来!

咨询师:所以你觉得有的情况下你非常爱他,其他时候不是。

母亲:是的,我猜你会说,嗯——哼。

咨询师:你曾有时候只处于你只喜欢他的感受中吗?

母亲:是的,我想如此……

咨询师:什么时候?

……

在这个个案中,母亲非常生动地描述了她对孩子的感受。她认为她爱他和她爱其他孩子一样多,但是不能确定,因为他"逼迫她"。父母用不同的术语表达这种感受,"他老烦我"或者"他简直要把我折磨疯了"。

评估父母关于孩子与他们自己及其他家庭成员的感受是有价值的。一个孩子在家里可能被看作做任何事情都是"对的",而另一个孩子则被看作"坏"孩子或者被看作"一无是处"的人。父母常常对自己已经混淆了的对孩子的感受而感到愧疚,就像前面例证中的母亲,父母对待两个孩子的态度真的是一样的吗?

"麻烦孩子"所表现出的特征常会使父母想起他们自己有缺点的行为,他们没有认识到孩子有像他们一样的行为。他们努力去除孩子的一些在他们看来特别不喜欢的行为,但是,其反应方式常常和他们小时候父母对他们的反应是一样的。在某些情况下,麻烦的孩子也还可能使父母(一方)想起夫妻间对方的一些问题,导致相互埋怨甚至争执。在多数情况下,父母可能不会意识到这些问题,需要在咨询师的帮助下才会去考虑和表达他们看待孩子的真实感受。

这个模型的目的不是为了治疗,而是为了改善亲子关系。但是父母咨询的一个有益方面是它的确提高了父母的信心,因此对于整个家庭有积极的影响。在和父母会谈的过程中,咨询师可以看到父母常常在与个人问题做斗争,这种情况下可能需要考虑指点父母寻求更专业的咨询治疗。这对孩子是极其有利的,因为父母如果能更好地处理困扰他们的事情的话,他们的生活和教养质量也会相应提高。

很少有父母会表达或暗示他们缺乏爱,但是父母常常不喜欢孩子的所作所为。有时父母很难把人和行为区分开来。在这些例子中,父母往往会把他们的不喜欢集中在孩子身上而不是让人生气的行为上。通常,帮助父母明白他们把孩子作为一个人来爱且仍旧可以不赞同孩子的一些行为会减少父母的愧疚感。这种做法也可以帮助父母澄清关于孩子和父母之间的感受。

咨询师必须遵循亲子关系的基本假设,即孩子是一个好孩子而且父母也是好人,问题在于两者间的不合理互动和相互影响。强调和放大父母和孩子的积极方面和能力对于咨询过程是非常重要的,虽然咨询师需要帮助父母和孩子认识他们之间关系的弱点,并且尽力使他们变得强大起来,但是主要的焦点应该是在积极方面和怎样利用这些积极因素去减少弱点。

在获得父母表达对行为麻烦的孩子的感受时,咨询师还需要了解父母对家庭中其他孩子的感觉。这种信息将有如下功能:① 父母将有机会说出对家庭中每个孩子的感受;② 父母将可能借此洞察他们是怎样对每个孩子做出反应的;③ 父母将认识到他们和每个孩子的关系的不同之处。下列引导可以帮助父母表达他们关于问题行为儿童和家庭中其他孩子关系的感受。

引导1:你说小杰"老麻烦你"。这和他弟弟影响你的方式有怎样的不同?

引导2:你感觉小杰故意地行为不良从而"逼迫你"做某些行为。当你的另一个孩子行为不良时,你有相同的感受吗?

一些父母表达出对所谓"问题儿童"的养育挫折感。这种被确认的儿童来访者可能被察觉为与家里其他孩子不同,父母可能对这个孩子的行为怎样影响家庭有强烈的感受。咨询师帮助父母澄清对孩子已有的感受,为父母提供一次表达这些感受的机会常常是有益的。如果这一步成功了,共情便可能得到发展。

(三) 探索亲子关系

第三步是试图使父母把亲子关系作为一种相互影响的关系进行探索。咨询师帮助父母发现感受常常是相互的。如果父母这样感觉,孩子又会怎样呢?

引导1:想想你最好的朋友,某个你真正喜欢的人,你是怎么知道他喜欢你的?想想你不喜欢的人,你认为他对你有怎样的感觉?

用另外的引导,和小杰母亲的对话发展如下。

咨询师:如果你觉得小杰老麻烦你,并且做这些事情只是为了让你烦,而你不能再容忍了,你认为他会是什么感受?

母亲:我从来都没有想过这个……他什么感受。

咨询师:如果你来考虑的话,你认为这将会对你有帮助吗?

母亲:是的,可能会。我不知道……我总是想他是在烦我。

咨询师:有理由吗?

母亲:是的,必须有一个理由。

咨询师:你觉得会不会是他可能感到你没有真正接受他呢?

母亲:你认为他知道……你认为他知道这个吗?

咨询师:你认为他知道吗?

母亲:他肯定……

在前面的对话里,咨询师基于会谈过程中母亲已经说的,为孩子的行为解释了一个可能的原因。这个对话的重要方面是母亲在思考她儿子可能有的感受,这可能是第一次。直到此刻为止,她一直只关心她自己的感受。第二步,这位母亲开始考虑她儿子的行为目的。母亲认为她的儿子为了和她平等而故意行为不良,这可能是真的。现在母亲能够开始寻找方法来改善这种行为模式。

大多数父母认识到了孩子的行为是为了寻求关注。然而,儿童的动机常常可能会超出获得关注之外,咨询不能仅仅停留在这个水平上。咨询师必须准备去探索 Dreikurs 和 Soltz(1964)所提出的四个行为不良的目标,即关注、权力、报复和退缩。等到父母寻求咨询师帮助的时候,通常孩子行为不良的目标已经超出了寻求关注之外,发展成了权力斗争、报复或者退缩。

咨询师可以通过父母关于孩子行为的描述来获得线索,确定孩子的目标。如果一位母亲说她的儿子使她感到非常生气以至于她会在气极了的情况下"猛力摇他,而忘了停下来"或者"我真想抓住那个小子并且掐死他",这时,她可能正和孩子进行权力斗争。那种说"他故意和他堂妹们打架,让我不安"或者"她看起来只会做麻烦我的事"的父母,可能成为孩子报复行为的目标。那种来找咨询师,并说"我放弃了,我真的再也不能影响他了"或者"我对付不了她,我所做的一切都得不到任何反应"的父母,可能正体验着孩子对需求得不到满足的反应。

在已经成功发展了关系,洞察了父母怎样看待孩子,探索了一些孩子可能的行为目标后,咨询师和父母便开始准备进行第四个步骤。

(四)帮助父母共情

第四步是很重要的一步,因为在这个水平上,父母开始获得关于孩子怎样感受的洞察力。父母虽然已经开始默默地探索孩子可能会从他们那儿需要什么,但是直到第四步,咨询师才真正会帮助父母与孩子建立共情并获得相互理解。

引导:有时如果想象回到我们自己的童年,就很容易明白孩子的感受。如果你愿意的话,请告诉我一点关于你自己成长的事情。

当父母谈论他们的孩子时,常常回到他们自己的童年时代。如果这种状况发生,咨询师可以引导如下。

例1

母亲:我父亲过去常常打我,如果我没有按他所说的那样做的话……不只是象征性地打屁股,而是真的打我。我想他真的会失去控制。

咨询师:当你约束你的孩子的时候,你感觉你能控制你自己吗?

例2

母亲:我祖母抚养了我,她从来不让我离开家。她从不给我钱花或者告诉我关于男孩的事……我想她是怕我会怀孕。

咨询师:当你考虑你和自己女儿的关系时,你会怎样说?你和你的祖母有什么不同?

咨询师需要给父母一个反映他们和自己的父母交互作用的机会。因为父母的行为可能被当作榜样,许多成年人发现自己重复着某些与他们父母相同的相互作用模式,而这种模式是当他们还是孩子的时候就很不喜欢的。

下面以咨询师与小杰母亲的对话,说明怎样帮助父母获得对亲子关系的洞察力以及鼓励他们探索对自己童年的感受。

咨询师:记得有一次你告诉我小杰擅长美术?

母亲:通常,当他画某些东西而我告诉他画得好的时候,他应该,他应该坚持画画并且多练习,这样他才能够变得……噢……更好。

咨询师:你觉得他从来没有达到过你的期望吗?

母亲:我从来没有真正想过这件事,直到刚才你对我说的时候,但是我总是对他那样做。我说"这是好的,还需要继续努力,这样你才会画得更好"。

咨询师:所以他觉得你从没为他的作品真正高兴过。

母亲:不,我从没真正想过这个问题,直到刚才……嗯,其实,那是我父亲过去也对我做的事情。当我们把成绩单带回家,他常常说:"噢,好的,但是你应该考得更好!"

咨询师:你对得不到你父亲的赞许感觉怎样?

母亲:不是很好,真的……噢,我真该死……我从没真正想过那个问题,但我却总是那样对小杰。

咨询师:你认为那使他感觉失败?

母亲:是的,可能是的。他尽他所能画好画,而我总是说:"噢,你应该做得更好。"我曾对他的成绩单也做过同样的事:"还好,不过你应该做得更好。"我知道,一次我妈妈听到我这么说的时候,她对我提到过。她说:"你知道,当你父亲那样对你说的时候,你过去常常感觉如何?"

在这一点上父母已经有机会表达他们的感受,探索孩子行为可能的目标,检查亲子关系,发展一些对孩子感受的理解。现在如果有任何积极的改变发生,必须帮助父母认识和确立孩子个性的积极方面。

(五) 强调孩子个性的积极方面

第五步,咨询师帮助父母强调孩子个性的积极方面。多想想孩子的长处,而不是他的弱点,对某些父母来说会是个挑战。很长时间以来,父母的注意力已集中在孩子所有做错的事情上,很少有时间去注意到孩子行为的积极方面和使孩子在家庭中受喜爱的方面。许多时候,父母必须在充满耐心和鼓励的咨询师的帮助下才能重新发现这些。例如:

引导1:告诉我你喜欢小杰什么。

引导2:假设你会说"我为小杰感到自豪,因为 ……",你会怎样完成这个句子?

通常,给出引导2之后,父母会停顿很长时间,然后说:"我不知道。"可以多给父母一些时间考虑怎样回答。父母可能因为许多原因而为孩子感到自豪,但是太多的注意用于孩子的消极方面,而不能马上做出回答。如果父母诚实地说"没什么",咨询师可能会要求父母发现孩子的一些积极的事情。以下咨询师和小杰母亲的会谈就是一个例子。

咨询师:假设你会说"我为小杰自豪,因为……",你会怎样完成这个句子?

母亲:嗯……我猜我不能。

咨询师:因此,此刻,你没有什么为小杰感到自豪的。

母亲:也不真是……

咨询师:如果你要开始发现些什么,你将会从哪儿开始?

母亲:嗯……我会从哪儿开始,在我和小杰之间发现点什么呢?噢,可能我必须尽力发现他身上某些好的东西,只培养好的方面而不是……你知道……嗯……我真的不知道……

父母经常通过指出消极行为的减少而不是通过使孩子个性的积极方面更为明显来表达对其孩子的自豪。"他打扫干净了他的房间而我只提醒了他两次"或者"她今天没和她的伙伴打架",是聚焦于消极行为减少的评价的例子。相反,强调孩子个性积极方面的陈述可能包括:"她无论走到哪儿都带着微笑"或者"他非常乐于助人且对人友好"。

对父母来说,集中注意于孩子个性的积极方面,并且把孩子作为一个有价值和受尊敬的有自己权利的人,常常是很困难的。这种困难可能是由于以下两个原因中的一个引起的。第一,父母没有把孩子作为一个明显独立的人来看待,而只是当作孩子,更多的是看到孩子的问题行为和行为不良。第二,父母常常被孩子的问题行为所压倒,并且成为亲子关系的全部中心。在案例中,咨询师可以帮助父母把注意力集中在孩子个性的积极方面,正如下面的例子。

母亲:我为小杰自豪,当他好的时候……当他在做被期望的事情的时候……
咨询师:当小杰服从你的时候,你为他自豪。此外,你有为他的成功感到自豪的时候吗?

尽力使父母把孩子看作有优点同时又有弱点的一个有明显个性的人,在这其中,集中注意于孩子的长处是很重要的。咨询师可以让父母先集中注意于家中其他孩子的长处,引出反应如"他是友好的","我们喜欢用同样的东西",或者"她是个很有幽默感的人"。然后咨询师能用这些评语引导父母回来,把注意力集中在这个孩子的可能有的无论什么样的长处上。

在这里,还是需要强调那个基本假设,即无论是孩子还是父母都是一个好人,只是两者间的相互作用阻碍了父母看到孩子的长处,孩子也因此而看不到父母的长处。在这个咨询会谈的例子中,小杰的母亲对他的扰乱行为的感觉已经变得如此先入为主,以至于她已经看不到他的任何长处。在这一点上,咨询师能够协助父母发现孩子的长处,以便于改善亲子关系。

(六) 改善亲子关系

"在我和小杰之间建立些什么样的关系"是第六步切实要做的。父母(在这个案例中是母亲)试图系统地阐述他们能够改善亲子关系的一些方法。父母必须决定采取什么步骤重建和孩子之间的健康关系。以下是咨询师与小杰母亲会谈的另一段摘录。

咨询师:你认为你能发现某些小杰做的使你自豪的事吗?
母亲:噢,我想我可能可以。
咨询师:那是什么?
母亲:呃,从现在开始,直到养成习惯,我可能必须经常提醒自己为他自豪,或者提起他所做的某些好的方面。我只是不习惯这样做。
咨询师:如果你开始发现他某些好的方面而且为他自豪,你会怎样做?
母亲:搂着他,并告诉他,他做了一件多么好的事情。
咨询师:你认为这是他需要的吗?
母亲:是的,我想比物质奖励更好,他需要这个。
咨询师:他父亲对他有什么发现?
母亲:他们花时间一起建造东西。他父亲比我发现得更多,他带给小杰更多。他并不是个非常敏感的人,但是他的确提起小杰做得好的东西,我都没那么做。
咨询师:你没有提起小杰做得好的事或者和他一起做事的习惯。如果你想打破这些旧习惯,你认为你会花很多的意志努力吗?

母亲:是的,我必须真正努力。

咨询师:你认为这值得努力吗?

母亲:噢,是的,当然。我真的考虑过很多,这的确困扰了我,以前从没有任何人与我真正谈论这个问题。

如果父母承诺用几个星期或者更多的时间改善亲子关系,他们可能在与孩子互动的方法上开始渐渐改变。这些态度和行为上的积极改变将可能导致交流和理解上的提高。一旦这些改变发生,孩子的行为常常就会有很大的改变。在小杰的个案中,小杰母亲能够帮助小杰感受到被接纳和自己是有价值的,从而使小杰大便失控的问题得以最终消失。

本章小结

父母咨询是父母和咨询师共同为了孩子而平等地进行互动的合作过程。正像本章所描述的一样,父母咨询不只是传统意义上的咨询,它并不是简单帮助父母解决他们的个人问题(婚姻或者调适问题),而是旨在增强孩子的全面成长和发展,通过加强亲子关系减少问题行为,提高父母与孩子间的积极交流,并且培养父母教养儿童的技巧和信心。阿德勒方法认为,儿童的行为不当有四个目的:注意、权力、复仇和退缩;家庭在儿童的健康成长中具有重要影响作用,包括儿童在家中的地位、家庭氛围等这些都对儿童的行为产生重要影响,因而谋求父母的帮助进而引起家庭动力的变化是儿童治疗的一个重要部分。父母咨询过程包括了建立关系、行为动力学评估、咨询过程的洞察、重新定向等四个阶段。咨询技术包括倾听、对感受做出反应和表达共情、直觉猜测、澄清、面质、释义和鼓励。

本章呈现的咨询模型是帮助父母用积极而不是消极的方法来影响儿童行为的一种有效策略。在这种方法中,目标是为父母提供共情、理解和支持,促使父母发现和孩子建立良好关系的新方法。亲子关系的积极变化往往可以成为他们之间更加积极交流、解决相互问题的新的技巧,也是父母改善情绪体验的结果。所有咨询实践者都应该尽可能让父母参与儿童治疗,这包括为父母提供机会探索他们和孩子之间的相互作用、解决当前的问题以及预防未来的问题。咨询师可以帮助父母获得倾听、交流和鼓励孩子的技巧。除了提供帮助和鼓励之外,咨询师还能够促进父母获得自尊。这种自尊的增强和自信的提高对父母、孩子、家庭都会产生非常有益的影响。

拓展数字资源

【延伸阅读】

如果对儿童厌学的父母治疗感兴趣,可进一步参考:

Kearney,C. A. ,& Albano,A. M. (2010). 孩童厌学:治疗师指南/父母自助手册. 彭勃,等译. 北京:中国人民大学出版社.

如果想了解 NLP 理论下的父母咨询,可参见:

Bartkowiak,J. (2010). NLP for Parents. MX Publishing.

更多内容请扫描二维码,见拓展数字资源:

1. 2 分钟动画说清楚什么是父母效能训练 P. E. T(来自腾讯视频)

2. 孩子最喜欢的玩具简介(来自抖音视频)

3. 大树鸟巢画促进亲子关系和谐发展(田芷,陶新华)

4. 沙盘游戏技术在家庭教育中的渗透和干预(王金玲)

5. 正念教养在儿童养育中的应用(王天竹,张野)

6. 浅谈幼儿家庭教育——做好孩子的第一任老师(马爱萍)

【推荐书籍】

岸见一郎. (2018). 不管教的勇气——跟阿德勒学育儿. 渠海霞,译. 昆明:晨光出版社.

包丰源. (2016). 孩子的问题都是父母的问题. 吉林:中华工商联合出版社.

简·尼尔森. (2016). 正面管教. 玉冰,译. 北京:北京联合出版公司.

鲁道夫·德雷克斯,等. (2015). 孩子:挑战. 甄颖,译. 北京:生活书店出版有限公司.

马歇尔·卢森堡. (2009). 非暴力沟通. 阮胤华,译. 北京:华夏出版社.

McNeil,C. B. ,& Hembree-Kigin,T. L. (2011). Parent-Child Interaction Therapy. New York:Springer-Verlag New York Inc.

Riley,D. (2001). The Depressed Child:A Parent's Guide for Rescuing Kids. Lanham:Taylor Trade Publishing.

Sells,S. P. (2007). 如何对待问题青少年:以家庭为本的 15 步治疗指南. 韩晓燕,译. 上海:同济大学出版社.

思考与实践

1. 儿童的行为不良可能会有什么样的目的?
2. 父母教养方式对儿童心理和行为的影响有哪些?
3. 父母咨询包括哪几个阶段?其咨询技巧有哪些?
4. 请根据本章所学的内容为一名问题儿童设计一套父母咨询方案。

参考文献

岸见一郎.(2018).不管教的勇气——跟阿德勒学育儿.渠海霞,译.昆明:晨光出版社.

郭永玉.(2007).人格心理学导论.武汉:武汉大学出版社.

简·尼尔森.(2016).正面管教.玉冰,译.北京:北京联合出版公司.

蓝晓倩,邹仪瑄,朱天晨,等.(2019).中学生自杀相关行为的特征与亲子依恋的关系.现代预防医学.46(23),4305-4309.

马歇尔·卢森堡.(2009).非暴力沟通.阮胤华,译.北京:华夏出版社.

赫根汉.(1986).人格心理学导论.何瑾,冯增俊,译.海口:海南人民出版社.

全国22个城市协作调查组.(1993).儿童行为问题影响因素分析:22城市协作调查24013名儿童少年报告.中国心理卫生杂志,(1),14-16,47.

施学忠,吴敏,陈姜,邓广赟.(2002).家庭教育方式与儿童青少年的心理问题.中国学校卫生,(2),17-18.

张迪,白春玉,刘番,周芳.(2004).儿童行为问题与家庭环境的相关分析.中国学校卫生,25(6),671-673.

郑晓边.(2004).儿童异常发展的整合干预.中国特殊教育,(7),47-51.

Ammerman, Seth D. (2018). Counseling Parents and Adolescents About Marijuana. American Family Physician,98(2).

Carkhuff, R. R. (1969). Helping and Human Relations: A Primer for Lay and Professional Helpers (Vols. 1 & 2). New York: Holt, Rinehart & Winston.

Dinkmeyer, D. C., Pew, W. L., & Dinkmeyer, D. C. Jr. (1979). Adlerian Counseling and Psychotherapy. Pacific Grove, CA: Brooks/Cole.

Dinkmeyer, D. C., Dinkmeyer, D. C. Jr., & Sperry, L. (1987). Adlerian Counseling and Psychotherapy (2nd ed.). Columbus, OH: Merrill.

Dreikurs, R. (1958). The Challenge of Parenthood. New York: Meredith.

Dreikurs, R., & Soltz, V. (1964). Children: The Challenge. New York: Hawthorne Books.

Dreikurs, R., & Grey, L. (1968). A New Approach to Discipline. New York: Hawthorne Books.

Egan, G. (1994). The Skilled Helper: A Problem-management Approach to Helping (5th ed.). Pacific Grove, CA: brooks/Cole.

Farber Jon Matthew. (2010). Autism, Cognition, and Parent Counseling. Journal of Developmental And Behavioral Pediatrics, 31(4): 341-342

Glenwick, D. S., & Mowrey, J. D. (1986). When Parent Becomes Peer: Loss of Intergenerational Boundaries in Single Parent Families. Family Relations, 35(1).

Joseph-DiCaprio Julia. (2010). Counseling Parents of Difficult Adolescents. Minnesota Medicine, 93(9).

Newman, Jody L. (1993). Ethical Issues in Consultation. Journal of Counseling & Development, 72(2), 148-156.

Orton, G. L. (1997). Strategies for Counseling with Children and Their Parents. California: Wadsworth Publishing Company.

Pages, R. W. (1948). The Challenge of Parenthood. Journal of the American Medical Association, 137.

Roberts, R. N., Wasik, B. H., Casto, G., & Ramey, C. T. (1991). Family Support in The Home: Programs, Policy and Social Change. American Psychologist, 46(2).

Rogers, C. R. (1992). The Necessary and Sufficient Conditions of Therapeutic Personality Change. Journal of Consulting & Clinical Psychology, 60(6), 827.

Rogers, C. R. (2007). The Necessary and Sufficient Conditions of Therapeutic Personality Change. Psychotherapy Theory Research Practice Training, 44(3), 240-248.

Sherman, R., & Dinkmeyer, D. (1987). Systems of Family Therapy: An Adlerrian Integration. New York: Brunner/Mazel.

Schaefer, C. E., & Briesmeister, J. M. (1989). Handbook of Parent Training: Parents as Co-therapists for Children's Behavior Problems. New York: John Wiley & Sons, Inc.

第十章
以子女为中心的家长小组

【本章导读】

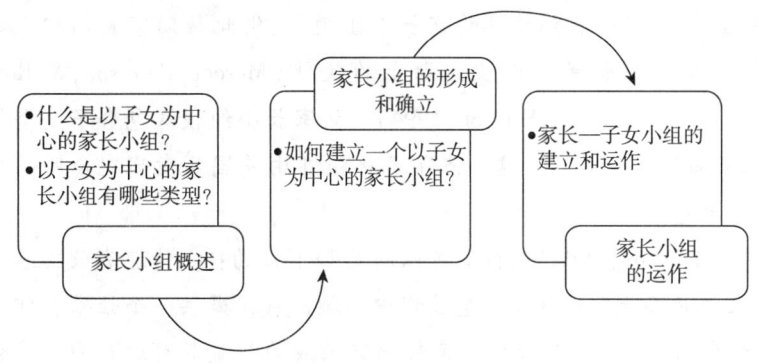

第一节　以子女为中心的家长小组概述

一、背景介绍

阿德勒对发展专业的家庭咨询与教育模式起到了很大的影响作用,他于1922年建立了第一个以子女为中心的指导诊所,开始他的研究。到1930年,分布在欧洲的32个诊所开始使用这一教育成果作为预防和治疗的手段。后来,另外一位心理学家鲁道夫·德雷克斯(Rudolf Dreikurs)发展了阿德勒的研究成果,开始在家长讨论小组中推广使用一些相关的教育范例和书面材料。

早期家长讨论小组的参加者往往是母亲,当时的小组有结构性的,也有非结构性的。第一个阿德勒式的家长讨论小组使用了结构性的模式来安排课程,它主要是一些建立在阿德勒和德雷克斯研究成果上的户外阅读。与此相反,由美国儿童研究会主办的母亲讨论小组使用的是非结构性的模式,这种模式可以"使成员彼此学习和分享各自的问题与经验,从而使参加者们获得广阔的知识背景,以便他们能够更好地反观自己的孩子以及他们自身"(Freeman,1975)。

鲁道夫·德雷克斯

结构性家长支持小组和非结构性家长支持小组

结构性家长支持小组是20世纪八九十年代实践者们发展的一种结构性的家长小组模式,借此帮助家长们相互之间成为子女教育成长问题上的伙伴(Mercer, Peterson, & Ross, 1988; Miller, & Hudson, 1994)。该家长小组模式包含了一个最重要的特征,即家长间的经验分享。这一点早已根植在由美国儿童研究会所倡导的母亲讨论小组的思想中。

Miller 和 Hudson(1994)的模型可以满足如下目的:① 传递有效信息和提供切实的建议来帮助家长面对养育儿童过程中的挑战;② 提供一个让家长相互分享信息与经验的场所;③ 提供有效信息来帮助家长成为儿童教育过程中的伙伴。家长每月聚会一次,先听一个嘉宾的简短演讲,然后根据各人情况分成更小的组,家长提出建议并挑选下一个月的议题。通过这种模式,家长支持小组在帮助那些在学校有问题的孩子及缺乏养育能力的家长方面卓有成效。

非结构性家长支持小组从成立一开始,培训就是家长支持小组的基本特征。然而,仅仅知道孩子在某个特定阶段的需要,以及教会家长如何去满足这种需要并不足以改变他们的行为。尽管培训可以解决某一问题,但新的需要及其满足条件会产生变化,家长就像其他人一样,需要有外部压力来促成改变,去适应变化。这样家长就需要来自外界的帮助来使他们改善与子女的关系,可以说,这种改变的氛围是非结构性家长支持小组的特征。

本章我们将重点介绍非结构性家长支持小组,它被用来满足小组参与者的不同需要。每个星期谈论的话题都来自于上一个星期的讨论内容和家长及孩子们的需要。这种小组没有结构性的课程,协助者不发布指示或者演讲,不提供阅读建议也不布置家庭作业。取而代之的是提供家长间相互交流的机会,这种交流可以使家长们探讨家长与子女之间的关系以及决定改善和加强什么。在这样一个温馨和相互认同的环境里,小组成员可以把他们的想法付诸实施。小组鼓励家长珍惜和改善他们与子女之间的关系。

长期以来,家长小组主要教育和训练家长们如何更有效地促进孩子们的积极行为。现在,有三种基本的家长小组教育模式被咨询师用在不同人数的咨询环境中,这三种模式分别是:阿德勒治疗——这个研究成果后来又被 Dreikurs 和 Soltz(1964)以及 Dinkmeyert 和 Mckay(1976, 1983)所发展;人本主义治疗——这个研究成果奠定了家长高效培训小组技术的基础(Gordon, 1970);行为治疗——这个研究成果主要依赖于斯金纳对操作性条件反射的诠释。比较发现,在治疗结果和改进的程度方面,这些不同类型的家长小组存在着明显的差异。研究者们发现,在小组活动过程中,有必要了解家长对自我的感知以及家长抚养子女的实际情况。除此之外,还需要了解家长对子女成长的知识究竟知道多少,以及他们如何把这些知识运用到与子女的相处中去。特别需要强调的是,这种家长支持小组能否成功,关键在于家长是否能够积极参与以及小组设计能否满足家长的兴趣、需要和目标(Dembo et al.,1985)。尽管这三种模式的定位各有千秋,所强调的重点也各不相同,但却有着一个共同的目标,那就是"帮助家长鼓励孩子积极行为的养成"(Croake,& Glover,1977)。

二、理论基础

如上文所述,阿德勒治疗、人本主义治疗和行为治疗是三种基本的家长支持小组教育模式。同时,这三种模式所蕴含的阿德勒理论、人本主义理论和行为主义理论亦成为以子女为中心的家长支持小组的主要理论基础。

阿德勒治疗 阿德勒理论重视家庭中的亲子关系,认为包括儿童在内的社会个体都是"朝着完成目标以获得独特身份和归属的方向前进"(Dinkmeyer, Dinkmeyer, & Sperry,1987),如果父母没有认识到这一点,则会导致孩子的各种问题。因此阿德勒重视对父母的教育,而他也对发展以子女为中心的家长支持小组这种家庭咨询与教育模式产生了重要影响。

之后,该模型被 Dreikurs 和 Soltz 进一步发展,他们主要是运用一系列的课程来帮助家长更好地了解他们的孩子,探究孩子是如何思考的,并努力去理解孩子的动机与行为。在这些小组中,家长往往需要做一些拓展阅读,这些阅读的作用是为以后的讨论准备一些论点。被使用最为广泛的"阿德勒家长教育计划"是一种系统的高效养育训练,后来 Dinkmeyer 和 Mckay 进一步发展了这种计划。这种严谨的系统计划使用了很多阿德勒式的概念,例如主动性倾听和传递"我是……"的信息等。

系统高效养育训练小组建立在一个三步骤过程之上。在这个过程中,家长们分享新观点,并在小组中去实践这些想法,以此来锻炼具体的技巧,然后在家庭里使用(Dinkmeyer,Dinkmeyer & Sperry,1987)。参与者通常会获得家长手册、讨论指导卡片和训练用的录音带。

人本主义治疗 人本主义治疗思想源自于20世纪60年代兴起的人本主义心理学。人本主义心理学诞生之初,就主张研究人的本性、潜能、价值、创造力和生命意义,对人性持积极、乐观的看法,认为人的本性之中蕴含着无限的潜力。在此基础上,人本主义心理学家卡尔·罗杰斯(Carl Rogers,1902—1987)将人本主义心理学思想与心理治疗相结合,提出了"以人为中心"的心理治疗理论,即在心理治疗中要以来访者为中心,探讨来访者自身需要获得怎样的成长,而非治疗师觉得来访者应该得到怎样的帮助。该理论强调对来访者人格的尊重,心理治疗的目的不仅是帮助来访者解决问题,更重要的是帮助来访者获得个人成长,使他们充分挖掘潜能,进而更好地解决当前面临的以及未来可能遇到的问题。

20世纪70年代,Gordon(1970)基于人本主义治疗理论,将"以人为中心"的理念与阿德勒理论中的系统高效养育训练小组相结合,创立了父母效能训练(Parent Effectiveness Training,简称PET)。此后,Dinkmeyer 和 McKay(1976)进一步将该训练方法完善为父母效能系统训练课程(Systematic Training for Effective Parenting,简称STEP)。PET和STEP均提出,应该帮助父母们营造孩子成长的良好氛围,在这个氛围中,儿童不会被家长们实现狭隘的自我成就的愿望所干扰。小组强调家长间的诚实、彼此接纳以及开放式的交流。训练小组的成员定期在讨论课程中碰面,每个讨论课程大概3个小时。这种讨论和交流通常包括讲演、学习人际交往策略,例如主动性倾听、传递自我信息以及使用双赢策略解决冲突和进行协商,最终实现家长与儿童的双方面满意等内容。

行为治疗 行为矫正观点的支持者(Krumboltz,1972)相信:人们大多数的行为都是从他人那里习得的。家长和儿童在相互影响方面都扮演了重要的角色。家长为儿童提供了学习的氛围,并且建立了影响儿童行为的奖惩体系,孩子的行为表现则为家长的努力提供了反馈信息。行为主义倾向的家长教育计划包括对行为概念的回顾、社会性及非社会性强化、观察与记录过程,以及强化期望行为和弱化非期望行为的技巧(Dembo, Sweitzer, & Lauritzer, 1985)。

近年来,在儿童心理咨询与治疗实践中,传统的行为治疗越来越多地与家长、家庭因素相结合,家庭行为疗法(Behavioral Family Therapy,简称BFT)就是一个典型的例子。BFT源于美国的违抗儿童帮扶计划(Helping the Noncompliant Child,简称HNC)和亲子互动疗法(Parent-Child Interaction Therapy,简称PCIT)。其创始人Roberts(2008)指出,BFT要求父母(或儿童的主要照料者)与儿童共同参与干预项目,主要适用于2~7岁的儿童,适用解决的问题行为包括违抗(noncompliance)、攻击(aggression)、易激惹(tantrums)和说脏话(negative talk)四种类型。相比传统的行为干预,BFT要求父母共同参与,由父母或主要照料者对儿童发出指令并进行奖惩,其效果优于治疗者直接作用于儿童的传统行为疗法(张田,傅宏,2018)。以儿童为中心的家长支持小组亦是如此,在加入行为治疗的方法和技巧的同时,更加强调的是父母对于儿童的影响。

三、应用价值

以子女为中心的家长支持小组被用来改善家长与子女之间的关系。家长总是希望自己的孩子发展得尽可能好,为此他们鼓励孩子的积极行为,防范不良行为。对于已经碰到了一些问题的家长而言,小组为他们提供了一个彼此交流的机会,这种交流或许可以使他们发现解决问题的方法。

在小组中有关养育子女的正确观念得到鼓励,养育方式相对落后的家长可以向这方面做得比较好的家长学习。通过获得大量有效的养育知识,以及在这样一个温馨和互相关怀小组的支持下,家长们能够更好地扮演自己在生活中的角色。

家长小组的优点不仅在于能够减少费用支出和节约咨询师的时间,对于个体而言,还有更多的好处,以下是一些参与活动的家长列出的家长小组的优点。

第一,家长们有了一个场所讨论他们自己关心的问题。家长们一般很少有机会与其他家长交换意见,正因为如此,他们迫切需要一个场所来畅谈自己在养育子女过程中的酸甜苦辣,而在小组中,他们可以如愿以偿地找到倾听者、理解者和建议者。

第二,小组聚会提供了家长们分享经验的机会。与此同时,他们往往发现自己所碰到的问题常常也会出现在别人那里,这多少使他们感到有些宽慰。通过了解他人的经历,他们获得了对同一个问题不同的解决方案。

第三,通过这样一个形式,小组成员可以集体解决问题。在小组中,家长们交换看法并分享意见,在这里没有人给出权威的解决方案或评判他们的不足,取而代之的是在相互支持氛围下的分享、学习以及行动。在这里咨询师仅仅充当助理的角色而不是教师。

第四,通过参加小组,家长们彼此分享快乐。家长小组提供了参与者接触社会、互相学习和寻找快乐的机会。除了在小组中获得安慰与支持之外,每个成员都因为相互的参与而备感欣慰。在这里,家长们开诚布公地交流自己的思想,每天都能感受到愉快的氛围,这一切使得小组活动更加令人身心舒畅。

第五,小组有助于成员成长。小组聚会提供了家长们接受帮助及帮助他人的机会,在帮助他人的过程中,家长们的自信得到了增强,当自信与新获得的见解同时增强时,家长通常会在与子女的相处中表现出一些可喜的变化,这些变化最终会改善孩子们的行为。

近期的两项元分析研究也进一步验证了家长训练对于改善儿童行为的作用:其中一项研究指出,家长训练有助改善多动症学龄前儿童的行为问题(Rimestad, Lambek, Christiansen, & Hougaard, 2016);另一项研究发现,有效的家长训练能够解决青少年药物滥用的问题(Allen, Garcia-Huidobro, Porta, Curran, & Borowsky, 2016)。除了改善常见的行为问题外,一些研究还指出,家长支持小组有利于孩子一些躯体和精神疾病的解决或改善。例如,Shelton 等人的研究显示,小组有助于肥胖儿童降低体重指数和能量摄入量(Shelton, Gros, Norton, Stanton-Cook, & Masterman, 2008);Openden 和 Koegel(2005)将小组训练运用到自闭症儿童的家长教育中,他们将小组称为团体父母教育工作坊(Group Parent Education Workshop)。研究显示,经过小组活动,孩子在对父母命令的执行、积极情绪的表达、功能性口语表达等方面都有了改善;Hagenah 及其同事的研究则显示,对于患有厌食症和暴食症儿童的父母,小组活动可以帮助他们应对孩子的饮食障碍(Hagenah, Blume, Flacke-Redanz, & Herpertz-Dahlmann, 2003)。

第二节 以子女为中心的家长支持小组的运作

一、以子女为中心的家长支持小组的形成

组建一个成功的家长支持小组,咨询师首先要设定小组的目标,并且要了解参与者的需要,评估成员对小组的贡献,要让每一位家长伴随着小组的发展而获得帮助。咨询师表现出的热忱、积极的态度以及勇于承担小组义务的责任感都会给成员一个良好的印象。对小组而言,成功最关键的一点就是要相信每个成员都有能力做好家长。具体而言,在小组形成的过程中,需要关注以下几个问题。

(一)设定家长小组的目标

设定小组的目标对于一个成功的家长支持小组是十分必要的,通过一系列与家长的非正式交谈可以做到这点。许多在教养子女方面有问题的家长通过与咨询师的单独交流告知了他们的需求,还有许多家长渴望从小组中获得支持和帮助,即使是没有碰到任何子女养育问题的家长也希望通过小组进一步加强他们与子女的关系。

一旦小组成员开始碰面,咨询师应该帮助他们明了自己究竟想从家长支持小组中得到什么。开始的时候,有些家长的确不知道说什么,但随着小组的发展,他们开始互相信任,开始互相讨论他们的困惑。通过假想的家庭情境,咨询师可以帮助家长们深入思考这些困惑,这种假想的家庭情境能极大降低家长们的恐惧感。当他们有足够的信任感时,他们就开始敞开内心,进行自我探索,从而能够更清楚他们想要解决的问题,小组的目标也将随之被设定。

(二)确定家长需求

咨询师可以通过倾听家长跟子女的谈话来进一步明确家长们的需要和目标。每个家庭的需要和关注点会因子女的年龄、发展水平、家庭中孩子的数量、家长承受的压力类型、是否是单亲家庭而不同,甚至家长的年龄对此也有很大影响。但在当今越来越多的单亲家庭中,会存在一些类似的但又不同于其他普通家庭的问题。因此在组建家长小组的过程中应当首先充分考虑那些被家长们关注的需要,以便于日后满足这些需要和达成某些目标。

通过与家长进行一些非正式的交谈,咨询师可以获得更多家长关注的问题。这些问题可以合并在一起写入假想的家庭环境中,这样家长们就可以把精力集中在咨询师提供的问题上,而非仅仅局限于自己的问题,通过这种方式,家长们也不一定对自己的

问题非要有充分的准备才去分享一些共同的话题。

(三) 建立家长小组

邀请小组成员 一般来说,大多数的家长是带着自己的问题自愿来参加家长小组的,但也有些与孩子有很好沟通经验的家长是受私人邀请而来参加的,这些邀请可以由家长自己设计。他们通常很乐意帮助一个忙碌的咨询师去进行邀请。通过设计邀请、书写信封和准备会议甜点,成员们越来越深入地参与到小组中来,这种参与对于小组和整个指导计划都非常重要。

了解成员类型 以子女为中心的家长支持小组成员包含了有着不同年龄、道德背景、宗教信仰和社会阶层的成员。它既需要那些与孩子有很好沟通交流的家长,同时也需要那些希望改善与子女关系的家长;既需要外向开朗的家长,也需要内向安静的家长。这种小组应该是整个社会的缩影,它应该尽可能地包含不同类型的家长。以下是应该包含的家长类型。

(1) 试图改善与子女关系的家长。
(2) 单亲家长、继父母、收养家长、祖父母类型家长、其他监护人、保育型家长。
(3) 有不同年龄孩子的家长。
(4) 有着不同背景和宗教信仰的家长。
(5) 健谈的和不健谈的家长。
(6) 有不同幽默感的家长。

平衡小组成员 通过挑选成员可以很好地使小组获得平衡。这种平衡在小组建立以后会有助于小组的良好运行。一个均衡的小组内既包括与孩子有很好沟通交流的家长,也包括那些在养育子女过程中有问题的家长。这样的小组可以通过精心地设计避免使那些子女行为有问题的家长感到羞愧,同样也可以避免家长被贴上"无能"的标签。

平衡小组成员还有另外一个重要原因,那就是,如果我们只挑选问题孩子的家长来参加,那么在这个过程中,除了咨询师能提供一些建议外,他们别无选择。而一个能提供多种养育模式的小组,参与者可以彼此学习,各有收获。行为粗鲁的家长可以被优雅的家长所感染,家长的紧张情绪会被其他家长的幽默所缓解,刻板的家长会被轻松愉悦的家长所影响。通过这种方式,家长无疑会提高见识,丰富阅历。拥有不同年龄孩子的家长的参与进一步使小组的效果得到丰富和强化。母亲们可以在谈论孩子们成长过程中必经阶段的同时分享经验,并且可以充分地讨论她们在抚养过程中所遇到的共同问题。这一切都有助于缓解养育孩子过程中的恐惧和紧张。小组同样也有助于成员们彼此交换观点和看法,例如,一个年轻的母亲倾听完一个中年母亲所讲述的她在养育中的教训与心得以后,很可能就已经否定了她继母给她的对孩子进行严加管教的建议。

小组中那些健谈的、与人为善的成员往往能够使讨论变得更加轻松愉快。幽默感强的家长们可以使紧张焦躁的家长感到放松,能够缓解一些家长们经常碰到的焦虑和困惑。一个令人快乐和充满兴趣的小组可以帮助任何一个人,无论是咨询师还是家长都能通过相互学习与分享获得成长。

总而言之,精心设计的小组可以突破各种壁垒,让有着各种各样生活及养育观念的家长走到一起来分享他们的经验。一个运行良好的小组,无论生活背景如何,家长们都会彼此理解、相互接纳,一个卓有成效的小组可以使家长在把孩子培养成一个幸福、健康、快乐和有能力的成人过程中也体会到他们自身的价值。

确定小组类型 按照小组成员的流动性,家长支持小组通常可以分为相对开放的小组和相对稳定的小组。那些开放的小组允许成员随意出入,这样的小组通常是一些代理机构,在那里,委托人总是在改变。必须强调的是,在以子女为中心的家长支持小组中,经过三次会面以后,小组成员必须相对稳定。因为当一个小组成员已经彼此建立信任关系和有了凝聚力时,突然加入新成员会引起其他成员情感上的波动,有可能让小组重新回到起点。因此,应该极力避免在经过三次等一系列会面以后又介绍新成员加入小组。

(四)确定家长支持小组的规模

通常咨询师开始召集人员的时候需要大约20位家长,当然如果咨询师根据需要认为人少点更好的话,人数也可以降到8~10位,同时人数也取决于咨询师工作的总体人数,以及他正在进行个体咨询的家长数。因为小组主要被用来帮助家长们获得更多来自其他父母关于孩子养育方面的信息与支持,小组在开始的时候人数会比较少,但随着小组的良好声誉传播开来后,更多的家长会要求在下一次活动时加入。

(五)明确家长支持小组开始和结束的时间

通常最好注明小组开始与结束的日期,这样参加者就很清楚他们参加小组的确切时间长度。家长小组一般需要8~10周,当然,基于小组目标的不同,时间也会有较大的灵活性,学期可以少至8周,也可以长达12周,具体多少周受到家长与咨询师的目标以及时间的限制。许多咨询师,特别是高校的咨询师们,需要开设很多课程才能够满足那些蜂拥而至的家长。

家长支持小组会议每次至少应持续两个小时,可以在晚上,也可以在白天。有一些咨询师一天开设两个班,白天一个,晚上一个。但严格说来,不鼓励晚上开班,主要是考虑到安全因素和合同方面的问题。小组活动通常在教室里进行。

小组讨论结束以后,各小组总结,然后聚集在一起进行大组讨论,在结束时通常会给家长们提供一些咖啡和甜点,以便他们在回家之前进行一些社交活动。

会议讨论的时间长度取决于小组自身以及咨询师的安排,不过,咨询师最好能安排一个固定、准确的时间,这样方便家长们安排。当然也可以有一些灵活性,比如每周安排的时间可能有细微的变动。

二、以子女为中心的家长支持小组的确立

咨询师与家长们在讨论成立一个小组时,首先一项重要的任务是要让家长知道他们的积极参与和支持对于小组而言是至关重要的。对于咨询师而言,他们可能并不知道每一个孩子问题的解决方案;对于复杂的亲子关系,他们也并非完全了解。在这种情况下获得家长的支持就变得十分重要。为了达成这个目的,咨询师要习惯于仔细倾听家长们的讨论,特别是当家长们在谈论他们孩子的时候。

在倾听的过程中,咨询师不仅要倾听那些有问题子女的家长的谈话,同时更要仔细倾听那些"乖孩子"的家长的谈话。按照 Dreikurs 和 Soltz(1964)的看法,所谓的"乖孩子"通常有良好的忍耐力,懂得尊重他人、为人谦恭、愿意分享,有切实可行的人生目标及良好的个人自律。和"乖孩子"的家长进行交谈,有助于帮助咨询师和其他家长了解究竟哪些变量是良好亲子关系的关键要素。

可见,在家长支持小组的活动中,咨询师的主要任务在于让所有家长都能参与到小组规划中,这样他们就会变成一个紧密的团体。为此,以下三点要素是在确定小组的过程中必须考虑的。

(一)创造有利于成长的氛围

首先,小组必须努力营造成员之间彼此认同的温馨氛围,这将有助于他们在小组发展过程中的关系变得更加紧密。咨询师可以通过示范营造这种认同的氛围,一个平等对待小组成员的咨询师,可以营造友好的氛围,这种氛围在小组中会蔓延开来。随着时间的推移,家长们变得彼此认同。即使彼此背景不同,他们也会彼此信任。如果咨询师把他们看作朋友,而不是病人或来访者,主动关心他们,小组就会得到长足的发展,咨询师本人也将有所收获。

建立信任对于小组持续性发展至关重要(Corey,1995),因为如果没有建立信任关系,家长们就不会袒露心声,也不可能在小组中深入探讨关于与子女相处的问题。咨询师通过某种建构使家长们建立这种信任关系。良好的氛围通常可以使家长们感到安全,从而可以袒露内心深处的想法,而不必担心自己是否会受到同伴的诘难。

(二)确立小组行为准则

在小组会议之初,必须明确一些基本的行为准则。著名心理学家阿德勒假设的四条基本准则,有助于家长探究孩子的行为以及检讨他们与孩子相处的方式,内容如下。

(1)孩子的行为具有目的性。

(2)当孩子必须通过努力才能获得家庭的认同时,他们经常用一些不礼貌的行为来达到目的。

(3)成人的行为很大程度上影响着孩子。

(4) 行为是可以改变的。

个体咨询师按照某种理论来构建小组，在以子女为中心的小组中，以上四点（Dreikurs,& Soltz,1964）被用来解释孩子的目标和他们对问题的抗争。伴随着小组发展，以及随着家长们不断谈论这种开放的假想的家庭情境的过程，这几点原则会越来越凸显出来。因此，咨询师并不需要特意去教家长们怎样做。

（三）设定小组的规则

设定小组规则的目的是建立信任，保护小组成员。在小组开始建立时，可以以口头方式非正式地传达这些规则，并适当地解释，帮助小组成员明确知道他们被期望有什么样的行为。咨询师必须遵守职业道德，保证不泄露任何关于小组讨论的信息。

以下是小组管理的规则。

（1）小组成员必须明确不得向组外人员泄露有关信息，即使是小组讨论中成为知己的人也不例外。

（2）小组是用来改善亲子关系的，而不是讨论如何改善教师的，因此，如果家长有这方面的需求，请告知其应该在另外的场合与教师沟通。

（3）小组目标中不包括对学校、社会等问题的讨论。

咨询师及其助理必须贯彻执行这些规则，使其在小组中得到足够的重视。这并不意味着需要逐字逐句读给家长们听，而是在非正式场合谈及。咨询师应该使家长们深刻体会到，只有通过遵守这些基本原则，且参与者知晓无论他们说什么都会被保守秘密，才有可能建立那种真正意义上的自由交谈。咨询师同样应该强调，家长可以在社区中和即将参加后续计划的成员谈论小组，激发他们对学校和指导计划的兴趣，但他们不得具体透露小组成员究竟说了什么。

咨询师有义务让小组成员明白：有些非常私人的问题只能在和教师或社会工作者单独的交谈中谈论，而不适合在小组中讨论。如果有家长开始谈论其子女的教师，其他的家长应该提醒谈论者注意上述规则，如果还不行，咨询师应该把话题引向更有建设性的方面。允许家长们将责任推向他人只会延缓他们自身和小组的进步。

三、以子女为中心的家长支持小组的运作

当小组发展到这个阶段时，大量重要的工作已经完成。家长开始参与小组规划，咨询师已经完成了需求评估，并且创设一些涉及具体问题的虚拟家庭情境。每对家长都通过指导在小组中扩展其私人邀请。咨询师也设定了不随便讨论教师的规则。咨询师与家长们伙伴式的相处带来了温馨的氛围和强大的凝聚力。在小组运行的过程中，下面一些问题仍需要关注。

（一）小组讨论的模式

就像早先提到过的那样，咨询师在召开第一次会议的时候，要努力建立一个温馨

的、彼此信任的环境,简短的介绍和非正式的交谈之后,咨询师把小组分成只有4~5个成员的迷你组,每个更小的迷你组应该是具有不同年龄和家庭养育模式的家长的混合体,它应该既有内向的也有外向的家长,既有富有幽默感的也有刻板的家长等等,迷你组的模式相对于大组有许多与众不同的特点。

(1) 当人数更少时,信任和凝聚力更容易形成。

(2) 对于那些安静和害羞的家长,在这样的小组中会有更多的机会交流。

(3) 在这样的小组中,解决问题需要每一个成员的参与。

(4) 在小组中,家长们更容易倾诉。

(5) 在小组中,每对家长都有机会给出意见和收到反馈意见。

小组讨论之后,家长们被聚合成一个大的组继续讨论,咨询师尽力推动这种大组讨论,鼓励家长贡献他们在小组讨论时形成的观点和看法。这种分享通常是在信任和凝聚力形成之后。当真正的信任关系建立起来后,家长们便开始倾向于谈论他们自己及子女而不是假想的家庭情境。这个时候,推动者可以通过大组讨论这种形式使讨论进一步深入,同时鼓励家长们彼此帮助,共同改善与子女的关系。

(二) 虚拟家庭情境

这种不加限制的虚拟家庭情境,有助于家长明确他们与孩子所处的环境,帮助他们为未来谈论自己真实的经历做准备,也可以帮助他们践行在小组讨论中学会的与子女相处的策略。

首先,咨询师写下家长们共同关心的问题的虚拟家庭情境,这个时候并不考虑年龄、道德观和社会背景。这些带有共同性质的问题可以激发绝大多数家长的兴趣而使讨论得以开始,同时不对任何人构成威胁。这些虚拟家庭情境有助于家长关心特定环境下子女的所思所想。而这些,有利于家长产生移情,进而有可能站在孩子的角度思考问题。虚拟家庭情境还可以帮助家长们设身处地地进行思考,进而阐发自己与子女相处的思路。比较乐观的结果是,这些观点最终会被付诸行动,从而使家长和子女可以用更积极的方式交往。伴随着讨论的深入,家长们的讨论逐渐从虚拟家庭情境向他们自身真实的经历和环境转变。

设定一个大多数家庭通常会碰到的虚拟情境无疑是小组会议开始的有效方式。这个过程有两个目的:首先,它可以有效降低小组成员之间的提防心,要知道,最初的几个星期是形成凝聚力的关键时期;其次,它使家长们明白孩子的成长必然要经历某种阶段。通常开始时比较好的主题往往和孩子自信的建立以及独立决断有关。下面就是一个有关建立孩子自信的虚拟家庭情境。

我知道我很笨!

丽丽的家长发现她总是避免做一些她兄弟姐妹能做的事情。丽丽总是觉得她什么也做不对,她告诉家长:"我知道我很笨。"每当遇到困难她就哭,这一切让丽丽的家长感到非常困惑,丽丽的母亲只好让她做一些简单的事情;每当丽丽因作业太难而哭时,她的父亲就去帮助她完成。

讨论:丽丽的行为告诉了我们什么?她家长的行为告诉了我们什么?碰到这样的孩子,你觉得该怎么做,请写下来。

用自信构建和自主决断作为开始的议题,第一个优点在于这是一个有普遍意义的人生经历。每一个人都曾在人生的某个阶段感到缺乏自信和不知所措。因此,谈论这些人生中会普遍遇到的问题,不像谈论其他问题一样会对谈话者构成威胁。第二个优点在于,当谈论这种环境中的小孩子时,家长们通常会加入自己的观点和情感。当家长们的童年感觉被唤醒时,他们开始用孩子的眼光来看世界了。这些讨论不仅使家长对孩子产生移情作用,也使小组成员相互产生移情作用。当家长们敞开心扉,他们会走得更近,渐渐变得很亲密。这种亲密可以使家长们同悲伤、共欢乐,随着小组讨论的加深,家长们最终可以直面自己的恐惧。

自主决断是小组经常使用的另外一个成长中常见的话题。这里有一个在虚拟家庭情境中关于自主决断的例子。

我该怎么办?

小凡是一个12岁的女孩子,她的朋友发现她几乎不能做任何决断。她总是追随他人的意见,不停地问妈妈:"我该怎么办?"小凡的母亲抱怨说:"她就像个婴儿。"在家里,小凡的妈妈总是为她做好一切,早晨起床要把衣服放在床头,早餐要准备好放在她的面前。小凡总是担心上学迟到,这让她的母亲非常烦躁。小凡几乎不能自己决断任何事情,她的妈妈说,"万一她上大学了,也许我也要去"。

讨论:小凡的行为告诉了我们什么?她妈妈的行为告诉了我们什么?家长应该怎样帮助像小凡这样的孩子?

家长们在讨论假想环境中的孩子时,总是以自己与子女的相处经历来表达一些有益的情绪和建议,这个时候咨询师应该鼓励他们从孩子的视角来思考问题,然后再提出有益的建议让小组讨论继续进行。

通常,如果时间允许,每次会议可以讨论两个问题。但是,由于自信构建和自主决断包含了大量的关于孩子成长的问题,不适合在一次会议中同时讨论。最好把这些问题放在一个宽泛的环境中,下面是一个例子。

范例的环境:人物——孙磊;问题——我无法完成老师的任务,我要放弃。

讨论:你如何理解孙磊的感受,孙磊的行为告诉了我们什么?

以下是一些关于孙磊的讨论。

家长1:他也许被弄糊涂了,我以前也有这样的经历。

家长2:他放弃是因为缺乏自信,我建议重建他的自信。

家长3:最基本的是,他没有自信并且为没有能力完成老师的任务而羞愧。

家长1:我能体会他的感受,对他而言,这简直太难了,真是个麻烦的问题,这个时候,你在情感上没有准备好,也缺乏自信。我想,他需要来自校方的帮助,以获得足够的自信,这样也许可以帮助他克服。

家长4:他应该获得更多的帮助来建立自信。

下面的对话是虚拟情境中孙磊对学校产生的沮丧情绪,最终变成了家长们讨论他们自己与子女关系的起点。

家长2:我想孙磊也许经常沮丧。

家长4:如果我们能让他情绪好点,也许任务对他就容易点了。

家长5:我有一个孩子也像这样,如果在家里有什么不对,到学校他就会胡思乱想。

家长3:这难道不是真的吗?我的孩子经常担心我们的经济状况。

家长2:如果孩子们因我们担心而担心,他们就会因我们高兴而高兴。

(三) 角色扮演

角色扮演是另外一种能有效帮助家长审视他们与子女关系的方式,伴随构建自信讨论的深入,咨询师可以安排一些角色扮演的场景,此举有助于家长对孩子产生移情作用。这种角色扮演通常在小组讨论之后的大组中进行。下面是一个范例。

目标:帮助家长理解孩子,尤其是当他们行动受挫时。

咨询师邀请一个志愿者,扮演一个搭金字塔的孩子,当扮演者在搭金字塔的时候,咨询师不提供任何指导、帮助和鼓励,取而代之的是,轻视当前工作,提出更高的要求,或是让整个过程变得令人困惑。

咨询师:这里有一些木块,假设你是一个10岁的孩子小杰,现在我要你搭建一个金字塔模型。

小杰:我怎么办啊?

咨询师:尽管做,又不难。

(小杰开始尝试)

咨询师:不,我不是让你做个方形。

(小杰重新尝试)

咨询师:快,你以前看过金字塔,不是吗,抓紧搭一个金字塔给我看看。

(小杰感到困惑,他已经搭了个东西,看上去像个不错的金字塔)

咨询师:那是个锥形,我要的是金字塔。

(随着咨询师的不断挑剔,小杰把木块扔在桌上)

小杰:有本事你来!

像上面这种由角色扮演造成的困惑、愤怒和挫败感会被小组其他成员感受到。当有了这样一次角色扮演的经历后,家长们会进一步明白孩子们说的"你来做,我做不了"的含义。因此,在与此类似的环境中他们会更好地理解孩子。

接着进行第二次扮演,这一次,家长扮演一个给予指导性鼓励的家长。这种扮演最好按照小组讨论的意见进行,这样家长们就可以开始讨论关于期望、足够的示范以及鼓励的作用,这些方法会帮助家长建立他们孩子的自信。

虚拟家庭情境 指的是咨询师为了解决特定的问题,在大量搜集资料的基础上设计出的假想的家庭氛围,这样可以使每个咨询者有亲身体验的效果,从而有利于问题的解决。

角色扮演 指的是使人暂置于他人的社会位置并按这一位置所要求的方式和态度行事,以增进对他人社会角色及自身角色的理解,从而学会更有效地履行自己的角色。

(四)追踪调查

对脱离小组的个体进行追踪调查是非常必要的,这通常有两个基本的原因:首先,它能显示咨询师对他们的关心和想念;其次,它能够提供一些帮助咨询师更好地满足家长需要的线索。一个运行良好的小组通常成员流失率很低,但也会有极少的人过早离开。这些人离开的理由也许与小组及咨询师没有任何关系。下面是一个范例。

朱太太是一个非常想参加小组的人,她经常问小组会面什么时候开始,第一次她非常高兴地参加了会面并主动要求制作下次聚会需要的甜点,结果,在周三的时候她打电话来说她不能来了。

第二个星期,朱太太还是缺席了,咨询师在邀请函上特地告诉她错过了许多美好的东西。又过了一次会面,当咨询师打电话给朱太太时,她说她生病了,但是马上她又说,这不是最关键的,真正的原因是一个以前曾经背叛她的朋友也加入了小组,她觉得,这个小组是不值得信任的。

咨询师向她保证,会把她们分在不同的小组,最终她们双方都同意了这种做法并且参加会面,甚至还带来了各自的丈夫。咨询师精心做了小组的分组工作,这样就避免了她们见面的尴尬,即使是在大组讨论中,咨询师也不强求她们打交道,除非她们自愿。

如果咨询师能提前知道一些人际冲突,就可以把当事人安排在不同的小组来解决这个问题,但是咨询师不可能总是先知先觉,当情况发生时,可以像处理朱太太的情况那样做出一些承诺。

这里还有一些其他的关于小组成员流失的原因,再让我们来检视一下王丽的例子。

王丽断断续续进行了好几年的精神治疗,当咨询师第一次看到她时,她已经有很长时间的抑郁症了,症状是如此严重,以至于她整天不下床;很明显,当时她是无法参加小组活动的。然而,过了几年以后,王丽有了很大的改观,她和丈夫参加了家长小组的第十次会面。

王丽还想参加下一次聚会,咨询师就让她先去问问她的心理医生,结果得到了肯定的答复。王丽参加了几周的活动后就突然消失了,在随后的后期调查中,王丽解释说,因为她的丈夫要上晚班,而她没有丈夫的陪伴是不敢去的。

这些例子表明,咨询师必须要了解一些阻碍人们参加小组活动的因素,例如恐惧、感觉遭到了不公正的待遇以及缺乏安全感。在这些场合中,咨询师应该首先对他们进行一些个体性的咨询以保证他们确实为参加团体活动做好了准备。事实上,有些家长根本不适合参加小组活动。

成员流失通常显示了小组活动的不正常。在一个运行良好的家长小组中,活动的主力在长达10周的学期中,流失1~2名成员是可以理解的。但是如果流失率高于这个水平,咨询师就要开始检查小组的互动关系,探究一下小组活动为什么没有满足成员的需要。

(五)效果评估

在家长小组结束之时,咨询者必须想出一些方法来评估家长小组的效果,一系列关于预防性和干预性家长小组的研究表明,大多数关于家长交谈小组疗效的材料都是描述性的(Freeman,1975)。量表和家长关于孩子成长变化的报告是常用的评估模式,西方学者(Miller, & Hudson,1994)经常使用的评估手段是一种包含几部分的问卷,另外的研究可能会使用孩子行为等级量表作为评估孩子行为改变的手段(Dembo, et al., 1985)。

总的说来,小组评估中常用的测量工具包括以下几种。一是小组记录,记录小组每次聚会的活动过程,包括过程式记录、摘要式记录、问题导向记录,以及录音和录像等方式。二是利用标准化的量表收集资料。三是设计问卷和量表测量。四是行为计量,即观察被评估者某些行为出现的次数并记录。五是日志、日记,不但强调行为出现的次数,还着重记录行为出现的情境、过程与结果,具有描述性。六是组员的个人自我报告。七是分析报告,即对与小组有关的各类报告进行分析,提供与小组进程有关的资料(顾正品,2017)。

(六)家长小组特殊议题——与家长探讨孩子的性教育与偷窃

性教育 由于种种原因,在家长小组涉及的议题中,有关性的问题可能是家长最难和子女沟通的问题。这首先是因为家长对子女的性成长缺乏了解,同时他们更害怕会激发孩子过早的性行为。尽管当今的媒体充斥着有关性的内容,家长们还是很少能在一个温馨和相互理解的氛围里和孩子们探讨有关性发展的问题。

因为家长们很难与孩子们很好地讨论性问题,因此他们往往选择沉默。于是,往往是学校、媒体以及孩子的同伴帮他们完成了这种教育。许多专家认为,用电视取代家长在性教育中的地位无疑是错误的。很多家长也想让子女了解一些关于性的问题,但是帮孩子获取这方面的知识往往很困难。家长小组通过讨论和角色扮演可以帮助这些徘徊在尴尬中的家长,这就是角色扮演为什么是家长小组讨论过程中必不可少的一部分的原因,它使家长可以在一个温暖的并相互理解的小组里做一些有益的尝试。

由于性教育本身及对它的讨论会涉及很多方面,咨询师应该多安排几场会议来帮助家长进一步了解有关性教育的方方面面。下面的虚拟家庭情境就涉及了孩子们应该知道的关于性成长的某些问题。

婴儿是从哪里来的?

森森是一个幼儿园小朋友,她注意到隔壁邻居阿姨的肚子越来越大,她也听说这个阿姨快要生宝宝了,于是她就问妈妈:"婴儿是从哪里来的?"

讨论:如果你是森森的妈妈,你怎么回答?如果你的孩子问你同样的问题,你怎么回答?

通常家长比较容易搪塞应付回答此类问题,但是,那些搪塞、禁忌却会使得后来的性教育越来越难以应付。

乔乔是一个小学三年级的男孩子,有一天他问道:"妈妈,我知道当两个大人恋爱后他们就会有小孩,但是我不知道他们是怎么有的,我知道宝宝是在妈妈的胃里,我也知道他们怎么出来,可是他们是怎么进去的?"

讨论:假如你是乔乔的家长你怎么回答?如果你的孩子问你类似的问题,你怎么回答?

第二种情境可能更适合进行角色扮演,在角色扮演过程中,家长们可以假想在面对这样的情境时如何和孩子沟通。通常会有一两个对这个话题不紧张的成员促成这次角色扮演。对这个问题比较敏感的家长可能只愿意扮演孩子,其余的人应该被鼓励而不是被强迫参加。类似这样的问题应该在多次会议中得到延续,这样可以给家长们足够的时间建立彼此的亲近与信任关系。

家长支持小组是一个讨论如何对孩子进行性教育的安全的地方,佳佳的母亲并不知道,孩子对自己的生殖器产生兴趣是很正常的,所以当她发现一个四岁的小孩在手淫时,她立马联想到是不是遗传了她亲生父亲的毛病,长大后会不会像她父亲那样变成性欲狂。这些恐惧使她的担忧进一步加深,最后发展到用火盆烤孩子的手指。如果佳佳的母亲参加了家长支持小组,她那种认为自己女儿不正常的恐惧就有可能得到缓解。

儿童性心理的发展

儿童性心理的发展受生理因素和社会因素两方面的影响。生理因素是心理发展的物质基础,包括生殖系统的结构、体内激素的产生、生理成熟的程度等。此外,儿童性心理还受社会生活条件的影响,家庭环境、父母的自身表现和教育方式、结交的朋友、社会风气、文化宣传等,都会在儿童性心理上留下烙印。儿童通过观察和模仿所得到的自身感受以及周围人对他们一些行为表现是赞许或反对的反应这两条途径来获得某种心理认同。儿童性心理主要通过以下四要素的形成和发展。

认清性别标志 性别标志就是和性别联系在一起的语言和行为,它既包括对自身的认识,也包括对他人的认识,儿童通过衣服、头发、胡须、称呼等认清自己或他人的性别。

学习性角色规范 性角色规范就是在社会生活中,人们以不同的性角色出现,而社会对不同的性角色有不同的期望和要求,个人只有按此行事,才能和社会达成和谐一致。性角色的规范是从幼儿开始逐渐形成的,父母在孩子很小时,就对他(她)们的行为是否符合其性角色而加以赞许或批评,孩子从赞许或批评中逐渐懂得了怎样做才符合自己的性角色规范。

与成人的同化 在儿童心理发展过程中,他们会产生"要像大人一样"的愿望,这种愿望会导致他们对同性家长或同性的所崇拜的人物进行"认同",即被他(她)"认同"的人所"同化",这种同化作用就是对他人特征的吸收,可以促使男孩向"男子汉""丈夫""父亲"的方向发展,女孩向"女强人""贤妻良母"的方向发展。

对性别角色的情感倾向 性别角色的情感倾向是指一个人对那些和性别相联系的活动所持的态度和偏好。比如,男孩对电视、电影中的战争、枪炮特别感兴趣,女孩对花卉、布娃娃等特别感兴趣等等。这种情感倾向在一生中可以有多次变化。例如,一个女孩在幼小时与男孩、女孩一起玩耍,到六七岁以后就只和女孩玩,和男孩的界限分得很清楚。这种情感倾向的形成和发展受到多种因素的影响,包括个体因素、环境因素以及"同化"作用。

偷窃 非结构性的支持小组在本质上通常是发展型的,小组成员讨论的问题会得到关注,小组成员可以把他们的需要告知咨询师,然后咨询师可以把这些需要融合到书面的虚拟家庭情境中去,这些情境往往涉及一些关于孩子成长方面的问题,例如撒娇、偷窃等等。当建立良好的关系以后,小组成员们就开始讨论他们关心的问题。下面就是一个关于偷窃的例子。

看看我妈妈昨天晚上给我买了什么

周先生一家非常关心他们9岁的女儿瑞妮。最近,周先生被当地的超市叫了去,因为瑞妮伙同几个小伙伴在超市偷口香糖。

在学校,瑞妮经常在数学课和阅读课拿别人的铅笔、橡皮、蜡笔等,之后,她还会经常走到老师面前说"看我的蜡笔",或者说"看我妈妈昨天晚上给我买了什么"。而这些东西,马上被老师认出是属于别的学生的。

昨天晚上,瑞妮的妈妈发现她钱包里少了十块钱,今天校长打电话来说,瑞妮正在请很多同学在冰激凌屋吃午餐,看上去她有很多钱。

讨论:尽可能多地写下你认为的瑞妮偷窃的理由。如果你是瑞妮的家长,你打算怎么办?

下面的对话就建立在对这种情境的讨论之上。我们注意到,关于孩子为什么偷窃,家长们有不同的看法。关于瑞妮偷窃的真正动机可能无法确定,但是家长们给出了一些关于如何更好地满足瑞妮的需要而减少她偷窃行为的建议。

咨询师:是不是所有小孩都曾经拿过别人的东西?

家长1:我想是这样的,尽管类型不同,总有小孩喜欢拿别人的东西,除非他们真正建立了自尊。

家长3:孩子必须学会,不是想要什么就可以拿什么。

家长1:我想这样的孩子可能还有另外的原因,即他们知道母亲会发现的。

咨询师:孩子偷东西的原因可能有哪些?

家长1:她想让别人觉得她重要。

家长2:她需要朋友。

家长4:也许她从来没有被允许到街上买过东西。

家长3:可能她没有任何朋友,所以她想通过这种方式获得友情。

咨询师:她还需要其他的吗?

家长1:她可能需要帮助、关心和爱。

家长5:她的家长应该多给她一些爱和关注。

家长3:要让她正确看待钱。

家长1:我觉得这里面涉及一些关于责任心的问题,家长应该爱她,但同时应该告诉她必须对自己的行为负责,不过,我不知道究竟怎样做到这一点。

咨询师:你的意思是瑞妮的家长应该在展示对她的爱的同时帮助她建立对自己行为的责任心。

总而言之,这种家长支持小组具有发展性的、预防性的和治疗性的功能。预防在很大程度上取决于良好的亲子关系,治疗则涉及优化和加强家长与子女的关系,以帮助孩子回到健康的成长轨道上。

第三节 家长—子女小组

当以子女为中心的家长小组活动了 8~10 周之后，治疗者可以进一步考虑建立一种家长—子女小组。在这个小组中，每个家长都有机会和小组中其他家长的孩子进行交流。这种交流给了家长客观观察孩子和倾听孩子心声的机会，培养家长们对动态亲子关系的理解，并且让家长了解了什么对孩子是最重要的。同时，孩子们也开始把家长当作有血有肉的人来理解。

一、家长—子女小组的建立

当家长小组已经良好地运转 8~10 周时，建立家长—子女小组的先决条件就是在成员之间建立起来的某些态度。这些态度包括温情、信任、接纳，所有这些使得家长们能够吐露心扉，治疗者有理由相信，这种温馨和彼此信任的氛围将会传递到家长—子女小组中，它能在最大程度上减少家长和子女们的不安。

（一）家长—子女小组的筹建

在以子女为中心的家长小组结束后，咨询师可以帮助家长们探讨建立家长—子女小组的必要性。经过几个星期的讨论，家长们已经进一步明确了如何改善他们与子女的沟通与交流，但由于将这种认识真正付诸实践还有一定难度，家长们也许会想建立一个包括彼此子女的小组，通过这个小组他们可以实践一下在会议上讨论的结果。

在小组筹建的第一步，咨询师可以邀请家长参加一个特殊的规划会议，这个会议的主要目的是讨论建立家长—子女小组的必要性以及如何建立。家长们可能会给出很多建议，它们可能彼此矛盾，有些家长希望通过这样的活动建立和孩子相互谅解的关系，让孩子们意识到即使是大人也会犯错误，但另外一些家长则希望通过这种方式告诉子女家长往往是正确的。

如果家长们被鼓励表达自己的保留意见，这些疑虑可能会被进行讨论或被小组否决，有些家长担心让自己的孩子获取其他家长的观念，主要是担心别人的观念可能更自由一些。比如，有的母亲认为 6 年级的女孩就可以穿丝袜、染头发，但是也有的母亲则可能认为只有等她长大成人才可以。咨询师必须向家长们保证，小组会充分尊重他们的价值观。

（二）培训家长与子女交流的技巧

经过很多讨论，最终得出一个结论，其实父母都希望改善与孩子的交流，但他们往往不知道怎么做。咨询师可以帮助家长做一些与孩子交流前的准备。下面这种假想情境就有利于讨论这个问题。

朱杰觉得很难与父母讨论问题,每当他与父亲交谈时,他的父亲总是问一些诸如你今天吃午饭没有、在学校怎么样、数学考了多少分这样的问题。当他和母亲交谈时,她总是说,你应该这样做,你应该那样做,或是等你长大了你就明白了;有的时候当她自己在工作中不顺心的时候,她就会说,等你碰到我这样的情况,你才知道什么叫麻烦;要么就是我正忙着待会再说。

朱杰的父母也抱怨说,每次与他交谈,朱杰给他们的感觉是在敷衍,其实他们真的想多了解一些他和他的生活,他们并不是太了解朱杰,而朱杰也一点都不了解他们。

朱杰说,当他和父母谈一些他感兴趣的事情的时候,父母很少去认真听,他觉得是父母太忙了,以至于他们忘了他说了些什么。

讨论:朱杰的行为告诉了我们什么?

朱杰父母的行为又告诉了我们什么?

有什么其他的办法能改善这种父母与子女的交流?

下面的对话展示了通过这种假想的情境,家长们是如何形成关于与子女间交流的认识的。

家长1:当我孩子还小的时候,如果我工作不忙,我都尽可能抽出时间陪他。

家长2:我同意这种做法,但是我有很多小孩,这样做对我来说是不可能的。

家长1:我也知道很难,但是如果可能的话每天还是要抽出点时间与最需要你的那个孩子交流,哪怕仅仅是倾听。最好是每天给一个孩子一个机会,当然这的确很难。

家长3:我是尽力倾听每个孩子的谈话,但我首先从最小的孩子做起,因为他没有足够的耐心。有的时候,孩子们也许并没有交谈的欲望,这个时候,我就和想谈的人交流。

家长5:哪怕仅仅是听听孩子说什么也是好的,我的小孙子从不理我。

家长6:我有一个10岁的孩子,他也不喜欢交谈,不过有一次我把他从游戏中叫回家时,找到了点感觉,当时我向他谈到了我们会议上的讨论,他也开始和我谈他们的比赛,最后,出人意料的是,我们竟然有了一次不错的交流。以前,我总是不停地向他问问题,他之所以不愿意和我们多交流是因为他觉得不平等。当我谈论我在小组中的感受时,他也谈起了他的教练和比赛。整个过程我几乎没有问他一个问题。

朱杰的例子有助于家长学会一些与孩子相处的技巧,朋友之间的交谈是简单的,但是与孩子的交谈可能有许多不同的形式。家长总是喜欢以教训、命令的口吻与孩子交流,或是以统领者的姿态来面对孩子,或是觉得孩子们的谈话很愚蠢。前面的这种假想情境有助于家长意识到,也许正是他们自己阻碍了与孩子的交流。

另外,角色扮演可以作为这种书面的假想情境的必要补充,通过这种方式,家长可以学会一些有效的交流技巧。家长们通过把自己假想成孩子,能够证明一些交流技巧的有效性。角色扮演也有助于家长更好地理解孩子。

下面的角色扮演情境可以帮助家长对参加小组活动做准备。

(1) 假设你是一个刚刚从学校回家的孩子,今天发成绩单,母亲马上迎了上来。

(2) 假设你是一个刚刚意外打破了邻居窗户的孩子,你的母亲对此一无所知,你跑进屋子开始哭泣。

(3) 假设你是个孩子,而且今天是个雨天,你百无聊赖,这个时候你注意到你的妈妈看上去很孤独。

(三) 让孩子参与小组的规划与目标设定

将要成为父母小组成员的孩子应该被邀请来参加小组规划,基于和成人同样的原因,孩子是很乐意的,当询问他们的意见时,他们会感到自己被理解和有价值,这同样有利于培养孩子的自尊和自信。

其实在小组规划的过程中,孩子是十分重要的,因为他们是小组成立后孩子与家长要讨论的问题的主要信息来源。孩子也可以帮助咨询师安排小组活动以保证它运转良好。

孩子在帮助咨询师建立一个长远系统的目标体系时,显然是不如成年人的。不过他们可以告诉咨询师哪些问题是最难与家长讨论的,以及他们关于这个问题的观点。这样,咨询师就可以在创设假想情境时兼顾家长和孩子的意见。

二、小组的运作

(一) 初步活动

每个参加小组的孩子都会收到一封给他本人的邀请信,信中邀请他们参加会议时带上父母,这种针对他本人的邀请会让孩子感到惊奇和高兴,也有助于培养他们的自尊,并且让他们对参加小组充满渴望。在每周的邀请中,会安排不同的孩子准备小吃,家长们通常是在结束后轮流请客。

考虑到孩子们注意力集中的时间通常比成人短,咨询师应该安排一系列不同的活动。包含不同观点的假设情境可以和激烈的讨论相伴随,角色扮演可以让孩子们感到新奇并保持他们的兴趣。关于这些活动的范例在本章中都会提及。

(二) 挑选成员

由于父母小组是家长—子女小组的前奏,每个小组都是不同人群的组合,家长—子女小组必须包括日常表现良好的孩子和需要关注的问题儿童,它也要求儿童来自各种各样的不同背景。人员构成越多样化,小组就会越有活力。

四到六年级的儿童在这样的小组里表现良好,大多数 8 岁左右或是稍大一些的儿童也会有一些理解能力,并且能参与一些有效的讨论。有些儿童,特别是那些有自我调控问题的儿童可能不会太积极或是主动。不过,对于这些儿童,咨询师可以通过安排合适的大人来调控他们。

四年级以下的儿童也有可能从中受益,儿童是否愿意参加取决于他的成熟度、自控力和理解力。咨询师不应该以年龄来判断一个儿童是否能参加,小组也不应该仅仅成为四到六年级儿童的专有物,它还可以包括一些更小的儿童,只要这些儿童足够成熟并能从中受益。这个时候,咨询师应该相信家长的判断并充分尊重他们的判断,通常家长如果认为自己的孩子足够成熟并能从小组讨论中受益,他就会带子女来;反之,他们就会把子女留在家中。

(三) 平衡小组成员

在第一次会议之前,咨询师应该把所有参与者分成更小的比较均衡的小组,每组4~5个成人和孩子。小组的设置主要用来满足在小组筹备阶段所提出的目标和需求。咨询师通过对每次会议的观察与评估,可以随着会议的发展而满足每个参与者的要求。例如,对于一个害羞的孩子来说,把他安排在好朋友的小组里更有利于他的参与。而对于某些特殊的话题,一个小组全部是男生或者是女生可能更合适。

咨询师需要尽可能多地了解每一个参与者的性格,这并不像听上去那么困难,因为这些家长已经进行了好多周的小组讨论,咨询师对他们每一个人和他们养育孩子模式的优缺点已经了如指掌。他们的孩子也会慢慢被咨询师所了解,倘若还没有,咨询师就需要通过仔细观察和评估来满足小组中每个孩子的愿望。

由于孩子们被分到不同的小组中,与他们交流的成年人并不是他们的父母,因此他们在交流的时候可能反而更客观。这种组合已经使家长和孩子双方都产生了令人惊奇的见解。

(四) 明确小组的规模

小组的规模可以视参与者的需求而定,有的小组也许需要5~6名参与者才可以让讨论顺利进行,而另外的小组可能人数要少一些,比如一个只有三个人的小组也许可以给一个特别活泼的孩子被倾听和应答的机会。有的小组可能只有一个大人,而另外一个小组可能有三个,对于那些比较内向的退休老人而言,和孩子打交道可能比和成人打交道容易一些,因此小组中只有他一个成年人可能更合适。

(五) 明确小组开始与结束的时间

家长—子女小组何时开始与结束,主要取决于咨询师和参与者,但考虑到父母小组是它的前奏,这种小组最好在父母小组结束后几周再开始。家长—子女小组应该持续6周,每次聚会在一个半小时左右,一个小时用来讨论,剩下的半小时用来吃点东西和进行社交。

三、小组讨论

通过与咨询师的沟通,孩子会讲述一些现实生活中与家长的冲突,这些冲突会被融合到一些不加限制的虚拟情境中去让大家讨论。也许这些问题并不能得到真正的解答,但让孩子说出来并引起家长的重视,也是有益处的。

以下是虚拟情境的一些例证。

子女间冲突

若兰是一个六年级的女孩,她还有一个后妈带来的小弟弟。这个小弟弟觉得姐姐每天比他睡得晚很不公平,其实他比较害怕自己一个人去卧室睡觉。而若兰则认为自己有许多作业要做,而且作为比较大的孩子本来就应该有一些特权。他们先是争论,后来就发展到争斗,最后忍无可忍的母亲只好说,你们都去睡觉。

讨论:充分考虑每个人的立场,探讨一下比较可行的解决方案。

培养责任心

美龄是个10岁的女孩子,她总是整理不好自己的房间。妈妈告诉她要整理好床铺、叠好衣物、拖地板等等,但美龄什么也不做,她看书、听收音机、请朋友来吃冰激凌、看电视。她老是说,我待会儿做。她的妈妈忍不住向她发火,甚至要让她爸爸来揍她,威胁说要让她罚站,而且不允许她以后带朋友来玩。美龄的妈妈说,她太没有责任心了。

讨论:站在每个人的角度考虑问题,然后说出你的想法和感受。

改善这种状态的途径有哪些?

恶作剧

亚力是个9岁的男孩,他很喜欢拿自己11岁的姐姐开涮,他经常跳到电视机前挡住姐姐的视线,当姐姐让他让开时,他总是坐在那里继续傻笑,姐姐只好向妈妈喊叫"妈妈,他又在烦我"。

而妈妈的回应是:不要再叫了,回各自的房间去。

讨论:什么原因让孩子喜欢拿别人开涮?

你有什么办法来改变这种状况?

打 架

瑞克老是喜欢对他的姐姐做鬼脸,冷嘲热讽,不停地叫她的名字,直到她怒不可遏上来扇他的耳光,但让人哭笑不得的是,正当她这么做的时候,他们的父亲进来了并且看到了这一幕,父亲非常生气并且让她上床睡觉,她尖叫道:"事情又不是我挑起的。"而瑞克则回应道:"她老是打我。"

讨论：你觉得下面会发生什么？

考虑每个人的感受，你觉得应该采取什么行动？

这些虚拟情境可以通过与家长和子女谈论他们日常生活中碰到的问题而得到扩展。不过这些虚拟情境不能完全反映孩子们关注的问题，为了让孩子们表达他们所关注的问题，咨询师可以把一些词语印在卡片上并放在每张桌子上，这样每个小组可以挑选他们关注的议题。在小组成员已经建立了对彼此的信任和凝聚力之后，这种方法通常会更有效，开始的几次会议最好不要使用。这些词语的范例可以是：孤独、沮丧、害怕、开心等。

四、评估

咨询师可以通过是否满足了参与者的需要和是否完成了目标来评估小组讨论的效果。通常是使用问卷来达到这样的目的。对孩子的问卷主要是问他们和他们的父母学到了什么；对家长的问卷主要是请家长评价一下小组经验，以及自己是否从中获得了关于改善与子女相处关系的知识。

下面这些来自家长和子女的评论总体来说是令人愉快和颇具洞察力的。当被要求回答如"你从父母那里学到了什么"这样一个问题时，有些孩子的答案还是颇有智慧的："父母并不像我想象的那么糟！"

家长们也加深了对子女和自身的理解，当他们被问及"你从孩子身上学到了什么"时，他们是这样回答的：

"我以前从来没有意识到和孩子交流是这么重要，我以前甚至没有把孩子当作有思想、有情感的个体来看。"

"孩子要比我们想象的聪明得多。"

"孩子总是认为家长不理解他们。"

总之，家长—子女小组有助于帮助家长们实践他们在以子女为中心的家长小组中学到的东西。当家长们建立了对彼此和对咨询师的信任，他们就会投身于计划，践行与孩子的交流。同样重要的还有孩子的参与，通过与儿童和特定父母的非正式交谈，咨询师可以判定，孩子将会和大人讨论什么。这些被关注的问题会被写入虚拟的家庭情境中作为家长—子女小组讨论的起点。幸运的是，随着孩子与家长之间信任与凝聚力的建立，这种讨论慢慢会从虚拟情境中脱离出来而变得更富有人情味。

本章小结

本书在第一章谈到有关中国家庭结构特点的内容,本章则是根据这些一般的家庭结构特点,设计了一些家长支持小组。这种小组提供了家长们彼此交流、互相学习以及共同寻找解决问题思路的机会。这种小组有利于增强家长与孩子间的交流,预防和解决矛盾冲突,增加养育经验和信心。当家长—子女这种小组形式开始出现后,更有利于加强家长和孩子们的联系。这种小组可以切实帮助家长练习如何学会倾听和回应。所有这些经历最终会改善家长和子女之间的关系。

拓展资源

【延伸阅读】

对阿德勒的儿童心理观点及其教育和治疗理论感兴趣的读者,可进一步参考:

Adler, A. (2011). 儿童的人格教育. 彭正梅,彭莉莉,译. 上海:上海人民出版社.

Carlson, J., Watts, R. E., & Maniacci, M. (2012). 阿德勒的治疗:理论与实践. 郭本禹,吕英军,译. 重庆:重庆大学出版社.

团体心理咨询的一般过程和方法,可参见:

Corey, M. S. & Corey, G. (2010). 团体:过程与实践(第七版). 邓利,宗敏,译. 北京:高等教育出版社.

有关父母效能训练的理论和实践知识,可参考:

Gorden, T. (2015). P. E. T. 父母效能训练:让亲子沟通如此高效而简单. 琼林,译. 北京:中国发展出版社.

【推荐书籍】

Campbell, D., & Palm, G. F. (2003). Group Parent Education: Promoting Parent Learning and Support. London: SAGE Publications, Inc.

DeVries, A. R., & Webb, J. T. (2007). Gifted Parent Groups: The Seng Model (2nd Edition). Scottsdale: Great Potential Press, Inc.

Bywater, T. (2017). Effectiveness of Cognitive and Behavioural Group-Based Parenting Programmes to Enhance Child Protective Factors and Reduce Risk Factors for

Maltreatment. The Wiley Handbook of What Works in Child Maltreatment. New York: John Wiley & Sons, Inc.

Wells, K., Lochman, J. E. & Lenhart, L. (2008). Coping Power: Parent Group Workbook (Programs That Work). New York: Oxford University Press.

思考与实践

1. 思考以子女为中心的家长小组与前一章所介绍的父母咨询,以及与一般团体心理活动之间有哪些异同。

2. 针对儿童可能出现的某一问题,设计一套以子女为中心的家长小组活动方案。

3. 在遇到相关问题时,尝试运用以子女为中心的家长小组方法,并将其与其他治疗方法相比较。

参考文献

Allen, M. L., Garcia-Huidobro, D., Porta, C., Curran, D., & Borowsky, I. (2016). Effective Parenting Interventions to Reduce Youth Substance Use: a Systematic Review. Pediatrics, 138(2).

Barlow, J., & Stewart-Brown, S. (2000). Behavior Problems and Group-Based Parent Education Programs. Journal of Developmental & Behavioral Pediatrics, 21(5), 356–370.

Beck, J. S. (2001). 认知疗法:基础与应用. 翟书涛,等译. 北京:中国轻工业出版社.

Blume, V. (2003). Psychological Education as A Group Process for Parents of Adolescents with Eating Disorders. Zeitschrift Für Kinder Und Jugendpsychiatrie Und Psychotherapie, 31(1), 51.

Dreikurs, R., & Soltz, V. (1964). Children: The Challenge. New York: Hawthome Books.

Eames, C., Daley, D., Hutchings, J., Whitaker, C. J., & Bywater, T. (2009). Treatment Fidelity as a Predictor of Behaviour Change in Parents Attending Group-Based Parent Training. Child Care Health and Development, 35(5), 603–612.

Gordon, T. (1970). PET: Parent Effectiveness Training. New York: Wyden.

Hautmann, C., Stein, P., Eichelberger, I., Hanisch, C., & Manfred Döpfner. (2011). The Severely Impaired Do Profit Most: Differential Effectiveness of a Parent Management Training for Children with Externalizing Behavior Problems in a Natural Setting. Journal of Child and Family Studies, 20(4), 424–435.

Mohammadi, M. R., Soleimani, A. A., Ahmadi, N., & Davoodi, E. (2016). A Comparison of Effectiveness of Parent Behavioral Management Training and Methylphenidate on Reduction of Symptomsof Attention Deficit Hyperactivity Disorder. Acta Medica Iranica, 54(8), 503.

Rimestad, M. L., Lambek, R., Christiansen, H. Z., & Hougaard, E. (2016). Short-Term and Long-Term

Effects of Parent Training for Preschool Children with or at Risk of Adhd: a Systematic Review and Meta-Analysis. Journal of Attention Disorders, 23(5).

Roberts M. (2008). Parent Training In M. H. Herson & A. M. Gross (Eds.), Handbook of Clinical Psychology, Vol II: Children and Adolescents. Hoboken, NJ: Wiley.

Shelton, D., Gros, K. L., Norton, L., Stanton-Cook, S., & Masterman, P. (2008). Randomised Controlled Trial: a Parent-Based Group Education Programme for Overweight Children. Journal of Paediatrics & Child Health, 43(12), 799–805.

Wilens, T. E. (2000). 直言相告：儿童精神健康与调节. 汤宜朗, 王刚, 译. 北京: 中国轻工业出版社.

Wymbs, F. A., Chen, Y., Rimas, H. M., Deal, K., & Pelham, W. E. (2016). Examining Parents' Preferences for Group Parent Training for Adhd when Individual Parent Training is Unavailable. Journal of Child & Family Studies, 26(3), 1–17.

Zhang, T., Fu, H., & Wan, Y. J. (2015). The Application of Behavioral Family Therapy to Chinese Aggressive Children, 43(2), 132–137.

第十一章
心理治疗中的儿童权利保护

【本章导读】

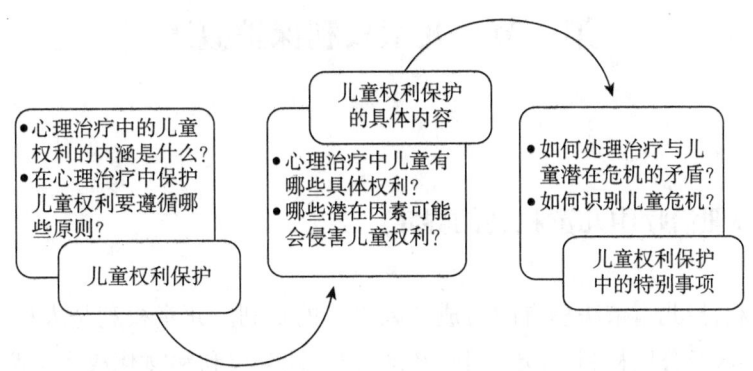

保护儿童权利是心理治疗中一个基本的职业道德问题,有些西方国家已专门针对职业道德制定了一些相应的规范和准则,例如美国心理学会的《心理学家的职业准则》、美国心理咨询学会的《道德准则和实践标准》、美国社会工作者协会的《道德准则》等。在我国,从2001年8月起,劳动和社会保障部批准实施《心理咨询师国家职业标准》,其中包括心理咨询师职业道德的基本要求。2018年2月,中国心理学会授权临床心理学注册工作委员会修订完成了《中国心理学会临床与咨询心理学工作伦理守则》(第二版)和《中国心理学会临床与咨询心理学专业机构和专业人员注册标准》(第二版)。这些准则提供了专业实践领域内的标准,帮助会员履行他们的责任,并明确了未履行责任的相应处罚。虽然这些道德指导方针并没有法律约束力,但它们能通过专业小组和会员之间的相互监督起到约束的作用。例如中国心理学会明确指出,将《中国心理学会临床与咨询心理学工作伦理守则》和《中国心理学会临床与咨询心理学专业机构和专业人员注册标准》作为中国心理学会临床与咨询心理学注册心理师的专业伦理规范以及处理有关临床与咨询心理学专业伦理投诉的工作基础和主要依据。

一般来说,所有心理健康道德规则都有一定的原则,这些原则包括职业责任、能力和提供管理医患关系的行为准则。心理健康工作者在保护儿童权利时应当考虑遵守这些原则。

目前已形成的共识是,如果从业者能有效地承担他们对来访者和对自己职业的责任,他们就能明白自己所要遵循的职业道德标准。为此,Blocher(1987)列出以下职业道德标准:① 对人类生活的尊重;② 对真理的尊重;③ 对隐私权的尊重;④ 对自由和自主的尊重;⑤ 对诺言的尊重;⑥ 对弱者的关心;⑦ 对人类成长和发展的关心;⑧ 对尽量减少其他伤害的关心;⑨ 对人类尊严和平等的关心;⑩ 对感激和补偿的关心;⑪ 对人类自由的关心。

第一节 儿童权利保护概述

一、心理治疗中儿童权利的界定

儿童权利,指儿童依法享有的与成年人平等的权利。儿童权利是人权的重要组成部分,其范围涉及公民权利、政治权利、经济权利、社会权利和文化权利。联合国《儿童权利公约》将这些权利具体化为生存权、获得保护权、发展权和参与权,并规定任何儿童不受性别、国籍、民族、种族、健康状况、文化背景、宗教信仰、居住地区和其他因素的影响,均可以平等地享有这些权利。

儿童权利公约

《儿童权利公约》(Convention on the Rights of the Child,简称CRC)是一项有关儿童权利的国际公约。联合国在1989年11月20日的会议上通过该有关议案,1990年9月2日公约生效。《儿童权利公约》是首条具有法律约束力的国际公约,并涵盖所有人权范畴,保障儿童在公民、经济、政治、文化和社会中的权利。该公约共有192个缔约国,得到大部分联合国成员承认(或有条件承认),到2000年,除两个国家以外,世界上的所有国家都已经批准了该公约。例外国家包括索马里,其持续的内战使这一公约的批准变得不可能,另一个是美国。美国于1995年签署了该公约,但并没有批准它。但是,通过签署该公约,美国至少有义务确保其国家政策和做法与公约不相抵触。事实上,该公约对于美国的儿童权利的呼吁和专业实践是一个重要的指导原则。

【拓展资源】

1.《儿童权利公约》20周年纪念视频《〈儿童权利公约〉1989—2009》,视频链接:http://m.youku.com/v_show/id_XMTYwMTU4Mjg0.html?pgcpgcid=UMjIzODQwODI4&sharekey=89ff804bb6ca83eee5554eef29caf54d4(视频来源:优酷视频)

2. 民众眼中的儿童权利——《儿童权利公约》30周年街头采访视频,视频链接:http://m.v.qq.com/play/play.html?vid=l3023d8u94p&url_from=share&second_share=0&share_from=copy(视频来源:腾讯视频)

把儿童视为有权利的个体,并从人权的角度加以保护,是人类文明发展到一定阶段才出现的。儿童权利发展的水平,既体现了儿童的生存状况,更体现了成人世界的文明程度。作为帮助儿童来访者,以消除或缓解他们的心理问题或障碍,促进其人格向健康、协调的方向发展的儿童心理治疗,更应当在整个心理治疗的过程中时刻注意保护儿童的权利。

综上所述,在心理治疗中儿童权利的内涵是:除儿童最基本的生存和发展权应当受到保护外,作为来访者,其主体性、自主性应当受到尊重,咨询治疗应当充分考虑儿童的利益。

二、心理治疗中保护儿童权利的原则

美国学者 Melton(1991)根据联合国《儿童权利公约》概括出六项原则,这些原则对我国如何制定合理的儿童心理健康公共政策具有借鉴意义,其具体内容如下。

(一) 为所有儿童提供高质量的服务

为尽可能多的儿童提供高质量的服务是公共心理健康权力机构最为重要的一项职能。美国儿童心理健康服务项目 1993 年报告中的数据显示,87%的公共可利用资源用在 2%的儿童身上,他们是最严重的精神病患者,其他大部分儿童只能享受其中非常有限的资源。很明显,需要一种基于共享的保障机制来促进早期的资源投入,这些投入应首先放在那些有心理健康危险的儿童的预防和治疗上。

(二) 将儿童视为积极的伙伴

联合国《儿童权利公约》中明确提出:在儿童心理健康服务中,应把儿童看作是积极的伙伴,并高度重视其自由和隐私的保护。也就是说,在治疗关系中,儿童拥有像成人一样的权利,享有伙伴关系中的平等地位。考虑到儿童的年龄和发展成熟度,有些儿童能够为自己的心理治疗设立目标、制订计划治疗方案并承担他们行为的后果。在这种治疗关系中,治疗者应学会尊重儿童作为独立个体的权利,即保护其信心、尊重其隐私和给予其反馈。同时,也应当尊重儿童拒绝接受治疗或决定终止治疗的权利。

(三) 坚持"家庭和睦"的原则

联合国《儿童权利公约》认为家庭是社会的基本单元,是包括儿童在内的所有成员幸福成长的自然环境,它在儿童成长和发展过程中至关重要。因此,针对儿童的心理健康服务应尊重父母的意愿并切实有助于家庭和睦。绝大多数家长深爱他们的孩子并且乐意做任何对孩子有益的事,但是,仍有些家长在面临家庭巨变时不知道如何处理压力,此时,他们需要别人的帮助,获得必要的保护和协助来支持他们尽可能地帮助孩子、解决问题。咨询策略常着重于支持父母和帮助父母改善亲子关系,当他们遇到如第三章中所述的儿童养育问题时更是如此。为了充分而和谐地发展儿童的个性,应当让他们在幸福、关爱和谅解的家庭氛围中成长。

（四）重视利用社会资源

21世纪应当发展以家庭为中心、充分利用社区及其他外部环境资源的治疗模式，重点关注家庭预防，并为那些由于严重的情感问题而有离家出走危险的儿童提供必要的社区照料。这种工作需要社会、政府、民间社团等机构与组织的参与和投入才能够满足不同家庭和不同孩子的需要。

（五）避免儿童受到伤害

当政府执行对情感受到伤害的儿童的照料和监管工作时，必须首先担负起防止他们再受伤害的责任。那些原本被用来保护儿童的系统最终却伤害了儿童的事时有发生。当儿童远离家庭进入看护所或治疗中心时，他们遭受伤害的可能性大大增加。所以，在决定治疗地点时，政府应当承担起照料儿童和保障儿童安全的责任。

（六）重在预防

预防是儿童心理健康政策的基础。虽然许多专业人士认为预防胜于治疗，但事实上，目前大多数投入到心理健康服务的资源被用在了那些心理问题已经很严重并恶化到引起我们注意的儿童身上（有关儿童预防保健的内容参见第十二章）。

总之，每个咨询师需要使来访儿童在受保护、受养育的权利和自决及自主的权利中保持一种平衡。虽然有时法律和道德上的问题很难一一付诸实践，但是保持对儿童及其家庭真诚关注的态度将有助于从业者决定正确的行为。

第二节　心理治疗中儿童权利的内容

从事儿童及其家庭心理健康的工作者必须带着道德伦理及法律上的职责去为实现儿童的最佳利益服务。包括儿童在内的所有来访者，都拥有同意治疗的权利，拥有根据治疗过程获得反馈的权利，拥有隐私权，拥有要求保密的权利。在开展儿童心理咨询与治疗之前，儿童治疗师有必要将儿童享有的权利告知儿童本人和其监护人，正如《中华人民共和国精神卫生法（2018修正）》第三十七条指出的："医疗机构及其医务人员应当将精神障碍患者在诊断、治疗过程中享有的权利，告知患者或者其监护人。"

儿童治疗对心理健康从业者来说是个挑战，主要有三个原因：第一，从总体上来看，儿童的理解水平和能力尚不足以使他们做出"是否接受以及选取何种治疗干预"的明智决定；第二，年幼的儿童被视为无法律能力，因为他们尚未达到法定年龄；第三，很少有儿童是自愿接受治疗的。

儿童的问题其实是家庭问题的折射，当家长认为儿童有问题且强迫他们接受治疗，但儿童却不愿意时,矛盾就产生了。因此,整个家庭都需要治疗师的帮助和支持。实际上,如果儿童的改善对家庭来说是个威胁(例如儿童是家庭问题的替罪羊),治疗师对儿童支持和帮助的尝试就会遇到阻抗。

儿童治疗师既要保护儿童的权利,又要兼顾家长的责任。做到这一点并不容易,即使在一些理应由父母做决定的问题上,儿童的目标和家长为儿童设定的目标之间仍会有冲突。如果家长的目标以及达成这些目标的途径与治疗师的想法正好相悖,譬如家长坚持在儿童明显需要治疗时却拒绝任何治疗,那治疗师的困难就会增加。

治疗师应与家长一起计划并与儿童讨论治疗的方法,治疗师的细心解释和家长的支持,将会使儿童在治疗过程中放松并给予信任。如果家长打算将儿童安排在非住所或团体治疗环境中,治疗师则应当推荐与儿童权利相一致的治疗方法,这意味着门诊方式是第一选择,因为每天照料要优于住院治疗,积极干预优于消极干预。

一、同意治疗的权利

"同意"意味着来访者在拥有充分信息来源的基础上所做出的明智的和自愿的"接受"决定。有充分信息的同意是指来访者在对某种特别的治疗干预手段以及它可能带来的后果有足够了解的基础上所做出的接受与否的决定。如果治疗师想要得到来访者明智的同意,就必须对心理咨询或治疗的过程、产生的利益或风险、来访者的自主权利以及咨询或治疗的局限性等相关事宜以来访者能充分理解的方式做出真实、准确的说明。

通常低于11岁的未成年人不具备给出明智同意决定的能力,而11~14岁的未成年人往往不能理解治疗的复杂性、风险性,他们也不可能给出明智同意的决定。格罗素等人(Grisso,& Vierling,1978)根据已有研究总结,15岁以上的未成年人才拥有像成年人一样的给出明智同意决定的能力。虽然很多人认为已成熟的未成年人拥有自己决定的能力,但即便是在有些西方国家,政府仍规定治疗需要取得父母的同意,除非是未成年人遇到下述四种例外状况,则不需要得到父母同意:① 未成年人有充分的智力去理解心理咨询或治疗的性质和后果;② 被给予了成年人权利和义务的未成年人,例如已结婚的未成年人;③ 在某些紧急或特殊情况下,例如虐待、怀孕等;④ 被法庭要求进行的心理咨询或治疗。此外,如果政府认为父母不能代表儿童的最大利益,则有权为儿童做出与父母意愿相反的决定。

因为未成年来访者无能力给出法律意义上的接受治疗的同意,所以治疗师在开始治疗之前要取得家长或法定监护人的书面同意,治疗师还必须解释自决的权利,合格的书面同意是非常重要的。如果治疗师想就儿童的问题向其他专业人士进行咨询,也需要取得父母或法定监护人(有时是儿童自己)的书面许可。同时,在治疗师还处在领取执照的监管期或还是学习心理咨询的学生时,或在治疗过程中使用录音录像的情况下,也必须告知儿童的父母或其他法定监护人。与此相似,如果个案资料被用于研究、教学和出版也必须得到书面的授权。从这个角度来看,付费服务也应被讨论以防产生误解。

在治疗之前,应当由家长、儿童和治疗师共同签署书面的专业服务的同意条款,该条款的信息必须向儿童的父母或法定监护人解释清楚。如果签字者没有阅读能力,那么必须将条款阅读并翻译给他们听。如果儿童参与了治疗程序,从业者可能想获得儿童的同意,此时条款内容应使用儿童易懂的语言对治疗的程序和自决的限制进行解释。

虽然没有法律上的约束,但儿童同意条款会帮助咨询师确定儿童是否明白治疗的过程和限制,并给予儿童就其不懂的问题进行提问的机会。大一点的儿童,特别是达到法律规定能够给予同意治疗与否年龄的儿童,就可以和父母或法定监护人共同签署同意条款。需要说明的是,虽然这些程序满足了法律和伦理上的考虑,但没有什么可以替代治疗师尽力帮助儿童和家长明白他们的隐私权受保护和防止他们受到其他伤害的温暖关怀之心了。

二、获得反馈的权利

如果将儿童作为治疗过程中的积极参与者,那么应该用他们能理解的方式告知进展状况,这将有助于他们积极改变自己的态度和行为。来访儿童有权知道他们问题的严重程度,这使他们能够朝向某种有效的解决方向去努力。同样,在不侵犯儿童隐私权的前提下,家长也有权知道孩子的心理健康进展状况。美国青少年心理健康从业者普遍认为,向家长和儿童提供反馈有利于形成和睦的气氛和良好的信任关系。

在儿童接受某种能力障碍的测试时,他们有权知道测验的目的和原理。例如,一个贴有"愚笨"或"缺乏动机"标签的儿童,如果知道自己只是"学习不良",那他便会觉得宽慰些。给儿童解释测验结果时,必须考虑到儿童的发展水平和理解能力。对要求进行测验的第三方(例如教师或校长),负责任的反馈将使他们明白儿童在教育中某些特殊方面的"障碍",需要他们为这些儿童设计一些特别的课程,并消除对这些儿童"懒惰"或"不用功"的错误观念。

当应第三方的要求进行心理评估时,极有可能出现评估结果被滥用的情况。比如,某项测验导致所谓的"差生"自暴自弃,或者导致教师对他的放弃,那么心理咨询师应当指出这样做的伦理利害,并帮助他们正确使用测验的结果信息。但有时咨询师无法完全预料评估带来的后果,里纳斯等人(Rinas, & Clyne-Jackson, 1988)认为,"如果心理咨询师无法改变测量结果的利用方向,他必须考虑中断上述反馈服务,即使他冒着一定的个人风险"。

三、拥有隐私的权利

对于儿童是否应当享有隐私权,尚存在一些争议:有人认为,儿童的年龄低下、心智尚未成熟,对自己所做出的行为尚不能充分认识其性质和后果,相应地缺乏保护自己隐私的意识和能力,这使得儿童应在家中需要监护人进行监管照顾,在学校需要老师进行管理教育。在此情况下,如果儿童享有隐私权的话,则会与监护人的监护权和学校的教育知情权相冲突。因此,儿童不应当也不能享有隐私权。另一种观点则主张,既然隐私权是一种人格权,那么作为自然人的儿童理应拥有隐私权。

尽管存在以上的争议,但在心理咨询与治疗领域,研究者和实践者都倾向于认为,儿童应当拥有隐私权。心理治疗中隐私权的概念和理论起源于美国,通常认为隐私权是自然人享有的对其个人的与公共利益无关的信息、私人活动和私有领域进行支配的一种人格权。隐私权在某种程度上与保密是有所区别的,这个区别在于隐私权包括了个体保留信息的权利。从业者可以从以下几个方面保护儿童的隐私权免受侵犯:① 不要迫使儿童说出他们不想泄露的信息;② 与儿童讨论整体的进展报告,该报告同时会被递交给家长;③ 让儿童知道如果他们不愿意,可以不将治疗过程中的信息与家长分享。

需要注意的是,由于认知发展和生活经验与成人存在差异,儿童的隐私权与成人的隐私权也不完全一样:一方面,儿童隐私权所涉及的范围较成人而言更小,涉及的内容也更单一,例如儿童一般只将与自己密切相关的信息视为隐私,而对于家庭住址、家庭收入等家庭信息可能并不认为是自己的隐私;另一方面,一些在成年人看来极为平常的事情,在儿童眼中反而可能是他们极力想保护的隐私。因此在儿童心理咨询与治疗实践中,治疗师在关注儿童权利的同时,更需要从儿童的角度出发考虑他们内心真实的需要。

四、要求保密的权利

除了保护患者的权利之外,保密可以帮助治疗者与来访者建立起温暖、信任的关系,这对于治疗过程来说是非常重要的。严格的保密包括不将信息泄露给其他机构和个人,但是,当父母询问儿童的治疗信息时,矛盾就产生了。从伦理上来说,儿童也有保守其秘密的权利,而且从业者也必须决定什么代表儿童的最大利益,但是,同意孩子做心理治疗的监护人也有权知道孩子的信息。因此,最重要的是要在保护儿童享有保密权和监护人享有知晓权之间取得平衡。从业者可以通过与孩子及其监护人协商沟通来解决这个问题。征求儿童的同意、对可能给儿童带来负面影响的信息进行仔细审查,这些都是兼顾保护治疗关系和满足父母对反馈需求的方法。

一般情况下,年满12岁的儿童有资格参与一些治疗的决策。例如,在美国的一些地区,12岁(含)以上的未成年人拥有对其文件保密的权利,当别人想要获得他的材料时,必须有儿童的书面授权,从业者在向第三方(包括家长或法定监护人)披露咨询信息时需要查阅本州的法规条例。

如果儿童不同意让家长知道自己的信息,建议详细告知家长保密的重要性以期他们放弃对获取信息的要求。但是,由于儿童同意与否并不受法律约束,因此,当家长坚持要看记录时,儿童不同意并不是充足的拒绝理由。

在团体治疗中,保密对发展小组中的信任关系有着重要的作用。一旦担心私密得不到有效保护,小组成员的自我袒露水平可能会显著下降。因此从业者有责任忠告小组成员小组内的保密限制,并且保护他们不泄露那些万一泄露出去会给他们造成伤害的信息。当然,在第一次小组会上,治疗师应当提醒小组成员,当一个显而易见的对自己或其他人造成危险的信息在小组之间传达时,不需要维持保密的原则。

当治疗师觉察出儿童的安全受到威胁时,可以在某种程度上违反保密的原则。科里(Corey,1993)等人总结,在出现以下几种情况时,治疗师必须提供治疗过程中得到的信息。

(1)当治疗师受法庭指派时,例如受法庭指派做心理测试。

(2)当治疗师受到起诉时,例如来访者起诉治疗师渎职。

(3)当来访者以心理状况作为法律辩护时,例如来访者的律师以精神错乱为由为当事人的杀人案做无罪辩护。

(4)当来访者年龄低于16岁,并且治疗师相信该来访者是某种罪行的受害者时,例如强奸、乱伦等。

(5)当治疗师认定来访者其心理或精神失常需要入院治疗时。

(6)当法庭需要来访者信息时。

(7)当治疗师认定来访者有犯罪意图或对自身有危害时。

五、心理健康不受侵犯的权利

对儿童开展心理咨询与治疗的最终目的是促进儿童的心理健康,因此无论是在心理咨询与治疗的实践中,还是在日常生活中,心理健康不受侵犯都是儿童的重要权利之一。《中国新闻网》曾于2014年报道了一起刑事案件,时任中美澳联合(北京)国际医学研究院心理咨询师的韩某某对前来接受心理咨询的女孩小静(化名)实施了性侵。而在日常生活中,虐待、性侵、遗弃等对于儿童的伤害也频见报端。这些伤害不仅对儿童的身体造成了伤害,同时也侵犯了他们的心理健康。

然而,在我国,从法律的角度来看,儿童的生命权、健康权等权利是法律保护的主要内容,这些权利也与很多罪名的定罪量刑息息相关。但对于儿童权利的保护也仅停留在身体健康权的层面,例如虐待罪中的"情节恶劣"主要通过对儿童造成的身体伤害程度来认定,精神和心理伤害被严重忽视。但正如世界卫生组织于2013年世界卫生大会上发布的《2013—2020年精神卫生综合行动计划草案》中所言:"没有精神卫生就没有健康",儿童健康的促进离不开心理健康的维护。因此,无论是在日常生活中,还是在心理咨询与治疗实践中,对于儿童心理健康的维护都是不可忽视的。一方面,儿童心理咨询与治疗的实施者要严守法律法规、职业伦理和职业道德规范,避免侵犯儿童身心健康的事件发生;另一方面,也需要整体考虑儿童的心理健康状态,切勿为了解决某些心理与行为问题而造成更大的心理健康隐患。例如,社会上的一些号称能够帮助青少年戒除网瘾的"学校",通过军事化管理、暴力惩罚甚至电击等手段,使得接受"治疗"的青少年在网络使用方面发生行为的改变,但这种"治疗"对于儿童青少年心理的伤害也是不可估量的。

从电击疗法到豫章书院,为什么"戒除网瘾"始终逃不出使用暴力手段?

近日,位于江西南昌的豫章书院,以戒网瘾之名,对学生进行体罚、囚禁、暴力训练,引起众多网友的愤怒。2017年10月30日晚,南昌市青山湖区发布通报表示,经调查,网帖反映的问题部分存在,书院的确有罚站、打戒尺、抽竹戒鞭等行为和相关制度。对此,已责成相关部门进行处罚、追责。

案件正在处理,但人们依旧愤怒,很多人从中看到了已经发生过的悲剧,愤怒之火也源自于此——为什么从当年引发巨大争议的电击疗法,到如今的豫章书院,"戒除网瘾"始终逃不出使用暴力手段?

在封建时代,在父权、君权和尊卑有序的封建思想下,形成了"师为尊,生为卑"的观念,因此孩子顽劣,遭到体罚很常见。但即使在那时,"打"也只是一种手段,而不是目的。戒尺体罚也是点到为止,体现严厉即可,不是宣泄情绪的愤怒。两千年前,孟子说过,"以其昏昏使人昭昭",这道理在今天依然适用。因体罚造成的心理阴影可能导致智商下降、行为不当、犯罪率上升,甚至有些孩子因此而丧命。舆论曾一度批判这种教育方法,却仍有父母不以为然。从豫章书院事件中,我们看到的是父母望子成龙之心切,但也看到了他们确实是"不会教育的父母"。

在豫章书院事件中,我们还应当反思更重要的一点是:无论父母还是豫章书院,都没有意识到教育孩子必须在法治的轨道上进行。无论父母还是学校,都没有权利使用暴力、侮辱等方式,打着"救救孩子"的旗号,践踏未成年人的身体和精神。我国《未成年人保护法》规定,禁止父母对未成年人实施家庭暴力,禁止虐待、遗弃未成年人。父母自己尚无权借着管教的名义对子女拳脚相加,又怎么可能授权他人"代劳"?

> 今年1月，国务院法制办公室公布《未成年人网络保护条例（送审稿）》中也已明确提出，任何组织和个人不得通过虐待、胁迫等非法手段从事预防和干预未成年人沉迷网络的活动，损害未成年人身心健康，侵犯未成年人合法权益。教师是人类工程的灵魂师。倘若保护者反而成为加害者，这难道不是对自身最大的讽刺？
>
> 注：资料来源于中共中央政法委员会官方媒体"中央政法委长安剑"于2017年11月1日发布的文章《从电击疗法到豫章书院，为什么"戒除网瘾"始终逃不出暴力手段？》，由于篇幅所限，此处对原文有删减。

第三节 可能侵害儿童权利的潜在因素

除了为保护儿童的安全而必须暴露隐私的特殊情况之外，从业者应尽最大努力通过保守秘密去维护儿童的隐私权。心理治疗者应当时刻牢记"不可以伤害别人"。如果儿童的权利得不到尊重，那么他们就很可能在情感上受到伤害，甚至有可能造成儿童对朋友、家庭、教育体制和社会的消极态度。

心理治疗中可能造成儿童权利遭受伤害的潜在因素主要在于心理档案的记录环节、录音录像带和计算机数据库中的信息管理环节及向第三方披露信息环节。另外，张田等（2013）认为，在中国，一些传统的价值取向也会成为侵害儿童权利保护的潜在因素。

一、心理档案的记录是否准确客观

儿童档案中的记录，包括他们的社会活动、情绪问题以及家庭生活的记录对保护儿童的隐私权来说是一系列的威胁。这些内容，哪怕一点点有失偏颇，都可能影响到对当事人的整体印象。因此，咨询师和教师应对哪些内容可以写进长期的档案中慎之又慎。一些机密的信息如儿童的家庭生活、恐惧、情绪问题和不当行为应保存进有限制性的单独卷宗中。

学校档案应该用客观的方式记录儿童的成绩和在校表现，应避免使用极端和主观的措辞，如"坏透了"之类的说法。这样的记录不仅会使阅读该卷宗的人对所记录的儿童带有偏见，而且对该儿童无任何帮助。

治疗师、教师、看护者等在做记录时应该评估自己是否促进了儿童的进步和健康发展。纯粹的负面评价不但不能帮助来访者和治疗师，而且有时会导致不良后果。例如在一家精神病医院，护士对儿童行为的记录会致使药物过量或导致儿童权益受损。做专业记录时应该准确而细心,记录者在记录资料时脑海中应该想到可能某一天会有人读到该资料(很有可能是学生或成年以后的该患者)或被法庭命令交出。

Rinas 等人(1988)根据美国的有关规定,建议个人的记录应该在儿童或其法定监护人想要查阅时对他们开放,以使不正确的信息得到及时修改。由于长时间保存档案增加了泄密的危险,因此过了一段合理期限并且确定与来访者没有联系后,心理档案应被销毁。

二、录音录像资料和计算机数据是否得到严格管理

另外,对儿童隐私权造成威胁的是心理咨询与治疗过程中所录的录音录像带。对心理咨询与治疗过程进行录音录像一般出于两个目的,第一是治疗师还处在受训阶段(如心理学专业的学生或处在领取从业执照的被指导期的从业人员),第二是该录音录像将被用于正当研究(如教学)。不管出于什么目的,治疗师必须在开始心理咨询与治疗之前取得儿童来访者及其家长的同意,并且要严格限制第三方对录音录像带的取得和使用。在班级放映录音录像带会增加儿童被认出的风险,因此在实际中要避免此类情况的发生。

计算机和网络技术的高速发展给心理健康工作带来便利的同时,也带来了负面影响。大量保存于计算机数据库中与心理健康有关的信息增加了对儿童权利的威胁风险,它们可能被任何人接触,这一事实对来访儿童来说有重大的隐患。未经授权或不适当地公开儿童寻求专业治疗的信息,会对儿童的生活造成深远的负面影响,也许现在不明显,但是如果出现在儿童成年以后,可能导致他们不再寻求任何治疗。例如,对儿童滥用药物的治疗信息可能会影响他们未来的就业,而行为失调可能会使他们被贴上"危害安全"的标签。

三、信息披露是否恰当

在很多情形下,不管有没有获得当事人的明确同意,关于当事人的保密信息都有可能会被披露给第三方。例如:① 有关公众安全的,如对虐待儿童事件的合理怀疑,或对校园造成明显威胁的事件;② 在当事人对自己或别人造成危险时不自觉的犯罪举动;③ 法律程序中权利被取消或压根不存在于当事人与治疗师之间。在信息对政府或私人机构例如保险公司开放时,在信息被用于正当研究(但是当事人的身份必须得到保护)时,在其他治疗师介入治疗且需要数据去帮助患者的治疗时,一定要先取得当事人及其家长的同意。

Rinas 等人(1988)建议要告知当事人资料开放的性质和程度以及对谁开放和开放的目的等等。一般来说,如果法庭要求,则必须向其提供信息。另外,在出现应第三方

（例如法院、雇主或儿童保护机构）要求实施对当事人的治疗时，治疗师和当事人之间的信息不受保密限制。例如，如果儿童保护机构提出让父母接受治疗是将儿童留在该家庭的必要条件，那么儿童保护机构就有权知道患者治疗中的进展信息和心理状况。从一开始家长就应被告知他们的交流信息可能会被透露给指定机构，而且治疗过程或他们是否同意治疗会影响该机构的决定。

四、传统的价值取向因素

张田等人（2013）提出，就中国文化而言，中国传统的社会取向是造成心理咨询与治疗中儿童权利被忽视的原因之一。中国人的社会取向有四种内涵，分别是家族取向、关系取向、权威取向和他人取向（杨国枢，2008）。其中，家族取向、权威取向、他人取向都影响了儿童的权利保护。

（1）家族取向影响获得治疗权——家丑不可外扬。强调家族荣誉是中国人家族取向的重要特征，当家族荣誉受到损害时，中国人往往选择的是掩盖，即抱有"家丑不可外扬"的心态（陈午晴，2005）。如果将这种心态带入儿童心理咨询与治疗的过程中，就容易出现对儿童获得治疗权的侵权。

（2）权威取向影响同意治疗权——不听老人言，吃亏在眼前。在权威取向中，父母被认为是子女的绝对权威，他们出于对子女的关爱和丰富的社会经验，往往为子女做出决定，并告知孩子"不听老人言，吃亏在眼前"等。在这种家长权威的影响下，子女被教育应该服从家长的安排，甚至包括接受那些可能是没有必要的心理咨询与治疗，这就严重侵犯了儿童在心理咨询与治疗中的同意治疗权，甚至造成对一些儿童心理问题的过度治疗。

（3）权威取向影响拥有隐私权——子不教，父之过。在家长权威取向的影响下，家长抱有"子不教，父之过"的想法，即认为他们对于孩子负有绝对的责任，孩子如有不好的地方，应该是父母的过错。而相应地，责任越大，权力也越大，父母抱着对孩子负责的态度，迫切地想要了解孩子的一切，包括生理和心理状况，甚至认为在心理咨询与治疗中，作为孩子的监护人，咨询师有义务将孩子所说的一切告诉他们。很明显，这种想法影响了孩子在咨询中拥有隐私的权利。

（4）他人取向影响个人名誉权——好事不出门，坏事传千里。如果大众将对于他人事件的过分关注转移到对于儿童心理问题的关注上，加之其对于心理咨询的一些误区，就会造成对于儿童名誉权的侵犯，使一些儿童被贴上"问题儿童""精神病儿童"的标签，严重影响儿童的名誉，结合家族取向中家族荣誉的重要性，会让家长有"好事不出门，坏事传千里"的消极感受，不但影响儿童本身，甚至影响到整个家庭。

当然，在心理咨询与治疗中，传统价值取向并非直接冲击儿童的权利，而是通过对父母或大众观念的影响而发生作用的。因此我们没有必要盲目地排斥或否认传统社会取向的价值，要保护儿童在心理咨询与治疗中的权利，并不在于全盘否定中国的传统价值取向,而在于控制这些取向对于父母或大众观念的消极影响。就传统价值观对于心理咨询及其过程中儿童权利的保护而言,有必要发挥其优势,避免其局限性,在特定的情境中扬长避短。

第四节 儿童权利保护中需要注意的问题

一、如何处理治疗与儿童潜在危机的矛盾

在心理治疗中,如果发现来访者对本人或其他人造成潜在危险或具体威胁时,必须认真考虑、充分商讨,并采取一切必要的措施来防范事态的恶化。然而这一点往往很难断定,因为没有足够的标准去分辨什么是"明显和即将发生的危险",从业者只能依赖自己的临床经验去做判断。

在美国,曾经发生过一起轰动的塔蒂亚娜(Tarasoff)起诉加州大学董事会案件。根据法庭记录,与 Tarasoff 案件有关的人是在加州大学伯克利分校柯威尔医院接受精神卫生咨询的门诊病人波达尔(Poddar)。Poddar 告诉他的心理医生,他打算等某位小姐过完暑假回校后杀了她,其实很容易辨认出他所谓的某位小姐就是指 Tarasoff。在这次宣称要杀人的会谈结束后,心理医生打电话给驻校警察要求他们多留意 Poddar,因他可能需要住院,他具有伤害自己或他人的危险性。心理医生随后又写了一封信给驻校警察要求协助。驻校警察将 Poddar 予以暂时拘留,但随后因他看起来很正常而放了他。不久,督导、精神科主任要求驻校警察归还心理医生的那封信,下令要销毁它以及有关的个案摘要,并指示不可以采取进一步要 Poddar 住院的行动。没有人警告 Tarasoff 或是她的家人有关 Poddar 的威胁。Poddar 再也没有回去接受治疗。两个月后,他杀了 Tarasoff。Tarasoff 的双亲控告加州大学董事会、学生健康服务中心的几位工作人员以及驻校警察和四位队员,因为他们没有通知 Tarasoff 所受到的威胁。

治疗师的辩护是:第一,心理治疗师有责任对治疗信息保密;第二,治疗师不可能准确评估患者是否会做出真正的暴力行为。加州初审法庭基于对多位被告的免责以及心理治疗师对保密的职责,不受理本案。Tarasoff 双亲提出上诉,加州最高法院接受上诉并随后更正判定:初审法庭对工作人员疏于保护被有计划杀害的受害者的判决是不负责任的,当治疗师确定患者有可能或已经对他人造成严重的暴力威胁时,治疗师就有义务使用合理的方式去保护受害者。这就是在该案件被裁决后建立起来的警告潜在受害者义务。这项义务要求治疗师警告受害者本人或其他可以通知受害者的人存在的潜在危险,并通知警方或根据情况采取任何必需的措施。

从上面这个例子可以看出,敏感地对待潜在的虐待情形对于专业人员来说是很重要的职责,对于儿童和整个社会来说也有重大的意义。David Sandberg 等人(1988)提出了如下建议。

(1) 报告者不需要"证明"已发生儿童虐待,而仅仅需要怀疑它已经发生了。
(2) 儿童没有必要认识到虐待发生是报告的前提。
(3) 儿童保护部门有责任决定是否有足够的证据展开一个调查。

越来越多的证据表明,现今的受害者,尤其是性虐待的受害者,将来可能会变成罪犯,因此,那些因没有被及时报告而成为受害者的儿童,将来很有可能成为虐待儿童的罪犯。隐匿不报可能毁掉儿童的生活,并增加其后代被虐待的可能性。为了促进报告可能存在的虐待,有些西方国家已经在关于保护虐待儿童的法律中增加了报告的法律条款。

然而,公布孩子受虐待常常会使孩子陷入困境中,这也是一种危险,它会对治疗的合作关系产生严重影响。这时儿童是最脆弱的,因为一个严重的秘密泄露了,他们会感觉被治疗者出卖了,或者认为如果待在家里的话,家里人会报复他。因此在受虐待情形下,和受害人保持联系及仔细监视他们就非常必要。尽管不可能总是这样,但从业者试图一直保持和儿童及家长的联系是非常重要的。在学校系统中,咨询师应把受虐待的事情告诉校方管理者,而不是直接公布,咨询师和儿童及家人的咨访关系便不会受影响,这样,咨询师可以继续支持家人并帮助他们做更好的家长,咨询师也会得到保护儿童工作者们的大力帮助,从而能给家庭提供额外的帮助。

从业人员应当帮助儿童和他们的家庭在虐待事件发生后处理他们的感情、家庭关系和其他一些问题。在给家长提供咨询时,治疗专家应避免责备和非难,而要帮助他们变成合格的家长,同时保护孩子的权利。因为在虐待刚被报告后,孩子是最危险的,有效的家庭干预起着决定性的作用。而且,虽然家庭得到了很多的帮助和支持,但并不能完全阻止虐待的发生。因此,对从业人员来说,他们有必要认识到儿童处在不断的危险中,并采取措施帮助儿童。

二、如何识别儿童危机

一些被虐待儿童可能表面上看起来生活得很正常,在这种情况下,意识到儿童行为的异常尤其重要。被虐待儿童很希望得到父母的爱,但由于虐待是他们受到关照的唯一形式,于是,他们就把这种虐待看成正常的事。

儿童的身体、情感等都可能受到虐待,而且常常会是几种虐待同时发生,伤害儿童的心灵和自尊。

在实践中,受虐待和被忽视难以区分,需要综合考虑儿童的情况,下面所列的现象可以作为判断受虐待和被忽视是否发生的参考依据。

(1) 缺乏信任感。受害人长期受到父母的各种惩罚、欺骗和不予兑现的承诺,这使受虐待儿童学会了不相信他人。

（2）恐惧、害羞和孤僻行为。对危险过度警觉，或过分温和、顺从，以此来避免冲突和惩罚，这也可能是儿童受到虐待后的反应。

（3）攻击性和表演行为。儿童多动，不能静心做事或学习。试图通过不承认错误来逃避惩罚，他们更多地关心避免惩罚而不是避免错误行为，这常常会导致他们的过失行为。

（4）认知和言语知觉的极度困难。儿童往往需要鼓励才能表达他们的消极情绪（害怕、伤害、孤独）和积极情绪（高兴、喜悦），例如有些孩子在遭受疼痛时也不会哭。

（5）深度的悲伤感。易哭、饮食习惯发生变化以及避免和他人接触是常见的表现。这些儿童可能表现出自虐的行为，例如重击头部、抓破或砍伤自己、拉扯头发，年龄稍大的被虐待儿童会想到自杀。

（6）过分害怕、睡眠障碍和退化行为。儿童可能会害怕睡觉、做噩梦、喜欢开灯睡觉、在半夜惊醒、不敢一个人睡觉，这些行为可能伴随着对密室里的黑暗或怪兽的恐惧。儿童也可能会产生退化行为，如又开始尿床和吮吸拇指。这些反应经常伴随着儿童遭受的性侵犯。

（7）自卑感强。被虐待的儿童倾向于把自己看成是"愚蠢的""坏的"或"不可爱的"。一些被虐待的和被忽视的儿童被老师说成是"懒散的"，因为他们不能集中注意力，不能发挥学习潜力。被性虐待的儿童会认为自己很"脏"。

（8）不能和同龄儿童一起玩耍。要让受虐待和被忽视的儿童开心很难，他们经常避免与同伴一起活动，例如活动课和体育课。受性虐待的儿童会避免和同伴玩，因为他们害怕被同伴嘲笑。

（9）对自己和同伴有持久的和不适当的性观念。对他人的性侵犯行为、过度手淫、过度性好奇等在性虐待的儿童中很常见。他们的性知识超过了自身的发展水平，例如，一个3岁的儿童在玩布娃娃时出现模仿成人的性行为。

（10）成人化的行为。被忽视的儿童在小时候就必须照料整个家庭，被性虐待的儿童往往表现得很成熟，他们的言语及动作都很成人化，这些儿童对成人行为的意义和影响往往并不理解。年龄较大的受虐待儿童在模仿成人的行为时，可能会虐待年龄较小的或身体较弱小的儿童，或者在照看时严厉地惩罚他们。

（11）不能得到合理解释的伤害。典型的如擦伤、切伤、烧伤或其他伤害，例如身体上的瘀伤、烧伤或者划伤，或其他一些经常性的伤痕。生殖器或直肠的撕破、出血、感染或性传播疾病，是性虐待的标志。如果父母或法定监护人拒绝使用药物治疗或长时间拖延为儿童寻求帮助，往往很可能就是发生了虐待。

（12）其他一些现象。例如，卫生知识贫乏、缺少健康护理的预防措施、营养不良、不合时宜的穿着（冬天没有外套）、放学后或夜晚没人监管，这些都是受虐待和被忽视的表现。另外，儿童会在夏天穿上袖子很长的衣服来掩饰伤口，受性虐待的儿童可能会过度洗澡，也可能根本不洗，因为他们希望自己脏一些或不引人注意，从而能免遭虐待。

将儿童受虐待问题报告出来是咨询师一项非常重要的责任,不能有半点轻视。咨询师需要通过对儿童身体状况、情绪、爱好以及直接或间接的言语或非言语线索的观察来判断孩子是否受虐待。咨询师需要对孩子有足够的了解从而发现他们行为的变化。

对于像成人一样值得关注并且作为独立个体的儿童来说,保护他们的权利是对他们最基本的尊重。无论什么时候,如果要保密的信息必须被揭示出来,咨询师就应该尽快与儿童取得联系,尤其是在虐待儿童的案例中,只有这样,才能继续帮助儿童及其家人。要想防止虐待儿童事件的发生,要想让成千上万的儿童生活中少一些威胁,那么报告儿童的受虐待情况对帮助儿童健康成长是至关重要的。

本章小结

对于心理治疗从业人员或其他社会服务工作者来说,最主要的任务之一就是能够判定父母什么时候不具备照顾和养育儿童的力量、技能、动机和能力,我们必须意识到保护孩子的身心健康是一个合适而且必然的选择。

在咨访关系中,儿童有权利去赞同、做出反馈,有权利拥有自己的隐私权并享受信息的保密权。尽管大多数儿童还没有法律权利去选择是否享受这些待遇,但他们确实应该拥有依照他们的意愿拒绝或终止参与的权利。一般情况下,儿童拥有隐私权和信息保密权,除了一些个别情况,即儿童可能会对他人造成伤害的时候,我们才不予保密。儿童还有权利了解他们是如何成长进步的,并且可以以一种他们自己可以理解的方式进行信息的交流。

在我国,随着儿童心理咨询与治疗事业的发展,与之相应的道德标准和法律法规必然会逐渐建立和完善起来,儿童权利保护也会成为一个现实的问题,因此,这些内容对从事该领域工作的相关专业人员来说具有十分重要的现实意义。

拓展资源

【延伸阅读】

对于儿童利益和权利的进一步了解,可参见:

弗朗索瓦兹·多尔多.(2009).儿童的利益——学会如何尊重孩子.王文新,译,上海:上海社会科学院出版社.

Holcomb,J.(2015). Children's Rights. The Wiley Blackwell Encyclopedia of Family Studies. New York:John Wiley & Sons,Inc.

【推荐书籍】

　　劳凯声,孙云晓.(2002).新焦点:当代中国少年儿童人身伤害研究报告.北京:北京师范大学出版社.

　　王雪梅.(2005).儿童权利论:一个初步的比较研究.北京:社会科学文献出版社.

　　张世平.(2006).中国儿童的生存与发展:数据和分析.北京:中国妇女出版社.

　　卢德平.(2007).中国弱势儿童群体:问题与对策.北京:社会科学文献出版社.

　　鞠青.(2008).中国流浪儿童研究报告.北京:人民出版社.

　　尚晓援.(2008).中国弱势儿童群体保护制度.北京:社会科学文献出版社.

　　中国青少年研究中心.(2008).中国未成年人数据手册.北京:科学出版社.

　　James Garbarino,& Garry Sigman.(2010).A Child's Right to a Healthy Environment.Springer New York.

思考与实践

1. 请结合下面案例谈谈如何贯彻来访儿童要求保密的权利。

小芯是一名14岁的初中学生,一直是老师和家长口中的好学生。在学校组织的体检中,小芯被查出怀孕了。由于小芯拒绝跟老师讨论自己的情况,所以老师将其转介给学校的心理健康老师。起初,小芯还是拒绝跟心理老师说自己的事,后来她告诉心理老师自己不想流产,希望老师能帮助她,让她留下孩子。她一再强调不想让父母知道她怀孕的事。小芯不愿意说出谁是孩子的父亲,但心理老师注意到她的手上、胳膊上、腿上隐约有一些伤痕,怀疑小芯可能一直受到包括性虐待在内的伤害。

2. 请举例说明"儿童是家庭问题的替罪羊"及探究咨询师在面对这样的个案时,如何处理父母之间的关系及亲子关系。

参考文献

郭明瑞.(2001).民法学.北京:北京大学出版社.

杨国枢,黄国光,杨中芳.(2008).华人本土心理学(上).重庆:重庆大学出版社.

张田,傅宏.(2013).传统价值取向对心理咨询与治疗中儿童权利的冲击.心理科学进展,21(9),1660-1666.

Grisso,T.,& Vierling,L.(1978).Minors Consent to Treatment:A Developmental Perspective.Professional Psychology,9(3),412-427.

Blocher, D. H. (1987). The Professional Counselor. New York: Macmillan.

Rinas, J., & Clyne-Jackson, S. (1988). Professional Conduct and Legal Concerns in Mental Health Practice. Norwalk, CT: Appleton & Lange.

Sandberg, D., & Others, A. (1988). Legal Issues in Child Abuse: Questions and Answers for Counselors. Elementary School Guidance & Counseling, 22(4), 268-274.

Melton, G. B. (1991). Socialization in the Global Community: Respect for the Dignity of Children, 46(1), 66-71.

Gredler, G. R. (2006). Issues and Ethics in the Helping Professions (4th ed.). CA: Cole Pub lishing. Company.

Lansdown, G., Jimerson, S. R., & Shahroozi, R. (2014). Children's Rights and School Psychology: Children's Right to Participation. Journal of School Psychology, 52(1), 3-12.

第十二章

早期预防干预

【本章导读】

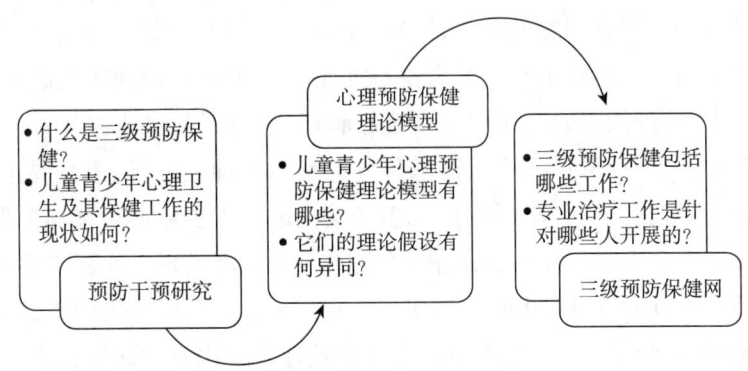

从个人毕生发展的意义上讲,预防比单纯治疗更为重要。到目前为止,人们即便是在对付那些最常见的疾病(如感冒、鼻炎)时,也还没有发现什么灵丹妙药,在对付那些具有十分复杂背景的各种心理障碍上更是如此。通常,解决这一问题的最好办法是做好基本的预防保健工作,防患于未然。尤其是对于像中国这样的发展中国家来说,全社会的医疗条件还不是很发达,人力资源还很有限,在这种情况下,采取以医院为基础,针对疾病,由医务人员以大夫对病人这种一对一的关系进行的服务……常会背离社会平等原则(世界卫生组织,1991)。预防保健的做法可以让每个人对自己的健康负起责任,令更多人受益。

第一节　预防干预研究概述

一、儿童心理卫生保健的现状

世界卫生组织早在20世纪末全球中期规划中就指出,要达到2000年人人享有卫生保健这一目标,关键在于初级卫生保健。这种卫生保健以人群需要为根据,而不是以卫生设施和专家集中的机构的需要为根据;它是非集中化的,需要社区和家庭的积极参与,需要非专业的通科卫生人员与政府和非政府组织的工作人员合作推进。然而,现有的卫生保健提供系统,包括精神卫生保健,远不能满足世界大多数人群的需要。至今而言,即使我们进入了21世纪,大部分发展中国家的三级心理卫生保健系统还是相当不健全,很多国家几乎是空白。即便在一些比较发达的国家和地区,在心理卫生保健方面也还远远不能够满足社会的一般要求。

以美国为例，美国的心理卫生保健水平在世界上较为领先。从 Beers 在 20 世纪初倡导心理卫生运动开始，至今已经有将近一个世纪的历史。2000 年 3 月，美国白宫首次召开了有关儿童心理健康问题的会议；随后，美国卫生与公众服务部、教育部和司法部下属的十几个部门，于 2000 年 9 月联合举行儿童和青少年心理健康问题大型讨论会；紧接着，美国国家心理健康研究所与美国食品和药物管理局，又于当年 10 月围绕青少年精神药理学展开专题研讨；在广泛征求各方意见的基础上，美国卫生局于 2001 年正式出台《儿童心理健康国家行动议程》，标志着美国解决青少年心理健康问题的国家级战略基本成型。在 2010 年美国一项全国性调查中，研究者发现 22% 的青少年曾有或正在经历着严重的心理问题，即四五个美国青少年中就有一个在过去的生命中患有损害性的心理问题，但其中仅有 1/5 享受到了所需的治疗。美国有关研究认为，这可能造成严重的后果，有心理健康问题的儿童和青少年如果得不到及时治疗，不仅会引发辍学、家庭矛盾、暴力等一系列问题，从长远来看，整个社会都将为此付出高昂的代价。另外，研究也表明成人的心理障碍有可能最初产生于儿童时期，由此提醒人们需要将注意力放在对青少年心理问题的预防和早期干预上。

我国心理卫生保健工作起步相当晚，直到 20 世纪 70 年代至 80 年代期间，儿童心理卫生工作者和教育工作者们才开始重视儿童心理卫生与保健的问题。1983 年，中国社会科学院少年研究所、团中央少年工作委员会在广州召开了全国少年研究规划会议，到会的代表包括教师、少先队工作者、儿童卫生工作者、儿童精神病学家以及心理学家等多方面人士。根据会议的倡导精神，很多省市会后相继成立了儿童问题研究会、家庭研究会等跨学科组织，以及儿童心理卫生中心、智障学校等一批心理卫生保健机构，标志着我国儿童心理卫生工作进入了一个全面发展的新阶段。但是，从全国的水平上讲，这项工作的受益面还相当有限。20 世纪 90 年代初，22 个省（市）的调查结果显示，儿童心理行为问题和精神疾病总患病率为 12.97%；2007 年在全国 21 个省（市）的 39 个城市开展的"国民心理健康状况研究"中，儿童心理健康问题发生率达 16%；北京城区儿童心理健康问题检出率在 1985 年、1993 年和 2003 年分别为 8.3%、10.9% 和 18.2%。据中国疾病控制中心精神卫生中心提供的信息，2000 年左右我国 18 周岁以下的 3 亿多未成年人中，据保守估计，有各类学习、情绪、行为障碍者达 3000 万人，如果加上需要保健的人群，实际上会远远大于这个数字。而目前我国儿童心理卫生工作者的数量却微乎其微，据 1990 年的统计，全国仅有 100 人左右（李雪荣，1994），即便到了 20 世纪末也不足万人。这是一个相当严峻的现实，对于我国 21 世纪的整体国民健康水平和素质提高都将造成影响，发展儿童心理卫生保健工作刻不容缓。

二、三级预防保健

在公共卫生学中，从早期预防保健到对疾病的治疗干预的完整工作被称为三级预防(tertiary prevention)保健。其中,对于心理健康的初级和次级保健都是一种预防性的社会保健工作,而只有第三级保健才是所谓的"专业治疗"工作。

初级保健的目的不是减轻已有问题的症状,而是借助于某种预防干预使人们避免发生问题。因此其定义是指在心理障碍尚未发生之前,通过一系列的预防工作来减少心理障碍的发生比率。具体包括以下一些项目。

(1) 通过教育、舆论宣传等来增强保健意识。
(2) 通过训练来帮助人们抵御生活事件压力和增强社会适应能力。
(3) 通过改造环境来减少一些有害的外部影响。
(4) 发展更加完善的社会支持系统。

次级保健的含义是指对于那些尚未演变成为严重心理障碍的问题进行早期识别诊断和防治。通过次级保健,一些障碍在发生初期就能够得到有效的干预和治疗,从而把一些可能会演变成为大病的问题,控制在小病状态;同时,让一些可能会有较长病程的问题,缩短患病周期。儿童经常是次级预防保健的主要对象,因为他们的心理尚处在一个发展、易变和不稳定的阶段,进行早期干预可以避免使一些尚不稳定的心理问题进一步扩大成为更加严重的障碍。

事实上,进行初级预防保健在三级保健系统中是最为困难的,由于它是以人类社会整体作为保健对象的,而不仅仅针对个别人,所以需要全社会的参与和支持。尤其是心理卫生保健工作,目前还远远不能满足大多数人的需要。

关键概念

初级保健 指在心理障碍尚未发生之前,通过一系列的预防工作来减少心理障碍的发生概率。

次级保健 指对于那些尚未演变成为严重心理障碍的问题进行早期识别诊断和防治。

第三级保健 即"专业治疗工作",针对那些已经具有了某些心理障碍的儿童进行有针对性的治疗、康复活动。

在实际应用中,心理治疗与初级和次级预防保健是彼此紧密联系在一起而很难截然区分开的。举例来说,儿童面对父母离婚时,可能会经历严重的发展性功能失调。如果我们把这样的孩子都集中到一个团体中来,让他们接受以下一些训练,实际上,我们就已经为他们提供了一套预防—治疗的连续训练活动。

(1) 在一个充满温暖、相互信任和支持的环境中,分享彼此的经验、思想和感受。
(2) 通过观察、模仿和角色扮演来学习新经验。
(3) 学习驾驭愤怒和焦虑的新方法。

从理想和期望的角度来看,这种将治疗和预防相结合的训练计划是最好的。但是,事实上,绝大部分的治疗方法都无法做到在治疗障碍的同时还能够帮助预防或减少心理障碍发生的概率,更无法消除这些心理障碍。心理治疗最多只不过是在心理障碍出现之后,能够帮助患者减轻或解除由于这种障碍所造成的痛苦。要想从根本上杜绝或者减少各种障碍的发生概率,最好的办法只有预防。

三、专业人员的培训

全民预防保健计划的有效实施,依赖于许多因素的共同作用,而其中最主要的因素便是人力资源问题。

到目前为止,大部分的心理卫生工作者都还属于业余或兼职人员,专业人员还很有限,目前注册的儿童精神科医师不足千人(静进,2013)。在我国现有的大学中,开设心理学、社会工作及其他相关专业的学校不到百所,远远不能满足社会的需求;而且,在这些专业当中,大部分专业都还不是有关心理卫生方面的,属于儿童心理卫生的专业则几乎凤毛麟角、屈指可数。同时,随着近年来实施素质教育的思想影响,大中小学对于心理咨询和心理辅导的专业人员需求急剧增加,在这种情况下,很多学校中的志愿者都是依靠热情和自学的方法,通过边实践边学习来获得有关专业知识的。虽然有热情是十分重要的,但是,仅仅依靠热情也会造成麻烦。尤其在心理卫生工作中,纯粹的热情,可能会导致相反的效果。有些学校心理卫生工作者,由于过度热情地帮助学生,结果造成学生对于老师过度依恋而无法自拔。

在这种情况下,有关专业机构(如大学或其他心理或精神卫生研究机构)应该承担起对社会专业人员的培训工作。心理卫生专业人员的培训应该包括以下内容:如何对问题进行分析、如何进行初级干预和初步治疗、个人评估以及流行病学研究方法。这实际上也就是对心理卫生工作者专业素质的具体要求。

其中,进行问题分析是初级干预的基础。所谓问题分析的含义是指当面对一个儿童的心理问题时,能够明确问题的性质,对于所面对问题的严重程度做出适当的分辨,并能对成因做出初步解释和决定应该由什么人在什么程度上为其提供帮助。这些工作对于心理保健来说,其重要性绝不亚于专业心理治疗工作。正是由于这些非专业人员能够及时地发现问题,使得很多危机和严重障碍被遏制在了萌芽阶段。

为了做到这一点,学校和社区心理卫生工作者首先应该接受一些基本的专业理论方面的训练,包括心理学理论(如精神分析、行为治疗、人本主义治疗等的专业理论知识)、社会学、教育学、流行病学和医药常识等方面的知识。只有这样,才能够使个人在面对问题和进行心理卫生服务工作时做到更有主见。

其次,在面对问题时除了能够做出初步的分析判断之外,还应该掌握一些初级干预和治疗方面的知识。这些知识包括病理和病因分析、治疗方案设计、初级干预技巧以及常规会谈的技巧等。

除此之外,为了能够使得对于个人的判断更加合理,还应该适当进行一些有关心理测量和心理评价方法方面的训练,这是心理卫生工作者需要具备的另外一项基本功。应该帮助他们学会使用各种评价工具和利用这些工具对个人做出适当的评价分析。

最后,除了承认遗传的影响之外,还要帮助他们学会利用社区环境资源(如家庭、学校等)对儿童施加影响,使得更多的人在更大的范围内受益。

问题分析 当面对一个儿童的心理问题时,能够明确问题的性质,对于所面对问题的严重程度做出适当的分辨,并能对成因做出初步解释和决定应该由什么人在什么程度上为其提供帮助。

第二节　儿童心理预防保健理论模型

儿童心理预防保健的理论模型包括了一些截然不同的方面,如医学模型、环境操作模型、激励—学习模型、危机模型以及上述观点的折中模型等等。这些模型虽然在预防方法上各不相同,但是,它们的一个共同之处是都把预防看作优于治疗的一种选择。下面我们对于这些模型分别做一些讨论。首先对医学模型进行讨论,并以此作为对其他模型进行讨论的基础。事实上,大部分模型都是在传统医学模型的基础上发展起来的。

一、医学模型

理论来源 在所有的预防模型中,医学模型是最著名的。医学中的各种预防接种已经使得人们成功地控制了像霍乱、天花、鼠疫一类的疾病。典型的医学干预强调两个要点:第一,(通过隔离障碍患者的方法)控制疾病的扩散;第二,增强机体抵御疾病的能力。在中世纪时期,对于心理疾病的预防就是采用了第一种方法,即通过把心理障碍患者隔离开来的办法,使得他们无法去"影响"其他人。直到19世纪初期的心理卫生运动之后,人们才开始采用增强抵御力的方法来预防心理疾病。

基本假设 传统的医学模型假设只要对有机体进行基本的预防疾病训练,个人就可以自觉增强抵御疾病的能力。训练的基本指向是个人,与环境或其他系统因素无关。如果我们设法让儿童不出现心理障碍,那么最好的办法就是直接去改造儿童本身。按照这种观点,儿童自身是具有一定的免疫能力的,只要激发这种免疫潜能就可以了,至于其他环境因素如何变化并不重要。

这种医学模型同时还假设由于一定的原因导致了相应的后果,所以相应于这种因果关系的治疗是十分重要的。譬如,天花是由于某种病毒所致,通过预防接种而使得人们的免疫功能得到了增强;唐氏综合征(21 三体综合征)是由于特定的基因影响所致,进行基因咨询是解决这个问题的关键。同样的道理,对于心理疾病的预防也需要根据一定的因果规则来进行,最适当的预防是针对导致一定心理疾病的病因而进行的训练活动。

传统医学模型的第三个特点是,更加强调针对疾病进行预防而不是健康。在医学模型看来,所谓疾病是指对于有机体正常活动能力造成干扰的一种状态,这种状态始终处于某种动态变化之中,并且由于出现某些症状而使个体感到不适。而在医学预防模型中,健康则表示没有疾病。因此,增强机体抵御疾病的能力便成了预防的基本目标。至于除了预防疾病之外,有机体该做一些什么活动来增进健康,传统医学模型并不关心。

例证 Caplan(1964)是最早将这种医学模型用于对儿童的心理保健工作的。他指出,儿童的许多问题是可以被预测的,这些问题包括了从时间变化(如因为入学和与家庭的分离)到关系变化(如因为亲人亡故、父母离异)对儿童造成的各种影响。由于许多儿童都承受着这类问题的困扰,所以他提出要让心理学家与教师、父母和孩子一道来对导致问题发生的各种危机施加干预。为了支持他的观点,Caplan 提出了以下四个要点。

(1) 危机的发生为儿童把积蓄已久的问题表现出来提供了条件。
(2) 不能够有效地解决危机会导致心理障碍发生的可能性加剧。
(3) 成功地解决危机会使得心理障碍发生的可能性减少。
(4) 儿童会把从这个情境中所学到的解决问题的方法扩展应用于其他类似的压力情境下。

这个观点显然反映出了一种医学模型的思想。在这里,儿童是预防干预的焦点,预防工作直接针对病因而进行,防止疾病的发生是预防干预的基本目标。而且,Caplan 强调对于各种导致危机的时间和关系因素加以干预是预防干预的关键,这一点与为预防天花而接种疫苗在原理上是一致的:病毒导致天花,而危机导致儿童的应激反应。这种对于危机的干预也就相应增强了儿童的应激水平。

二、环境操作模型

理论来源 环境操作模型是在传统医学模型的基础上发展起来的。在应用医学模型的过程中,人们逐渐感觉到,对于某些疾病来说,控制某些环境因素可以起到更好的预防作用。在实际生活中,存在着两种环境影响源,这两种环境影响因素对于个人的作用都比有机体自身的影响更为重要。

第一环境是指无法分辨出该选择通过何种个人的方式加以预防的环境因素。儿童铅中毒就是一个受到第一环境影响的例子,当环境污染导致儿童铅中毒时,儿童无法选择或自己发展出一套抵御环境的能力,在这种情况下,只有通过改变环境污染源来最终解决儿童铅中毒问题。

第二环境则是指无法进行适当的个人预防干预的环境因素。儿童接种狂犬病疫苗便属于第二环境影响的例证。虽然狂犬病疫苗对于预防狂犬病是有效的,但是,由于这种疫苗成本比较昂贵,难以操作,而且具有一定的危险性,所以最好的办法是控制环境使出现狂犬咬人的概率减少。

事实上,在这两个例证中,改变的重点都是环境或者有机体所处的某种关系状态。正因为如此,在实际应用中,人们经常采取环境—医学综合模型来提高预防的效果(如在进行预防接种的同时清洁水源)。

基本假设 环境操作模型假设是由于环境而不是有机体自身的强化促成了个人的适应性。虽然这种理论承认环境因素对有机体的变化影响并非绝对的,但是环境因素对于绝大多数的身体器官来说,它的影响是最重要的。因此,改变环境影响比仅仅治疗有机体自身更加经济有效。

例证 对于儿童心理环境的关注是环境操作模型的重点。在这方面,学校已经成为一个公认的包含了很多有害因素的场所,学校中的各种环境因素,既可能促进儿童的心理发展,也有可能妨碍他们的健康成长甚至造成障碍。

这里可以以皮亚杰的儿童认知发展学说为例来说明这个问题。在小学低年级的时候,老师常常会让学生做一种所谓"加法填空题(如 3+□=17)"。而处在小学一、二年级的儿童在做这种题目的时候,通常会坚持在空格中填上数字"10",而且坚持通过改变计算结果来适应自己所填的数字。这个年龄段的儿童正处在前运算认知水平上,他们进行可逆运算的能力还没有得到很好的发展。之所以发生这种填空错误的问题,是因为这种教学内容与这个年龄阶段儿童的认知发展水平相冲突。将这种错误的刺激因素引入课堂,会使得儿童的成功体验、自尊心等受到不适当的抑制。而当三年级的时候引入这类问题,这时由于儿童的认知水平发展已经更加适当,他们解决这种加法填空题就会变得容易起来,那种由于失败而产生的不适当体验也随之消失了。

三、激励—学习模型

理论来源 激励—学习模型主要由于两个方面的影响而发展起来:一是由于受到了强调增进健康而不只是预防疾病的医学思想的影响;二是受到了强调狭义学习作用的教育心理学思想的影响。

强调增进健康的医学模型在西方社会中也是最近才开始出现的,这种思想之所以很快地受到普遍重视,是因为它所强调的很多内容突破了人们的传统思维模式,譬如,有节制的饮食、适当的身体运动、信仰东方养生哲学等等,这些比起仅仅强调通过消极保守的方法预防疾病的思想显得更有活力和令人振奋。

有关狭义学习理论的教育心理学思想从一定意义上来说弥补了强调增进健康观点的不足,它还具有另外一套哲学基础理论。这种学习理论强调个人是通过可测量的行为去获取外部知识的,它否定那种通过顿悟或接受的发生而进行的学习。在学习理论中,心理障碍是由于学习不适当或学习不足所造成的结果。因此,教会个人通过使用适当的行为来替代不适当行为便可以达到增进健康和预防疾病的目的。

基本假设 增进健康模式包括以下三个前提。
(1) 那种线性的因果模式对于认识有机体与环境之间的互动关系是不适当的。
(2) 健康实际上是一种人类的潜能,而不仅仅是一种简单的机体状态。
(3) 通过增进有机体的健康来抵御各种外部压力,疾病属于健康的例外情况。

在这里,第一项前提主要是从对于传统医学预防模型的批评中发展出来的。传统医学预防模型强调通过研究一种简单机械的因果联系来预防疾病的发生。而随着现代控制论和信息论思想的发展,人们开始感受到,环境与有机体之间存在着一种相互制约和影响的关系,单单强调改变某一个方面是不合理的。

而第二个前提则强调了个人的肉体与灵魂之间是连续不可分的,个人的身体器官、情绪、心理及社会各个方面都紧密联系在一起,共同决定着个人的健康与疾病。正因为如此,在预防上看重通过调动个人的整个身体机能状态来达到增进健康和抵御疾病的目的。个人的心理发展始终朝着一个动态的目标不断调整和变化,增进健康的过程代表着一种积极的建设性过程,而不是消极抵御疾病的过程。

第三个前提则是将这种预防思想归结到一种所谓的整体观上:健康与疾病是彼此不相容的,任何疾病都可以被理解为是由于个人的某些不健康生活方式所导致。改变个人的生活方式是增进健康的重要保障。

学习模型的这些思想实际上很容易被理解。首先一个要点就是,行为是习得的,儿童通过学习得到"健康心理",同样的道理,他们也是通过学习而获得"心理疾病"的;其次,通过有机体所表现出来的所有行为必须在积累达到一定的总量之后才有可能发生。当试图增加儿童的适当行为时,就必须要相应地减少不适当行为发生的频率、强度和持续时间。因此,通过对健康行为的学习便可以使得心理障碍得到有效抑制。

例证 Myrick(1987)提出,通过在学校中增加与同伴交往的适应能力可以有效地减少学龄儿童的心理问题。按照这种观点,采取适当的训练,帮助儿童获得必要的同伴交往技能是十分重要的。教师可以在学校中创设一些让学生之间更容易交往的环境,教给他们一些必要的会谈技巧、参与团体的技巧,也可以通过组织一些训练营让学生增加社交技能。一旦这种积极的交往能够在一部分学生当中得到确认,那么这种社交行为便会很容易在更多的人当中被扩展开来,成为学校的一种风气。这种适应能力的发展可以通过一个连续的变化趋势图来加以表达(图12-1)。

低适应性				高适应性	
1	2	3	4	5	6
陈述/评估	解释/分析	确认/支持	提问	澄清/归纳	反应/理解感受

图 12-1　适应性序列示意图

这种训练从本质上讲是一种激励—学习模型的体现。首先,Myrick 假设,那种同伴之间的友好、积极的人际关系是健康生活的重要目标。这个目标不是简单地避开麻烦,而是通过鼓励儿童参与到现实社会活动中来增进其适应能力。其次,这种适应行为发生频率的增加本身也是由于学习的结果。教育者可以通过对一些行为技巧的教育训练来帮助学生学习和增进这种适应行为,并相应地减少不适应行为的发生。因此这种训练结合了激励和学习两种思想。

四、危机模型

理论来源　这是一个新近发展起来的预防模型,强调问题是由于特定的个人或团体在面临一定的"危机"时发展起来的。公平理论和社会交换学说是这种预防保健模型产生的基础。当别人有需要的时候就应该给予别人必要的帮助,这种思想鼓励人们对于需求给予关注。按照社会交换理论的思想,每个人从根本上都希望得到的大于所给予的,但是,社会是公平的,如果每个人都希望得到,而不愿意给予的话,那么社会就无法维持应有的平衡。只有首先给予,才能够期望得到相应的回报。这种社会交换理论鼓励人们在当别人面临暂时困难的时候应该给予帮助和支持。因此,对心理疾病进行预防的危机模型强调次级预防保健的公共健康模式,更加强调对于那些属于心理健康而又存在局部失调的相似利益团体给予关注。

基本假设　危机模型在其基本原理和方法上借用了一些其他预防模型(如医学模型、环境操作模型以及激励—学习模型)的思想,总的来说与其他的预防模型没有多大区别。其关键的差别之处在于,这种危机模型将预防工作特别限制在了某些特定的团体当中,强调针对某些特殊的团体进行预防保健的重要性。危机模型所限定的靶团体通常是指具有以下一些特征的团体:① 具有类似的空间或利益关系(如按照居住地域、工资利益关系等)的团体;② 具有类似的身体状态关系(如身体残疾者)的团体;③ 具有类似的行为方式关系(如由于相似的低成就水平而结成)的团体。事实上,这种模型对于这些靶团体的选择主要是出于一种经验的考虑,并没有多少理论依据。譬如,美国一些学者曾经根据经验提出,针对黑人青少年团体进行有关道德品行方面的预防教育工作是十分重要的,因为从实际调查中可以看出,高中男生中黑人逃学和犯罪的概率要远远高于其他人种。但是从理论上讲,这种种族差异并不是导致犯罪率高的原因。

例证 Feldman 等人(1983)提供了一个运用危机模型进行预防干预的例证。他们将一批具有反社会行为(高危机)的青少年和一批行为正常(低危机)的青少年放在社区中进行训练干预。参加这个训练计划的绝大多数人都是具有危机背景的(如低成就水平、来自于黑人社区等)。针对反社会行为的预防训练包括三个方面:① 将团体进行混合(包括把正常青少年与反社会行为青少年相混合);② 进行专业化训练(行为矫正、社会工作训练等);③ 提供有经验的团体领袖(把有经验的高中毕业生和没有经验的中学生混合在一起并让前者做领袖)。采用这种方法,经过大约一年的训练干预,Feldman 等人发现他们比过去或对照组都有了显著的进步。

这种把那些具有明显危机倾向或特点的年轻人集中起来,进行有针对性的训练,便是危机模型的一个基本特点。这种训练显得更加有的放矢,在人力物力相对还比较缺乏的现阶段条件下推广这种危机模型的思想,未尝不是一种很好的选择。但是,需要注意的一点是,在进行有针对性的训练干预的同时,要防止因为归类而导致对某些人群的歧视。在训练中,不应该让学生感觉到他们有什么不同于常人的地方。

五、折中模型

理论来源 这种折中模型由于中和了多种预防模型的思想,从而成了一种最标准的预防模型。折中模型之所以被广泛接受,主要由于以下三个方面的原因:第一,在实际工作中人们感到,对于各种模型所提供的方法,很难确定究竟谁更重要,常常需要根据特定的情境来做出相应的选择;第二,缺乏一个通用的知识基础来解释各种现象,就拿精神分裂症来说,对于它的成因到目前为止依然是众说纷纭,所以,事实上在运用每一种理论模型解释现象时,都会受到来自其他方面的质疑;第三,对于帮助儿童的预防教育工作者来说,他们也希望能够利用多种理论和方法去进行干预。

基本假设 折中模型首先假设在各种不同的情境中,都有一些相应于情境的共同要素决定着人们的行为。不能简单地把某种模型的思想应用到某个具体情境中去,相反,应该从一些具体的问题情境中去发现那些具有共性的要素,并根据这些共性要素来选择相应的预防干预策略。其次,假设那些需要防止的问题行为和需要增进的合理行为通常都是受到一些共同要素影响的,这些共同要素是预防干预的重点。最后,心理学界流派众多,对于心理学的一些基本理论原则缺乏一致的见解也是促使预防干预走多种方法和理论综合之路的重要原因。

对于折中模型来说,受到最多指责的地方也就是它的折中思想。与其他的心理学思想比较起来,这种思想显得缺乏明确的界限,给人的印象似乎只是对各种模型的简单组合和堆砌而已。因为实际上人们在解决问题时,往往就会考虑情境的不同而选择使用不同的预防干预模型,所以,这种折中模型到底为何,也就名存实亡了。

从这些年来国外预防干预的实际工作情况来看,可以说,几乎所有成功的预防干预都是采用折中模型而取得的。换言之,只有采取折中思想的预防干预策略才是可取的。

第三节 三级预防保健网建设

有关三级预防保健的含义,本章开始部分已经做了讨论,这里不再赘言。在重视人口素质的今天,如何有效地利用三级预防保健网,促进儿童心理健康发展是本节讨论的重点。

目前,大部分发达国家对于儿童的心理卫生保健方面都已经做了大量的工作,也取得了可观的成就。譬如,在美国,从 20 世纪 50 年代开始就已经制订了很多著名的全国性儿童保健计划,包括针对学龄前儿童的初级心理健康计划(PMHP)、青少年心理转移计划(ADP)以及离婚家庭儿童互动计划(CDIP)等。借助于这些训练计划的推动,儿童的心理健康水平确实得到了大幅度的提高。在我国,由于受到传统上的一些"左"倾思想影响和物质条件的限制,这项工作一直没有能够得到很好的开展。直到 20 世纪 70 年代末 80 年代初,才开始进行所谓心理卫生保健方面的工作,而且十分有限。以下按照三级网络的情况做一些讨论。

一、初级预防保健

这实际上是一种真正意义上的预防保健,它的要义就是通过发展积极健康行为来促进心理发展,消除疾病隐患,做到"防患于未然"。按照环境操作模型和激励—学习模型的思想,在初级预防保健中所要做的工作包括了两个方面的内容:一是改造和利用环境资源;二是刺激个人内部动机,发展合理行为。

从对于环境资源利用的角度来看,家庭、学校、社区是几个值得关注的重要环境资源。而这三者对于儿童的影响存在一种递进关系(见图 12-2):当儿童处于年幼阶段时,家庭环境的影响显得更加重要,这时,父母是操作这个家庭环境的基本要素,针对父母教养方式进行训练,可以有效地影响儿童的成长。社会应该增加对家长学校的投入,为家长提供各种交流互动的机会。除了举办各种涉及营养、保健方面的知识培训之外,更重要的还是应该训练父母合理的养育方式,开展针对独生子女教育训练的讨论,帮助家长学会真正承担起父母的职责。

及至儿童进入学龄阶段之后,学校就开始逐渐取代父母而成为对儿童影响最为重要的因素。这时,对于学校环境的干预便开始成为初级心理保健的一个重要内容。目前国内相当多的大学已经普及了心理卫生方面的训练课程,在中小学,尤其是在一些比较发达地区的中小学也正在逐步推广一些心理教育训练课程。但是,由于还处在起步阶段,大部分的训练课程都缺乏比较明确的训练指向,而是处在简单知识传授阶段。事实上,学校心理保健应该是一个具有比较明确的计划性、指向性的工作。具体来说可以包括以下一些内容。

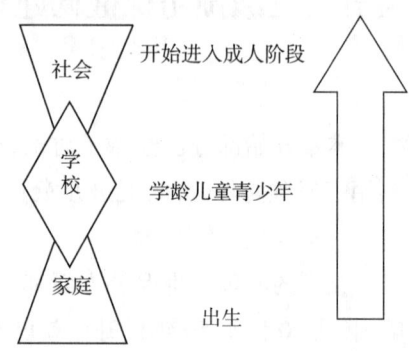

图 12-2　环境资源对于儿童影响差异示意图

(一) 学校环境改造计划

虽然我们都在努力使学校成为学生进入社会之前的一个重要的过渡阶段,但是要想真正做到这一点其实并不容易。目前国内几乎绝大部分的学校都过于强调校园氛围温馨、和睦的一面,而不愿让学生感受到现实社会中压力、竞争的一面,这对于帮助学生获得合理的自我认同实际上是不利的。记得几年前,笔者在美国时,新闻界曾经对一个颇受儿童欢迎的电视节目《邦尼和他的朋友们》进行讨论,有相当一部分人认为这个节目过于强调社会中善良美好的一面,使儿童感受到了一个可能并不很真实的"现实世界",使得儿童日后在面对真实的现实社会时会感到不知所措。笔者认为这恐怕也就是我们今天制订学校环境改造计划时应该考虑到的一个问题吧。把理想和现实结合起来,而不是用纯粹理想主义的方式教育我们的儿童,让学生在进入现实社会时能够至少不要有落差悬殊和无法适应的感觉。

(二) 学生生活技能训练计划

教育的首要功能应该是培养公民,然后才谈得上培养人才。不能成为一个被社会接纳的好公民,人才也就无从说起。当前我国的教育倾向在培养人才方面的考虑远远超出了培养公民的概念,这种思维模式是十分危险的,至少对于儿童在心理社会适应性的健康发育是不利的。尤其对独生子女这一代人来说,由于他们从小就受到了父母比较多的呵护,生活技能基础比较差,日后在面对就业、组织家庭时都会感到有障碍。推广这种学生生活技能训练方案,其目的就是要使儿童在学校除了接触知识以外,还应该有更多的机会去接触生活、参与劳动、磨炼生活品质,使得个人的心理承受能力得到锻炼。

(三) 学生人际认知能力的训练计划

对于学龄阶段的儿童来说,学习知识、参与生活和进行人际交往,是他们的三大基本活动内容。Myrick(1987)的研究已经证明了,通过在学校中增强与同伴交往的适应能力可以有效地减少学龄儿童心理问题的发生概率。而提升社交技能除了要让学生有机会交往之外,还要帮助他们学会交往。严格地说,交往是一种技巧,它是借助适当的训练而获得的。很多儿童因为没有学到必要的交往技巧,而产生了一系列的心理困扰,包括自卑、孤独、习惯攻击他人等,他们往往在强烈的交往冲动和对挫折的畏惧之间焦虑。目前,国外已经发展起了大量的社交技能训练计划,可以适当借鉴。

二、次级预防保健

这是一种对于问题早期发现、早期干预,避免使问题扩大和加重的一个防御系统。目前,国内担负这种次级预防保健工作的基本上仍然是以学校教师、各种专职或兼职学校心理辅导员以及家长为主。近年来,这方面的工作在中小学校扩展得比较快,大量的学校德育教师开始转向从事这方面的工作,许多学校相继成立了心理咨询中心。在这种情况下,对于次级预防保健进行规范化是搞好次级预防干预工作的主要任务。学龄儿童心理保健的规范化工作主要涉及以下几个方面。

(一) 合理使用心理评价工具

对于儿童心理问题进行准确合理的界定,是有效进行次级预防保健的关键。对于绝大多数预防保健工作者来说,所谓能够使用评价工具包括两层含义,即合理地运用工具和对测验结果做出合理的解释。这就如同一名内科医生,要能够根据患者病情的不同而决定选择做心电图还是血常规检查,并且在检查完成后能够对检查报告上所显示的结果向患者做出相应的解释。目前已有的评价工具,适用于评价儿童心理健康与筛选障碍的问卷大致有两种情况,一种是常模参照测验,另一种是准则参照测验。以下对这两种测验分别做一个简单的讨论。

所谓常模参照测验,是指以人群总体平均心理水平为参照依据来对个人心理水平进行评价的一种测验工具,像艾森克人格调查表(EPQ)、卡特尔十六种人格因素调查表(16PF)都属于这类问卷。由于这种问卷可以评判一个人或一群人的心理健康水平,因此利用这种问卷在普通人群当中进行心理健康状况的检查十分有效。在增进心理健康的教育训练活动中,将训练组与其他人群进行比较,或将训练前后的情况进行比较,都可以采用这类问卷。但是,这种问卷不能够从正常人群中区分出那些有心理症状的人,无法测查那些有障碍人群的心理健康水平差异,所以这种问卷有其局限性。

准则参照测验正好弥补了常模参照测验的不足,这类测验往往以一定的心理诊断标准为依据来评判一个人是否有某种心理症状及这种症状的严重程度。譬如像 90 项症状自评量表(SCL-90)、儿童孤独量表(CLS)就属于这种问卷。这类问卷对于具有心理障碍或处于障碍边缘且具有某些心理问题症状的人之间的程度差异具有良好的区分能力,但是,对于那些没有心理障碍或较少心理问题的人的心理健康水平差异则缺乏区分能力。因此,严格地说,这类测验并不适用于评判普通人之间的心理健康水平差异,它只能用来测查某一个人或一群人是否具有某种心理障碍或者这种心理障碍的差异如何。

由此可见,根据对象性质的不同,合理选择相应的测验工具是十分重要的。当然,运用和解释测验工具也是不可缺少的环节,关于测验工具的具体应用方法,可以参考有关专业测验书籍,这里不再赘言。

(二) 建立心理保健档案

为了使这种次级预防干预工作更加有针对性,对儿童进行有效的系统化行为管理是十分重要的。大规模行为管理的一种最基本的方法就是建立心理保健档案。尤其在学生团体当中,它除了可以服务于初级保健工作的需要,提供学生心理健康水平的趋势之外,还可以应用于次级保健工作中,发现和分辨出儿童中出现的一些问题苗头,并及时地、有针对性地予以调节和矫治。建立学生心理保健档案是一项专业工作,在分类上大致有两种:一种为系统性档案,用于收集学生广泛的心理行为资料,包括学业情况,各种社会统计学资料,在家庭、学校及其他社区情境中的人际关系状况,个人心理健康水平等;另一种为分类档案,是指针对专门问题或特定人群的专项档案,如人际关系档案、学业档案等,这类档案通常是在特定条件下服务于一些特殊需要,经常是出于研究的需要或是针对某些特殊人群的问题来确定使用何种类别的档案。譬如,生活在孤儿院的孩子,在获得母爱和承担社会责任方面的问题比较突出,教师可以专门针对这两个方面建立心理档案,以求取得比较有针对性的问题资料。

(三) 进行初步的咨询治疗干预

学校、家庭以及社区次级保健干预的另外一项任务就是为那些显示有一些轻微问题的儿童提供必要的咨询和治疗干预。现在存在于很多学校中的咨询中心实际上就承担着这样的任务,其他包括热线电话、危机干预中心等等。为了能够达到有效地进行咨询或治疗干预的目的,对于咨询人员的规范化工作是最为重要的一个保证环节。咨询员的规范化工作在美国等一些国家已经有了比较明确的法律保障,但是,作为正在起步的中国儿童心理保健业,要想达到很好的合理规范化状态还不太容易。在这种情况下,为了既保证使更多的人能够得到必要的初步咨询治疗帮助,同时又能够维持咨询治疗工作的科学性和严肃性,为广大的咨询师提供必要的工作规范和适当的限制条件是十分重要的。这种规范和限制包括咨询室的环境设置、与来访者进行会谈的一些规则、咨询的取向等。

三、专业治疗工作

这是针对那些已经具有了某些心理障碍的儿童进行的有针对性的治疗、康复活动。与前两种预防干预手段相比较,这种干预方法显然消极得多了,但是,这种方法往往也是不可缺少的。目前可以通过这种手段进行干预的机构除了一些比较正规的医院门诊之外,还包括一些专门性的心理门诊。从三级防治网点的角度来看,虽然已经有了一些做得很不错的网点(如北京、上海、江苏、湖南等),但是全国范围内的普及性防治网络还远远不够健全,大部分农村地区在这方面的条件还相当缺乏。中国儿童心理卫生三级预防保健工作距离世界卫生组织的要求还相距甚远,需要得到更多方面的支持和推动。

第四节 儿童心理危机干预

一、创伤后心理障碍与儿童心理危机干预

近年来,包括新冠肺炎在内的疫情及其他各种自然灾害时有发生,一方面给人类造成了巨大的经济损失,同时也威胁到人类的身心健康,人们逐渐认识到危机预防以及危机干预的重要性。2008年汶川大地震以后,我国开始重视灾后儿童心理危机研究与实践,及至2020年的新冠肺炎疫情,心理危机干预,包括儿童心理危机干预工作已经得到非常广泛应用,并取得了长足的进展。

当面对重大压力,尤其是灾难事件时,个体会出现心理应激反应,并因此而产生心理困扰甚至危机。为此,我们首先需要对这种心理应激反应有所了解。心理应激是有机体在环境中遭遇某种刺激的作用下做出的一种适应或应对的过程,个体处理应激的方式各不相同。通常,各种重大的自然灾害或者灾难事件都可能成为应激源。这种灾难事件的刺激强度越大,对个体造成心理伤害的程度也越大,并且越持久。儿童由于其心理发展不成熟、相对弱势,是灾后心理危机的易感人群,更容易产生心理创伤。儿童在经历了心理创伤之后需要一定的时间进行恢复,时间的长短取决于事件本身和儿童的性格特点。虽然许多儿童可以逐渐恢复正常,但另外一些儿童因为不同的原因无法恢复正常并且发展成创伤后应激障碍(Post-Traumatic Stress Disorder,简称PTSD)。

美国精神医学学会的《精神疾病诊断和统计手册》(DSM-5)列出了PTSD的主要

症状:① 在创伤事件发生后,存在 1 种(或多种)与创伤事件有关的重新体验症状;② 创伤事件后开始持续地回避与创伤事件有关的刺激;③ 与创伤性事件有关的认知和心境方面的消极改变,在创伤事件发生后开始出现或加重;④ 与创伤事件有关的警觉性或反应性有显著改变,在创伤事件发生后开始或加重。对于幼儿来说,PTSD 的症状主要表现为:呆滞、急躁、行为发展退化、粘人、睡眠失调与畏惧夜晚等(石淑华等,2008)。因此,我们必须对儿童进行及时的心理危机干预,帮助他们尽快地将心理创伤恢复。

二、儿童危机干预策略

相比于成年人,因为儿童尚未发育成熟、较为敏感,而且认知经验不足、语言表达能力较弱,在对儿童进行危机干预的时候会面临更多的问题,需要小心处理。通常一些用于对成年人进行的危机干预策略可能并不适合于儿童,因此对儿童进行危机干预和心理疏导的时候会面临更多的挑战。具体来说,儿童心理危机干预实施过程中应该考虑以下要点。

1. 有比较明确的指导思想

积极心理学的治疗理论在儿童心理危机干预中有很好的参考价值。换言之,心理危机干预可以采取积极的方式,例如用积极情感来消解儿童的消极情感,在儿童的消极情感中寻找积极的成分(任俊,2011)。通过激发对象积极的情感能力,包括爱的能力,使儿童告别过去,重新面向未来。儿童的心灵和情感比较单纯,干预可以引导儿童想象危机发生前的美好情感并转移到未来即将面对的生活场景中,帮助他们重塑生活的勇气、信心和希望。

2. 能够注意到不同儿童的个性差异

实际生活中每个儿童的性格各不相同,针对儿童不同的性格特点,我们可以制订相应的心理危机干预方案,而不是千篇一律的方案。此外,儿童在遭受心理创伤的时候,也还需要有"社会支持系统"的介入,通常这个支持系统最好来自儿童的小伙伴,因为儿童之间有他们特有的情感与联系,这往往是成人无法触及和替代的。

3. 从实际出发选择儿童心理危机干预策略

儿童危机干预的形式需要根据实际情况进行选择。例如有些儿童表达能力较好,可以完整、详细地讲述发生的事件,那我们可以进行适当的引导。而有些儿童在事件之后存在"否定"的现象,无法描述事件,这种情况下我们可以采取其他的方法,比如让儿童将内心的创伤通过绘画、表演等形式表现出来。

具体的儿童心理危机干预策略包括哀思表达训练、哀伤辅导、心理宣泄法、绘画疗法、死亡教育、灾害教育、社会支持系统的建构等(扶长青等,2009)。

哀思表达训练 主要目的是减少负性情绪,改变不合理信念,恢复正常心理行为模式,重新建立生活信心和目标。主要分为以下步骤:① 交代活动的目的和意义;② 设置哀思情境，例如播放引发哀思状态的音乐、视频或朗诵诗词等；③ 独自闭上眼睛冥想自己想对逝者说的话，冥想结束与他人分享；④ 对儿童的分享进行归纳，并引导他们以此寄托哀思，体验释然和安慰；⑤ 让儿童在听音乐的同时闭上眼睛冥想逝者对他（她）的期待与希望，冥想结束后与他人分享，帮助其建立新的生活目标；⑥ 对儿童的分享进行归纳，引导他们理解、完成逝者期望的意义；⑦ 播放面向未来的音乐或视频，调整儿童心态，转换到现实中，并使他们牢记目标。

哀伤辅导 强调在悲痛面前，不能沉溺在痛苦之中，而是应该让自己感受痛苦、经历痛苦，通过宣泄情感来消除罪恶感、羞耻感和孤独感，从而接纳事实，找到生命的意义（Lindemann，1944）。哀伤辅导的主要目的是帮助儿童面对自己的情绪并学会处理，克服恢复正常生活的障碍，向逝者告别并重新将情感投入到生活中。哀伤辅导主要经历四个阶段（Worden，2002）：① 接受失落的真实性；② 体验悲伤的痛苦；③ 重新适应一个没有逝者的世界；④ 将情绪从逝者身上转移到生活上。

心理宣泄法 即鼓励儿童表达内心的情感、情绪并耐心地倾听，让儿童在与他人讨论的时候观察自己与他人反应，帮助其更好地处理创伤体验，更快地适应新环境。心理宣泄过程中要采取关怀、耐心的态度，给予温和的指导，使儿童宣泄情绪时可以做到无所顾忌、畅所欲言，尽情地消耗不良情绪，感受到心情的舒畅，从而获得和建立生活的勇气和信心。

绘画疗法 绘画是无意识的窗口，咨询师可以通过解释绘画的象征意义和倾听绘画者自己的解释来进行心理分析（Malchiodi，2005）。绘画疗法常用的活动主要包括自由画、涂鸦画、画人测验、"房—树—人"测验、家庭动态图、学校动态图等。咨询师可以从表层内容、关联性内容和象征性内容三个层面解释儿童的绘画。此外，画作中绘画形象的大小、颜色、位置、夸张、省略等也能表达特殊的信息。

死亡教育 主要目的建立在四个层面：认知、情感、行为、价值。认知层面重点是通过给儿童提供案例及讨论让儿童了解各种有关死亡的事件和增加经验信息；情感层面重点是指导儿童在面对伤痛、死亡时正确处理不良情绪；行为层面重点是让儿童了解表达情绪的正常反应是什么；价值层面的重点是帮助儿童理解并肯定生命的意义与价值。通过死亡教育让儿童认识、领悟和珍惜生命。

灾害教育 通常情况下，这应该是儿童在学校学习期间的必修课。灾害教育的内容包括灾难知识教育（灾难的种类、危害、前兆和表现、原因、规律等）、灾难应对教育（灾难预防与救助教育）、灾难心理和灾难体验教育（杨挺，2008）。有以下几种灾害教育的途径：① 在学科教学中渗透灾害教育；② 开设专门的灾害教育课程；③ 通过专题讲座、展览等形式对灾难知识进行宣传；④ 让学生进行灾害情境模拟与角色扮演；⑤ 开发灾害教育类型的软件、游戏等。

社会支持系统的建构 主要来自于父母为主的亲人、老师与同学以及社会等。社会支持系统的建构可以分为家庭和社区两种干预。家庭危机干预可以通过加深家庭成员之间的联系、加强家长与儿童之间的情绪分享和信息沟通,同时使家庭获得来自社区、社会上有效的行动和经济支持来实现。社区危机干预则是通过加强社会支持体系、共享支持资源,并让儿童接触更多的有关创伤应对案例,举行集体康复活动等,帮助儿童提振重新生活的勇气和希望,建立积极的生活目标。

上述的干预方法既可单独使用,亦可综合使用。除此以外,还有许多干预策略在实际应用中被证明有效,如游戏治疗(张文文、周念丽,2009)、体育活动干预(蔡兴林、杨远波,2009)、箱庭疗法(张日昇、刘蒙、林雅芳,2009)、心理剧疗法(江琴、林大熙,2009)、阅读疗法(曾庆苗、李桂华、刘艳,2009)、粘贴画疗法(薛飞、张绍刚,2009)等等。

三、新冠肺炎疫情下的心理危机干预

近期的新冠肺炎疫情给全社会的危机防控敲响了警钟,也是大家普遍关注的问题。我们不妨借此来实际演练一下儿童心理危机干预的做法。

首先,关于儿童的心理危机表现。面对新冠疫情,儿童因为缺少对疫情的了解以及对预防措施认知不足,可能会出现紧张、害怕的心理,同时不确定感、不可控感增加,这会导致儿童出现灾难化思维,夸大灾难的后果,进而表现出不同程度的心理行为应激反应、心理问题甚至精神障碍。

其次,关于危机干预工作方案的设计和重点。受新冠疫情影响的儿童大致可以分为三类:一是被隔离的轻症患者(包括密切接触者和疑似患者);二是在疫情防控工作医护、疾控和管理人员的家属;三是受疫情防控措施影响的疫区相关人群、易感人群和普通民众。相应于他们的不同处境,我们可以考虑在制订工作方案时给予不同侧重:对第一类的儿童重点提供直接心理危机干预,对第二类的儿童重点给予心理疏导,对第三类的儿童重点在进行心理健康知识宣传教育。

为了对儿童进行有效的心理危机干预,我们还需要注意以下几点。

(1)为了在危机时刻实现有效的心理干预,有关政府部门和社会组织应该在平时就要做好准备和演练工作,包括专业人员的培训、技术和物资的储备等。

(2)在进行心理危机干预时,依然必须遵循心理治疗与咨询的伦理学原则,尊重儿童的权利,保护其隐私,并且要以坚持无伤害的原则进行心理干预。

(3)随着危机发生的不同阶段,以及不同儿童的具体情况,需要考虑及时调整并采取不同形式和手段的心理干预,保证心理干预及时有效。

(4)对儿童进行心理危机干预,必须要能够善始善终。一旦开始,必须确保完整进行,不能半途而废,以免造成新的心理创伤。同时,也不可对同一儿童进行多次或重复的干预(李占江,2020)。

本章小结

虽然治疗是解决儿童心理行为问题的重要手段,但是,从总体上看,协助儿童健康成长最为根本的还是要做好预防保健工作。本着预防为主的目的,我们在全书最后专门讨论了针对儿童的预防保健问题。

这一章共包括四节,除了概述之外,我们还专门对目前国际上有关儿童预防保健的各种理论模型以及如何针对中国国情建设三级预防保健网络做了比较深入的讨论。同时,针对现实生活中各种突发事件引发的心理危机,我们在新版本修订过程中,加入了儿童心理危机干预这一部分内容,希望能够对学习者在未来从事儿童心理援助工作提供参考。这也是儿童心理咨询和治疗在面向未来方面需要重点考虑的几个问题。

拓展资源

【延伸阅读】

对心理健康与心理健康教育工作的现状调查感兴趣,可进一步参考:

傅宏,等.(2011).江苏省青少年心理健康与心理健康教育蓝皮书·2010.南京:南京师范大学出版社.

【推荐书籍】

Knapp, M., David, M., & Elias, M. (2006). Mental Health Policy and Practice Across Europe: The Future Direction of Mental Health Care. New York: McGraw-Hill Education.

Swinton, J. (2001). Spirituality and Mental Health Care. London: Jessica Kingsley Publishers.

周燕燕,林穗芳.(2002).儿童心理保健手册.广州:广东人民出版社.

思考与实践

尝试去调查你所在地区的小学、中学、大学的心理卫生保健工作现状,你打算如何开展你的调查?向你所在地区的政府提交你的调查报告并提出针对性建议。

参考文献

陈晓华.(2008).灾后儿童心理创伤及危机干预.社会心理科学,(6),91-93.

蔡兴林,杨远波.(2009).汶川地震创伤后应激障碍(PTSD)的发生调查及体育干预方式研究.中国体育科技,(5),109-112,145.

单茂洪.(1998).正确使用 SCL-90,16PF 量表测查心理健康水平.中国心理卫生杂志,12(2),81-83.

扶长青,张大均,刘衍玲.(2009).儿童心理危机的干预策略.心理科学进展,(3),43-45.

傅宏,等.(2011).江苏省青少年心理健康与心理健康教育蓝皮书·2010.南京:南京师范大学出版社.

静进.(2013).我国儿童面临的主要心理卫生问题及对策思考.中国心理卫生杂志,27(6),403-405.

江琴,林大熙.(2009).心理剧疗法在震后丧恸者心灵重建中的应用.福建医科大学学报(社会科学版),10(2),41-44.

刘华山.(2001).学校心理辅导.合肥:安徽人民出版社.

李雪荣.(1994).现代儿童精神医学.长沙:湖南科学技术出版社.

李占江.(2020-02-29).面对新冠肺炎:心理问题的干预策略.光明日报,010.

任俊.(2012).积极心理学.北京:开明出版社.

世界卫生组织(WHO).(1991).将精神卫生工作内容纳入初级卫生保健.田运华,等译.中国心理卫生杂志,5(2),85-89.

石淑华,杨玉凤.(2008).关注灾后儿童精神创伤的心理援助与干预.中国儿童保健杂志,16(4),373-373.

薛飞,张绍刚.(2009).粘贴画疗法在灾后儿童心理危机干预中的应用.现代中小学教育,(8),56-58.

杨挺.(2008).灾难教育:学校教育的重要课题——写在汶川地震灾难之后.中国教育学刊,(11),17-20.

张日昇,刘蒙,林雅芳.(2009).箱庭疗法在灾后心理援助与辅导中的应用.心理科学,32(4),115-119.

张文文,周念丽.(2009).将游戏治疗运用于震后幼儿心理重建的实践构想.幼儿教育(教育科学),(3),48-51.

曾庆苗,李桂华,刘艳.(2009).阅读疗法在青少年灾后心理重建中的运用思路.图书馆,(6),35-37.

American Psychiatric Association. (2013). Posttraumatic Stress Disorder. Diagnostic and Statistical Manual of Mental Disorders,5th Edition(DSM-5). Arlington,VA:American Psychiatric Publishing,271-280.

Caplan,G. (1964). Principles of Preventive Psychiatry. New York:Basic Books.

Malchiodi,C. A. (2005).儿童绘画与心理治疗——解读儿童画.李苏,李晓庆,译.北京:中国轻工业出版社.

Myrick, R. D. (1987). Developmental Guidance and Counseling: a Practical Approach. Minneapolis, MN: Educational Media.

Lindemann, E. (1963). Symptomatology and Management of Acute Grief. Pastoral Psychology, 14 (6), 8 – 18.

Worden, J. W. (Ed). (2002). Grief Counseling and Grief Therapy: A Handbook for the Mental Health Practitioner. New York: Springer Publishing Co.